雷达技术丛书

激光雷达工程技术

张兵　曹秋生　董光焰　编著

電子工業出版社
Publishing House of Electronics Industry
北京 · BEIJING

内 容 简 介

本书系统介绍了激光雷达的工作原理、技术特点、主要技术指标、分机系统的组成与设计。

本书从激光雷达系统探测体制出发，选取了五种典型应用场景中的激光雷达系统作为案例，分别介绍了其功能、性能、组成及工作原理，并选取工程实例重点介绍了系统的设计方法。

本书介绍了激光雷达在工程领域的应用及最新进展，将激光雷达的工程设计方法融入其中，可为具有一定研究基础的专业技术人员提供参考，可作为科研院所、大专院校等机构中从事激光雷达研制、生产和设计的工程技术人员的专业参考资料。

图书在版编目（CIP）数据

激光雷达工程技术 / 张兵，曹秋生，董光焰编著.
北京 : 电子工业出版社，2024. 12. -- (雷达技术丛书
). -- ISBN 978-7-121-49385-0

Ⅰ. TN958.98

中国国家版本馆 CIP 数据核字第 2024KC9283 号

责任编辑：刘小琳　　文字编辑：苏颖杰
印　　刷：河北迅捷佳彩印刷有限公司
装　　订：河北迅捷佳彩印刷有限公司
出版发行：电子工业出版社
　　　　　北京市海淀区万寿路 173 信箱　邮编：100036
开　　本：720×1 000　1/16　印张：21.5　字数：447.2 千字
版　　次：2024 年 12 月第 1 版
印　　次：2024 年 12 月第 1 次印刷
定　　价：139.00 元

凡所购买电子工业出版社图书有缺损问题，请向购买书店调换。若书店售缺，请与本社发行部联系，联系及邮购电话：（010）88254888，88258888。

质量投诉请发邮件至 zlts@phei.com.cn，盗版侵权举报请发邮件至 dbqq@phei.com.cn。

本书咨询联系方式：（010）88254754。

"雷达技术丛书"编辑委员会

总　序

雷达在第二次世界大战中得到迅速发展，为适应战争需要，交战各方研制出从米波到微波的各种雷达装备。战后美国麻省理工学院辐射实验室集合各方面的专家，总结第二次世界大战期间的经验，于 1950 年前后出版了雷达丛书共 28 本，大幅度推动了雷达技术的发展。我刚参加工作时，就从这套书中得益不少。随着雷达技术的进步，28 本书的内容已趋陈旧。20 世纪后期，美国 Skolnik 编写了《雷达手册》，其版本和内容不断更新，在雷达界有着较大的影响力，但它仍不及麻省理工学院辐射实验室众多专家撰写的 28 本书的内容详尽。

我国的雷达事业，经过几代人 70 余年的努力，从无到有，从小到大，从弱到强，许多领域的技术已经进入国际先进行列。总结和回顾这些成果，为我国今后雷达事业的发展做点贡献是我长期以来的一个心愿。在电子工业出版社的鼓励下，我和张光义院士倡导并担任主编，在中国电子科技集团有限公司的领导下，组织编写了这套“雷达技术丛书”（以下简称“丛书”）。它是我国雷达领域专家、学者长期从事雷达科研的经验总结和实践创新成果的展现，反映了我国雷达事业发展的进步，特别是近 20 年雷达工程和实践创新的成果，以及业界经实践检验过的新技术内容和取得的最新成就，具有较好的系统性、新颖性和实用性。

“丛书”的作者大多来自科研一线，是我国雷达领域的著名专家或学术带头人，“丛书”总结和记录了他们几十年来的工程实践，挖掘、传承了雷达领域专家们的宝贵经验，并融进新技术内容。

“丛书”内容共分 3 个部分：第一部分主要介绍雷达基本原理、目标特性和环境，第二部分介绍雷达各组成部分的原理和设计技术，第三部分按重要功能和用途对典型雷达系统做深入浅出的介绍。“丛书”编委会负责对各册的结构和总体内容进行审定，使各册内容之间既具有较好的衔接性，又保持各册内容的独立性和完整性。“丛书”各册作者不同，写作风格各异，但其内容的科学性和完整性是不容置疑的，读者可按需要选择其中的一册或数册阅读。希望此次出版的“丛书”能对从事雷达研究、设计和制造的工程技术人员，雷达部队的干部、战士以及高校电子工程专业及相关专业的师生有所帮助。

"丛书"是从事雷达技术领域各项工作专家们集体智慧的结晶，是他们长期工作成果的总结与展示，专家们既要完成繁重的科研任务，又要在百忙中抽出时间保质保量地完成书稿，工作十分辛苦，在此，我代表"丛书"编委会向各分册作者和审稿专家表示深深的敬意！

本次"丛书"的出版意义重大，它是我国雷达界知识传承的系统工程，得到了业界各位专家和领导的大力支持，得到参与作者的鼎力相助，得到中国电子科技集团有限公司和有关单位、中国航天科工集团有限公司有关单位、西安电子科技大学、哈尔滨工业大学等各参与单位领导的大力支持，得到电子工业出版社领导和参与编辑们的积极推动，借此机会，一并表示衷心的感谢！

中国工程院院士
2012 年度国家最高科学技术奖获得者 王小谟
2022 年 11 月 1 日

前　言

激光雷达像普通雷达一样，利用电磁辐射探测空间量。20 世纪 60 年代，激光雷达一面世，便以其分辨率极高、获取信息量丰富、全天时工作、抗干扰能力强等优点得到青睐。其早期发展主要由军事需求推动，如距离和速度测量、风场测量等。随着制约激光雷达发展和应用的高效激光光源、高灵敏度探测器、光机扫描机构和信号处理等关键器件和共性技术障碍相继突破，激光雷达在军、民用领域得到日益广泛的应用。近年来，扫地机器人、无人驾驶环境感知等应用更是不断推动激光雷达“飞入寻常百姓家”。

本书是“雷达技术丛书”中的一册，旨在系统介绍激光雷达在工程领域的应用及其最新进展，将激光雷达的工程设计方法融入其中，为具有一定基础的专业技术人员提供参考。

本书共分 12 章，第 1 章为绪论，介绍激光雷达的发展历史、工作原理、特点及主要技术指标等；第 2 章为激光雷达系统设计基础，包括激光雷达距离方程及其主要影响因素分析；第 3～6 章针对激光雷达系统各组成部分，重点描述发射机、接收机、光学系统及信息处理机等的技术和总体设计；第 7～11 章从激光雷达系统的探测体制角度，选取了五种典型应用，分别介绍了其功能、性能、组成及工作原理，并选取工程实例重点介绍了系统的设计方法；第 12 章介绍激光雷达的发展趋势。

本书集合了中国电子科技集团公司第二十七研究所激光雷达团队的集体智慧，是团队合作的结晶。第 1、12 章由赵渊明、刘中杰编写，第 2、10 章由潘静岩编写，第 3 章由朱国利、韩文杰编写，第 4 章由李永生、谢亚峰编写，第 5 章由董光焰、靳阳明编写，第 6、9 章由张弛编写，第 7 章由赵学强、李磊编写，第 8 章由段海洋、彭凤超编写，第 11 章由曹秋生编写。张兵、曹秋生、董光焰、潘静岩进行全书统稿；李磊、屈恒阔参与了本书目录编排及编写工作；黄文清、范海震、李忠华、张鹏飞、阮友田、李晓林、沈静、张方、冯光、刘果、孙志磊、郭伟东、雷莹莹等人参与了编写工作。

在本书编写过程中，我们得到王小谟院士的指导和帮助，得到中国电子科技集团有限公司及第二十七研究所各级领导的全力支持，得到中国电子科技集团公司电子科学研究院曹晨研究员在选题和编写内容方面的指导，也得到电子工业出版社领导的支持和刘宪兰编辑的大力帮助，在此表示衷心的感谢。

激光雷达系统发展迅猛，新技术、新体制层出不穷，限于编著者的能力和学识水平，本书中的缺点和错误在所难免，敬请读者批评指正。

编著者

2024年10月

目　录

第1章
绪　论

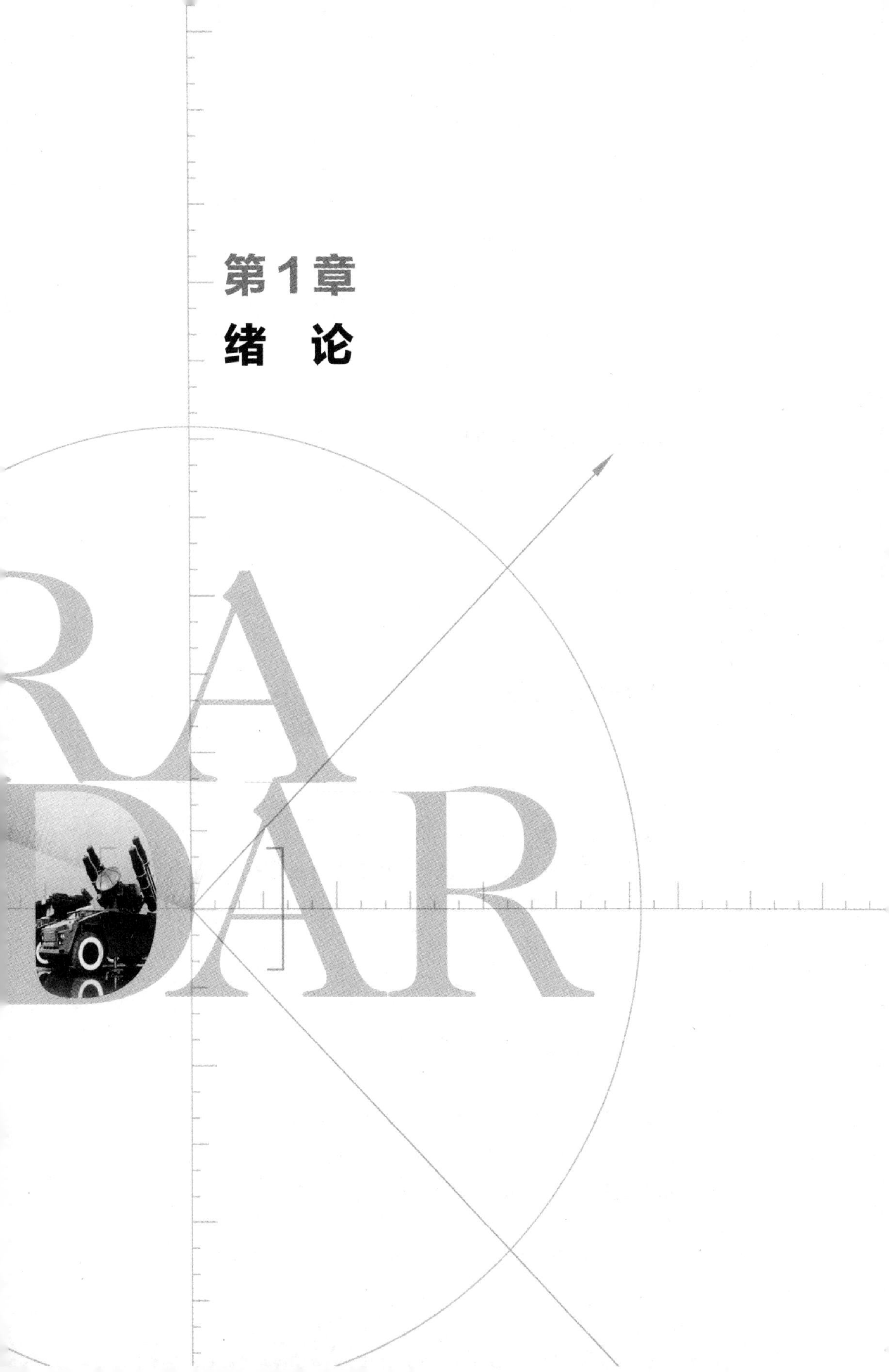

激光雷达是激光技术领域的主要分支，是传统雷达技术与现代激光技术结合的产物，是以激光为信息载体的探测和测距设备。20 世纪 60 年代，激光雷达首次面世，开辟了雷达发展的新领域。激光雷达在角度、距离和速度测量方面具有极高的分辨率，具有测速范围广、获取图像多、抗干扰能力强、体积小、重量轻等优势，在军、民用方面都具有极大的应用价值。近年来，随着以半导体技术为代表的新技术、新工艺迅速发展，各种新体制、新功能的激光雷达不断涌现，作为一种高精度三维感知设备，广泛应用于空间交会对接、环境感知、导航避障、地理测绘、辅助导航、气象测量等领域。

1.1 激光雷达的特点与分类

激光雷达主要由激光源、发射机、接收机、光束扫描组件、光电探测器、信号处理电路、数据信息处理及可视化设备等组成，其基本工作原理是激光雷达向目标发送激光信号，再接收目标反射的激光信号，通过不同测量方法（包括脉冲激光飞行时间法、相位测距法、调频连续波测距法、光子计数法等）获取激光雷达与目标之间的距离等相关信息。

1.1.1 激光雷达的特点

1. 技术优势

（1）分辨率高

激光雷达以激光为载体进行测量，相比于微波雷达，具有光束窄、工作频率高等特点，能够实现更高的角度、距离和速度的测量分辨率。激光雷达能够对周围目标和环境的坐标进行快速采集，形成点云数据，并根据可视化需求对其进行三维建模。

（2）可全天时工作

激光雷达采用主动探测方式，不依赖外界光照条件或目标本身的辐射特性，通过探测发射激光束的回波信号来获取目标信息，在白天和夜晚都能工作。

（3）数据量丰富

激光雷达可同时获取目标的幅度、频率和相位信息，因此可测量目标的多种信息，如距离、水位、高度、速度、加速度、角速度、姿态、形状等，经过信号处理可形成成像能力，可获得运动目标的高分辨率清晰图像。

（4）抗电磁干扰能力强

激光的光束窄、方向指向性好，且直线传播，被截获的概率较低，自然界中能对其进行干扰的电磁信号源不多，故激光雷达的抗电磁干扰能力强。

（5）体积小、重量轻

激光雷达的工作频率高，天线和系统结构可以做得很小。近年来，随着微电子和微光学技术的发展，激光雷达的小型化全固态集成、软/硬件融合均取得了较大发展。

（6）具有探测、通信一体化潜力

虽然激光雷达和激光通信分别承担探测和传输任务，但其物理规律相同，重叠性好，技术和工程上的共用性强，因此可实现探测、通信一体化，网络融合化能力强。

2. 面临的挑战

（1）易受大气和气象因素影响

激光雷达受大气及气象因素影响较大，恶劣天气（如雾、霾、烟尘和大雨）造成的大气衰减会缩短激光雷达的作用距离；大气湍流会降低激光雷达的测量精度。未来将自适应光学应用于激光雷达可减小此类影响。

（2）无法区分目标的材质等属性

激光雷达点云数据是基于几何形状呈现的，不能识别物体的颜色、纹理等物理属性，而这些本应是传感器理解和试图避开障碍物时需要的信息，为此需发展多波长激光雷达。

1.1.2 激光雷达的分类

激光雷达可以从下述角度进行分类。

按照激光波段不同，激光雷达可分为紫外激光雷达、可见激光雷达和红外激光雷达等。

按照激光器的工作介质不同，激光雷达可分为固体激光雷达、气体激光雷达、半导体激光雷达、二极管泵浦固体激光雷达等。

按照激光发射波形不同，激光雷达可分为脉冲激光雷达、连续波激光雷达等。

按照光束控制方式不同，激光雷达可分为机械扫描激光雷达、固态激光雷达。其中，机械扫描激光雷达的技术相对成熟，光束扫描器件包含转台、转镜、转鼓等；固态激光雷达包含以 Flash、光学相控阵、光开关阵列等为代表的全固态激光雷达和采用 MEMS 振镜扫描方式的混合固态激光雷达。

按照激光雷达探测体制不同，激光雷达可分为直接探测激光雷达和相干探测激光雷达。直接探测主要测量接收信号与发射信号的强度变化；相干探测主要测量回波信号与发射信号的差频信号。

按照激光雷达的载荷平台不同，激光雷达可分为便携式激光雷达、地基激光雷达、车载激光雷达、机载激光雷达、船载激光雷达、星载激光雷达和弹载激光雷达等。

按功能用途不同，激光雷达可分为激光测距雷达、激光测速雷达、激光测角和跟踪雷达、激光成像雷达、大气探测激光雷达、生物激光雷达、制导激光雷达、火控激光雷达、气象激光雷达、水下激光雷达等。

1.2 激光雷达的发展现状

1961 年，科学家首次提出了激光雷达的设想，并开展相关研究工作。1969 年，美国成功实施了“阿波罗”计划，除在月球上留下人类的足迹外，还在月球表面安装了一个类似镜子的后向反射器装置。科学家在地球上向该装置发射激光，测得了精确的地月距离，这是激光雷达具有里程碑意义的应用。60 多年来，激光雷达技术从简单的激光测距开始，结合先进的激光调制、光学扫描、激光探测等技术，陆续应用于不同场景。激光雷达已成为一类具有多种功能的系统。

1.2.1 国外激光雷达的发展现状

美国、欧洲、俄罗斯、日本等国家/地区先后研制出针对不同任务、可在多种平台搭载的多型激光雷达，基本构成了以地基和天基激光雷达为主，空基激光雷达为辅，服务于空间监视、探测、测量、成像的全方位体系，成为空间态势感知的重要组成部分。在民用方面，随着芯片化、人工智能、量子等新技术的渗入，激光雷达已大量应用于机器人、无人机及智能车等无人驾驶领域。在军事方面，激光雷达广泛应用于空间监视、大气探测、障碍回避、制导、化学/生物战剂探测、水下探测等领域。可以预见，随着激光新材料、新技术的不断突破和更新，激光雷达将在信息化战争及国民经济中发挥无可替代的作用。

1. 美国

美国在激光雷达领域处于领军地位。

1）天基激光雷达

在天基激光雷达研发方面，美国先后研制出多型大气环境探测、测高、三维成像、特征识别及相对导航的星载激光雷达。前期开发的产品包括 Apollo 15 飞船上搭载的闪光灯泵浦红宝石激光测高仪、“发现号”航天飞机搭载的全球第一台地球轨道激光雷达 LITE（Lidar In-Space Technology Experiment）、“航天号”航天飞机搭载的米散射激光雷达、星载地球科学高度测量激光雷达系统（GLAS）和用于红外探测卫星（CALIPSO）的全球云-气溶胶激光雷达等。

在应用方面，美国已将星载激光三维成像雷达成功应用于空间合作/非合作目标的交会对接、在轨服务及相对导航，典型应用包括猎户座多用途载人飞船（MPCV）激光雷达三维成像系统，具备获取相对位姿的能力；冰云和陆地高度卫星（ICESat-2）搭载的先进地形激光测高系统（ATLAS），可使卫星到地球表面距离的测量精度达到 4mm；CST-100 载人飞船采用 DragonEYE 激光雷达，具有姿态测量功能，可实现自主交会。星载激光三维成像雷达的应用，使美国于 2020 年实现了对航天飞行器在轨机动运行和机动变轨活动全过程的精确跟踪监视。美国将天基激光雷达列为未来的重要核心技术，美国空军研究实验室正开发下一代多功能 ISR 传感器系统，该系统将激光、红外、射频、多光谱成像、超光谱成像、情报、监视和侦察（ISR）等技术集成于一体，将进一步提高美军空间态势感知能力。

2）空基激光雷达

机载激光雷达技术作为新兴的对地观测技术，是一种快速获取地表三维信息的全新技术。美国自 2003 年林肯实验室研制出 32×32 元 APD 阵列探测机载三维成像激光雷达并成功试验后，又陆续研制出多型机载激光雷达，主要产品包括机载合成孔径激光雷达、近红外偏振激光雷达、直升机载激光雷达、无人驾驶激光雷达、机载测风激光雷达、机载差分吸收（IPDA）激光雷达、多频连续波（MTCW）激光雷达、芯片级光学相控阵激光雷达、集成人工智能型机载激光雷达探测系统（ALMDS）等。

美国机载激光雷达技术应用于海洋测量、云-气溶胶探测、地形测量等多个领域。美国机载激光雷达在低空飞行直升机避障、水下目标探测等方面发展较快，适用于厘米级精度的航空遥感激光雷达日趋成熟，用于大气环境探测的机载激光雷达也在不断推进。高重频、人眼安全和宽探测范围的气象激光雷达进一步提高了美国在大气、云-气溶胶探测和气体探测方面的能力。目前，美国通过应用新技术，减小了机载激光雷达的体积和功耗，研制了比智能手机摄像头还小的芯片级轻量化相控阵激光雷达。

3）地基激光雷达

地基激光雷达是美国早期激光雷达技术发展的重点，主要用于大气测量和空间目标监视，经多年发展，已逐步形成地基激光雷达探测网络，包括美国东部激光雷达观测网（REALM）、全球大气成分变化探测网（NDACC）等。这些早期建立的地基激光雷达网虽然在激光雷达探测数据和处理方法的一致性方面尚有一些问题需要解决，但为后期星载激光雷达地面标定与验证提供了重要参考。地基激光雷达观测网通过与天基、空基激光雷达结合，扩大了获取大气信息所覆盖的区域，可逐渐形成空、天、地网络，提高大气探测能力和空间态势感知能力。

美国激光雷达通过充分利用各种平台激光雷达的优点，实现了优势互补，具备利用多种手段对天、空、地的探测能力。各种平台激光雷达及其传感器通过多源信息融合、多平台组网，可满足各种探测与测量任务需求，构建全天候、全方位、立体、高效、系统的探测与测量体系，进一步提升了空间态势感知能力。

2. 欧洲

欧洲以欧空局（ESA）、德国、法国、奥地利、瑞典等国家/机构为主，开发出天基、空基、地基等可多种平台搭载的多型激光雷达。

1）天基激光雷达

欧洲各国开展了多项天基激光雷达计划和项目研发，先后研制出多型星载激光雷达。其中，ESA 的“全球环境与安全监测”（GMES）计划，综合利用了多种对地观测卫星与现场测量数据，进行不同平台观测数据、卫星数据与地面观测数据间的集成与管理，应用于全球环境和安全；瑞典等多家机构合作研究的“基于视觉导航空间碎片运动跟踪技术”项目，分别于 2018 年和 2019 年进行了在轨空间碎片清除试验，为清除太空碎片提供非合作目标位姿信息三维成像。针对未来发展，欧洲制订了一系列发展计划：法国与德国原计划于 2021 年发射搭载差分吸收激光雷达探测甲烷柱状浓度的“灰背隼”（MERLIN）卫星，以进行全球碳循环及温室气体效应研究；ADM-Aeolus 后续任务以激光雷达为基础，研制两颗 Aeolus 卫星，在同一轨道上前后运行，以提高天气预报的准确度。

2）空基激光雷达

欧洲开展机载激光雷达研究的时间较长，经多年积累，技术水平较为先进，已进入商用阶段。早期开展机载激光雷达研究的国家有德国、法国、奥地利等，近期以德国、奥地利、瑞典为主，开发出系列机载激光雷达，包括德国 HELLAS 系列激光三维成像雷达，采用高重复频率激光器，使机载激光雷达探测效率提高到每秒 99.5%以上；奥地利 RIEGL V-LINE 系列机载激光雷达，采用实时波形处理技术，能获得激光发射信号在不同距离层次回波信号，探测能力和场景适用性极大增强；德国 Leica 单光子激光雷达，使用最小激光能量获得更精确的距离测量，将机载激光雷达效率提升到前所未有的水平。这些机载激光雷达陆续投入使用，已圆满完成了多项测量任务。

3）地基激光雷达

欧洲地基激光雷达发展水平位于世界前列，先后发展了欧洲激光雷达网（EARLINET）、水汽探测激光雷达、船载激光测风雷达等。其中，EARLINET是全球第一个气溶胶激光雷达网，为欧洲大陆气溶胶提供了一个全面、定量、具有统计意义的数据库，提高了地球大气探测和测量能力，为后期星载激光雷达发展奠定了基础。水汽探测激光雷达、船载激光测风雷达的研制成功，进一步丰富了大气、水汽和风场测量的手段，具有重要的科学和应用价值。近年来，无人驾驶技术的迅速发展极大地推动了车载激光雷达技术的发展。德国博世集团推出首个量产车用级激光雷达系统，可同时覆盖长距离和短距离，适用于高速公路和城市道路的无人驾驶场景；通过规模化量产，降低了成本，在无人驾驶环境感知系统中占据重要地位。

欧洲各国通过发展天、地、空基激光雷达，构建了覆盖范围广、多技术交融、科学配置手段齐全、信息多源融合的激光雷达协同探测体系，为大气探测、空间交会、在轨空间碎片清除提供了技术支撑，为战场态势感知、反水雷、生化战剂探测及战时反卫星提供了新途径。

3. 俄罗斯

俄罗斯一直重视激光雷达技术发展，但公开报道的激光雷达相关内容较少，从目前搜集到的资料来看，俄罗斯也在不断努力发展天、空、地基各种搭载平台、涵盖多种不同功能的激光雷达，并取得了一些重要研究成果。

1）天基激光雷达

俄罗斯天基激光雷达主要由俄罗斯科学院大气光学研究所和科学生产协会（SPA）等单位进行研究。1986年，苏联开始研制第一台星载激光雷达BALKAN-1，后发展为BALKAN系列星载激光雷达。其中，BALKAN-3采用多波长，提高了激光发射功率，使其对大气、海洋和陆地的探测能力和精度有较大提高。大气光学所还建立了多目标地基激光雷达站，以校正星载激光雷达观测结果。俄罗斯与法国合作研制的ALISSA星载激光雷达，用于空间对地表高度的测量，以及云的激光探测；计划与中国合作研制用于探测100km高度的地球大气激光雷达。

2）空基激光雷达

在空基激光雷达方面，俄罗斯充分利用机载激光雷达精度高、速度快、信息丰富的特点，与光学照相机、红外测距仪等集成实现水域和陆地地形的一体化测量，有效地解决了传统测量方式周期长、机动性差、效率低、测区范围有限的问题。其产品主要涉及可见光机载激光雷达、脉冲式激光雷达等，研发的机载激光雷达测深系统可监测海水污染程度，探测距离为1km，探测深度为海平面以下1m，对海水进行监测时，能确定海水成分、密度、盐浓度、浮游生物量等信息，可了解海水是否受到污染及受污染程度。2018年，俄罗斯Zala公司首次将激光雷达部署在无人机上，通过安装激光扫描仪确定多个表面点的坐标，结合全球导航卫星系统和惯性导航系统，可更好地进行基础设施和地形勘察。该系统提高了俄罗斯对海洋、大气的探测能力，具有重要的军事价值。

3）地基激光雷达

俄罗斯在继承苏联地基激光雷达的基础上，积极发展了覆盖区域更广泛、观测内容更丰富、时空分辨率更高的地基激光雷达观测网，包括全球大气气溶胶激光雷达观测网CIS-LINET、“树冠”激光雷达监视系统、“窗口-M”光电空间监视系统等，增强了俄罗斯对空间目标的监测能力和对空间态势感知能力，成为俄罗斯空间目标监视不可或缺的组成部分。近期研制的可绘制3D图像的新型量子雷达将应用于未来的六代机，其分辨率、抗干扰能力都将产生质的飞跃。无人系统中的驾驶员辅助系统（ADAS）、高精度4D雷达也将使俄罗斯无人驾驶技术水平达到新的高度。

俄罗斯主要发展了天基和地基激光雷达，近年又不断向空基激光雷达拓展，正在通过加强空间态势感知体系的“一体化”建设，构建优势互补、能力融合的全域、全天候的天地一体化态势感知体系。

1.2.2 国内激光雷达的发展现状

目前，国内从事激光雷达研究的科研机构主要包括中国电子科技集团第二十七研究所、中国科学院安徽光学精密机械研究所、中国科学院上海技术物理研究所等科研院所及大专院校，共同构建了一个门类齐全、水平先进、蓬勃发展的新生科技领域。中国电子科技集团第二十七研究所研制的激光成像雷达入选庆祝改革开放40周年大型展览；空间交会对接激光雷达助力中国空间站的建造和运行。2022年4月，大气环境监测卫星在太原卫星发射中心成功发射，中国科学院上海光学精密机械研究所承研的二氧化碳和高光谱激光雷达系统是该卫星的主载荷，也是国际首台具备二氧化碳主动探测能力的星载设备，可有效助力我国的双碳国家战略和全球碳排放的高精度监测。

近年来，在智能驾驶等产业的快速牵引下，国内激光雷达产业化进程加快，产品主要有单点扫描激光雷达，二维扫描激光雷达，16线、32线、64线、128线激光雷达，以及混合固态激光雷达等，涉及机器人、AGV、无人驾驶、精密加工、车载测绘、机载测绘和生态监测等领域。此外，各大汽车厂商也加快了激光雷达辅助无人驾驶研发的进程，推动了无人车导航、无人驾驶技术的发展。

随着关键技术的不断突破，相控阵、合成孔径、偏振、微多普勒等多元化新体制激光雷达不断涌现；宽频可调谐高效大功率激光器、光参量振荡（OPO）、频率捷变材料（FAM）、高灵敏度快速响应光电探测器等新技术、新体制的研发，极大地促进了激光雷达的发展。

1.3 激光雷达的应用

激光雷达的应用涉及测角、测距、测速、成像等方面，在军、民用方面已得到广泛应用。目前，激光雷达广泛应用于大气探测、空间探测、测风、空间交会对接、直升机避障、无人驾驶、水下探测、化学/生物战剂探测、制导等领域，技术较为成熟，世界各国研发和应用了多款产品。与此同时，随着各种新技术的开发，激光雷达性能不断提高，新设备也不断涌现。

1.3.1 空间探测激光雷达

在空间遥感领域，激光雷达技术由于能够快速获取探测目标的高度数据及高精度三维空间数据，已成为地球、月球、行星探测等的重要手段之一。

1994 年，美国国防部和 NASA 联合研制的月球探测器 Clementine 发射升空，搭载的激光雷达运行在高度为 640 km 的轨道上，覆盖了月球两极 60° 之间的范围，探测的数据用于绘制月球表面高程图。1996 年，NASA 发射“火星全球勘探者号”（MGS）宇宙飞船，其搭载的激光雷达测高系统（MOLA-2）对火星地形地貌进行测量，为火星表面相关研究及火星探测器着陆点选址提供了资料。同年，美国发射近地小行星交会探测器（NEAR），搭载的激光雷达仪器对近距离小行星进行了为期 1 年的观测。2003 年，美国发射了全球首颗激光测高试验卫星 ICESat，搭载地球科学激光测高仪（GLAS）进行科学研究。2018 年，美国发射了搭载“先进地形激光测高系统”（ATLAS）的 ICESat-2 卫星，继续对极地冰盖、海冰高程变化及森林冠层覆盖等进行科学研究。2007 年，日本发射了“月亮女神”探测器，其搭载的激光高度计获得了整个月球的地表信息，基于这些观测数据，绘制了高精度月球地形图。2008 年，印度发射了首颗探月卫星“月球初航 1 号”，根据其搭载的月球激光测距仪提供的卫星飞行高度精确数据，绘制了月球高程地形图，获得了改进的月球重力场模型等。

1.3.2 交会对接激光雷达

空间交会对接是两个航天飞行器（如飞船、航天飞机等）在空间轨道上按预定要求会合，并通过专用对接装置将其在结构上连成一个整体的技术，是实现空间站、航天飞机、太空平台和空间运输系统空间装配、补给、维修等在轨作业的先决条件。

目前，世界上掌握空间交会对接技术的国家/地区有美国、俄罗斯、中国、欧洲和日本，全球已成功完成交会对接约 500 次。美国最早研制出用于空间交会对接的激光雷达、光学敏感器等自主交会对接测量设备。1986 年，美国约翰逊空间中心和 NASA 分别披露了研制激光对接系统和多目标/单目标定向敏感器；1997 年，NASA 推出了交会对接有源传感器。苏联也开发了交会对接激光雷达。欧空局自 20 世纪 80 年代初开始研究中短程用自主交会对接激光雷达技术；德国于 1983 年开始研发用于自主交会对接用光电敏感器。日本于 20 世纪 80 年代后期开始研究交会对接激光雷达。1987 年，日本东京宇航研究所研发了交会对接扫描激光雷达；1989 年，日本电气、三菱电机公司推出了交会对接跟踪用激光雷达；1995 年，日本 NASDA 公司也研制出交会对接光学敏感器系统等。

随着激光技术、传感器技术的不断发展和新型跟踪算法的产生，交会对接激光雷达技术不断进步，用于宇宙飞船交会对接的激光传感器性能已被验证。

1.3.3 大气探测激光雷达

大气探测激光雷达通过探测激光与大气相互作用的辐射信号来遥感测量大气，获得气溶胶、云、温室气体、大气密度、水汽等相关数据，为气象、气候与环境等领域提供数据支持。

大气探测激光雷达采用米氏散射、瑞利散射、拉曼散射、共振荧光等工作机制，目前技术已经较成熟，广泛应用于天基、空基、陆基等多种平台。星载激光雷达在视角、探测范围、精度、时空分辨率、时空连续性和全天候观测方面具有很大的优势，是当前空间载荷发展的重要和热点方向。鉴于机载、地基、球载激光雷达系统受地面、布站、光照、观测段等因素的限制，无法对全球提供连续观测的时空信息。

1.3.4 测风激光雷达

测风激光雷达作为重要的遥感测风仪器，可测量不同高度的风速、风向、紊流、风速剖面、风场数据等信息，能够极大地提高军、民用天气预报的准确性，对气象监测、机场风切变预警、相关活动（如炮弹发射、舰艇上机群起降、卫星及导弹发射）气象保障等均具有重要意义。

常用测风激光雷达为多普勒激光雷达。2018 年，ESA 发射了全球首颗用于观测地球风场的“风神”（Aeolus）卫星，其搭载的主要设备为“阿拉丁”（ALADIN）多普勒测风激光雷达，能提供全球三维风场轮廓测量。英国 ZX Lidars 公司研发了一系列垂直和水平风廓线测风激光雷达，用于全球风电场开发、建设和运营。英国 SgurrEnergy 公司推出 Galion 系列相干测风激光雷达，在陆上、海上均能测量风速、风向等风特性。法国 LEOSPHERE 公司生产的 WINDCUBE 系列多普勒测风激光雷达，已广泛应用在各种环境条件下的测量。美国洛克希德・马丁公司生产的“追风者”（WindTracer）激光雷达，主要用于提供风暴和风向变化警报，改善航班安全、提高机场运行效率。丹麦 Windar Photonics 公司于 2010 年与 Vestas 公司开展合作，为 Vestas 智能风机提供多普勒测风激光雷达 Windar LiDAR。此外，也有基于非多普勒技术的测风激光雷达。以色列 Pentalum 技术公司开发的 SpiDAR 激光雷达，从基本工作原理上规避了引起多普勒激光雷达成本高昂等多方面因素，具有性价比竞争优势。

1.3.5 导航避障激光雷达

激光雷达是感知运载工具外部环境的核心传感器，能够实时获取直升机、无人机等运载平台周围环境的三维信息，为飞行员提供简单、易理解的避障信息。其中，应用尤为广泛的是直升机避障激光雷达系统，主要用于在复杂地形地貌环境中和视觉条件恶劣时，对直升机的飞行和着陆环境进行探测，识别并告警危险目标，判别危险航行轨迹和危险着陆区域，以及未知环境中的安全航迹规划和着陆导航等。

德国 EDAS 公司于 2001 年左右研制了 HELLAS-A 与 HELLAS-W 激光雷达。HELLAS-W 的探测距离大于 1000m，对于 10mm 线缆能实现 500m 外探测，体积为 320mm×300mm×500mm，重 27kg。HELLAS-W 已应用于德国联邦警察 EC-135 型直升机和泰国皇家空军 BELL-412 型 VIP 专用直升机。2015 年 8 月，法国空客防务与空间公司演示了其 Sferion 直升机飞行员辅助导航系统，用于辅助直升机飞行员在恶劣视觉环境中操作。该系统由数字地形和障碍数据库、战术信息、飞行计划管理和三维成像激光雷达组成，支持位置环境中的起飞和着陆，提供障碍和地形探测、告警功能。

基于美国国防部“三维着陆区联合能力技术演示”（3D-LZ JCTD）项目，美国空军研究实验室成功研制了集成激光雷达和前视红外能力的 3D-LZ 光电辅助导航系统。该系统采用高分辨率成像激光雷达引导直升机在不良视觉环境中巡航、进场、着陆和起飞。该系统成像模式为单点 APD 配合多边形扫描，视场角为 60°×30°，水平光束间距为 1mrad，垂向光束间距为 1mrad，垂向扫描速度为 150mrad/s，探测距离为 610m，测距精度为 1cm。2009 年，EH-60“黑鹰”直升机安装 3D-LZ 激光雷达进行了第一次飞行测试，为飞行员提供了着陆和起飞过程中的连续图像。2013 年，该系统进一步改进并演示了增强的障碍探测告警能力。

以色列 Elbit Systems 公司研制的 SWORD 障碍监视告警系统，主要采用高速激光进行地形和障碍目标的数字化测绘，提供声音和图像告警信号。SWORD 系统对 5 mm 的线缆能够实现最远 1300m 外告警探测，提前告警时间为 12s。在此基础上，Elbit Systems 公司将 SWORD 系统进行优化后，重点装备于在沙漠地区战场作战的军用直升机平台，解决了低能见度着陆的技术难题。

1.3.6 无人驾驶车载激光雷达

现阶段，激光雷达已经被视为实现无人驾驶的必备传感器，其探测距离远、精度高，生成的地图信息更容易被计算机解析，与毫米波雷达、摄像头等无人驾驶设备相结合，互为补充，可有效提高车辆对环境感知的准确度。新型激光雷达不断开发和应用，推动了无人驾驶领域的加速发展。

日本三菱电机公司于 2020 年宣布开发出一种紧凑型激光雷达解决方案，该方案结合了微机电系统（MEMS），可实现超宽水平扫描角度，并能准确检测无人驾驶系统前方物体的形状和距离。该方案使用激光照射物体，并使用双轴（水平和垂直）微机电系统镜扫描反射光，生成车辆和行人的三维图像。

美国 Lumotive 公司于 2020 年 5 月发布了 3D 激光雷达传感设备 Lumotive X20 和 Lumotive Z20，这两款产品采用液晶超表面（LCM）和 CMOS 制造工艺，用于汽车和工业自动化领域。Lumotive 公司利用成熟的 CMOS 芯片制造工艺，可以实现具有竞争力的成本量产，从而满足低成本需求。

美国 Velodyne 公司致力于三维激光雷达的研发，自 2007 年起，先后推出多款激光雷达，主要产品型号包括 HDL-64E、HDL-32、VLS-128 等，可应用于汽车无人驾驶、测绘、高精度地图、机器人导航、避障等领域。Velodyne 公司在无人驾驶领域具有很大优势，谷歌、百度、优步、福特、通用、奔驰等知名公司的无人驾驶产品都采用了 Velodyne 公司的激光雷达解决方案。VLS-128 是 Velodyne 公司研制的 128 线激光雷达，其高分辨率数据可以直接用于物体检测，无须额外的传感器融合，可以提供车辆计算的安全度和冗余度，降低了总体计算复杂度。VLS-128 能使用 Velodyne 公司的专有激光对准和制造系统自动组装，解决了产能不足的问题。

1.3.7 水下探测机载激光系统

机载激光雷达通过发射能够穿透水体的蓝绿波段激光进行水下探测，已逐渐发展成为一种主要的主动式水下探测技术，可实现水雷等水下目标探测，以及获取近岸水深、水下地形等信息。

美国海军官方网站正式公布AN/AES-1机载激光水雷探测系统（ALMDS）实现初始作战能力。ALMDS由诺斯洛普·格鲁曼公司研制，用于检测、分类和定位水面和近水面的系留水雷，能有效排除存在于沿海区域、密闭海峡和咽喉要道的水雷威胁。ALMDS能够昼夜不间断操作，无水中拖曳设备。它利用飞机向前运动产生的图像数据，大量存储数据用于任务后分析。安装ALMDS的吊舱通过标准炸弹架单元14（BRU-14）与MH-60S直升机进行机械连接，并通过主要和辅助电缆与操作控制台连接。ALMDS操作控制台适用于所有MH-60S机载反水雷系统。2019年，美国海军直升机海上战斗中队（HSC-28）在波罗的海演习（BALTOPS）中测试了ALMDS和“射水鱼”（Archerfish）机载反水雷系统。

ALMDS是集激光系统、全球定位系统和惯性导航系统等于一体的机载激光测深（简称ALB）系统，在河流海岸水深测量、珊瑚礁监测、水面油污监测和水下鱼群监测等领域得到广泛应用。经美国、加拿大和瑞典等国的研究和发展，如今已有多款较为成熟的商用机载激光雷达测深系统。

1.3.8 化学/生物战剂探测激光雷达

对化学/生物战剂及有毒气体的遥测一直是各国军事及民用机构非常关注的。激光雷达能够基于激光传输和回波信号分析，探测几千米距离内以薄云形式存在的极低浓度的各种战剂，其性能是目前其他技术无法媲美的。激光雷达利用散射现象探测和测量这些薄云的范围，然后基于每种战剂仅吸收特定波长激光的原理，利用差分吸收、差分散射、弹性后向散射、感应荧光等原理，分析和识别薄云的成分，提供快速的化学/生物威胁的警报。

美国陆军化学和生物防御司令部分别于1996年和1999年研制出长距离生物气溶胶探测系统（LR-BSDS）和短距离生物气溶胶探测系统（SR-BSDS）。LR-BSDS安装在UH-60直升机内。基于LR-BSDS，美军研制了反扩散长距离生物气溶胶探测系统（CPLR-BSDS）。2004年，美军又研制出联合生物遥感探测系统（JBSDS），该系统能在安全防护距离利用激光雷达探测防区外的化学与生物威胁，已安装于多功能军用越野吉普车上。俄罗斯的KDKhR-1N型远距离地面激光战剂报警系统，采用气溶胶光学定位方法，探测大气并记录战剂吸收和散射的激光辐射，从而确定战剂气溶胶云的坐标及相关参数。德国研制了 VTB-1 型遥测化学战剂传感器和车载生物战剂遥测激光雷达（BALI），使用连续波 CO_2 激光器，利用微分吸收光谱学原理遥测化学战剂，利用 Nd:YAG 激光器识别气溶胶的生物性及种类。英国国防科技实验室在 2003—2008 年研制了紫外激光诱导荧光雷达系统 Mk1、Mk2、Mk3，均采用 266nm 波长，可探测 11km 内的生物气溶胶云团。加拿大国防部先后研制了集成化高光谱分辨率主动探测系统（SINBAHD）和短距离激光诱导荧光雷达系统（SR-BioSpectra），用于生物气溶胶的探测、鉴定、浓度测量等。美国国防部高级研究计划局（DARPA）先后开展了"紧凑型中紫外技术"（CMUVT）项目、"战术有效的拉曼紫外激光光源"（LUSTER）项目，开发出结构紧致、高效、低成本、可灵活部署的激光化学/生物战剂探测新技术，减小了化学/生物战剂探测系统的体积和重量，并大幅提高了效率。

1.3.9 制导激光雷达

成像制导激光雷达主要用于弹上制导，与其他激光制导方式相比，激光雷达利用高精度三维影像数据实现目标的准确识别，且具有更强的抗干扰能力，尤其是与红外或射频制导复合使用时，能够提高弹上末制导能力，显著提升战术导弹的命中准确率，是空地武器自主精确制导手段的重要组成部分，因此成像制导激光雷达成为各国的研究和发展重点。

美军开展了多项激光雷达制导技术研究工作，主要包括：①美国空军赖特实验室研制的激光雷达寻的器，可为空地武器及近程消耗性弹药提供精确制导；②美国 AGM-129A 空射巡航导弹，采用惯性中制导加激光雷达末制导方式，其激光雷达由 1 台 CO_2 激光器、波束形成和定向光学组件、探测器电子组件和信号处理电子组件构成；③美军"网火"（Netfires）导弹武器系统、低成本自主攻击系统（LOCAAS）都采用激光雷达制导方式进行高分辨率目标识别，激光雷达系统将探测目标呈现为实时三维图像，通过自动目标识别处理器进行探测和分类，在各种气象条件下和对抗环境中性能突出。

美国陆军于 2007 年成功验证了洛克希德·马丁公司的多模式增强型激光雷达导引头。该导引头在单独工作于半主动激光模式、激光雷达模式，以及半主动激光/激光雷达复合模式时，都成功捕获和跟踪了目标，提供了一种可在多个领域应用的高分辨率三维成像解决方案，可用于广域搜索和鉴别现有或潜在威胁，并在一定程度上对付伪装或被植被遮挡覆盖的目标。

片上集成激光雷达技术的迅猛发展及芯片化激光雷达的推出，为发展高性能、小型化弹载激光雷达开辟了新途径。2015 年，DARPA 开展的宽视场激光相控阵技术研究将相控阵天线与激光组件集成在一个微芯片上。2019 年美国空军研究实验室开发了芯片级、轻量化、低成本“光学相控阵和激光雷达”系统，为微小型低成本激光雷达应用的制导提供了有效路径。

1.4 激光雷达的主要技术与性能指标

1.4.1 技术指标

激光雷达的主要技术指标包括激光波长、安全等级、探测距离和视场角、分辨率、测距精度、帧频等。

- 激光波长：目前，市场上三维成像激光雷达最常用的波长是 905nm 和 1550 nm。而机载激光雷达采用的激光波长一般位于近中红外的大气窗口，常用的有 1064nm、1047nm、1550nm 等。测深激光雷达系统还采用透水性较好的蓝绿激光波段，如 532nm。
- 视场角：激光雷达的视场角有水平视场角和垂直视场角。机械旋转激光雷达的水平视场角为 360°。
- 分辨率：一个是垂直分辨率，另一个是水平分辨率。无人驾驶环境感知激光雷达因为在水平方向上是由电动机带动的，所以水平分辨率可以做得很高，一般可以达到 0.01° 级别。垂直分辨率既与发射机的功率大小相关，也与其排布有关，相邻两个发射机的间隔越小，垂直分辨率就越高。垂直分辨率为 0.1°～1° 级别。
- 探测距离：激光雷达的测距与目标的反射率有关。目标的反射率越高，测量的距离越远；目标的反射率越低，则测量的距离越近。因此，在查看激光雷达的探测距离时，要清楚该距离是目标反射率为多少时的探测距离。
- 最大探测距离：通常需要标注基于某个反射率的测得值。例如，白色反射体的反射率约为 70%，黑色物体的反射率为 7%～20%。
- 距离分辨率：是指可区分两个目标物体的最小距离。
- 测距精度：是指对同一目标进行重复测量得到的距离值的误差范围。
- 测量帧频：测量帧频与摄像头的帧频概念相同，刷新率越高，响应速度越快。

1.4.2 环境适应性

环境适应性是指装备（产品）在其寿命期内预计可能遇到的各种环境的作用

下，能实现其所有预定功能与性能和（或）不被破坏的能力。从定义可以看出，环境适应性是装备的一个质量特性，是装备的固有能力。这一能力通过设计融入装备中，并通过各种试验（包括环境激发试验与环境验证试验）来加以提高和进行验证，同时通过一系列环境工程管理活动加以保证。

具体而言，环境适应性的指标包括高低温、温度冲击、霉菌、盐雾、温湿度、振动等方面。

- 贮存时要求产品在寿命期内的高低温贮存环境中不会引起由合格判据确定的不可逆损坏；循环工作和恒温工作时要求产品在寿命期使用阶段遇到的高低温环境中能正常工作，即其功能正常且性能满足误差要求。
- 要求产品在寿命期内遇到温度突变后不产生结构损坏，能正常工作。
- 要求产品在寿命期内表面不应长霉或长霉程度在允许范围之内（具体由合格判据规定），且能正常工作。
- 要求产品在寿命期内的盐雾环境中受到的腐蚀程度在允许范围之内（具体由合格判据规定），且能正常工作。
- 要求产品在寿命期内的湿热环境中暴露时和暴露后，其表面形貌、材料性质和绝缘性能不受规定程度的影响，且能正常工作。
- 要求产品在经受使用中遇到振动作用时和作用后能正常工作，且结构不发生累积疲劳损伤。

1.4.3 安全等级

激光雷达的安全等级是否能保障人眼安全，需要考虑到特定波长的激光产品在完全工作时间内的激光输出功率，也就是激光辐射的安全性是波长、输出功率和激光辐射时间的综合作用的结果。根据 IEC 60825—1 通用安全标准激光产品国际标准，激光安全等级分为以下四级。

（1）一级

激光功率小于 0.5mW，为安全型激光。一级激光在正常使用条件下不会对人类的健康带来危害，但是这类产品仍需保证采用了防止工作人员在工作过程进入激光辐射区域的设计。

（2）二级

激光功率小于 1mW。该等级的激光有小功率、可见激光，人眼凭借对强光的眨眼反射能进行自我保护，但直视时间过长会带来危险。二级激光要在激光器出光口部位张贴警告标志。

（3）三级

三级又分为3a和3b两种，3a级激光的功率为1～5mW，和二级一样，要在激光器出光口部位张贴警告标志。若只是短时间看到，人眼对光的保护反射会起到一定的保护作用，但是如果光斑聚焦时进入人眼，则会对人眼造成伤害。3b级激光的功率为5～500 mW，直视或漫反射时可能会对人眼造成伤害。3b级激光一般贴有“危险”标志，尽管它对人眼存在伤害，但如果光斑不聚焦，引起火灾或烧伤皮肤的可能性较小，但还是建议使用此等级激光时要佩戴护眼装置。

（4）四级

四级激光的功率为500mW以上。该等级的激光对人眼和皮肤都有很大伤害，直接反射、漫反射都会造成损伤。所有四级激光设备都必须贴有“危险”标志。四级激光还能损坏激光附近的材料，引燃可燃物。使用该等级激光时，需要佩戴护眼装置。

不同体制和功能的激光雷达的波长选择不尽相同。以测距类激光雷达为例，CO_2激光透过大气雾霾和战场烟雾的性能较好。相同输出功率的CO_2测距激光雷达的测程性能优于Nd:YAG测距激光雷达；而相同测程的CO_2测距激光雷达所需的激光功率小于Nd:YAG测距激光雷达。

此外，Nd:YAG激光器发射的1.06μm波长激光能透过眼球，经眼球聚焦后强度增强，极易损伤视网膜；而眼球对10.6μm波长的CO_2激光不透射，因而不易损伤视网膜，对人眼较安全。对于10.6μm波长的CO_2激光，人眼允许接收的最大曝光量比1.06μm波长的Nd:YAG激光大2×10^3倍。根据美国和英国的标准，对10.6μm波长、1～100ns脉宽的激光脉冲，人眼允许接收的最大曝光量为$10mJ/cm^2$。因此，典型的CO_2测距激光雷达不损伤人员的安全距离为离发射孔径0.3m以上，而Nd:YAG测距激光雷达的安全距离数量级为10^2～10^3m。例如，LRR-104型手持式测距激光雷达为400m，AN/GVS-5型手持式测距激光雷达为1.1km，M-1坦克测距激光雷达为4km。

参考文献

[1] 田林，戚发轫，果琳丽，等. 载人月面着陆地形障碍探测与规避方案研究[J]. 航天返回与遥感， 2014, 35(6):11-18.

[2] 郑永超，王玉诏，岳春宇，等. 天基大气环境观测激光雷达技术和应用发展研究[J]. 红外与激光工程，2018, 47(3):1-14.

[3] 卢乃锰，闵敏，董立新，等. 星载大气探测激光雷达发展与展望[J]. 遥感学

报，2016, 20(1):1-10.

[4] 戴永江. 激光雷达技术[M]. 北京：电子工业出版社，2002.

[5] 田晓敏. 大气探测激光雷达网络和星载激光雷达技术综述[J]. 大气与环境光学学报，2018, 13(6):401-416.

[6] 郝雅楠，陈杰，祝彬，等. 美军地基空间态势感知系统的现状与趋势[J]. 国防科技工业，2019, 9(3):34-37.

[7] 徐菁. 欧洲全球环境与安全监测计划将全面运行(上) [J]. 中国航天，2010, 20(6):5-9.

[8] 孙棕檀. 欧洲“空间碎片移除”在轨试验任务简析[J]. 中国航天：2019, 29(3):15-19.

[9] 侯利冰，郭颖，黄庚华，等. 光子计数激光雷达时间-数字转换系统[J]. 红外与毫米波学报，2012, 31(3):243-247.

[10] 李奇，王建超. 基于 CZMIL Nova 的中国海岸带机载激光雷达测深潜力分析[J]. 国土资源遥感，2020, 12(1):7-12.

[11] XI Y C, LUO Q L. A Morphology-based method for building change detection using multi-temporal airborne LiDAR data[J]. Remote Sensing Letters, 2018, 9 (2): 131–139.

[12] ANDRYAKOV A, MALYGIN D V, KHABIBULIN A R. Development of lidar system based on nanosatellite for composition of 3D space debris map[J]. Journal of Physics: Conf. Series, 2019(1326):012021.

[13] YU C, SHANGGUAN M, XIA H, et al. All-fiber upconversion high spectral resolution wind lidar using a fabry-perot interferometer[J]. Optics Express, 2017(25):14611-14620.

[14] GOLOUB P, VESELOVSKII I, et al. Long-range-transported Canadian smoke plumes in the lower stratosphere over northern France[J]. Atmospheric Chemistry and Physics, 2019(19):1173–1193.

[15] MAMOURI R E, ANSMANN A. Potential of polarization lidar to provide profiles of CCN- and INP-relevant aerosol parameters[J]. Atmospheric Chemistry and Physics, 2016(16):5905-5931.

[16] BALENOVIĆ I, GAŠPAROVIĆ M, SIMIC MILAS A, et al. Accuracy assessment of digital terrain models of lowland pedunculate oak forests derived from airborne laser scanning and photogrammetry[J]. Journal for Theory and Application of Forestry Engineering, 2018, 39(1):117-128.

[17] SECHRIST S. nVerpix takes best prototype honors in the I-zone[J]. Journal of Information Display, 2016(32), 10-12.

[18] TANGUY Q A A, GAIE O, PASSILLY N, et al. Real-time lissajous imaging with a low-voltage 2-axis MEMS scanner based on electrothermal actuation[J]. Optics Express, 2020, 28(6):8512-8527.

[19] LUO QINGLI, HU MINGYUAN, ZHAO ZHENG, et al. Design and experiments of X-type artificial control targets for a UAV-LiDAR system[J]. International Journal of Remote Sensing, 2020, 41(9): 3307-3321.

[20] POLLOCK C, JAVOR J, STANGE A, et al. Extreme angle, tip-tilt MEMS micromirror enabling full hemispheric, quasi-static optical coverage[J]. Optics Express, 2019(27):15318-15326.

[21] WANG D, WATKINS C, ARADHYA M, et al. A large aperture 2-axis electrothermal MEMS mirror for compact 3D LiDAR[C]//In Proceedings of the 2019 International Conference on Optical MEMS and Nanophotonics (OMN), 2019:180-181.

[22] MAMOURI R E, ANSMANN A. Potential of polarization/Raman lidar to separate fine dust, coarse dust, maritime, and anthropogenic aerosol profiles[J]. Atmospheric Measurement Technigues, 2017(10):3403-3427.

[23] ROMANOVSKII O A, SADOVNIKOV S A, KHARCHENKO O V, et al. Development of Near/Mid IR differential absorption OPO LiDAR system for sensing of atmospheric gases[J]. Optics and Laser Technology, 2019(116):43-47.

[24] ZHOU L, ZHANG X, XIE H. An electrothermal Cu/W bimorph tip-tilt-piston MEMS mirror with high reliability[J]. Micromachines, 2019(10):323.

[25] LUO L. A morphology-based method for building change detection using multi-temporal airborne LiDAR data[J]. Remote Sensing Letters, 2018, 9(2): 131-139.

[26] 祝耀昌，常文君，傅耘，等. 武器装备环境适应性要求、环境适应性验证要求和环境条件及其相互关系的讨论[J]. 航天器环境工程，2012, 29(1):1-6.

[27] IEC 60825—1 激光产品通用安全标准[S]. IEC，2014.

第 2 章
激光雷达距离方程

激光雷达距离方程表征了雷达与探测目标之间的空间能量关系，反映了与雷达探测距离有关的因素及它们之间的内在关系，将激光雷达的作用距离与发射机、接收机、光学天线及目标特性等因素关联起来，反映了不同环境特性变化时的变化规律。激光雷达距离方程不仅可确定某一特定条件下雷达能够探测到目标的最大作用距离，而且可作为研究影响激光雷达性能因素的重要手段和系统设计辅助工具，帮助工程设计人员深入理解激光雷达工作对各参数的要求，从而为激光雷达系统的详细设计提供计算模型。

2.1　激光雷达距离方程的基本形式

激光雷达是以光波为工作频段的雷达系统，是微波雷达在电磁波频段的扩展，二者的测距原理基本相同。

对于激光雷达，发射光学天线的增益 G 为

$$G=\frac{4\pi}{\Omega_t} \tag{2.1}$$

式中，Ω_t 为发射光束立体角，它与激光发散角 θ_t（平面角）的关系为

$$\Omega_t=\pi\theta_t^2/4 \tag{2.2}$$

将式（2.2）代入式（2.1），可得

$$G=\frac{4\pi}{\Omega_t}=\frac{16}{\theta_t^2} \tag{2.3}$$

激光雷达的系统传播损耗 L 为

$$L=\frac{1}{\eta_t\eta_r T_{A1}T_{A2}} \tag{2.4}$$

式中，η_t 为发射光学系统效率；η_r 为接收光学系统效率；T_{A1} 为从发射机到目标的大气透过率；T_{A2} 为从目标到接收机的大气透过率。

激光雷达距离方程的基本形式为

$$P_r=P_t\cdot\frac{16}{\theta_t^2}\cdot\frac{1}{4\pi R_1^2}\cdot\sigma\cdot\frac{1}{4\pi R_2^2}\cdot A_r\eta_t\eta_r T_A^2=\frac{P_t\sigma A_r\eta_t\eta_r T_{A1}T_{A2}}{\pi^2\theta_t^2R_1^2R_2^2} \tag{2.5}$$

式中，P_t 为激光发射功率；R_1 为发射机到目标的距离；R_2 为目标到接收机的距离；σ 为目标的散射截面积；A_r 为接收天线面积。

激光雷达通常采用单基地模式，从而有 $R_1=R_2=R$、$T_{A1}=T_{A2}=T_A$，因此，式（2.5）变为

$$P_r=\frac{P_t\sigma A_r\eta_t\eta_r T_A^2}{\pi^2\theta_t^2R^4} \tag{2.6}$$

从激光雷达距离方程的基本形式可以看出，激光雷达探测距离可看作激光在经过光学天线、传输介质、目标散射和接收后，其发射功率与相关参数的乘积。不同特性的目标，其回波信号特征会有差异，相应的激光雷达距离方程具有不同的应用形式。

2.2 激光雷达距离方程的几种应用形式

在实际应用中，激光雷达光束照射到目标上的光斑特性分以下三种情况：①光斑尺寸大于目标尺寸，使得目标截面完全处于光斑照射范围内，称为小目标探测。远距离激光探测通常属于此种情况，如火控激光雷达对战斗机、导弹、无人机等目标的探测。②光斑尺寸小于目标尺寸，使得目标截面不能被完全覆盖，称为扩展目标探测。近距离激光探测通常属于此种情况，如对近距离楼房、车辆及山体等目标的探测。③在一个方向上光斑尺寸超过目标尺寸，而在另一个方向上光斑尺寸小于目标尺寸，称为线目标探测。长条形目标的探测通常属于此种情况，如对电力线、钢梁架设的塔等目标的探测。激光在目标上的光斑分布不同，会造成散射特性的不同，从而遵循不同形式的激光雷达距离方程。

2.2.1 小目标探测激光雷达距离方程

如果激光雷达发射的光束截面积超过了被照亮目标的截面积，则要用目标上全部被照亮的区域来进行激光雷达作用距离计算，此时可获得小目标探测激光雷达距离方程。

根据朗伯散射定理，在正入射条件下，若目标的后向散射立体角为π，被照射的面积元为 A_{s}，则散射截面积 σ_{PT} 为

$$\sigma_{\mathrm{PT}} = 4\rho_{\mathrm{PT}} A_{\mathrm{s}} \tag{2.7}$$

式中，ρ_{PT} 为小目标散射平均反射系数。代入式（2.6），可得小目标散射返回的激光功率

$$P_{\mathrm{r}} = \frac{4P_{\mathrm{t}}\rho_{\mathrm{PT}}A_{\mathrm{r}}A_{\mathrm{s}}\eta_{\mathrm{t}}\eta_{\mathrm{r}}T_{\mathrm{A}}^{2}}{\pi^{2}\theta_{\mathrm{t}}^{2}R^{4}} \tag{2.8}$$

这里假设发射光和接收光的波长相同。

2.2.2 扩展目标探测激光雷达距离方程

扩展目标探测时，激光雷达接收到目标散射的全部回波光束，即激光雷达发射并照射到目标上的光斑面积小于目标的截面积，且光斑的所有辐射均能反射。

通过扩展目标散射截面积的计算，可获取此时的激光雷达距离方程。

扩展目标被照射的光斑面积为

$$A_s = \pi R^2 \theta_t^2 / 4 \tag{2.9}$$

目标的有效散射截面积 σ_{Ext} 为

$$\sigma_{Ext} = \pi \rho_{Ext} \theta_t^2 R^2 \tag{2.10}$$

式中，ρ_{Ext} 是扩展目标平均反射系数。将式（2.10）代入式（2.6），得出扩展目标散射返回的激光功率

$$P_r = \frac{P_t \rho_{Ext} A_r \eta_t \eta_r T_A^2}{\pi R^2} \tag{2.11}$$

大部分目标遵循朗伯散射特性，也有部分目标的散射特性与朗伯散射差异巨大，表现为反射信号集中在后向很小的角度范围内，如角反射器等合作目标，具有很强的方向散射性。

2.2.3 线目标探测激光雷达距离方程

线目标探测时，照射到目标上的激光在一个方向上照亮的区域面积小于目标在该方向上的截面积，而在另一个方向上照亮的区域面积大于目标在该方向上的截面积。通过线目标散射截面积的计算，可获取此时的激光雷达距离方程。

对于线目标，目标在激光中的散射截面积 σ_W 可近似表示为

$$\sigma_W = 4 \rho_W R \theta_t d \tag{2.12}$$

式中，ρ_W 是线目标平均反射系数；d 是线目标小于光波照亮区域的尺寸。代入式（2.6），得出线目标散射返回的激光功率

$$P_r = \frac{4 P_t \rho_W d A_r \eta_t \eta_r T_A^2}{\pi^2 \theta_t R^3} \tag{2.13}$$

2.2.4 合作目标探测激光雷达距离方程

对于合作目标，其激光雷达散射截面积可由雷达散射截面积的基础定义推导得出。理论上，目标的雷达散射截面积定义为

$$\sigma = \lim_{R \to \infty} 4\pi R^2 \left| \frac{E_s}{E_i} \right|^2 \tag{2.14}$$

式中，E_i 为入射激光的电场振幅；E_s 为远场观测的散射激光电场振幅；R 为目标到雷达的距离；$R \to \infty$ 表示激光雷达距离目标足够远，即散射截面积代表的是目标对激光的远场散射面积。由于光通量密度与光波电场强度振幅模的平方成正比，因此可采用光通量密度的方式表征雷达散射截面积，即

$$\sigma = 4\pi R^2 \frac{\phi_s}{\phi_i} \tag{2.15}$$

式中，ϕ_i 为入射光通量密度；ϕ_s 为观测点处的散射光通量密度。

若光斑的照射面积为 A_e，则照射到目标上的总功率为 $P_i = \phi_i A_e$。假设目标的反射比为 ρ_{Coo}，则目标散射总功率为

$$P_s = \rho_{Coo} P_i = \rho_{Coo} \phi_i A_e \tag{2.16}$$

对于合作目标，散射光功率主要集中在入射后向一个很小的角度范围内，即后向散射角，因此可近似认为散射功率全部集中在后向散射角内，散射角以外的散射功率忽略不计。此时，可得观测点处散射光通量密度

$$\phi_s = \frac{P_s}{\Omega_s R^2} = \frac{\rho_{Coo} \phi_i A_e}{\Omega_s R^2} \tag{2.17}$$

式中，Ω_s 为后向散射立体角。将式（2.17）代入式（2.15），可得

$$\sigma = 4\pi \rho_{Coo} A_e / \Omega_s \tag{2.18}$$

Ω_s 与后向散射角（平面角）θ_s 之间的关系为

$$\Omega_s = \pi \theta_s^2 / 4 \tag{2.19}$$

从而可得合作目标的激光雷达散射截面积

$$\sigma_{Coo} = 16 \rho_{Coo} A_e / \theta_s^2 \tag{2.20}$$

式中，θ_s 为合作目标的后向散射角。将式（2.20）代入式（2.6），可得合作目标探测激光雷达距离方程

$$P_r = \frac{16 P_t \rho_{Coo} A_e A_r \eta_t \eta_r T_A^2}{\pi^2 \theta_t^2 \theta_s^2 R^4} \tag{2.21}$$

2.2.5 软目标探测激光雷达距离方程

激光雷达的探测对象分为两大类，即硬目标与软目标。硬目标是指陆地、地物及空间飞行物等宏观实体探测对象，而软目标是指大气和水体等探测对象。软目标的回波机制分为 Mie 散射、Rayleigh 散射、Raman 散射、共振荧光等几类。Mie 散射是一种散射粒子尺寸与入射激光波长相当或比入射波长更大的光散射。大气中的气溶胶粒子（包括尘埃、烟雾、云层等）、海水中的泥沙和悬浮物等的散射都属于 Mie 散射。Rayleigh 散射是一种散射粒子尺寸比入射激光波长小的光散射。Rayleigh 散射的截面积比 Mie 散射小，且与入射光的波长密切相关，即与入射光波长的四次方成反比。Raman 散射是激光与介质分子之间的一种非弹性作用过程。与 Mie 散射和 Rayleigh 散射不同，Raman 散射的散射光波长和入射光波长不同。Raman 散射的强度比 Rayleigh 散射要弱得多。在共振荧光过程中，荧光波

长与入射激光波长相等，散射的截面比 Rayleigh 散射要大得多，因此可利用某些特定条件下原子或分子发生共振荧光增强的现象，辨认大气或水体等介质的特性。

对于 Mie 散射、Rayleigh 散射、Raman 散射、共振荧光等，其激光雷达的散射截面积为

$$\sigma_{\mathrm{Sof}} = \pi^2 \Delta R \beta(\lambda, R) \theta_{\mathrm{t}}^2 R^2 \tag{2.22}$$

式中，$\beta(\lambda,R)$ 为目标的后向散射系数；ΔR 为激光雷达探测的软目标沿着光束方向的长度。ΔR 通常也表示探测的距离分辨率，其最小值一般取决于发射的脉冲宽度 τ，即 $\Delta R_{\min} = c\tau/2$。其中，$c$ 为光速，τ 为激光脉冲宽度。由此可得软目标的激光雷达散射截面积

$$\sigma_{\mathrm{Sof}} = \pi^2 c\tau \beta(\lambda, R) \theta_{\mathrm{t}}^2 R^2 / 2 \tag{2.23}$$

将式（2.23）代入式（2.6），可得软目标探测激光雷达距离方程

$$P_{\mathrm{r}} = \frac{P_{\mathrm{t}} c\tau \beta(\lambda, R) A_{\mathrm{r}} \eta_{\mathrm{t}} \eta_{\mathrm{r}} T_{\mathrm{A}}^2}{2R^2} = \frac{c E_{\mathrm{t}} \beta(\lambda, R) A_{\mathrm{r}} \eta_{\mathrm{t}} \eta_{\mathrm{r}} T_{\mathrm{A}}^2}{2R^2} \tag{2.24}$$

式中，E_{t} 为发射脉冲激光能量。当对大气进行测量时，T_{A} 为大气的传输透过率；当对水体进行测量时，T_{A} 为水体的传输透过率。

当以直径为 D 的圆形接收天线进行光信号接收时，式（2.24）变为

$$P_{\mathrm{r}} = \frac{\pi c E_{\mathrm{t}} D^2 \beta(\lambda, R) \eta_{\mathrm{t}} \eta_{\mathrm{r}} T_{\mathrm{A}}^2}{8R^2} \tag{2.25}$$

2.2.6 单光子探测激光雷达距离方程

单光子探测是一种与常规幅度检测（功率检测）不同的能量检测方式。单光子激光探测是基于探测器产生的单光子事件，通过计时模块获取对应单光子事件的飞行时间来进行目标距离测量的激光探测方法。单光子激光测距通常需要多次测量，利用统计学和概率学方法从所有单光子事件中提取出由信号光子触发的单光子事件，从而获取目标的距离信息。

对于扩展目标正入射探测，探测器接收到的单脉冲平均信号光子数为

$$N_{\mathrm{s}} = \frac{E_{\mathrm{t}} \rho_{\mathrm{Ext}} A_{\mathrm{r}} \eta_{\mathrm{q}} \eta_{\mathrm{t}} \eta_{\mathrm{r}} T_{\mathrm{A}}^2}{h\upsilon \pi R^2} \tag{2.26}$$

式中，E_{t} 是发射单脉冲能量；$h\upsilon$ 是单个光子的能量；η_{q} 是探测器的量子效率。

对于小目标探测，探测器接收到的单脉冲平均信号光子数为

$$N_{\mathrm{s}} = \frac{4 E_{\mathrm{t}} \rho_{\mathrm{PT}} A_{\mathrm{r}} A_{\mathrm{s}} \eta_{\mathrm{t}} \eta_{\mathrm{r}} T_{\mathrm{A}}^2}{h\upsilon \pi^2 \theta_{\mathrm{t}}^2 R^4} \tag{2.27}$$

以上几小节介绍了几种典型应用情况下的激光雷达回波信号形式。在实际应

用中，需要根据不同应用场景、目标的特性及激光雷达的具体设计等，选择不同的距离方程来进行激光雷达参数的估算。

2.2.7 连续波激光雷达距离方程

连续波激光雷达按照其调制方式的不同，可分为连续波调幅、连续波调频、连续波调相等模式。按照探测体制，连续波激光雷达又分为直接探测体制和相干探测体制。

对于直接探测体制，连续波激光雷达获得信号特征的前提是能够感应回波信号功率，即目标回波检测与脉冲直接探测信号一样，需要通过回波信号幅度检测信号特征。因此，直接探测体制的连续波激光雷达与直接探测体制的脉冲激光雷达相似，其小目标探测激光雷达距离方程为

$$P_{\mathrm{r}}=\frac{4P_{\mathrm{cw}}\rho_{\mathrm{PT}}A_{\mathrm{r}}A_{\mathrm{s}}\eta_{\mathrm{t}}\eta_{\mathrm{r}}T_{\mathrm{A}}^{2}}{\pi^{2}\theta_{\mathrm{t}}^{2}R^{4}} \tag{2.28}$$

式中，P_{cw} 为连续波功率。依据小目标探测激光雷达方程，可进一步推导出直接探测体制的扩展目标与线目标探测激光雷达距离方程。

对于相干探测体制连续波激光雷达包括连续波频率调制激光雷达、连续波幅度调制激光雷达、连续波相位调制激光雷达等，其特点是采用相干体制实现差频信号的检测。

无论相干探测体制还是直接探测体制，其光束在大气传输、目标反射、接收传输等方面的特征是相似的，差别主要表现在回波功率的检测能力上，因此其激光雷达距离方程是相似的，相干探测体制的连续波激光雷达距离方程仍为式（2.28）。

2.2.8 激光雷达信噪比方程

目标散射的回波光信号经接收机进行光电转换后形成电流信号，并经放大后输入到信息处理机。这个过程会不可避免地引入噪声，形成噪声电流。当噪声电流大于信号电流并达到一定程度时，将造成信息处理机无法实现信号的有效提取，从而使回波信号无效。因此，一般来说，回波信号只有达到一定信噪比，才能被系统识别和提取。信噪比决定了对激光雷达最小光功率的要求，反过来说，信噪比决定了特定条件下的激光雷达最大探测距离。

激光雷达的信噪比定义为

$$\mathrm{SNR}=\overline{i_{\mathrm{s}}^{2}}\Big/\overline{i_{\mathrm{N}}^{2}} \tag{2.29}$$

式中，$\overline{i_{\mathrm{s}}^{2}}$ 为信号电流均方值；$\overline{i_{\mathrm{N}}^{2}}$ 为噪声电流均方值。

光电探测器的信号电流可表示为

$$i_s = R_i P_r G = \frac{\eta_D q P_r G}{h\upsilon} \tag{2.30}$$

式中，R_i 为光电探测器的响应度；G 为光电探测器的增益；η_D 为光电探测器的量子效率；q 为电子电量；$h\upsilon$ 为单个光子能量。

将式（2.30）代入式（2.28），结合激光雷达距离方程可得

$$\text{SNR} = \frac{\overline{i_s^2}}{\overline{i_N^2}} = \frac{\left(\frac{\eta_D q P_r G}{h\upsilon}\right)^2}{\overline{i_N^2}} = \frac{(\eta_D q P_r G)^2}{(h\upsilon)^2 \overline{i_N^2}} = \frac{(\eta_D q G P_t \sigma A_r \eta_t \eta_r T_A^2)^2}{\pi^4 \theta_t^4 R^8 (h\upsilon)^2 \overline{i_N^2}} \tag{2.31}$$

式（2.31）表征了激光雷达发射的激光在经过大气传输、目标散射、接收机光电转换后的信号信噪比。通过式（2.31）可以估算在满足一定信噪比的条件下，不同探测距离所需的最小光功率。

2.3　激光雷达距离方程的主要影响因素

激光雷达距离方程的主要影响因素，除激光雷达系统设计指标（激光的功率、能量、光束特性、检测能力等）外，还与目标的散射特性、光束的大气传输特性等有关。

2.3.1　激光光束特性

（1）光束分布函数

激光雷达距离方程的条件是假设激光发射机发射的能量得到了全部利用，但在实际情况中，光束横向强度分布等特性的不同会造成激光发射能量有效性的变化，从而影响激光雷达的作用距离。

激光发射机特性与光束分布函数、束宽及瞄准误差等因素有关。光束在激光腔内产生，其最低阶模（TEM_{00}）为高斯模。若忽略瞄准误差而采用均匀光束分布来估算其性能和功率，则光束分布函数为

$$K(\varphi,\theta) = \begin{cases} 1, & \varphi < \theta \\ 0, & \varphi \geqslant \theta \end{cases} \tag{2.32}$$

式中，φ 为瞄准误差；θ 为激光发散角。

采用爱里光束函数描述的远场光束分布函数为

$$K(\varphi,\theta) = \frac{4.181\theta \mathrm{J}_1\left(\dfrac{2.44\pi\varphi}{\theta}\right)}{2.44\pi\varphi} \tag{2.33}$$

式中，J_1 为第一类第一阶贝塞尔函数。

具有高斯强度TEM_{00}模的分布函数为

$$K(\varphi,\theta)=2\exp\left(-2R^2\varphi^2/\omega^2\right) \tag{2.34}$$

式中，$\omega^2=\omega_0^2\left[1+\lambda R/(\pi\omega_0^2)\right]$，$\omega_0$为高斯束腰半径。

受到光束分布函数影响后的激光雷达距离方程为

$$P_{\mathrm{r}}=\frac{K(\varphi,\theta)P_{\mathrm{t}}\sigma A_{\mathrm{r}}\eta_{\mathrm{t}}\eta_{\mathrm{r}}T_{\mathrm{A}}^2}{\pi^2\theta_{\mathrm{t}}^2R^4} \tag{2.35}$$

（2）发散角

发散角是激光光束分布的角宽。角宽定义为峰值光强下降到指定百分比时所对应的张角。角宽的定义有不同的类型，分别适应不同的情况。在典型情况下，以高斯束宽为例，通常是指峰值光强下降到e^{-2}时所对应的张角。

由圆形输出窗均匀发射的光束称为衍射限角宽，其计算公式为

$$\theta=2.44\lambda/D \tag{2.36}$$

式中，λ为发射激光波长；D为发射窗孔径。

在远场中，高斯光束的激光发散角近似为

$$\theta=2\lambda/(\pi\omega_0) \tag{2.37}$$

（3）束宽比（Beam Width Ratio，BWR）

束宽比是实际远场束宽与理论上的衍射限束宽之比，即

$$Q=\theta_{\mathrm{M}}/\theta_{\mathrm{L}} \tag{2.38}$$

式中，θ_{M}为实际远场束宽；θ_{L}为理论上的衍射限束宽。在典型应用中，有时会用光束束散积来表征光束质量。光束束散积是光束的发散度和光束直径的乘积，即

$$Q=d_0\theta_{\mathrm{M}}/(2.44\lambda) \tag{2.39}$$

式中，d_0为光束直径。

2.3.2 目标特性

目标特性会影响激光雷达的作用距离。目标特性包含目标有效面积、目标反射率、目标表面平整度等。其中，目标反射率是激光波长的函数。目标反射率不仅与目标的材料或表面涂层物的透射和吸收特性有着复杂的关系，而且与目标表面的粗糙程度及与发射波长相关的长度等因素有关。

1）目标有效面积

目标有效面积会直接影响激光雷达的作用距离。常规目标（如圆形、长方形、圆柱形等规则形状物体）的有效面积可通过其几何公式进行计算，此处不再详细介绍。下面针对几种具有典型特性的目标有效面积进行分析。

（1）角锥棱镜的有效面积

角锥棱镜为一种光学合作目标，是由三个相互垂直的面和一个入射面构成的多面体，一般由光学玻璃材料制成。入射光在经过入射面后，会依次经过三个反射面，在入射面上以与入射光平行但方向相反的方向射出。角锥棱镜的后向散射角非常小，一般为几十 μrad 。在通常情况下，角锥棱镜的底面为圆形，但在实际应用中，考虑到安装及大规模排列时的有效性，常将其切割成正六边形或三角形等。内切圆角反射器的入射角和直角棱边位置角如图 2.1 所示。

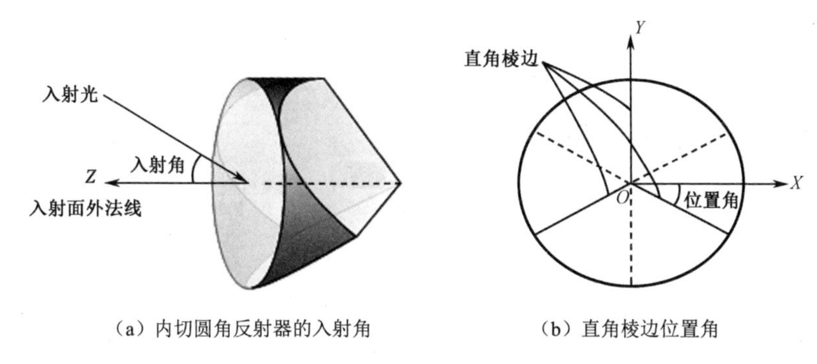

（a）内切圆角反射器的入射角　　（b）直角棱边位置角

图 2.1　内切圆角反射器的入射角和直角棱边位置角

对于内切圆切割的角锥棱镜，其最大反射面积为

$$A_{\mathrm{s}}=\frac{\pi d_{\mathrm{Cor}}^{2}}{4} \tag{2.40}$$

式中，d_{Cor} 为内切圆直径。

对于正六边形的角锥棱镜，其最大反射面积为

$$A_{\mathrm{s}}=\frac{3\sqrt{3}}{2}L^{2} \tag{2.41}$$

式中，L 为正六边形底面边长。

角锥棱镜的有效面积直接影响激光回波的强弱。有效面积除与角反射器自身的几何尺寸等有关外，还与激光束相对角锥棱镜底面的入射角等因素有关。采用内切圆切割时，角锥棱镜相对有效率计算公式为

$$\eta_{\mathrm{Coo}}=\frac{2}{\pi}\left(\arcsin\mu-\sqrt{2}\mu\tan i_{\mathrm{r}}\right)\cos i_{\mathrm{o}} \tag{2.42}$$

$$\mu=\left(1-2\tan^{2} i_{\mathrm{r}}\right)^{1/2} \tag{2.43}$$

$$i_{\mathrm{r}}=\arcsin\left(\frac{\sin i_{\mathrm{o}}}{n}\right) \tag{2.44}$$

式中，η_{Coo} 为角锥棱镜的相对有效率；i_{o} 为光束入射角；i_{r} 为光束折射角；n 为棱镜折射率。

图 2.2 显示了角锥棱镜相对有效率随入射角变化的曲线。

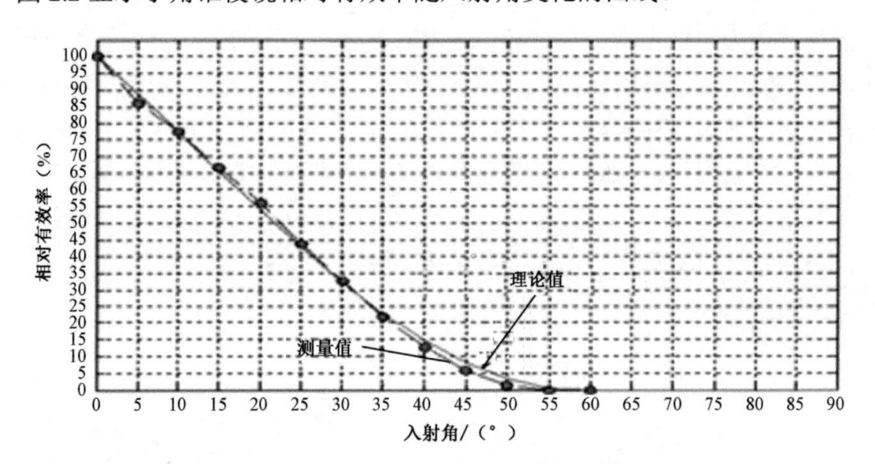

图 2.2　内切圆角锥棱镜的相对有效率随入射角变化的曲线

角锥棱镜的有效面积为

$$A_s' = \eta_{Coo} A_s \tag{2.45}$$

（2）复杂粗糙目标的有效面积

目标的激光雷达散射截面积除与目标极化形状、尺寸及激光波长有关外，还与目标表面的粗糙度及材料的介电特性存在依赖关系。复杂粗糙目标的激光散射特性可采用统计方法进行研究，同时考虑相干散射和非相干散射的贡献，即

$$\langle\sigma\rangle = \langle\sigma\rangle_i + \langle\sigma\rangle_c \tag{2.46}$$

式中，$\langle\sigma\rangle$ 为物体的总散射截面积；$\langle\sigma\rangle_i$ 为非相干散射对散射截面积的贡献；$\langle\sigma\rangle_c$ 为相干散射对散射截面积的贡献。

对于各向同性的粗糙面，在激光与散射体相互作用的过程中，重要的是后向散射系数；对于探测器和发射机，入射和接收在同一方向上，此时目标单位面积的后向散射截面积可以表示为

$$\sigma_{pp}(\theta) = \frac{|R_{PP}(0)|^2 \exp\left[-\dfrac{\tan^2\theta}{2\delta^2|\rho''(0)|}\right]}{2\delta^2|\rho''(0)|\cos^4\theta} \tag{2.47}$$

式中，下标 pp 表示接收机的极化状态；$R_{PP}(0)$ 是垂直入射时的菲涅耳反射系数；θ 是光束入射角；$\rho''(0)$ 表示在坐标原点处相关函数 ρ 的二阶微商；$\delta^2|\rho''(0)|$ 为目标表面的均方根斜率；δ 为目标表面高度起伏的均方根。

2）目标反射率

（1）硬目标的激光反射

硬目标的激光反射会因波长、目标材质等的不同而表现出较大差异。图 2.3 所示为典型材料和目标对 700nm 波长的标准反射率。图 2.4 所示为典型目标对 1μm 和 2μm 波长的相对反射率。图 2.5 所示为典型目标对 1.06μm 波长的相对反射率。

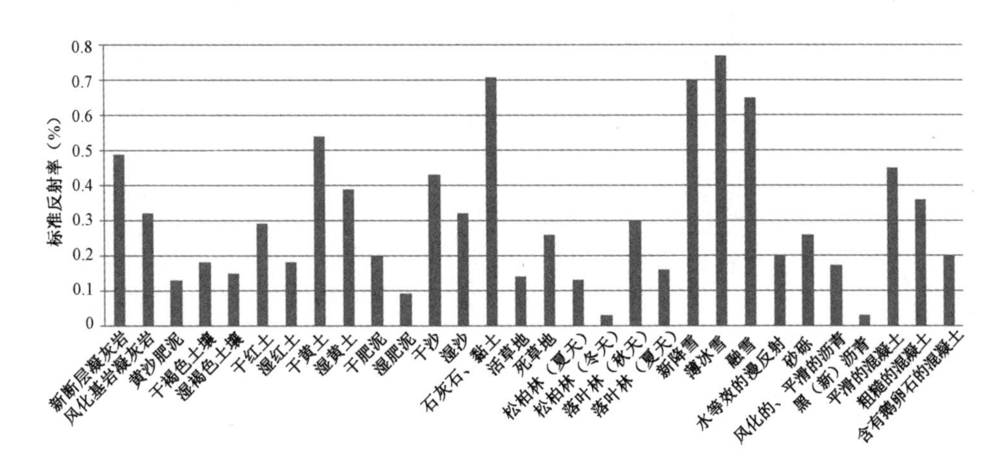

图 2.3　典型材料和目标对 700nm 波长的标准反射率

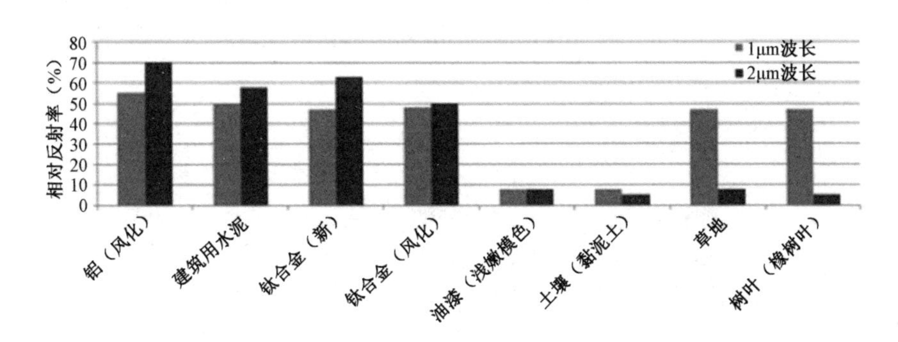

图 2.4　典型目标对 1μm 和 2μm 波长的相对反射率

地面物体反射率随波长变化的特性称为地物反射光谱特性，它可以描绘物体在不同光谱上的反射情况。以地物反射率为纵轴，以波长为横轴，可描绘反射光谱曲线。同种物体的光谱反射曲线反映不同波长的光的反射情况；将其与遥感传感器对应波段的辐射数据对照，即可得到遥感数据与地物的识别规律。

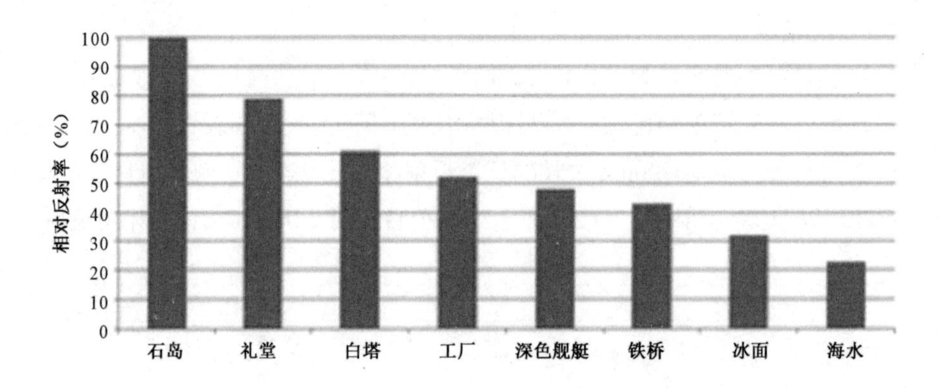

图 2.5　典型目标对 1.06μm 波长的相对反射率

几种典型地物目标的反射光谱特性如图 2.6 所示。

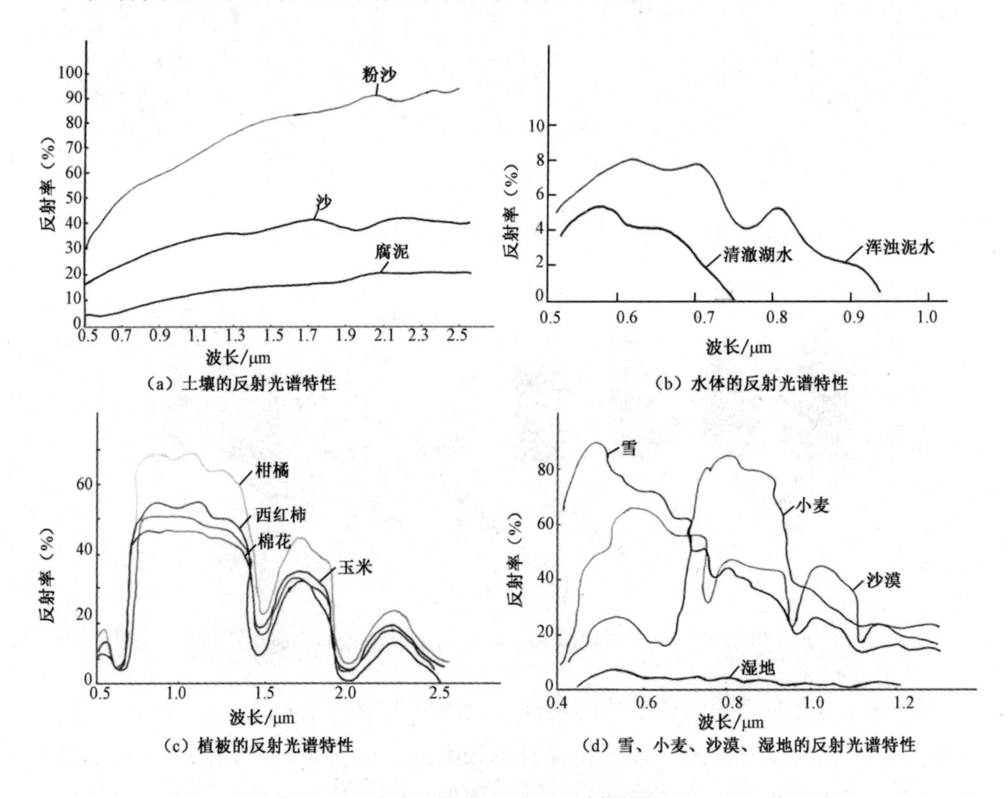

图 2.6　典型地物反射光谱特性

在自然状态下，土壤表面的反射率无明显峰值和谷值。土壤反射光谱特性主要由土壤中的原生矿物和次生矿物、土壤水分含量、土壤有机质、含铁量、土壤质地等因素决定。一般来讲，土质越细，反射率越高；有机质含量越高，反射率越低。水体的反射率较低，远低于大多数其他地物。水体在蓝绿波段有较强反射，在其他可见光波段吸收率都很高，特别是到了近红外波段，吸收率就更高。而浑浊泥水由于泥沙散射，在可见光波段，反射率会增加。水体反射光谱与水的状态、所含能量、水中有机质、水藻、泥沙等有关。地面植被具有明显的反射特性，不同于土壤、水体和其他的典型地物，植被对电磁波的响应是由其化学特征和形态学特征决定的，与植被的发育、健康状况及生长条件密切相关。在可见光波段，反射光谱特性有一个小的反射峰，位置在 0.55μm（绿光）处。这是由于叶绿素的影响，在蓝光和红光波段，叶绿素强烈吸收辐射能而形成吸收谷，在这两个吸收谷之间吸收相对较少，形成绿色反射峰。在近红外波段，植被的反射光谱特性取决于叶片内部的结构。在近红外（0.74～1.3μm）波段内形成高反射，是叶片的细胞壁和细胞空隙间折射率不同导致多重反射引起的。在中红外（1.3～2.5μm）波段，受植被含水量影响，吸收率很高，反射率大大下降。对于雪、小麦、沙漠、湿地等不同类型的目标，其反射光谱表现出较大差异。雪的反射率在短波段较高，在近红外波段较低；小麦与植被的反射光谱特性相近，在 0.74～1μm 波段内形成强反射；沙漠的反射率在可见光波段较高；而湿地的反射率整体偏低。

（2）软目标的激光反射

软目标的反射以后向散射系数来表征。后向散射系数描述了沿光传播相反方向散射的光的比例，因此可被视为空气、液体等软目标的反射率度量。后向散射系数不仅取决于气溶胶、大气分子的性质和粒子密度，而且取决于激光的波长。目前，用于大气风场软目标测量的激光波长主要有 266nm、355nm、532nm、1064nm、1.5μm、2μm、10.6μm 等，而应用于水下探测的激光雷达系统一般选择 532nm 附近的蓝绿光波段。

基于美国标准大气模型及分子散射理论，理想大气状态下的大气气溶胶、大气分子随波长和高度变化的后向散射系数 $\beta_a(H)$ 和 $\beta_m(H)$ 分别为

$$\beta_a(H)=\left[2.47\times10^{-3}\times\exp\left(-\frac{H}{2}\right)+5.13\times10^{-6}\times\exp\left(-\frac{(H-20)^2}{36}\right)\right]\left(\frac{532}{\lambda}\right) \tag{2.48}$$

$$\beta_m(H)=1.54\times10^{-3}\times\exp\left(-\frac{H}{7}\right)\left(\frac{532}{\lambda}\right)^4 \tag{2.49}$$

在标准模型下，典型波长的大气后向散射系数随高度变化的分布情况如图 2.7 所示。

由图 2.7（a）可知，波长越长，大气分子的后向散射系数越小；波长越短，后向散射系数越大。同时，高度越高，大气分子的后向散射系数越小，越不利于激光的探测。因此，在高度 30km 以下区域，探测距离受到一定的限制。由图 2.7（b）

可知，波长越长，大气气溶胶的后向散射越弱。同时，在高度15km以下区域，大气气溶胶的散射强度随高度的增大而逐渐减小。

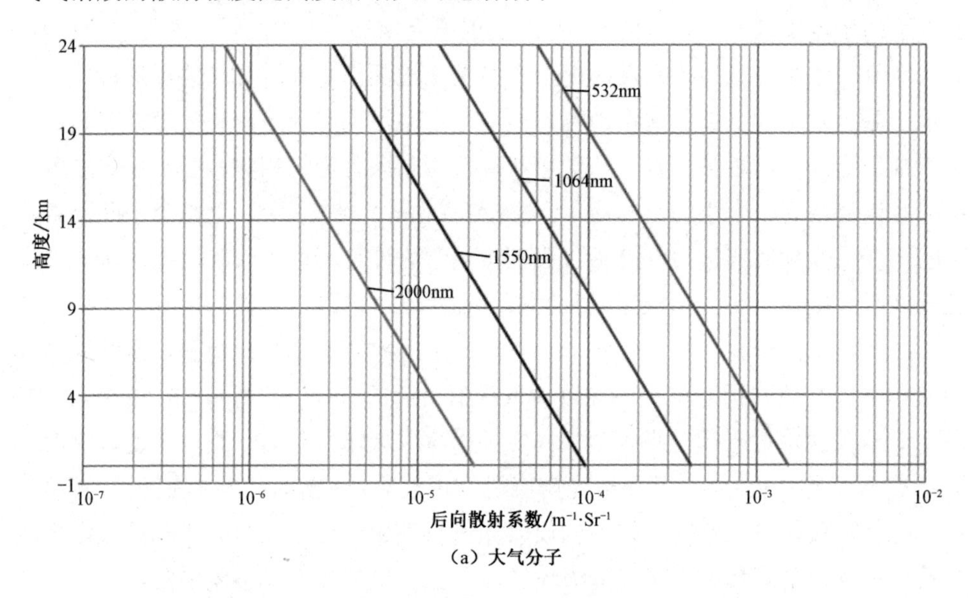

（a）大气分子

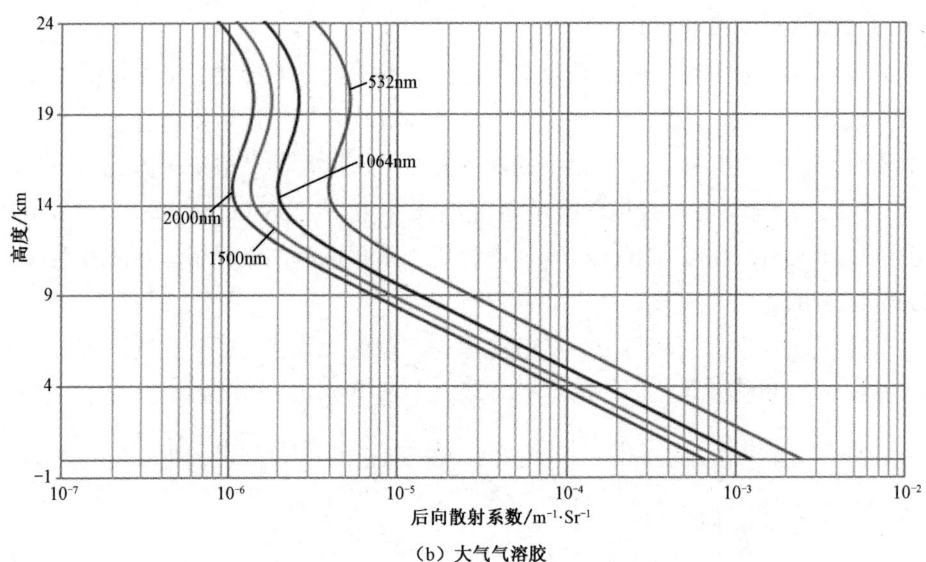

（b）大气气溶胶

图2.7　典型波长的大气后向散射系数随高度变化的分布情况

与可见光和紫外波段的激光雷达相比，1.5μm 大气探测的激光雷达由于具有人眼安全、全光纤结构、穿透云雾能力强和可昼夜连续探测等独特优势，应用越来越广泛，尤其在大气风场测量领域。因此，研究1.5μm波段软目标的激光反射具有重要意义。

早期，大多数气溶胶后向散射特性的研究都是使用波长接近 10μm 的 CO_2 激光器进行试验的，然后利用波长等效换算出 1.5μm 后向散射系数。在 20 世纪末，大量国外学者开展了基于 CO_2 激光波段的气溶胶散射特性的研究。Gras 和 Jones 描述了在澳大利亚及其周边地区采用 10.6μm 波长的 CO_2 激光器进行的气溶胶及其后向散射的测量工作。美国宇航局在 1983 年和 1984 年使用 CO_2 激光雷达系统分别记录了阿拉巴马州在夏季和冬季使用 10.6μm 激光获得的高度 8km 处的后向散射系数廓线。《环球邮报》报道了使用 NOAA 的 CO_2 激光雷达系统在科罗拉多州博尔德进行的大气散射特性测量试验，它获得了高度处 24km 的后向散射系数廓线。Targ 等人通过 Ho:YAG 和 CO_2 激光雷达系统的建模，开展了 2.09μm 和 10.59μm 波长的后向散射系数研究工作。图 2.8 所示是不同研究者使用的后向散射系数的分布图（将公开发布的不同波长的后向散射系数值按照λ^{-2}比例关系，等效为 1.55μm 波长上的后向散射系数值）。

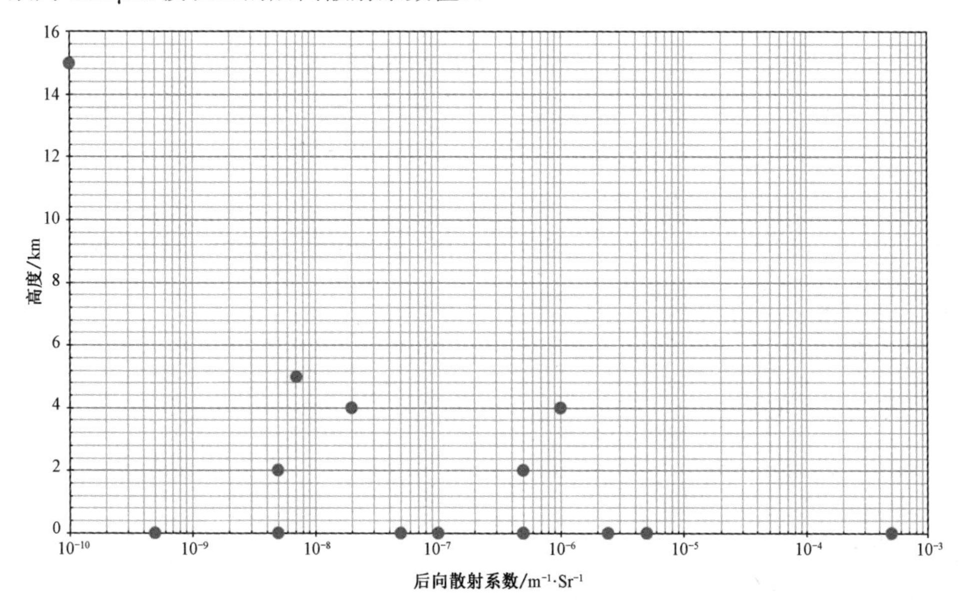

图 2.8 不同研究者使用的后向散射系数的分布图（近似值）

由图 2.8 可以看出，后向散射系数值在几个数量级上变化。由于后向散射在很大程度上取决于散射粒子的性质和密度，因此后向散射系数值受大气条件和地理位置的影响非常大。

2.3.3 大气衰减特性

当光在大气中传播时，光束会因气溶胶粒子和大气分子的散射和吸收而造成能量的衰减，这就是所谓的“消光”。消光通常通过消光系数来评定，消光系数也称衰减系数，规定了单位长度上大气中不透射的光量。大气的吸收和散射引起的光能量损失包括大气分子和气溶胶粒子吸收和散射的光能量。

严格来说，大气对激光的衰减作用很难进行精确的理论分析。因为理论分析计算必须确定引起吸收和散射的大气分子的浓度、分布和谱线参数，并获得气溶胶等悬浮粒子的含量、尺寸、形状、密度和分布资料等，然而大气总在不断变化，很多参数很难精确测量。目前，用经验公式或半经验公式来计算大气透过率的实用方法较多。对于水平方向的激光雷达探测，可用“大气能见度”经验公式进行不同波长的大气衰减系数的计算，即

$$\alpha(\lambda)=\frac{3.912}{V_b}\left(\frac{0.55}{\lambda}\right)^q \tag{2.50}$$

式中，λ为激光波长（μm）；V_b为大气能见度（km）；q为波长修正因子，其与大气能见度的关系为

$$q=\begin{cases}0, & V_b\leqslant 0.5\\ V_b-0.5, & 0.5<V_b\leqslant 1\\ 0.16V_b+0.34, & 1<V_b\leqslant 6\\ 1.3, & 6<V_b\leqslant 50\\ 1.6, & V_b>50\end{cases} \tag{2.51}$$

根据式（2.50）、式（2.51），进行 532nm、1064nm、10.6μm 波段的激光大气衰减系数仿真计算，结果如图 2.9 所示。

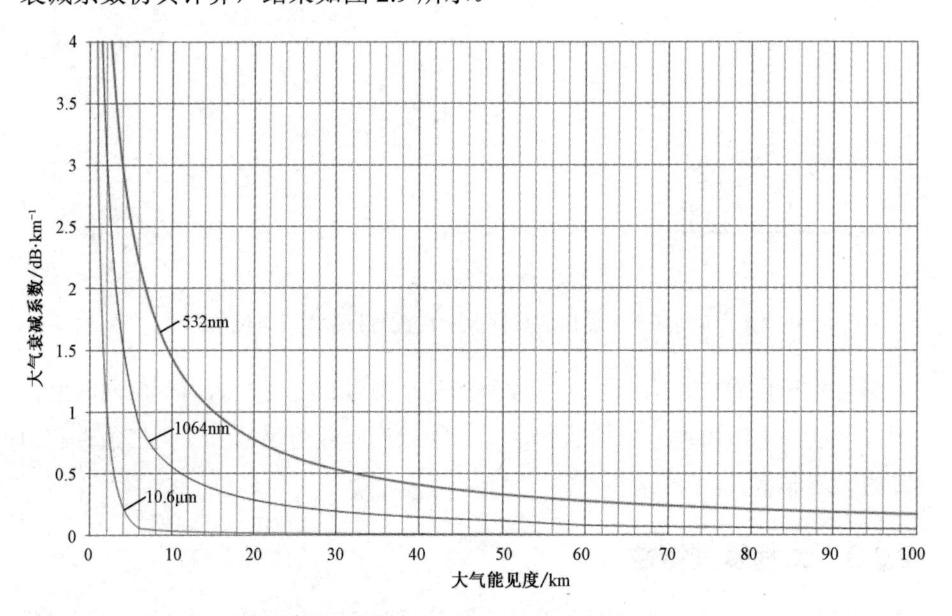

图 2.9　不同大气能见度下的激光大气衰减系数仿真计算结果

由于受到大气中水蒸气、二氧化碳及气溶胶的吸收等作用，不同波长的激光在大气中的传输特性有较大差异。图 2.10 显示了在不同大气能见度下中纬度地区夏季大气透过率在 1～2μm 波段的仿真结果。由图可见，能见度为 50km 时，1.55μm 波段的大气透过率约为 $0.96km^{-1}$，相应的大气衰减系数为 $0.16dB·km^{-1}$。由于大气能见度的变化依赖于气溶胶浓度的变化，因此 1.55μm波长处的大部分消光是气溶胶粒子（而非大气分子）的吸收造成的。由于气溶胶的散射占消光的主要部分，因此衰减系数和后向散射系数之间存在一个简单的关系。1991 年，Parameswaran 等人揭示了在气溶胶占主导的条件下，气溶胶后向散射系数比分子散射系数高一个量级，衰减系数可认为与后向散射系数成正比。

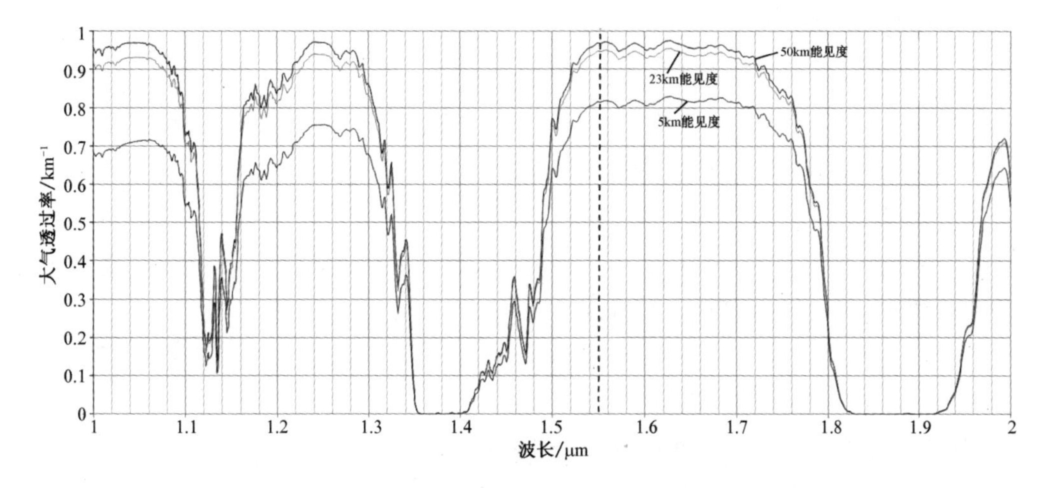

图 2.10　中纬度地区夏季大气透过率在 1～2μm波段的仿真结果

采用不同模型进行大气透过率的分析，在仅考虑分子（不包括气溶胶）吸收的条件下，对 1.51～1.58μm波段的大气透过率进行仿真分析，发现在 1.533～1.57μm范围内，大气透过率大于 0.65，在通常情况下，高达 0.8，部分值甚至高达 0.9 以上。这是非常高的大气透射率，因为每 50km 大气透过率为 0.6，相当于透过率达到 $0.99km^{-1}$；当达到 0.9 时，相当于透过率达到 $0.998km^{-1}$。仿真表明，1.5μm波段的激光散射以气溶胶散射为主，具有相对不明显的分子吸收特征。

2.3.4　检测能力

由式（2.31）可知，信噪比除有发射机发射功率、接收天线口径、传输效率等影响因素外，还有一个非常重要的影响因素，就是噪声。噪声会直接影响激光雷达对微弱信号的检测及有效信号提取能力。噪声的来源主要包括背景噪声、探测器噪声及附加噪声因子等。

1）背景噪声

背景噪声是外部光环境对激光雷达探测造成的影响。单位增益探测器输出的背景噪声均方电流为

$$i_{\mathrm{BN}}=(2qi_{\mathrm{B}}\Delta f_{\mathrm{n}})^{1/2} \tag{2.52}$$

式中，q为电子电荷，$q=1.6\times10^{-19}\mathrm{C}$；$i_{\mathrm{B}}$为环境背景电流（A）；$\Delta f_{\mathrm{n}}$为接收机的噪声带宽（Hz）。

对可见光波段和近红外波段的激光雷达而言，背景噪声主要由太阳光引起，包括由目标和（或）目标地面反射的太阳光、大气散射的太阳光和直接接收的太阳光。影响背景噪声的主要因素为目标反射的太阳光。在忽略激光雷达与目标间的大气传输损耗的情况下，背景噪声电流为

$$i_{\mathrm{B}}=R_{\lambda}A_{\mathrm{R}}T_0\Delta\lambda\Omega_{\mathrm{FOV}}E_{\lambda}\rho \tag{2.53}$$

式中，$\Delta\lambda$为接收机滤光器带宽（FWHM）；Ω_{FOV}为接收机接收立体角（Sr）；E_{λ}为太阳光的光谱辐照度；ρ为目标后向反射率。

2）探测器噪声

探测器噪声是探测器内的暗电流噪声。采用雪崩管探测器时，噪声主要由半导体载流子产生，单位增益探测器的均方噪声电流为

$$I_{\mathrm{DN}}=(2qi_{\mathrm{D}}\Delta f_{\mathrm{n}})^{1/2} \tag{2.54}$$

式中，i_{D}为单位增益探测器的暗电流（A）。

在一般情况下，探测器生产厂家会给出某一工作波长和增益下噪声等效功率（Noise Equivalent Power，NEP）值。NEP是探测器散粒噪声的一种量化度量。单位增益探测器的均方噪声电流为

$$I_{\mathrm{DN}}=\frac{\mathrm{NEP}|_{\lambda_{\mathrm{R}},M_{\mathrm{R}}}R_{\mathrm{D}}|_{\lambda_{\mathrm{R}},M_{\mathrm{R}}}(\Delta f_{\mathrm{n}})^{1/2}}{M_{\mathrm{R}}[F(M_{\mathrm{R}})]^{1/2}} \tag{2.55}$$

式中，λ_{R}为标准波长（μm）：M_{R}为标准增益；$\mathrm{NEP}|_{\lambda_{\mathrm{R}},M_{\mathrm{R}}}$为在$\lambda_{\mathrm{R}}$、$M_{\mathrm{R}}$下探测器的均方噪声等效功率（$\mathrm{W\cdot Hz^{-1/2}}$）；$R_{\mathrm{D}}|_{\lambda_{\mathrm{R}},M_{\mathrm{R}}}$为在$\lambda_{\mathrm{R}}$、$M_{\mathrm{R}}$下探测器的响应度（A/W）；$F(M_{\mathrm{R}})$为在$M_{\mathrm{R}}$下计算出的探测器的附加噪声因子。

3）附加噪声因子

附加噪声因子是由探测器放大过程的统计特性引起的。在雪崩探测器中，附加噪声因子与雪崩增益、材料特性、器件结构等相关。在探测器放大过程中，每个载流子的增益都不同，在平均增益值M附近动态变化。典型附加噪声因子的表达式为

$$F_{\mathrm{e}}=k_{\mathrm{eff}}M_{\mathrm{e}}+(2-1/M_{\mathrm{e}})(1-k_{\mathrm{eff}}) \tag{2.56}$$

式中，F_e 为雪崩管发射电子附加噪声因子；M_e 为探测器电路的放大倍数因子；k_{eff} 为电子空穴对电离的系数比。

在相干探测体制的激光雷达系统中，激光雷达的信噪比方程可表示为

$$\mathrm{SNR}=\frac{\eta_D P_S P_{LO}}{h\upsilon B(P_S+P_{BK}+P_{LO})+k_1 P_{DK}+k_2 P_{Th}} \tag{2.57}$$

式中，SNR 是激光雷达系统的功率信噪比；η_D 是探测器的量子效率；h 是普朗克常量；υ 是激光频率；B 是带宽；P_S 是接收信号光功率；P_{BK} 是背景光功率；P_{DK} 是探测器暗电流功率；P_{Th} 是等效热噪声功率；P_{LO} 是本振光的功率；k_1 和 k_2 是系数。

当相干激光雷达中的本振光功率增加时，接收机的散弹噪声随之增加。当本振光功率较大时，相干激光雷达的信噪比可简化为

$$\mathrm{SNR}=\frac{\eta_D P_S}{h\upsilon B} \tag{2.58}$$

由式（2.58）可知，在已知电子带宽时，可估算出一定信噪比下的信号光功率。当 $\mathrm{SNR}=1$、$\eta_D=0.5$ 时，针对 400ns 的激光脉冲，理论上可接收的信号功率为 6.4×10^{-13} W，即信噪比为 1 时的系统探测灵敏度可达 10^{-13}W 量级。

对于系统设计，不同的探测距离对应的最佳阈值不同，因此需将激光雷达的虚警概率和信噪比结合起来进行估算与分析，即通过迭代方式进行求解，如图 2.11 所示。

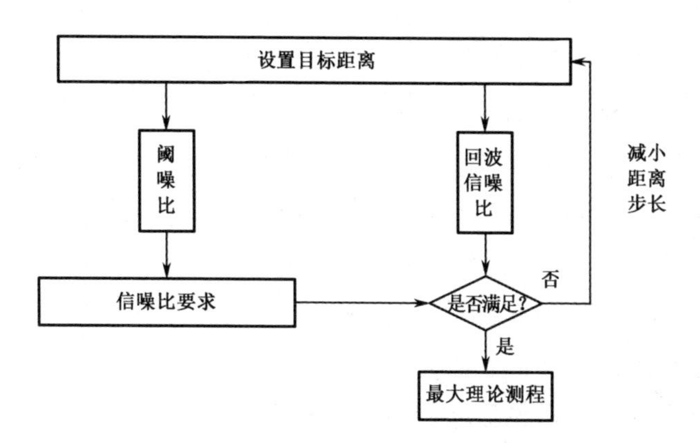

图 2.11 迭代法求解最大理论测程的流程图

以某激光雷达典型参数为例，分析其探测能力。激光雷达的基本参数如下。①发射机参数：激光功率为 0.07kW，耦合效率为 0.6，工作波长为 0.9μm，激光脉冲宽度为 16ns；②接收机参数：光学天线口径 ϕ =40mm，有效焦距为 60mm，

耦合效率为0.65，滤光片带宽为10nm；③探测器型号为C30950E，前置放大器噪声约为26nA，非倍增响应度为$0.56\mathrm{A\cdot W^{-1}}$，雪崩增益$M$设为100，附加噪声因子$F=M^{0.32}$，暗电流为2nA，系统带宽为50MHz；④目标半球反射率为0.1～0.7；⑤晴天正午阳光在波长0.9μm处对地面的辐照度约为$800\mathrm{W\cdot m^{-2}\cdot \mu m^{-1}}$；⑥不考虑大气衰减；⑦探测概率优于98%，虚警概率优于1%。

根据图2.11所示流程，进行上述激光雷达参数的计算与分析。图2.12显示了在不同阳光背景下，激光雷达最大理论测程与背景噪声的关系，可以看出，激光雷达探测距离随背景噪声的增强和目标反射率的减小而减小。

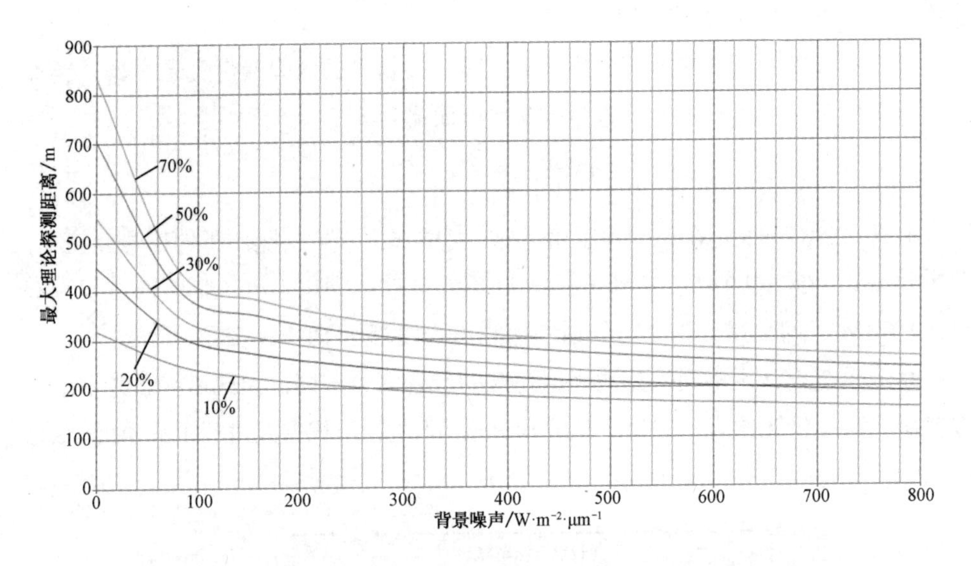

图2.12　不同阳光背景下的最大理论探测距离与背景噪声的关系

为提高信号的探测能力，通常采用多个脉冲累积的方式提高信噪比。多脉冲累积技术利用多个周期脉冲信号进行检测，把激光脉冲回波信号按照发射周期进行累积，利用发射信号的相关性和噪声的不相关特性，抑制噪声，提高信号信噪比。通过多个脉冲累积，可提高一定信噪比下微弱信号的接收能力。

激光雷达距离方程表征了激光雷达与探测目标之间的能量传输关系。通过激光雷达距离方程，可以将激光雷达的探测距离与发射机、接收机、光学天线及目标特性等因素关联起来。因此，激光雷达距离方程的建立，能够为激光雷达各分系统的详细设计提供计算模型，以依据不同应用场景的测量需求，选择相应形式的激光雷达距离方程进行参数估算。

参 考 文 献

[1] 谭显裕. 激光雷达测距方程研究[J]. 电光与控制，2000(1):12-18.

[2] 马春林. 大气传输特性对激光探测性能影响研究[D]. 西安：西安电子科技大学，2008.

[3] 刘天航，激光雷达截面测量中大气后向散射补偿技术研究[D]. 西安：西安电子科技大学，2014.

[4] 戴永江. 激光雷达原理[M]. 北京：国防工业出版社，2002.

[5] 李良超. 复杂目标后向激光雷达散射截面计算与缩比模型测量比较[J]. 中国激光，2005，32(6):771-773.

[6] 王明军. 复杂目标激光雷达散射截面的数值计算[J]. 咸阳师范学院学报，2007，22(4):12-14.

[7] 肖雅. 远程激光跟踪雷达探测系统方案研究[D]. 哈尔滨：哈尔滨工业大学，2006.

[8] 周鑫. 激光雷达典型目标回波信号强度分布实验研究[D]. 哈尔滨：哈尔滨工业大学，2016.

[9] 丁学科. 湍流大气中双层共轭系统激光成像研究[D]. 成都：电子科技大学，2008.

[10] FOCHESATTO J. Backscatter LiDAR signal simulation applied to spacecraft LiDAR instrument design[J]. Advances in Space Research, 2004(34):2227-2231.

[11] LINDELÖW PETTER. Fiber based coherent lidarsfor remote wind sensing[D]. Copenhagen: Technical University of Denmark, 2007.

[12] MCGRATH ANDREW. An erbium: glass coherent laser radar for remote sensing of wind velocity[D]. Adelaide: Flinders University, 1998.

第 3 章

激光雷达发射机

激光雷达发射机是激光雷达系统的主要组成单元之一，其主要功能是作为激光信号发射单元，根据应用需求产生具有一定波形参数特征的激光信号，照射被探测目标与场景，实现主动探测激光雷达系统的激光信号发射。

3.1　激光雷达发射机的构成与主要功能

常见的激光雷达发射机主要由激光器（光源）、激励源、信号控制、激光温控等部分组成，如图 3.1 所示。

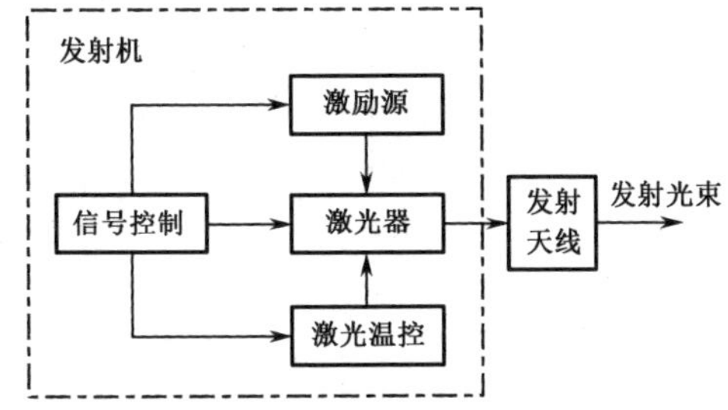

图 3.1　激光雷达发射机组成框图

其中，激光器是发射机的激光光源，包含激光谐振腔、激光工作介质、泵浦模块、调 Q/调制器件等，其主要功能是在工作时序信号控制和激光激励源驱动下，通过激光工作介质、激光谐振腔、调 Q/调制器件协同作用产生具有应用所需参数特征的激光信号。

激励源是发射机的工作驱动电源，其主要功能是接收信号控制单元发送的工作时序信号，产生相应的工作电流信号，并加载于激光器的泵浦模块，对激光工作介质进行泵浦激励，驱动激光器工作，并为发射机其他电路及器件提供电源驱动。

信号控制是发射机的控制部分，主要用于产生工作时序信号，使激光器的泵浦模块、调 Q/调制器件按照精确设置的时序工作，实现激光信号的正常输出。

激光温控是发射机的热管理单元，用于对激光器内的发热器件在工作过程中产生的热量进行传导控制，或者对特殊器件进行恒温控制，使激光器能够正常稳定地工作。

3.2　激光雷达发射机的工作原理

激光雷达发射机的工作原理图如图 3.2 所示，在系统加电状态下，信号控制单元根据系统工作指令产生工作时序信号，向激励源发送激光发射信号，向激光器的调 Q/调制器件发送激光调制控制信号。通常，发射信号与调制控制信号有一定的精确时序间隔设计，以保证激励源产生的驱动电流信号与调 Q/调制器件产生的激光调制信号能够按照设计协同工作，达到应用要求。

根据激光雷达系统设计需求，激励源通常有脉冲驱动工作方式和连续驱动工作方式。对于脉冲式激励源，激励源收到激光发射信号后，通过脉冲开关电路产生与发射信号的频率、宽度匹配的脉冲驱动电流，并施加于激光器的泵浦模块，使其产生对激光工作介质的激励能量；对于连续驱动激励源，激励源收到激光发射信号后，通过驱动电路产生连续驱动电流并施加于激光器的泵浦模块，使其产生对激光工作介质的激励能量。

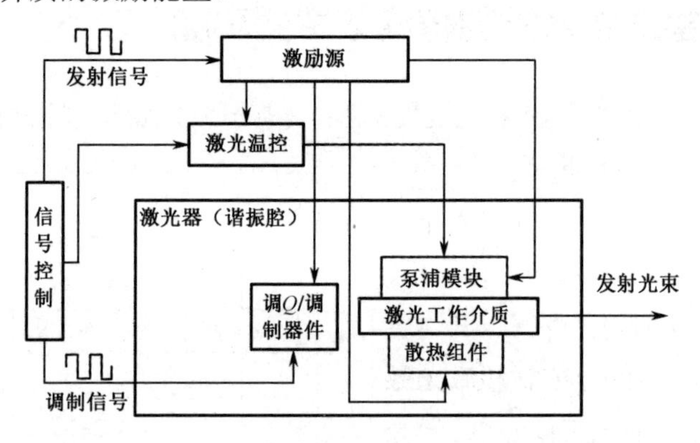

图 3.2　激光雷达发射机的工作原理图

目前，激光雷达系统中常用的激光器泵浦通常有电泵浦和光泵浦两种形式。电泵浦是半导体激光器（LD）通用的驱动方式，激励源产生的驱动电流直接施加于半导体材料的 PN 结，通过能带载流子的复合形成激光荧光信号；半导体材料两端面分别镀有激光高反射和部分反射膜层，形成激光谐振腔，在驱动电流持续激励下，形成能带粒子数（载流子）反转；激光荧光信号在谐振腔内的谐振不断增强，当增益大于激光谐振腔损耗时，形成受激辐射（激光）输出。

光泵浦是半导体泵浦固体激光器（DPSL）和光纤激光器采用的泵浦方式。以半导体泵浦固体激光器为例，其激光工作介质一般为某种掺有稀土离子的晶体或玻璃材料，通常采用以 LD 作为激光工作介质的泵浦模块。激励源产生的驱动电流施加于 LD，使 LD 产生泵浦激光，激光工作介质内的稀土离子可以吸收这些泵浦激光的能量，从激光下能级跃迁至激光上能级并迅速集聚，形成产生激光的“粒子数反转”条件，从而完成 LD 对激光工作介质的“光泵”过程。同 LD 一样，激光谐振腔也是 DPSL 产生激光输出的重要条件。常见的 DPSL 激光谐振腔由一片全反射镜和一片部分反射镜组成，激光工作介质置于谐振腔内，也可以在工作介质的两个光学端面直接镀相应的全反射、部分反射膜层形式集成化的谐振腔。在激光工作介质吸收泵浦光能形成粒子数反转后，因能级自发辐射跃迁产生激光荧光信号，激光荧光信号在谐振腔内的谐振不断渡越工作介质，作用于工作介质内集聚在上能级的激活粒子上，诱发这些粒子从激光上能级至下能级形成雪崩式跃迁，产生受激振荡；当受激振荡增益大于激光谐振腔损耗时，形成受激辐射（激光），从部分反射镜输出。

以上对激光发射机的基本工作原理进行了概述。在实际应用中，要使激光器发射激光信号并能够持续稳定地工作，还需要采取合理的激光温控措施。激光器的泵浦模块、激光工作介质在工作中因电光、光光转化会产生热量，这些热量如果不能及时传导至外界，就会在光学器件上迅速积累使其温度过高，带来热透镜效应和热应力，造成激光光束质量下降、输出能量/功率不稳定、器件损伤或偏离正常状态等负面效果，使激光器无法正常工作。另外，采用 LD 作为泵浦源的激光器，其泵浦效率受 LD 波长温漂特性的影响，LD 发射光谱的中心波长会随温度变化产生漂移，而激光工作介质内的掺杂离子仅对很窄的波长范围内的泵浦激光有强吸收性，因此必须对 LD 进行精确温控，以保证激光器工作时泵浦激光中心波长始终处于掺杂离子的最强吸收带，从而实现最高泵浦效率和低热效应。这一过程需要由精确温控单元来实现。激励源在持续工作状态下，其内部的大功率电源器件也会形成热量积累而影响工作性能，需要进行相应散热处理。

综上所述，为了保证激光发射机正常运转，需要根据激光雷达系统所采用的激光器的类型与器件的发热特点，设计合理的散热方式，以对激光器内关键发热器件进行温控。

3.3　激光雷达发射机的总体设计

激光雷达系统总体性能与发射机的性能设计密切相关，因此需要根据激光雷达系统的技术体制、具体用途提出对发射机的技术要求，合理选择发射机类型与体制，进行总体设计，确定关键技术参数与控制方式。在发射机总体设计中，需要着重考虑光束特性参数，并根据应用需求对发射机的电光效率、环境适应性及热控方式等的具体措施进行深入分析。本节对发射机总体设计涉及的主要环节进行介绍。

3.3.1　光束特性参数

激光雷达发射机的光学性能主要由激光的光束特性参数决定，包括激光波长、激光功率/能量、束散角、脉冲频率、脉冲宽度、工作时间等。

1. 激光波长

激光波长是激光器的重要光学参数，决定着激光器的类型、技术体制与功能组成。目前，激光雷达系统常用的激光波长涵盖从可见光到近、中、远红外波段，因此在发射机设计中，首先要根据系统应用需求与各类波长激光器的技术性能特点，通过综合论证确定所选用的激光波长。表 3.1 对典型波长激光器性能进行了对比分析。

表 3.1 典型波长激光器性能对比分析

激光波长	激光器类型	基本工作原理	技术性能特点	典型应用
905nm	半导体激光器	脉冲电流直接驱动 GaAs 半导体激光材料	输出 kHz 级以上脉冲频率、百瓦级发射功率、ns 级脉冲宽度激光；效率高，体积微小，功耗低	中国空间站交会对接激光雷达，无人驾驶激光雷达
1.06μm	半导体泵浦固体激光器	808nmLD 泵浦 Nd:YAG/ Nd:YVO_4 激光晶体材料；声光调 Q	通常输出 kHz、MHz 级以上脉冲频率，kW、MW 级峰值功率，ns 级脉冲宽度	测绘/成像激光雷达，自主导航/避障激光雷达
	窄线宽掺镱光纤激光器	长脉冲电流驱动 980nm LD 泵浦掺 Er^{3+}光纤介质；线性调频	通常输出 kHz 级线宽、kHz 级以上脉冲频率，kW 级峰值功率，μs 级脉冲宽度；小型化，高光束质量	相干测速/测风激光雷达，调频连续波激光雷达
	脉冲掺镱光纤激光器	脉冲驱动 1.06μm LD 发射种子信号光经 980nm LD 泵浦的掺 Yb^{3+}光纤放大	通常输出 kHz、MHz 级脉冲频率，kW 级峰值功率，ns 级脉冲宽度；小型化，光束质量高	测绘/成像激光雷达，自主导航/避障激光雷达
1.55μm	窄线宽掺铒光纤激光器	长脉冲电流驱动 980nm LD 泵浦掺 Er^{3+}光纤介质；线性调频	通常输出 kHz 级线宽、kHz 级脉冲频率、kW 级峰值功率、μs 级脉冲宽度；小型化，光束质量高	相干测速/测风激光雷达，调频连续波激光雷达
	脉冲掺铒光纤激光器	脉冲电流调制驱动 1.55μm LD 发射种子信号光经 980nm LD 泵浦的掺 Er^{3+}光纤放大	通常输出 kHz、MHz 级脉冲频率，kW 级峰值功率，ns 级脉冲宽度；小型化，光束质量高	测绘/成像激光雷达，自主导航/避障激光雷达
2μm	掺铥/钬固体激光器	脉冲电流驱动 790nm LD 泵浦掺铥/钬激光晶体；声光调 Q	通常输出 kHz 级线宽、10Hz 级脉冲频率、kW 级峰值功率、ns 级脉冲宽度；光束质量高	相干测速/测风激光雷达，差分吸收激光雷达
	窄线宽掺铥/钬光纤激光器	长脉冲电流驱动 790nm LD 泵浦掺铥/钬光纤介质；线性调频	通常输出 kHz 级线宽、kHz 级脉冲频率、kW 级峰值功率、ns 级脉冲宽度；光束质量高	相干测速/测风激光雷达，差分吸收激光雷达
10.6μm	CO_2激光器	高压大电流激励高压 CO_2气体	通常输出 MHz 级线宽、10Hz 级脉冲频率、几十瓦级峰值功率、μs 级脉冲宽度	“火池”激光雷达，单边带调制目标多普勒距离影像获取

2. 激光功率/能量

激光功率/能量是发射机的重要技术参数，也是表征激光雷达系统探测性能的重要指标。在其他技术参数相近的情况下，更高的功率/能量表示激光雷达系统具备更远的探测距离，发射机的功耗也更大，激光器光学器件需要具备更高的抗强光损伤能力，发射机内部的发热器件的热积累更强，激光工作介质工作时的热效应导致的光束质量退化更明显，因此需要设计性能优良的制冷系统与之匹配，总体设计难度会更大。

3. 束散角

激光的束散角是发射机的重要光学参数之一，对系统探测性能也有重要影响。根据激光雷达距离方程，压缩束散角可提高激光雷达系统的探测距离，同时也能提高系统成像分辨率，但在系统设计中需要与其他参数综合考虑。

对于小目标探测，小束散角要求系统必须达到较高的跟瞄精度才能实现对目标的精确指向，否则会使波束偏离目标，无法达到实际探测效果。

对于凝视探测型激光雷达，需要将束散角设计成与探测视场匹配的形态，根据实际采用的阵列探测器排布形式与扫描体制，将激光波束整形为线条形或面阵型，此时波束在不同方向具有不同的束散角。

4. 脉冲频率

对于以脉冲方式工作的发射机，脉冲频率是一个关键参数。在激光雷达系统设计中，脉冲频率与激光能量相互制约，两者的乘积为激光器输出功率，因此当输出功率一定时，若要提高脉冲频率，则会限制激光能量的提高。要同时达到高重频、高能量输出，则需要对激光器的介质储能、泵浦、驱动、温控等同步进行优化，使激光输出功率更大，但同时激光器的功耗、体积、重量也会相应增加。

脉冲频率对激光器类型和调 Q/调制方式选择具有决定性作用。对于 DPSL 激光器，通常对百赫级以下的较低频率采用电光调 Q 方式，对 kHz 级以上的高重频通常采用声光调 Q 方式；而对于光纤激光器，通常采用主振荡功率放大（MOPA）的工作体制，通过对种子源电流调制可以达到很高的脉冲频率，905nm 脉冲 LD 采用电流直接驱动，能够实现 Hz 级到 kHz 级范围内的脉冲工作频率。

脉冲频率与激光温控单元关系密切。例如，高重频、大功率 LD 泵浦固体激光器在工作时，功耗大，发热量大，对制冷系统要求较高，需要采用高效热电制冷或恒温水冷温控系统。

对于脉冲单点扫描探测体制的激光雷达，脉冲频率与扫描视场、空间分辨率相关。在总体设计中，需根据系统扫描视场和空间分辨率，计算所需激光器的脉冲频率，然后根据脉冲频率选择适合的激光器类型。

5. 脉冲宽度

脉冲宽度是指单个激光脉冲持续时间的半高全宽值（FWHM），与激光器调 Q/调制方式相关。脉冲直接探测体制的激光雷达常用发射机的脉冲宽度在 ns 级；相干多普勒探测体制的激光雷达根据其探测范围大小，采用发射机的脉冲宽度在 10 ns 级至μs 级。

激光输出能量一定时，脉冲宽度大小决定了激光峰值功率，因此为实现较远的系统探测距离，在设计中通常采用较短脉冲的激光来提高激光峰值功率。

同时，脉冲宽度影响系统的探测距离分辨率。在高精度的激光雷达系统中，通常采用 ns 级或亚 ns 级脉冲激光与窄波束角、高重频设计，以实现时空高分辨探测能力。

6. 工作时间

在实际应用中，激光雷达往往需要具备长时间的工作能力，当任务需要时，能够即开即用，在全天时、任意时段工作。这就要求激光器必须具备可长时间工作的性能，以满足测绘、成像、跟踪等应用的需要。

激光器的工作时间取决于以下几个方面。

（1）器件寿命

器件寿命主要是激光器内关键器件的寿命，如泵浦模块、激光工作介质、激光镜片、调 Q 晶体、光纤、驱动电路等。激光器中的光学器件都要根据实际工作频率与功率进行设计，选择满足要求的材料、镀膜工艺、温控方式等。在以正常激光输出功率使用的情况下，光学器件使用寿命应能达到 10^5h 以上。特殊器件（如脉冲泵浦灯、泵浦 LD 阵列等）的寿命按照发射脉冲次数评价。行业标准寿命测试方法表明，脉冲泵浦氙灯、氪灯的寿命应在 10^6 次脉冲以上，脉冲泵浦 LD 寿命应在 10^9 次脉冲以上。电路元器件的寿命与其质量等级相关，在激光器设计中要根据应用任务与平台情况选择相应等级的元器件。不同种类的元器件的寿命有很大差异。比如，大功率器件、开关器件相比于弱信号器件更易失效。

（2）激光功率/能量

激光功率/能量对激光器工作时间的影响很大。大功率、高能量激光器的工作时间有一定的限制，尤其在特殊应用场合中，受外部供电与热控能力的制约，激光器有一定的工作周期。例如，在车载、空基等平台上，激光器在工作一段时间后，大功率运行会使系统产生热积累，必须通过间隔周期进行有效的热量释放，以使激光器处于正常的工作温度环境中，否则将造成器件损伤、寿命缩短或输出激光参数异常。高能量脉冲激光对激光器的光学器件具有很强的热积累损伤性，如果同时工作于较高的脉冲频率，则对器件损伤的风险更大，高能量脉冲产生的瞬时热积累效应会使光学器件内部及表面膜层产生热应力，引起性能畸变，从而造成光束模式恶化，产生发射热透镜、电离击穿等效应，严重时会使器件彻底损毁。为保证激光器在高能量、高频率情况下正常运行，激光器必须配置良好的散热系统，并且按照测试结果设置合理的工作周期，不能无限地长时间工作。

（3）温控能力

温控能力是激光器工作时间的另一重要决定因素，也是任何类型激光器设计都必须考虑的因素。激光器在工作时不可避免地会产生废热，尤其是在大功率运行的情况下，废热积累会使激光器的温度升高，超出器件适用温度范围时将无法正常工作。因此，必须通过有效温控来保证激光器处于正常温度范围内。可见，激光温控的设计与激光输出功率密切相关，在根据系统应用要求确定激光发射功率（能量、频率）后，需要合理选择相应的温控技术作为保障。同时，要考虑应用平台对温控方式的限制。例如，航空平台通常限制使用水冷温控；航天平台无法使用风冷、水冷温控等，必须采用热电制冷温控方式。在某些对体积、重量、功耗限制严格的小型化应用平台上，为充分压缩减重，激光器会采用自然传导散热的温控方式，在这种情况下，激光器的工作时间会进一步受到制约，而按照较短的周期间隔进行工作。

3.3.2　电光效率

电光效率是评价激光器性能的一个重要指标，是指激光器将电能转换为激光能量的转换效率，也称能效。

从技术角度分析，激光器工作时其激励源由系统供电，泵浦模块将电能转换为泵浦光，泵浦光经过一定的光学耦合装置进入激光工作介质，激光工作介质吸收泵浦光完成储能，经谐振腔与调 Q/调制作用实现激光输出。这个过程存在以下几个能量转化步骤。

（1）激光雷达系统的供电转化为激光器激励源的储能，转化效率为 η_S。

（2）激励源的储能转化为泵浦模块的泵浦光能量，转化效率为 η_B。

（3）泵浦光能量转化为激光器储能形成自由振荡激光输出，转化效率为 η_O。

（4）自由振荡激光经开关调 Q/调制作用形成最终激光输出，转化效率为 η_L。

因此，发射机的总电光效率为

$$\eta = \eta_S \eta_B \eta_O \eta_L \tag{3.1}$$

η_S 主要取决于激光器激励源的电源转换模块、储能电容的效率与充放电电路的损耗，目前这类电子元器件的能效通常能达到 90%以上。η_B 是泵浦模块的电光效率。目前常用半导体激光器作为泵浦模块，其电光效率通常能达到 50%～60%。η_O 为泵浦光转化为激光的光光效率。不同类型的泵浦方式与耦合光学设计对 η_O 的影响很大，如端面泵浦的 η_O 能够达到 30%以上，而侧面泵浦一般为 10%～20%。此外，谐振腔设计对 η_O 也有较大影响。η_L 为激光器的调 Q 动静转换效率或调制效率，其含义为激光从自由振荡输出到开关调 Q/调制输出的能量转换效率，对于固体激光器，通常能够达到 80%～90%。

综合以上分析，由于不同体制激光器的激励源、泵浦、调 Q/调制、谐振腔设计形式多样，因此总电光效率有较大差异。按目前技术进行大致比较，半导体激光器因其由电源直接驱动，无光泵浦转化过程，因此电光效率很高，能够达到 50%以上；半导体泵浦固体激光器的电光效率为 5%～20%，通常采用端泵形式的效率要高于采用侧泵；光纤激光器由于采用高增益的掺杂光纤和封闭式端面泵浦方式，电光效率通常可以达到 30%以上。

电光效率是发射机供电功耗设计的重要参考指标，电光效率高意味着激光器的工作更节能，这对于严格限制功率的平台应用非常有意义。较高的电光效率意味着产生较少的热量，高电光效率的泵浦模块，以及高光光效率的激光工作介质，可以减少发热，从而降低系统的散热成本，同时还能有效提高器件的可靠性，实现更高功率、更稳定的激光输出。因此，从系统低功耗设计角度考虑，高电光效率是激光器设计一直追求的目标。

根据激光工作效能原理，针对一种具体类型的激光器，提高电光效率需要从以下几个方面进行考虑。

（1）选用高能效的电路元器件：可以提高发射机激励电源工作时的能量利用率，降低电源低压转换、电容充放电过程中的损耗。

（2）提高泵浦的电光效率、光光效率：通过选用高效能的泵浦器件、优化激光泵浦的结构形式和泵浦耦合光学系统，并采用高增益特性的激光工作介质，可充分提高泵浦的效率。

（3）采用合理有效的温控技术：电光效率与器件温度有很大关系，激光器工作时的能量损耗大部分转换为热量而使器件温度升高，进而导致输出功率不稳定、效率降低。特殊器件（如泵浦 LD）只有工作在恒定温度下，才能保证泵浦光波长的稳定性和激光工作介质高吸收性，因此必须采用合理温控措施，以保证激光器具有较高电光效率。

3.3.3 环境适应性

环境适应性是指装备（产品）在其使用寿命内可能遇到的各种环境条件作用

下，能实现其所有预定功能和性能而不被破坏的能力，是装备（产品）的重要质量特性之一。

激光雷达作为一种常用的军用装备和工业产品，随着其使用领域的不断扩展，面临的环境条件越发严酷、复杂和多样化。因此，环境适应性成为激光雷达产品设计中的重要环节。作为激光雷达关键部件的发射机同样需要具有一定的环境适应性。

发射机的环境适应性要求要从激光雷达系统环境适应性要求分解而来，通常包含温度、湿度、振动、冲击、淋雨、气压、盐雾、沙尘、霉菌、日照、辐照等方面。由于发射机集成于激光雷达系统内部，在系统结构外壳的防护下，不需要直接接触外部环境，因此一般只考虑直接作用于发射机的环境适应性因素，如环境温度、振动、冲击等。

发射机的环境适应性设计一般从两方面着手，即降低环境对发射机的影响力度和提高发射机抗环境作用的能力。

1. 采取改善环境或减缓环境影响的技术措施

主要措施有通过减振设计减少振动、冲击应力对光学结构的影响；通过气密和充氮气设计阻止水汽侵入内部，减少水汽凝露、结霜对光学器件和电路的影响；通过喷涂三防漆防止裸露电路板受潮湿、霉菌、盐雾的影响；通过散热通风设计减少内部高温对元器件性能的影响；通过温控设计保证恒温工作器件对大范围环境温度的适应性。

2. 选用耐环境能力强的结构、材料、元器件和工艺

主要措施有选用受温度、应力影响小且光物理化学综合性能优良的光学晶体材料设计激光器；选用高温不易产生挥发物的绝缘材料，以防止光学面被污染；选用低温性能良好的电容器件设计电源；采用强度高、热膨胀系数小的材料设计主体结构，以减小热应力的影响；采用优良的镀涂层和表面处理工艺，以提高结构抗腐蚀性。

3.3.4 热控方式

激光雷达发射机在大功率、高频率状态下工作时，其主要器件会产生大量的热，当这些热量集聚太多而不能有效疏导至外部时，会使发射机的输出性能恶化，严重影响系统的正常工作，因此必须采用有效的热控方式对发热器件进行制冷散热。目前用于激光器的热控方式有多种，主要有传导散热、强制风冷、水冷散热、

热电制冷等。不同的激光雷达系统采用的发射机形式多样，应根据实际需求选择不同的热控方式。

1. 传导散热

传导散热是指发热器件的热量通过直接接触传送到其他导热物体的散热方式。这种方式的散热性能取决于发热器件与导热物体的温度差、接触面积，以及导热物体材料的导热性能等。

例如，某些激光雷达系统使用免温控激光器，其泵浦 LD 与激光晶体在工作中产生的热量通过铝、铜等高热导率的材料直接传导至激光器外部，并在导热材料上制作散热鳍片来增加散热面积，提高导热效率；激光晶体与导热材料间通过铟锡合金焊接的方式固定，以增加导热接触面积。在激光器电路中，一些发热量大的器件（如 MOS 开关管）等也常采用这种散热方式。

传导散热方式原理简单、结构紧凑、无功耗，便于系统小型化设计，其弱点是散热效率较低，难以满足大功率、高重频激光器的热控需求。

2. 强制风冷

强制风冷散热是在激光器或系统内部设计散热风机，风机吹动空气通过对流的方式，将热量快速传送到外部，同时通过空气循环将外部冷空气带入系统内部，使温度降低。这种方式的散热性能由风机口径、转速、以及内外部空气温差决定，风机转速越高、口径越大，散热效果越好；内外部温差越大，散热越快。

强制风冷散热的本质是通过增加内外部空气对流速度的方法来提高散热效率。在实际应用中，为避免表面被污染，激光器光学器件常处于封闭的洁净腔体内，无法直接进行风冷散热，通常将风冷与传导散热、热电制冷等方式相结合，形成复合散热系统，使内部热量首先通过高导热材料或热电制冷方式快速传递到封闭腔体外，然后通过风冷方式快速传送到外部。这是目前激光器散热普遍采用的方式，其特点是散热效率高、结构紧凑，便于实现激光器全固态设计，对各类平台的适应性较好。

3. 水冷散热

水冷散热又称液冷，因为所采用的导热介质是液态流体材料。水冷散热的本质也基于强制热对流的原理，只是与强制风冷方式采用的导热介质不同。常见的激光水冷系统包含水泵、储水箱和循环系统，通过水泵产生动力推动密闭系统的冷却液循环，将发热器件的热量快速带走。冷却液通常使用去离子纯净水，有低温工作环境要求的系统采用防冻混合液。冷却液的比热容较大，因此储水箱内的冷却液可作为一个热容体，将激光器的热量临时存储起来，再通过水箱外壁散热片将热量带到外部，从而达到一个热平衡状态，保证激光器的正常工作。

水冷散热方式相比于强制风冷方式具有更高的散热效率，也是激光器常用的散热方式，但是其系统相对复杂，体积、重量、功耗均较大，在一些大功率激光系统中，普通的水冷散热方式难以满足激光器长时间工作的需求，而必须采用含有水冷压缩机的恒温水冷系统，这类散热系统功率高、体积庞大，应用范围受到很大限制。此外，水冷散热由于采用液体循环冷却，其循环系统的可靠性是激光雷达应用中必须考虑的重要因素，一旦发生液体泄漏、挥发，就会对其他器件和功能单元造成严重影响，甚至损坏，因此在某些特殊平台上会限制使用水冷方式散热。

4. 热电制冷

热电制冷又称半导体制冷，是基于帕尔贴效应热力学原理发展的制冷技术。热电制冷的基本元件是热电偶，由一个 P 型半导体和一个 N 型半导体连接而成。当接通直流电源后，热电偶上面接头的电流方向是 N→P，温度降低，并吸热，形成冷端；下面接头的电流方向是 N→P，温度上升，并放热，形成热端。若干热电偶连接起来就构成常用的热电堆，热电堆的冷端贴近发热器件去吸热，热端通过其他方式不断散热，从而保持一定的温度，这就是半导体热电制冷器（TEC）的工作原理，如图 3.3 所示。

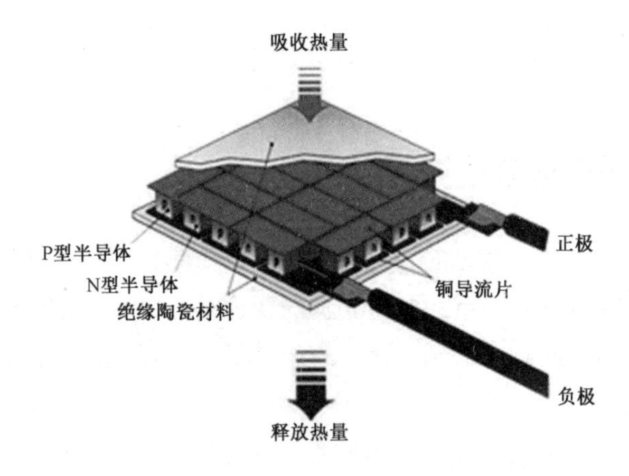

图 3.3　半导体热电制冷器（TEC）原理图

热电制冷有以下优点：①不使用冷却液，无泄漏，无污染；②固态结构，无振动、噪声，无磨损，寿命长，可靠性高；③冷却速度和温度可通过电流控制，灵活性强；④通过改变电流极性可实现加热、制冷两用，能实现恒温控制。

基于以上优点，热电制冷成为目前激光器设计中普遍使用的热控方式。例如，DPL 激光器输出能量的稳定性与泵浦 LD 的工作温度密切相关。泵浦 LD 通过热电制冷方式可实现精确温控，其温控系统包括恒流源驱动、TEC 单元、温度传感器和反馈电路，原理图如图 3.4 所示。

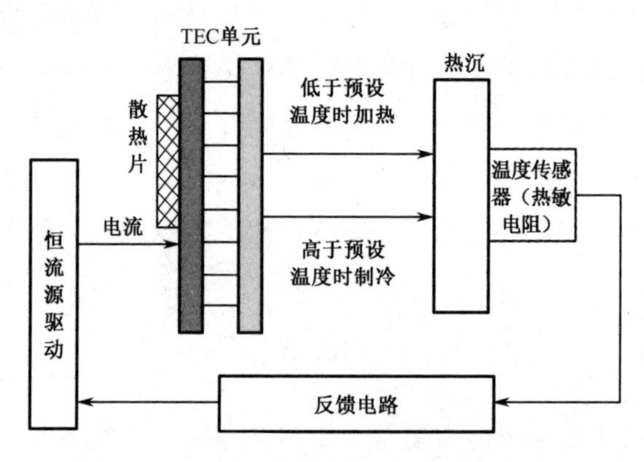

图 3.4　温控系统原理图

温度变化经温度传感器转换成电信号，然后与控制电路设定的温度值进行比较，偏差信号经电路处理后驱动 TEC 单元工作，使温度稳定在设定温度附近。其中，温度传感器是热敏电阻，用来测量 LD 温度，分辨率可达 0.1℃。TEC 有两个面，一面制热，另一面制冷，电流把热量从一面抽送到另一面，当电流的流向改变时，制冷面和制热面将颠倒过来。TEC 单元安装在散热片和 LD 泵浦模块热沉之间，并采用柔性金属材料与热沉、散热片进行均匀软接触，以保证接触面积和热量的有效传导。

3.4　常用的激光雷达光源

激光器是激光雷达发射机的关键器件，它产生具有系统工作所需要的波长、功率、束宽和模式的激光光束。对激光器的要求是：具有一定的输出功率/能量，激光中心频率的稳定性高，调制方便，有较好的光束质量，寿命长，体积小，重量轻，效率高。

目前应用于激光雷达的激光器主要有半导体激光器（LD）、半导体激光泵浦的固体激光器（DPL）和光纤激光器三大类。20 世纪 90 年代出现的二极管激光泵浦固体激光器（DPSS）综合性能优良，具有功率高、体积小、效率高和光束质量高等优点。二极管激光器阵列的出现，进一步提高了激光的亮度和光束质量，成为相干成像激光雷达的优良光源。每类激光器都可按波长、结构、波形、调制方式和激励方式分为若干种，激光雷达系统应用哪类激光器，要根据任务和使用环境的要求而定。

3.4.1　半导体激光器

半导体激光器是目前激光雷达系统最常用的光源，与其他体制的激光器相比，半导体激光器具有体积小、效率高、响应快、寿命长、可光纤耦合输出、可直接调制等优点。

半导体激光器的种类很多，根据其腔型与工作机理，分为法布里–珀罗型激光器（F-PLD）、分布反馈激光器（DFBLD）、分布 Bragg 反射型激光器（DBRLD）、量子阱激光器（QWLD）、垂直腔面发射激光器（VCSEL）等；根据发射光谱，分为可见光、近红外、中红外、紫外激光器；根据工作性能分为超高速 LD、窄线宽 LD、大功率 LD、低阈值 LD 等；按照激励与调制方式可分为脉冲 LD、连续 LD、调制 LD 等。半导体激光器原理图如图 3.5 所示。

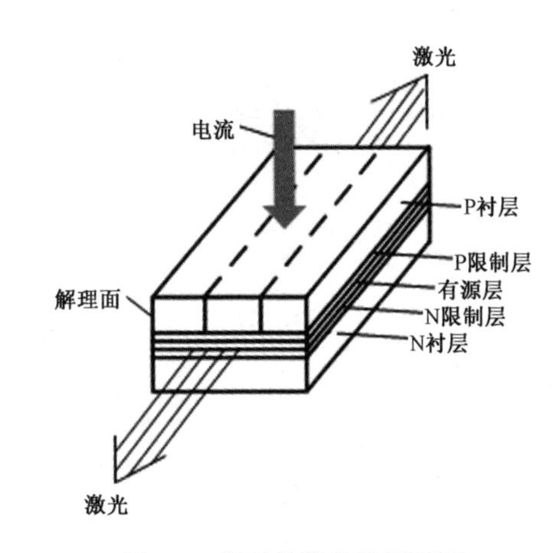

图 3.5　半导体激光器原理图

F-PLD 是最常见、应用最为广泛的 LD，是以 F-P 腔为谐振腔，发出多纵模相干光的半导体发光器件，通常为双异质结（DH）LD，F-PLD 实质上是一个受激发射的光振荡放大器。

F-PLD 的特点是输出光功率较大、发散角较小、光谱较窄、调制速率高，在激光雷达发射机中，通过不同的封装形式，可以实现多种用途。例如，采用 TO 封装的 900nm LD 可作为激光雷达系统的小型化高重频脉冲激光光源。这类激光器在避障、无人驾驶激光雷达中应用广泛，也可与激光探测器集成在一起形成收发一体模块（见图 3.6），多个模块可作为多线扫描激光雷达的收发组件阵列（见图 3.7）。如图 3.8 所示 TO 封装 LD 激光器可作为凝视成像激光雷达的宽波束阵列发射光源。

800nm 波段的大功率准连续 LD 是常用的固体激光器泵浦源，由于其发射光谱与 Nd^{3+}吸收光谱重合，因此常用作 1.06μm Nd:YAG、Nd:YVO_4 全固态激光器的泵浦模块，来实现高重频或高能量输出，其泵浦方式主要有侧泵、端泵两类（见图 3.9）。

图 3.6　收发一体模块

图 3.7　收发组件阵列

图 3.8　TO 封装 LD 激光器

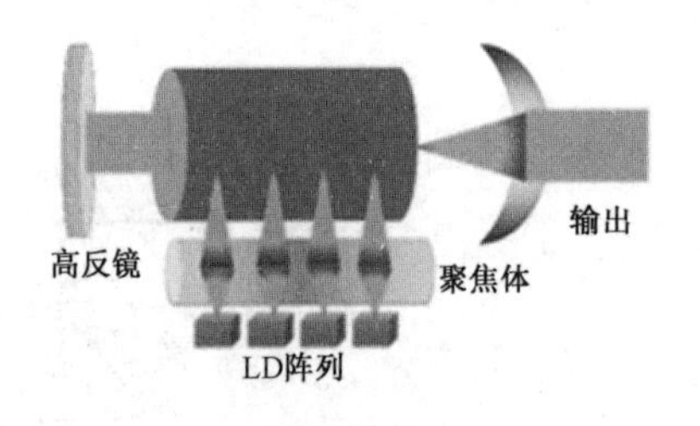

（a）侧泵

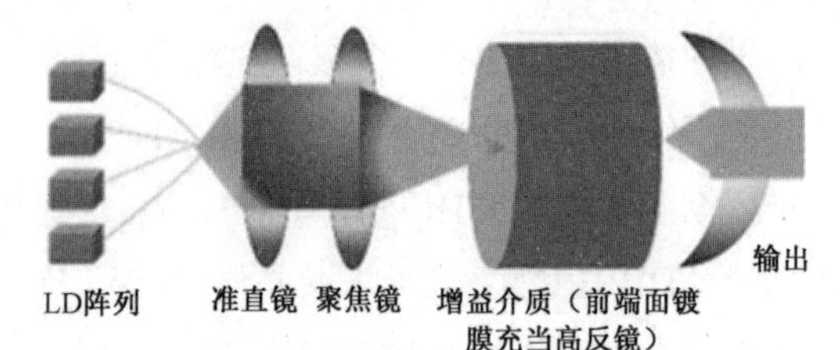

（b）端泵

图 3.9　DPL 激光器的泵浦 LD 阵列

DFB LD 激光器在 F-P 激光器的基础上采用半导体刻蚀光栅进行选模，使激光器实现单纵模窄线宽输出（见图 3.10），其特点是输出光功率大、发散角较小、光谱窄、调制速率高，常用作窄线宽光纤激光器的种子源，与大功率尾纤 F-PLD 模块泵浦的光纤介质结合形成大功率窄线宽光纤激光器（见图 3.11），用于相干探测激光雷达。大功率尾纤输出 F-PLD 模块也可作为脉冲光纤激光器的泵浦源，用于点扫描探测激光雷达。例如，测绘/成像/环境感知激光雷达常用的 1.5μm 波段人眼安全脉冲光纤激光器，采用 980nm LD 作为泵浦源（见图 3.12）。

图 3.10　窄线宽 DFB 半导体激光器

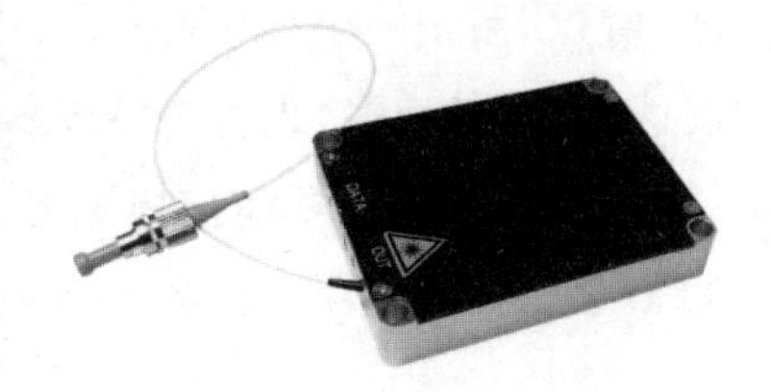

图 3.11　窄线宽光纤激光器

图 3.12　980nm 大功率尾纤输出 F-PLD 模块

虽然半导体激光器在体积、重量、功耗、光电转换效率、探测器响应度、调制性能等方面具备很大优势，但目前单元脉冲半导体激光器功率较低，激光雷达难以满足较远探测距离的要求，需要与光纤功率放大技术相结合，才能实现远距离探测。

3.4.2　半导体泵浦固体激光器

半导体泵浦固体激光器（DPSL）集成了半导体激光器和固体激光器的优点，体积较小、重量较轻，电光转换效率高，可靠性高，光束质量高，易于得到高重频、高峰值功率的窄脉冲激光，是激光雷达系统的理想光源。DPSL 输出峰值功率可达 MW 级，脉冲重复频率可从 kHz 级至 10^2kHz 级，适合较远距离、高精度的点扫描激光雷达探测应用，如地形测绘、环境感知等应用。

常见的 1064nm 高重频 DPSL，采用端面泵浦方式，易于得到较高光束质量和转换效率，激光工作介质采用技术成熟、广泛使用的 Nd:YAG 或 Nd:YVO_4 晶体，输出波长为 1064nm，采用大功率 808nm 尾纤输出半导体激光器作为泵浦源，与激光工作介质的吸收光谱匹配。半导体激光器通过精确温控，将泵浦波长控制在稳定的光谱范围内，以实现高泵浦效率，通过声光调 Q，可实现 ns 级短脉冲高重频稳定激光输出，其光路原理如图 3.13 所示。

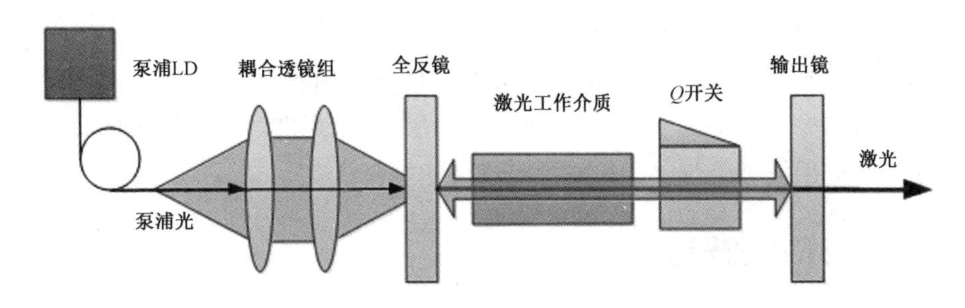

图 3.13　1064nm 高重频 DPSL 光路原理图

DPSL 谐振腔采用非稳腔设计，可实现选模和压缩初始束散角的目的。如图 3.14 所示为 1064nm 高重频 DPSL 实物图，它采用腔长小于 80mm 的非稳腔，Q 开关采用声光调 Q 方式，Nd:YAG 激光晶体、泵浦 LD 与声光晶体均采用热电制冷热控方式，连续工作时间大于 1000h，激光功率为 2W，脉冲频率为 10kHz，光束质量参数 M^2 小于 1.5，输出稳定可靠，应用于某型航天跟踪激光雷达样机，能够实现对目标的稳定跟踪。

图 3.14　1064nm 高重频 DPSL 实物图

DPSL 可轻松实现大功率、高重频输出，而大功率激光输出需要解决激光器内部光学器件的散热问题。DPSL 的热控技术是制约其激光功率和重频提高的主要因素，同时复杂的热控系统和高功率驱动电路给激光器的小型化、低功耗设计带来很大的压力，这是 DPSL 相对于光纤激光器的一些弱势。

采用侧泵方式的 DPSL 可实现 10mJ 级甚至更高量级的脉冲能量输出，但由于侧泵方式泵浦与散热结构存在空间竞争，重频较高时发热量大、热效应明显，需要解决好大功率散热和器件抗损伤问题，这是制约激光性能的关键。在实际应用中，当因体积、重量限制严格而无法使用水冷散热时，激光热控难度大，难以实现高重频工作，通常工作频率在 50Hz 以下，适用于低频率的中远程探测激光雷达系统。

结合实际应用，半导体泵浦固体激光器的设计除了主要性能参数，主要考虑小型化、低功耗、可靠性、高稳定性。小型化设计主要通过紧凑激光腔体、采用高效热控方式实现，热电制冷方式有助于 DPSL 实现小型化紧凑设计；降低功耗需要降低激光泵浦阈值，提高泵浦效率，实现激光腔模和泵浦光模有较高的重叠效率，应设计泵浦耦合效率较高的光学系统，同时要求光学系统有较高的调整精度和稳定性；在激光器的可靠性与稳定性方面，需要充分简化光学系统调整机构，因为调整机构越多，激光器稳定性就越差，应尽量简化谐振腔光学可调组件，采用热应力不敏感腔形设计，以降低温度变化对谐振腔的影响。此外，激光器基体结构材料随温度变化的应力变化也会降低激光器的稳定性，在对稳定性要求高的系统中，可采用钛合金等综合机械性能优良的材料。

3.4.3 光纤激光器

光纤激光器是指用掺有稀土元素的玻璃光纤作为激光增益介质的激光器，通常由增益介质光纤、泵浦 LD、谐振腔反射镜、隔离器及光学耦合器件等组成，其基本工作原理如图 3.15 所示。

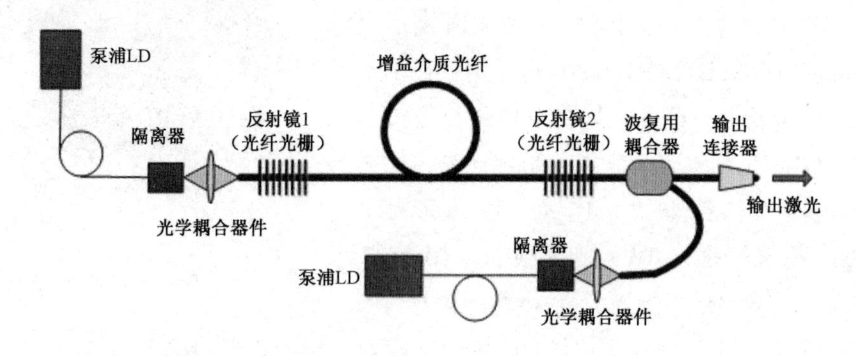

图 3.15　光纤激光器的基本工作原理

光纤激光器采用尾纤输出处的 LD 作为泵浦源。光纤激光器增益介质光纤的两端为正反馈光回路构成的谐振腔，谐振腔由两个反射镜（通常为光纤光栅）组成，反射镜 1 对泵浦光高透，对信号光全反；反射镜 2 对泵浦光高反，对信号光部分反射，作用是使光子得到反馈并在工作介质中迅速放大。泵浦光进入增益介质光纤后被吸收，进而使增益介质中的能级粒子数发生反转，形成自发辐射荧光并谐振放大。当谐振腔内的增益高于损耗时，在两个反射镜之间便会形成激光振荡，产生激光信号输出。

图 3.15 所示是仅以光纤作为增益介质和激光谐振腔体的狭义光纤激光器，通常只能输出某一波段的连续激光信号。在实际应用中，很多激光雷达系统要求激光器能够输出不同性能参数的激光波束，如短脉冲高重频激光、单频窄线宽激光、频率调制激光、脉冲调制激光、多波长激光。这些激光器在狭义光纤激光器的基础上增加了短脉冲种子源、窄线宽种子源、外部光纤调制器等，使光纤激光器产生很多特殊性能。有些激光器只是采用光纤作为增益介质，实现信号功率/能量的增强，是广义的光纤激光器，应用非常广泛。

例如，目前获得短脉冲、高重频和调制信号输出最常用的一种光纤激光器采用主振荡-功率放大（MOPA）的形式，其工作原理如图 3.16 所示。该光纤激光器采用 LD 或微腔固体激光器等作为种子光源，种子光信号经一级或多级增益介质光纤放大，光纤由 LD 模块泵浦，最终实现高能量或大功率信号输出。这种形式可将不同类型的调制信号施加于种子激光器，利用 LD 优异的直接调制特性和光纤的高效率保真放大特性，易于实现稳定可靠的高重频、短脉冲和调制激光输出。

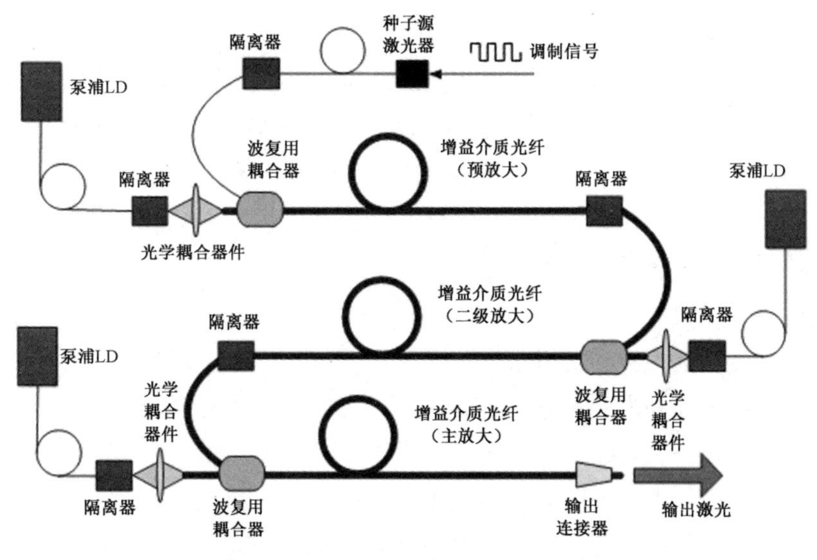

图 3.16　MOPA 光纤激光器的工作原理

1. 分类

目前，光纤激光器已发展出很多种类，在激光雷达系统应用设计中，通常主要关注的激光参数为波长、波形调制特性、脉冲特性、功率等，下面按照不同分类方式进行介绍。

（1）按输出激光波长分类

常用光纤激光器有1.06μm、1.55μm、2μm等波段的激光器，每一波段按照所采用的光纤介质掺杂可以细分为一系列接近的子波段。1.55μm光纤激光器常用于人眼安全探测领域，1.55μm、2μm光纤激光器因其相干性优于1.06μm光纤激光器，常用于相干探测雷达系统。

（2）按输出激光波形参数特性分类

主要有以下几种类型。

①连续输出光纤激光器：单纯的连续输出光纤激光器无波形特征，无法在激光雷达系统内应用，需要增加调制信号对连续激光进行波形调制。

②脉冲输出光纤激光器：根据其脉冲形成原理，可分为调Q光纤激光器（脉冲宽度为ns级）和锁模光纤激光器（脉冲宽度为ps级或fs级）。其中，ns级脉冲光纤激光器为激光雷达常用光源，锁模光纤激光器在激光雷达中的应用很少。

③波形调制光纤激光器：分为连续波调频、连续波调相、脉冲调频、脉冲编码调制等类型，分别用于调频连续波激光雷达、高精度相干探测激光雷达、差分相干探测激光雷达、脉冲编码探测激光雷达等。

（3）按光纤材料分类

主要有稀土掺杂光纤激光器、非线性光学光纤激光器、塑料光纤激光器。稀土掺杂光纤激光器的基质材料是玻璃光纤，其中掺有稀土离子，使之具备激光活性，如Nd^{3+}、Er^{3+}、Yb^{3+}、Tm^{3+}等，基质可以是石英玻璃、氟化锆玻璃、单晶等，是目前激光雷达系统应用最多的类型。非线性光学光纤激光器主要有受激喇曼散射和受激布里渊散射光纤激光器，塑料光纤激光器是向塑料光纤芯部或包层内掺入激光染料而制成光纤激光器，这两类光纤激光器因其综合性能不佳，在激光雷达系统中很少应用。

（4）按光纤谐振腔和结构分类

按谐振腔主要分为F-P腔光纤激光器、DBR光纤激光器、DFB光纤激光器，谐振腔分为环形腔、环路反射器光纤谐振腔及特殊形状态腔；按光纤结构形式主要分为单包层光纤激光器、双包层光纤激光器、光子晶体光纤激光器。这些激光器注重介质腔型的构造设计，这对光束输出特性有一定的影响，但不是很大，在激光雷达系统设计中仅作为参考。

2. 优势

光纤激光器的增益介质光纤的固有模式特性、泵浦高增益、组成器件小巧等特点，使其具备很多独特优势，概述如下。

（1）光束质量高

光纤的波导结构决定了光纤激光器易于获得单横模高斯光束输出，且受外界因素影响很小，能够实现很高的光束质量，因此其发射的光束准直性好，产生的边带噪声低，是很多高分辨率探测激光雷达的理想光源。

（2）电光效率高

光纤激光器通过选择发射波长和所掺杂稀土元素吸收特性相匹配的半导体激光器为泵浦源，可以实现很高的光-光转化效率。例如，1.06μm 掺镱高功率光纤激光器、1.55μm 铒镱双掺脉冲光纤激光器等，一般选择 915nm 或 975nm 的 LD 泵浦，荧光寿命较长，能够有效储存能量以实现高功率运行，总电光效率可达 25%以上，非常适合低功耗系统应用。

（3）散热特性好，温控要求低

光纤激光器采用细长的稀土掺杂光纤作为激光增益介质，其表面积和体积比非常大，约为固体激光器的 1000 倍，因此在散热方面具有天然优势。光纤激光器在中低功率情况下，通常无须对光纤进行特殊冷却即可长期连续工作；在高功率情况下，采用水冷散热或热电制冷方式可以有效避免固体激光器中常见的由于热效应引起的光束质量和效率下降，从而实现长时间运转。

（4）结构紧凑，可靠性高

光纤激光器采用柔性光纤作为激光增益介质，非常利于压缩体积、节约系统成本，泵浦源也采用体积小、易于模块化的 LD，输出为光纤形式，结合光纤布拉格光栅、光纤调制器等光纤化器件，只要将这些器件熔接即可实现全光纤化，结构紧凑、体积小、易集成，适用于小型化平台应用；抗环境扰动能力强，具有很高的稳定性，维护便利，性能可靠，工作寿命长，无故障工作时间达 10000h 以上。

（5）脉冲频率高，窄线宽可调谐

常用脉冲光纤激光器的输出脉宽可达到 ns 级，且能够实现 ns 级至 ms 级的调节，以便于短脉冲、高精度距离探测；脉冲频率可轻松达到 MHz 级及以上量级且重复频率连续可调，在高速点云探测激光雷达中应用广泛；可实现 kHz 级及以下量级的单频窄线宽输出，调谐范围宽（10nm 级），可实现大功率输出，是相干探测体制激光雷达的常用光源。

光纤激光器虽然具有很多优点，但相比于同类波长的 DPSL，其脉冲峰值功率略显不足，目前常规器件的输出峰值功率为 kW 级，为了满足远距离探测应用对功率的需求，需要通过多级放大方式提高输出功率，这将使其体积、重量增加。另外，光纤激光器在工作于高重频和脉冲两种模式时的泵浦方式不同，需要根据频率需求分别设计，泵浦热效应使其不适宜工作于较低脉冲频率，否则易造成介质损伤。

3.4.4 微片级激光雷达光源

传统激光雷达采用机械扫描系统，体积大、扫描速度慢，应用受限。为了提高激光雷达的集成度和扫描速度，实现微小型化甚至单芯片级的激光雷达系统，光学相控阵激光雷达成为近年研究热点。这种体制的激光雷达的收发单元均采用相控非机械扫描成像方式，能够通过光刻、CMOS、异构集成等工艺在单一基底材料上将光源、收发天线、探测器、处理电路等功能单元集成，实现真正意义上的全固态微片化激光雷达。微型化光源技术是这类激光雷达的重要支撑，目前的主要应用有快速可调谐激光器和垂直腔面发射激光器（VCSEL）阵列。

1）快速可调谐激光器

在微片级光学相控阵激光雷达系统中，快速可调谐激光器是核心器件。快速可调谐激光器的波长切换速度、波长间隔等参数直接影响光学相控阵激光雷达的扫描速度、扫描精度等关键指标。目前，可调谐激光器可分为外腔反馈型、分布反射型（DBR）和分布反馈型（DFB）等三种类型。

（1）外腔反馈型

1980 年，R. Lang 等人第一次将外腔反馈技术应用到半导体激光器上，实现了对半导体激光器光谱线宽的压窄和对输出波长的调谐。该技术主要利用外腔结构将部分输出光反馈至有源区，通过反馈光与有源区内光场的有效相互作用，可明显压窄半导体激光器的光谱线宽，同时提升激光器的单模特性，且能获得很大的调谐范围。在外腔反馈中，利用光栅提供外部反馈是一种简单有效的方法。光栅外腔结构可分为 Littrow 和 Littman 两种形式。图 3.17 所示为 Littman 式谐振腔结构，量子阱激光二极管的一个解理面上镀有抗反射膜，将一个固定的反射型衍射光栅作为色散元件，通过压电陶瓷控制调谐镜面绕一个虚支点旋转，使得不同波长的 1 级衍射光在激光光源和外腔镜之间形成振荡，0 级衍射光为输出光。外腔镜在改变位置的同时还能满足相应波长的相位匹配条件，使其形成谐振输出，从而达到连续调谐的目的。

外腔反馈型可调谐激光器的诸多优点使其在各种测量设备中广泛应用，如相干检测、高分辨率光谱测量等，目前绝大多数可调谐激光器是此类型的。然而它的机械调谐有滞后性，使得波长的快速切换难以实现；机械结构本身会产生细微的磨损，且体积过大，光路对准也需要较高的精度，难以实现快速可调谐。

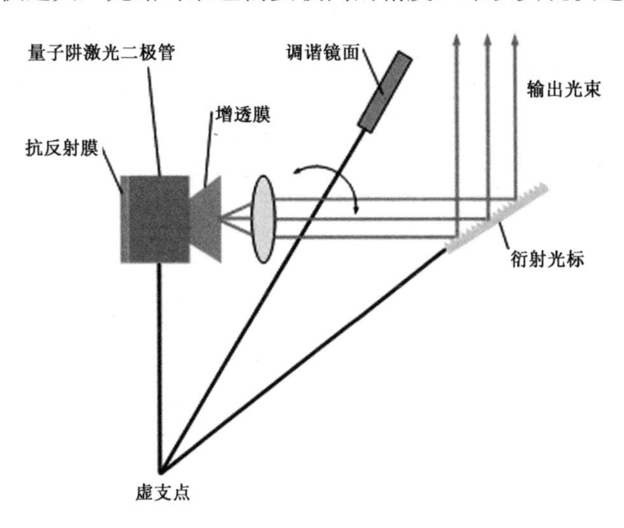

图 3.17　Littman 式谐振腔结构

（2）分布反射型

DBR 激光器于 1981 年问世，由日本东京工业大学 Suematsu 教授的团队研制。它采用 Butt-joint 集成工艺，将无源波导的光栅作为激光器的反射镜，有源区不使用光栅。激光器发射波长处于 DBR 的反射峰位置，并在 50℃的温度差下实现了约 7nm 的波长变化。基于 DBR 激光器的原型，人们通过对激光器纵向结构的改变，发展出多种可调谐激光器。采样光栅（Sampled Grating）DBR（SG-DBR）激光器由 UCSB 的 L.A.Coldren 课题组最先提出，其芯片结构图如图 3.18 所示。该激光器中包含前后两个反射式采样光栅、一个有源增益区和一个调相区。采样光栅的反射谱呈梳状，前后采样光栅的 FSR 略微不同，利用它们的游标效应可以实现选模；通过调整采样光栅的电流，激光器可获得 40nm 以上的调谐范围。在 SG-DBR 可调谐激光器的基础上，日本的 NTT 实验室开发了超结构光栅（Super Structure Grating）DBR（SSG-DBR）可调谐激光器芯片。该芯片将 SG-DBR 中光栅的一个采样周期用一组变化光栅来替代，如图 3.19（a）所示。优化后的光栅的梳状谱更平、更宽，如图 3.19（b）所示，准连续调谐范围可达 105nm，图中的数字表示渐变周期值（单位：nm）。

英国研究者开发了数字超模式（Digital Supermode）DBR（DS-DBR）激光器，

可以实现约 45nm 的调谐范围，且边模抑制比较高（最高 55dB），线宽仅有 0.5MHz，但它的调谐电极太多，协同工作较复杂，造成封装和使用成本较高，其封装如图 3.20 所示。

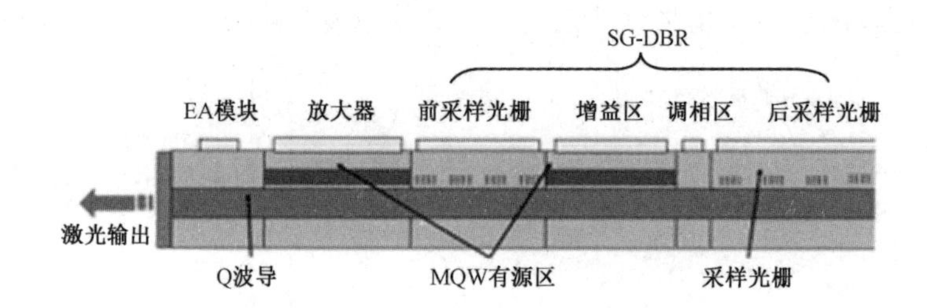

图 3.18　SG-DBR 可调谐激光器芯片结构图

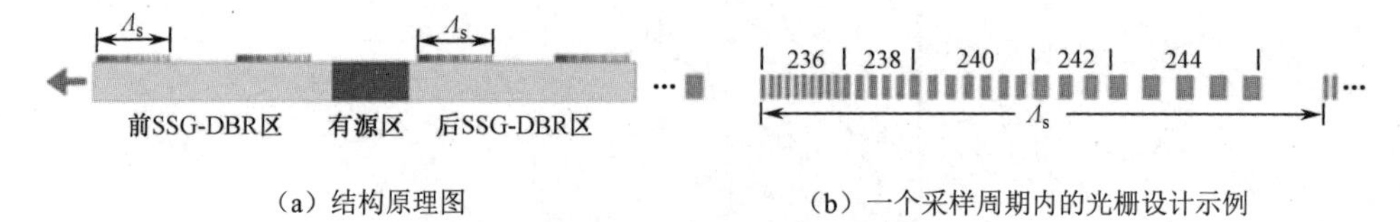

（a）结构原理图　（b）一个采样周期内的光栅设计示例

图 3.19　SSG-DBR 激光器

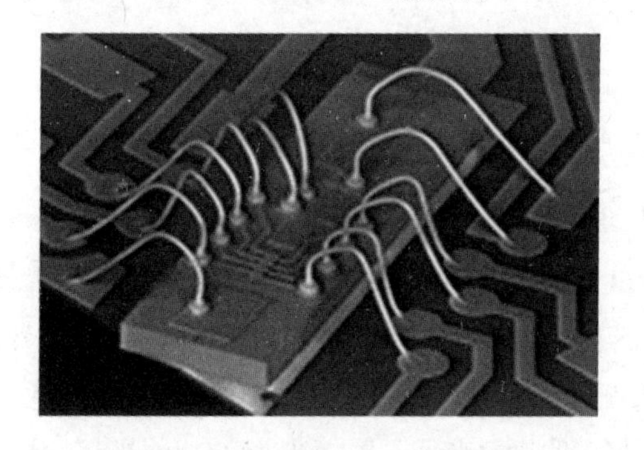

图 3.20　DS-DBR 激光器封装图

除此之外，工作原理与采样光栅调谐原理相似的还有调制光栅 Y 分支（Modulated Grating Y-branch，MGY）激光器、瑞典皇家工学院提出的带 SSG-DBR（Super Structure Grating Distributed Bragg Reflector）的垂直光栅辅助同向耦合器（Vertical Grating Assisted Codirectional Coupler，VGAC）激光器和 Oclaro 与日立公司合作的侧向光栅辅助同向耦合器（Lateral Grating Assisted Lateral Co-directional Coupler，LGLC）激光器，华中科技大学制备出基于热调谐的 SG-DBR 结构可调谐激光器。基于 DBR 型可调谐激光器具有调谐范围大、集成度高的特点，是当前通信用可调谐激光器的主流产品，但其稳定性较差，往往需要采取复杂的控制手段来实现高稳定性的单模运转，最终导致波长快速切换功能难以实现。

（3）分布反馈型

1972 年，美国贝尔实验室的 Kogelnik 和 Shank 基于耦合模理论提出了 DFB 激光光源的概念，随后 DFB 激光器得到快速的发展，成为目前光通信网络中最常用的光源。DFB 激光器通过控制光栅周期可以精准地实现激光输出波长的调整，但是工作状态下的波长调谐只能采用温度和分段电极来实现，单个激光器调谐范围十分有限，不超过 10nm。因此，实际中通常采用 DFB 阵列来扩大波长调谐范围，这一方案最早由日本 NEC 公司提出。这种激光器的体积稍大一些，主要由吸收区、四分之一相移（Tunable Distributed Amplification）DFB 阵列、S 形弯曲波导、多模干涉（Multimode Interference，MMI）耦合器和半导体光放大器（Semiconductor Optical Amplifier，SOA）四部分组成，图 3.21 所示为其平面结构示意图。阵列中激光光源的光栅周期各不相同，其相应的激射波长也不相同，通过选择阵列中对应的激光光源并使其发生激射，再配合温度调谐装置，便可得到想要的激光输出，SOA 则用来补偿耦合器引起的功率损耗。这种激光器在保留了单个 DFB 激光器良好的光谱特性及波长稳定特性的同时，大大提高了调谐范围，且控制相对简单。中国科学院半导体研究所采用这种方法成功制作了四通道的 DFB 激光光源阵列。

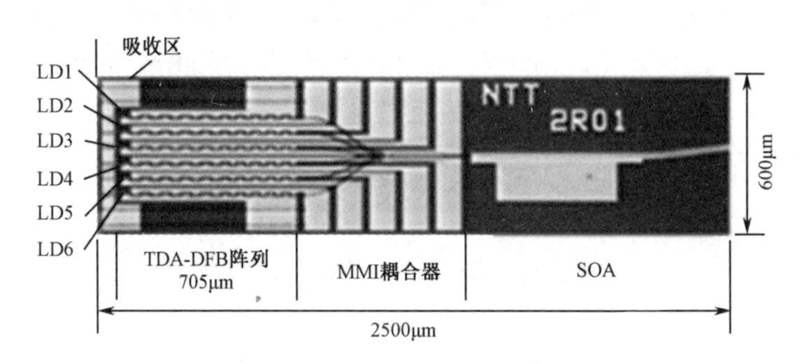

图 3.21　DFB 型可调谐激光器平面结构示意图

南京邮电大学采用 DFB 阵列的方式研制了快速调谐激光器芯片。不同于传统的 DFB 可调谐激光器，其波长调谐过程采用逐一点亮的方式，波长的切换和调谐不需要调节芯片的温度，切换的时间只是点亮激光器芯片所需的时间，因此切换速度更快，并且 DFB 激光器的模式稳定性很好，调谐过程中不存在模式的跳变，利于实现快速稳定的波长调谐。研究人员在科研项目中基于多通道 DFB 阵列和 PLC 多模干涉耦合器封装了 8 通道快速调谐 DFB 芯片，芯片实物图如图 3.22 所示。

对封装芯片模块进行初步测试，各通道的波长与边模抑制比（SMSR）如图 3.23 所示。各通道 DFB 激光器的波长可以精确控制，相邻通道激光器波长间隔为 1.65nm；各通道 DFB 激光器波长具有良好的单模特性，边模抑制比均在 45dB 以上。

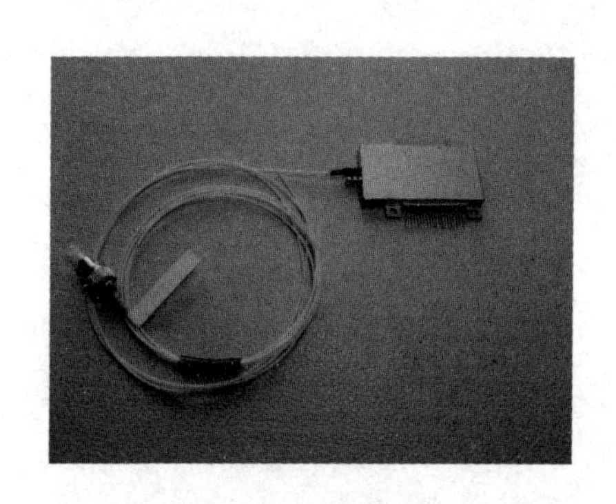

图 3.22　8 通道快速调谐 DFB 芯片实物图

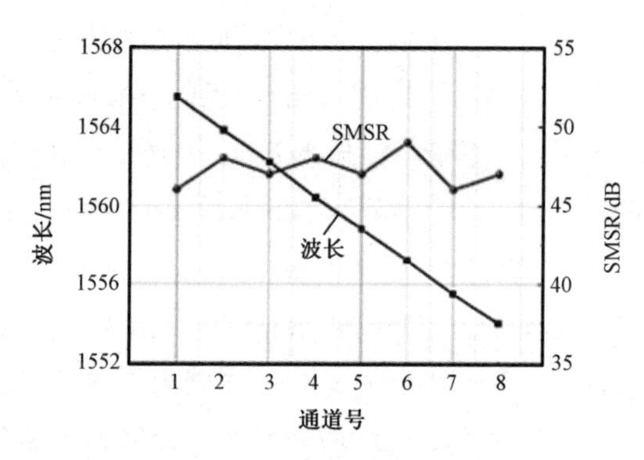

图 3.23　各通道波长与边模抑制比

南京邮电大学还采用串并联结构布局，设计了另一种 8 通道可调谐激光器芯片，如图 3.24 所示。图 3.25 所示为该 8 通道激光器的光谱图，相邻通道激光器的波长间隔为 2.35nm，激光器波长切换时间为 250ns，边模抑制比在 35dB 以上，每个激光器的输出功率均大于 18mW，通过合束器（Combiner）输出。在该芯片的技术基础上进行通道扩展设计，可为芯片化相控阵激光雷达提供有效的光源。

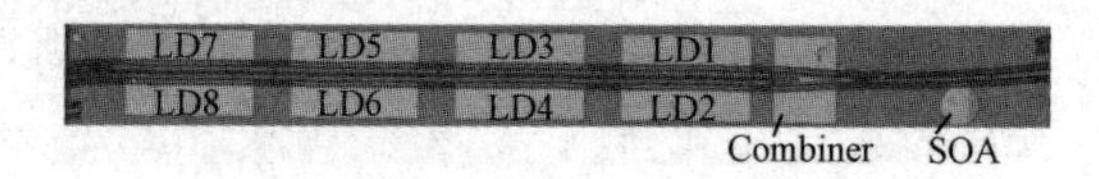

图 3.24　通道串并联的激光器芯片

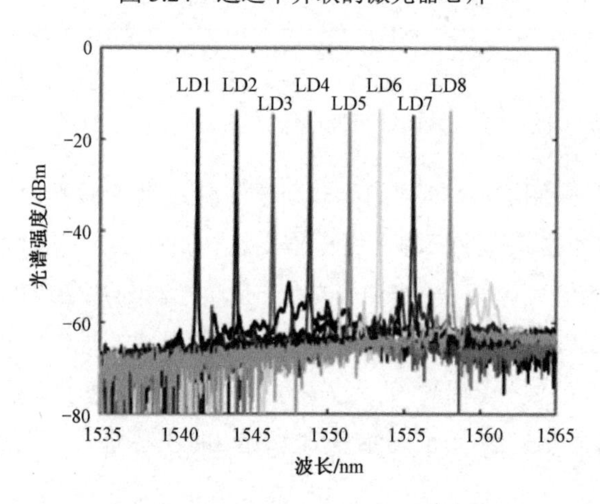

图 3.25　8 通道激光器的光谱图

2）VCSEL 阵列

VCSEL 因具有体积小、结构简单，易调制和价格低廉等优点而得到广泛应用。随着科技迅猛发展，微型化激光雷达等高新技术领域对激光器性能的要求越来越高，要求在 850nm、940nm 和 1064nm 等特殊波长上实现精确调控和高稳定的基模偏振光束质量，以及更窄的光谱线宽和更高的可靠性。传统的 VCSEL 由于受到对称的几何结构、有源区增益弱、各向异性的影响，在工作过程中光波偏振态会在正交方向随机转换；同时，由于谐振腔腔长限制，频谱输出线宽达到 50MHz 以上，进一步压窄线宽变得非常困难。因此，VCSEL 在激光雷达领域的应用面临三个主要问题：①如何实现高稳定光波单偏振化，以实现更低色散噪声和更高灵敏度；②如何保持高集成化，以实现更小体积和更低成本；③如何实现更窄的光谱线宽，以实现更低光噪声和更高响应精度。因此，高稳定 VCSEL 阵列偏振控制和线宽压窄技术成为高性能 VCSEL 领域的研究热点和难点。

目前，国内外多所大学和公司开展了 850nm VCSEL 阵列的相关研究，很多成果已达到商业化应用程度。2001 年，Michael Miller 等人制作的 VCSEL 单管器件输出功率为 0.89W，阵列器件达到 1.55W。2005 年，中国科学院长春光学精密机械与物理研究所制作的 VCSEL 单管器件的连续输出功率达到 1.95W，普林斯顿公司将其提高到了 3W。为了进一步提高功率，人们制作了 VCSEL 阵列，Princeton Optronics 公司利用 5mm×5mm 阵列芯片，在 320A 连续电流下得到 230W 的输出功率，脉冲输出功率达到 2.2kW；2001 年，德国的乌尔姆大学制作的 VCSEL 单管器件在脉冲条件下，峰值功率达到了 10W，2008 年，日本 Nobuyuki Otake 等人将该功率提高到 12.5W；2014 年，Zhang Jianwei 等人研制的 980nm 单管激光器的峰值功率达到 62W，2.2mm×2.2mm 阵列激光器在频率为 5kHz、占空比为 30ns 的 110A 脉冲电流工作下的功率超过 210W；2017 年，James P. Rosprim 等人研制的快速大功率 VCSEL 阵列，由 150 个单管器件组成，其峰值功率在峰值电流 300A 时达到 1200W，脉冲宽度为 7.2ns。

国内在大功率 850nm VCSEL 阵列的研究及应用方面起步较晚，制备封装技术相对薄弱，激光输出稳定性较低。北京工业大学是较早研制高性能 VCSEL 的机构之一，基于高质量 AlGaAs 有源区材料的 MOCVD 生长技术，研究激光器耦合微腔理论、热传导控制、结构工艺及光谱窄化技术对应关系，实现了应用于激光雷达系统的高功率 850nm VCSEL 阵列芯片技术，可得到大功率高稳定光束并行调控输出；2020 年，设计制备了 10×10 VCSEL 阵列，如图 3.26 所示，测试束散角小于 7.5°，连续输出功率大于 500mW；提出了新型大功率单模 850nm VCSEL 阵列的外延生长与结构设计，可有效提高光子偏振选择，获得了极高的窄线宽调控效率，抑制了热噪声影响，改善了 VCSEL 的单空间模式分布特性，实现了 VCSEL 阵列高功率单空间模式相干性输出，为相控阵大功率相干光源应用提拱了有力支撑。

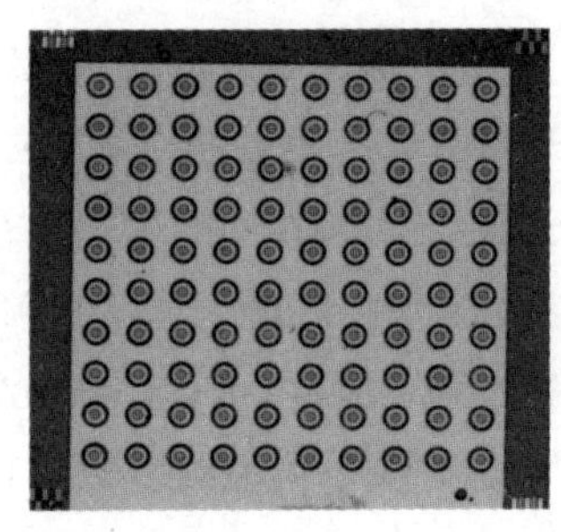

图 3.26　10×10 VCSEL 阵列

3.5　激光雷达发射机常用调制方法及原理

激光雷达要实现一定的探测能力，需要用激光作为信息的载体，就必须解决如何将信息加载于激光的问题。例如，激光通信，就需要将信息加载于激光，由激光“携带”信息通过一定的传输通道（大气、光纤等）送到接收端，再由接收端处理、鉴别并还原信息，从而完成通信。这种将信息加载于激光的过程称为调制，完成这一过程的装置称为调制器。其中，激光称为载波，起控制作用的低频信息称为调制信号。

激光雷达要完成目标信息的获取，必须对发射机的激光信号进行调制。激光光波的电场强度为

$$E(t)=A\cos(\omega t+\varphi) \tag{3.2}$$

式中，A 为振幅；ω 为角频率；φ 为相位角。激光具有振幅、频率、相位、强度、偏振等参量，如果能够利用某种物理方法改变其中的某一参量，使其按调制信号的规律变化，那么激光就受到了信号的调制，达到“携带”信息的目的。

实现激光调制的方法很多，根据调制器和激光器的相对关系，可以分为内调制和外调制两种。内调制是指加载调制信号是在激光振荡过程中进行的，即以调制信号去改变激光器的振荡参数，从而改变激光输出特性以实现调制。例如，注入式半导体激光器，是用调制信号直接改变其泵浦驱动电流，使输出的激光强度受到调制，这种方式也称直接调制。还有一种内调制方式，是在激光谐振腔内放置调制元件，用调制信号控制元件的物理特性的变化，以改变谐振腔的参数，从而改变激光器的输出特性，激光调 Q 技术在本质上就属于这种调制。

目前，内调制主要用于光通信的注入式半导体激光器。外调制是指激光形成之后，在激光器外部的光路上放置调制器，用调制信号改变调制器的物理特性，当激光通过调制器时，就会使光波的某参量受到调制。外调制的调整方便，而且对激光器没有影响，且不受半导体器件工作速率的限制，比内调制的调制速率高，调制带宽更宽，在高速、高精度信息获取与处理的工程应用中更受重视。

无论激光内调制或外调制，都是基于一定物理原理的，并依托一种能够体现这种原理的物理器件（调制器）去实现对激光载波的调制。按照工作原理，常见的调制方法有电光调制、声光调制、磁光调制、直接调制等。

3.5.1 电光调制

电光调制的物理基础是电光效应，即某些晶体在外加电场的作用下，其折射率将发生变化，当光波通过时，其传输特性就因此受到影响而改变，这种现象称为电光效应。

目前，电光调制通常用基于泡克耳斯效应的电光晶体（如 LN、KDP、KTP 等）实现，可以分为以下两种情况。一种情况是施加在晶体上的电场在空间上基本是均匀的，但在时间上是变化的，当一束光通过晶体之后，可以使随时间变化的电信号转换成光信号，由光波的强度或相位变化来体现要传递的信息，主要应用于光通信、光开关等领域。另一种情况是施加在晶体上的电场在空间上有一定的分布，即具有随 x 和 y 坐标变化的强度透过率或相位分布，形成电场图像，但在时间上不变或缓慢变化，从而对通过的光波进行调制。

1. 纵向电光调制（通光方向与电场方向平行）

如图 3.27 所示电光晶体（KDP）置于两个正交的偏振器之间，其中，起偏器 P_1 的偏振方向平行于电光晶体的 x 轴，检偏器 P_2 的偏振方向平行于 y 轴，当沿晶体 z 轴方向加电场后，它们将旋转 45°，分别变为感应主轴 x' 和 y'。因此，沿 z 轴入射的光束经起偏器变为平行于 x 轴的线偏振光，进入晶体后（z=0）被分解为沿 x' 轴和 y' 轴方向的两个分量，两个分量的振幅（等于入射光振幅的 $1/\sqrt{2}$）和相位都相等，分别为

$$\begin{aligned} E_{x'}(0) &= A\cos\omega_{\mathrm{c}}t \\ E_{y'}(0) &= A\cos\omega_{\mathrm{c}}t \end{aligned} \tag{3.3}$$

由于光强与电场的平方成正比，当光通过长度为 L、电光系数为 γ_{63} 的晶体后，产生电光效应，分量 $E_{x'}$ 和 $E_{y'}$ 间就产生了相位差

$$\Delta\varphi=\varphi_{n_{x'}}-\varphi_{n_{y'}}=\frac{2\pi}{\lambda}Ln_0^3\gamma_{63}E_z=\frac{2\pi}{\lambda}n_0^3\gamma_{63}U \tag{3.4}$$

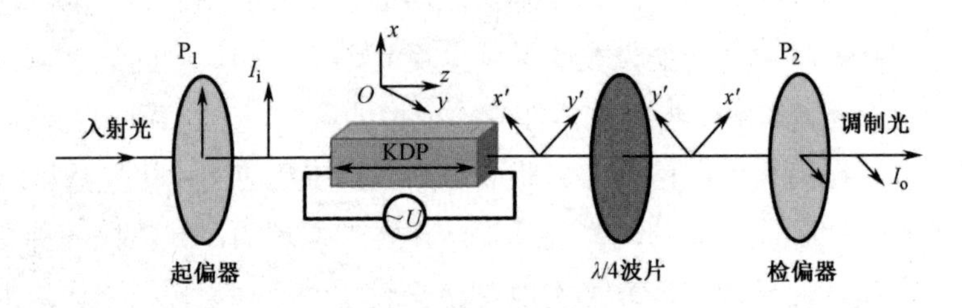

图 3.27　纵向电光调制原理图

晶体电压为$U_{\lambda/2}$或U_{π}：

$$U_{\lambda/2}=\frac{\lambda}{2n_0^3\gamma_{63}}=\frac{\pi c_0}{\omega n_0^3\gamma_{63}} \tag{3.5}$$

$$T=\frac{I}{I_{\mathrm{i}}}=\sin^2\left(\frac{\Delta\varphi}{2}\right)=\sin^2\left(\frac{\pi}{2}\frac{U}{U_{\pi}}\right) \tag{3.6}$$

其中，c_0为光速；T称为调制器的透过率。根据上述关系可以画出如图 3.28 所示光强调制特性曲线。在一般情况下，调制器的输出特性与外加电压的关系是非线性的。

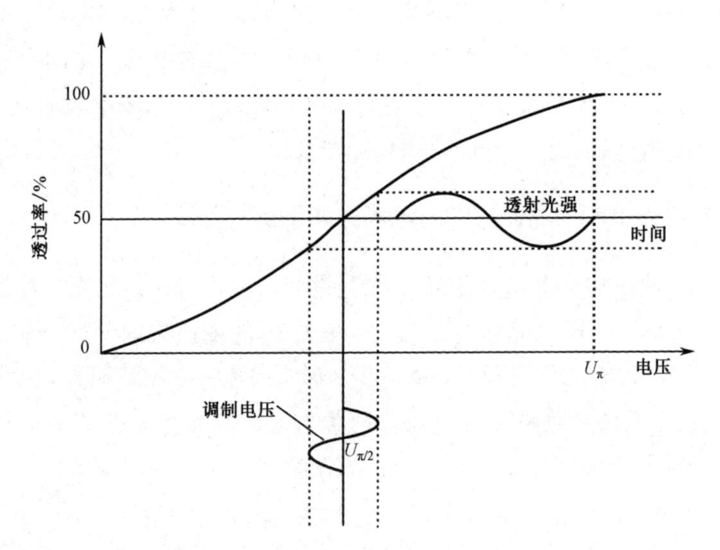

图 3.28　光强调制特性曲线

若调制器工作在非线性部分，则调制光将发生畸变。为了获得线性调制，可以通过引入一个固定的π/2 相位延迟，使调制器的电压偏置在 T=50%的工作点上。常用的办法有以下两种。

（1）除施加信号电压外，还附加一个 $U_{\lambda/4}$ 的固定偏压。这会增加电路的复杂性，且工作点的稳定性也差。

（2）在光路上插入一个 1/4 波片，其快慢轴与晶体主轴 x 成 45° 角，使分量 $E_{x'}$ 和 $E_{y'}$ 间产生π/2 的固定相位差。

输出的调制光中含有高次谐波分量会使调制光发生畸变。为了实现线性调制，必须将高次谐波控制在允许的范围内，要求调制信号不宜过大（小信号调制），这样输出的光强调制波就是调制信号 $U=U_{\rm m}\sin\omega_{\rm m}t$ 的线性复现。如果不能满足 $\Delta\varphi_{\rm m}\ll 1\text{rad}$（大信号调制），则光强调制波就要发生畸变。

纵向电光调制器具有结构简单、工作稳定、无自然双折射的影响等优点，缺点是半波电压太高，特别是在调制频率较高时，功率损耗较大。

2. 横向电光调制（通光方向与电场方向垂直）

横向电光效应有以下三种运用方式。

（1）沿 z 轴方向加电场，通光方向垂直于 z 轴，并与 x 轴或 y 轴成 45° 角（晶体为 45° $-z$ 轴切割）。

（2）沿 x 轴方向加电场（电场方向垂直于 x 轴），通光方向垂宜于 x 轴，并与 z 轴成 45° 角（晶体为 45° $-x$ 轴切割）。

（3）沿 y 轴方向加电场，通光方向垂直于 y 轴，并与 z 轴成 45° 角（晶体为 45° $-y$ 轴切割）。

因为外加电场是沿 z 轴方向的，因此和纵向运用时一样，$E_x=E_y=0$，$E_z=E$，晶体的 x 轴、y 轴分别旋转 45° 至 x' 轴、y' 轴，相应的三个主折射率为

$$
\begin{aligned}
n_{x'}&=n_0-\frac{1}{2}n_0^3\gamma_{63}E_z\\
n_{y'}&=n_0+\frac{1}{2}n_0^3\gamma_{63}E_z\\
n_{z'}&=n_{\rm e}
\end{aligned}
\tag{3.7}
$$

通光方向与 z 轴垂直，并沿着 y' 轴方向入射（入射光偏振方向与 z 轴成 45° 角），进入晶体后将分解为沿 x' 轴和 z 轴方向振动的两个分量，其折射率分别为 $n_{x'}$ 和 n_z。若通光方向的晶体长度为 L，厚度（两电极间距离）为 d，外加电压 $U=E_{zd}$，则从晶体射出的两光波的相位差为

$$
\Delta\varphi=\frac{2\pi}{\lambda}\left(n_{x'}-n_z\right)L=\frac{2\pi}{\lambda}\left[\left(n_0-n_{\rm e}\right)L-\frac{1}{2}n_0^3\gamma_{63}\frac{L}{d}U\right]
\tag{3.8}
$$

由此可知，KDP 的 γ_{63} 横向电光效应使光波通过晶体后的相位差包括两项：第一项是与外加电场无关的晶体本身的自然双折射引起的相位延迟，这项对调制

器的工作没有什么贡献，而且当晶体温度变化时，还会带来不利的影响，因此应设法消除（补偿）；第二项是外加电场作用产生的相位延迟，与外加电压 U 和晶体的尺寸（L/d）有关，若适当地选择晶体尺寸，则可以降低其半波电压。

KDP 横向电光调制的主要缺点是存在自然双折射引起的相位延迟，这意味着在没有外加电场时，通过晶体的线偏振光的两偏振分量就存在相位差，当晶体因温度变化而引起折射率 n_0 和 n_e 的变化时，两光波的相位差发生漂移。

在 KDP 横向电光调制器中，自然双折射的影响会导致调制光发生畸变，甚至使调制器不能工作。因此，在实际应用中，除尽量采取措施（如散热、恒温等）减小晶体温度的漂移外，主要采用“组合调制器”的结构进行补偿。常用的补偿方法有两种：一种是将两块几何尺寸几乎完全相同的晶体的光成 90° 串接排列，即一块晶体的 y' 轴和 z 轴分别与另一块晶体的 z 轴和 y' 轴平行；另一种是将两块晶体的 z 轴和 y' 轴反向平行排列，中间放置一块 1/2 波片。这两种方法的补偿原理是相同的。外电场沿 z 轴（光轴）方向，在两块晶体中电场相对于光轴反向。

线偏振光沿 x' 轴方向入射，通过两块晶体之后的总相位差为

$$\Delta\varphi = \Delta\varphi_1 + \Delta\varphi_2 = \frac{2\pi}{\lambda} n_0^3 \gamma_{63} U \cdot \frac{L}{d} \tag{3.9}$$

因此，若两块晶体的尺寸、性能及受外界影响完全相同，则自然双折射的影响可得到补偿。

当 $\Delta\varphi = \pi$ 时，半波电压为

$$U_{\lambda/2} = \frac{\lambda}{2n_0^3 \gamma_{63}} \cdot \frac{d}{L} \tag{3.10}$$

可见，横向半波电压是纵向半波电压的 d/L，减小 d、增加 L 可以降低半波电压。横向电光调制必须使用两块晶体，因此调制器结构复杂，而且对尺寸的加工要求极高。

3.5.2 声光调制

声光调制是一种外调制技术，通常把控制激光束强度的声光器件称作声光调制器。声光调制比光源的直接调制有高得多的调制频率；与电光调制相比，有更高的消光比（一般大于 1000:1）、更低的驱动功率、更优良的温度稳定性和更高的光束质量及更低的价格；与机械调制相比，有更小的体积、重量和更理想的输出波形。

声光调制器由声光介质和压电换能器构成。声光调制器的工作原理简述如下：当驱动电源以某种特定载波频率驱动压电换能器时，换能器产生同一频率的超声波并传入声光介质，使介质的折射率变化，激光束通过介质时就会改变传播方向，即产生衍射，如图 3.29 所示。

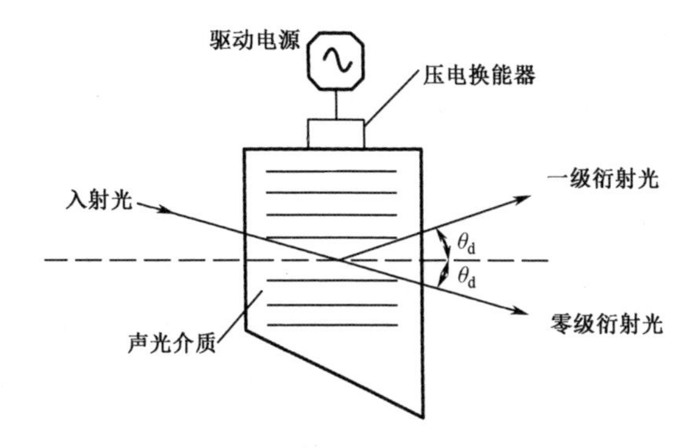

图 3.29　声光调制器的工作原理图（布拉格衍射）

声光调制器的衍射模式有布拉格衍射和拉曼-奈斯型衍射。激光谐振腔外使用的声光调制器一般采用布拉格模式，衍射角为

$$\sin\theta_d \approx \theta_d = (\lambda_0/v) f_1 \tag{3.11}$$

一级衍射效率 η_1 为

$$\eta_1 = I_1/I_T = \sin^2(\Delta\psi/2) \tag{3.12}$$

$$\Delta\psi = (\pi/\lambda_0)\sqrt{2LM_2P_a/H} \tag{3.13}$$

式中，λ_0 为激光波长；v 为声光介质中的声速；I_1 为一级衍射光强度；I_T 为原始光强度；L 为声光互作用长度；H 为声光互作用宽（高）度；M_2 为声光品质因数；P_a 为声功率。

当外加信号通过驱动电源作用到声光器件时，超声波强度随此信号变化，衍射光强度也随之变化，从而实现对激光的振幅或强度的调制；当外加信号仅为载波频率且不随时间变化时，衍射光的频率发生变化从而实现移频的效果。

声光调 Q 是一种激光谐振腔内的短脉冲调制技术，其原理与谐振腔外声光调制相同，利用激光通过声光介质（声光晶体）中的超声场时发生衍射，造成光束的偏折来控制谐振腔的损耗，实现谐振腔内 Q 值突变，作为激光器的光开关，使激光器实现短脉冲输出。

典型的声光 Q 开关包括声光 Q 驱动器、声光晶体、电声转换器和吸声材料（如铅橡胶、玻璃棉等）。声光 Q 驱动器输出射频信号至电声换能器，电声换能器将电信号转变成超声波并将其注入声光晶体。声波是疏密波，使得声光晶体的折射率发生变化，对相对于声波方向以某一角度传播的激光来说，等效于一个相位光栅，使得传输激光发生衍射而不能输出。该光栅在开关信号控制下出现周期性消失，便起到控制激光的开关作用。

声光调 Q 具有性能稳定、重复频率高（1～20kHz）、调制电压低（一般小于

200V）等优点，适用于中小功率、高重频脉冲激光器。常见的 1064nm 高重频 DPSL 通常采用声光调 Q 来实现短脉冲输出。

3.5.3 磁光调制

磁光调制是基于磁光效应的光调制技术。磁光效应又称法拉第效应，是指当光通过介质传播时，若在垂直于光的传播方向加一强磁场，则光的偏振产生偏转，偏转角度与介质长度、磁场强度成正比，由于起偏器与检偏器的透光轴平行，因此当调制电流为零时，透过检偏器的光强最大；当电流逐渐增大时，偏转角也增大，透过检偏器的光强逐渐减小。利用这一原理可制作磁光调制器，也可制作磁光开关。

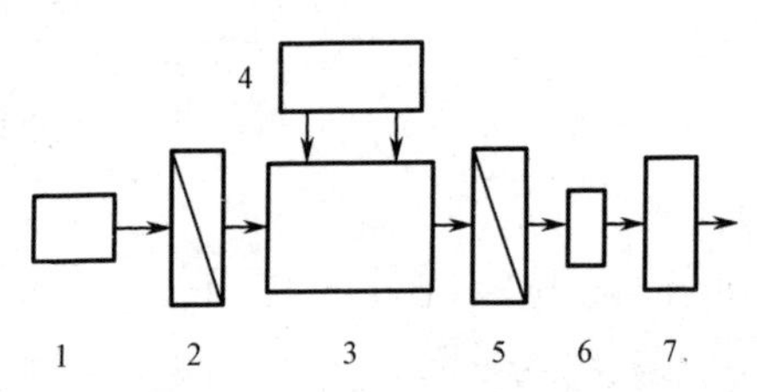

1—激光光源　2—起偏器　3—调制器
4—调制信号源　5—检偏器　6—光电转换装置
7—信号处理单元

图 3.30　磁光调制技术的基本模型

磁光调制技术在诸多领域都有应用，其基本模型如图 3.30 所示。由激光光源 1 发出的激光经过起偏器 2 后变为线偏振光，进入外加磁场、由透明磁光材料构成的调制器 3，调制信号源 4 加载螺线管后提供所需要的磁场，调制后的偏振光包含法拉第旋转角的信息。调制偏振光从调制器 3 射出后到达检偏器 5，最后经过光电转换装置 6，将光信号转换为容易处理的电信号，再经过信号处理单元 7 完成放大、滤波等信号处理过程，最终计算出法拉第旋转角 $\Delta\varphi$ 。法拉第旋转角 $\Delta\varphi=VBL$ ，其中，V 是磁光材料特性参数，即维尔德（Verdet）常数；B 是磁感应强度；L 是磁光材料位于磁场内的有效长度。

在磁光调制技术中，偏振光经过光电转换后的信号为

$$I=\frac{1}{4}I_0\left\{1-\left[\cos\left(2VB_{\mathrm{m}}L\sin\omega t\right)\cos 2\alpha-\sin\left(2VB_{\mathrm{m}}L\sin\omega t\right)\sin 2\alpha\right]\right\} \tag{3.14}$$

式中，I_0 为原始光强度；B_{m} 为磁感应强度的幅值；α 为失调角。定义 $m_{\mathrm{f}}=2VB_{\mathrm{m}}L$，称为调制度。利用贝塞尔函数展开并忽略高阶项，在此基础上通过隔直、放大后，得到基频与二倍频的混合信号

$$I=\frac{1}{4}I_0\left[1-\cos 2\alpha \mathrm{J}_{0(m_{\mathrm{f}})}+2\mathrm{J}_{1(m_{\mathrm{f}})}\sin 2\alpha\sin\omega t-2\mathrm{J}_{2(m_{\mathrm{f}})}\cos 2\alpha\cos 2\omega t\right] \tag{3.15}$$

式中，J_0、J_1 和 J_2 分别是零阶、一阶和二阶一类贝塞尔函数。

磁光调制输出的偏振光信号经光电转换后容易淹没在噪声中。目前，针对易

淹没在噪声中的微弱信号提取方法主要有相关检测法、锁相放大法和取样积分法。相关检测法是利用信号自身存在的规律（相关性）或利用一个与被测信号规律性（二者之间也有相关性）部分相同的已知信号来寻找被测信号，达到去除噪声的目的。锁相放大法的核心为锁相放大器，相当于一个中心频率变化、带宽非常窄的带通滤波器加上一个整流器。取样积分法是一种处理已知周期的周期性重复信号的十分有效的方法，通常分为定点式取样积分和扫描式取样积分，在信号出现的时段对信号进行多次等间隔取样，通过积累相加抑制随机噪声和不相干频率信号的干扰，能够很好地提取噪声中的微弱信号。

因法拉第旋转角 $\Delta\varphi$ 与维尔德常数 V 、磁感应强度 B 等相关，因此通过改变调制信号、增加系统单元等可衍生出其他磁光调制模型，广泛应用于方位基准传递、精密测角、材料性能研究、工业参量测量、生物化学等众多领域。

3.5.4　直接调制

直接调制是指通过改变输入电流来调制激光器的输出。相比于间接调制，直接调制简单、易实现，可以省去外调制器，能够降低系统的复杂度和成本。LD 是电光转换器件，能够采用直接调制技术输出激光，采用直接调制方式的半导体激光调制系统在激光雷达、激光通信等领域有着广泛应用。

LD 直接光强度调制原理如图 3.31 所示，运用频率可调的方波或正弦波信号产生的调制电流控制激光器发射激光的强度（常用激光功率 P 进行表征），为了减小调制失真，需要在激光器的 P-I 特性曲线的线性区的中心附近添加直流偏置 I_b ，I_b 大于激光器阈值电流 I_{th} ，电流调制幅度为 I_p 。

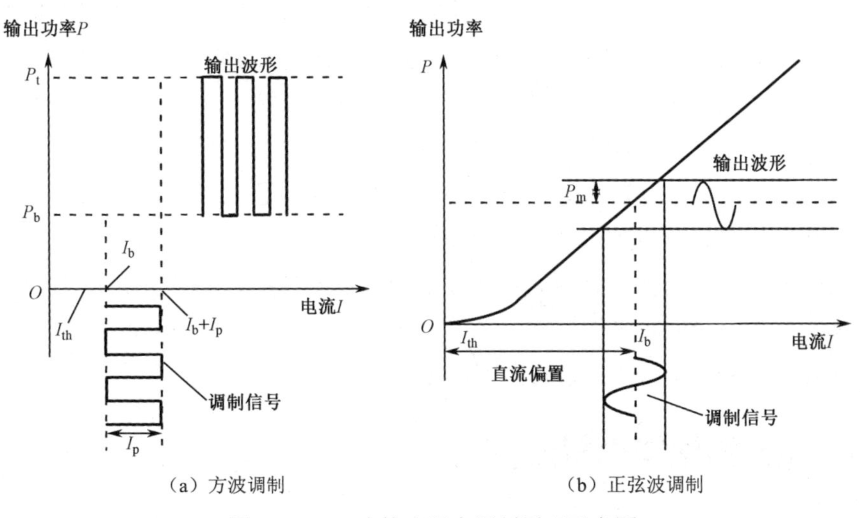

（a）方波调制　　（b）正弦波调制

图 3.31　LD 直接光强度调制原理示意图

当调制信号电流 I_p 与直流偏置 I_b 叠加后输入激光器时，流入激光器的电流 I 与时间 t 的关系为

$$I(t)=I_b+I_p(t) \tag{3.16}$$

当 $I_p(t)=0$ 时，激光器不处于调制状态；当 $I_p(t)\neq 0$ 时，激光器处于调制状态，$I_p(t)$ 引入了随着调制频率 ω_m 周期性变化的偏移量 $\Delta P(t)$ 和 $\Delta\varphi(t)$。运用小信号分析方法时，需假设 $I_p(t)$ 足够小，这样在调制过程中，引入的偏移量也很小。当调制深度 $m\ll 1$ 时，此方法才能适用，有

$$m=\frac{\Delta P_{max}}{P}=\frac{[I_p(t)]_{max}}{I_b-I_{th}} \tag{3.17}$$

调制信号电流经过傅里叶变换后为

$$\tilde{I}_p(\omega)=\int_{-\infty}^{\infty} I_p(t)\exp(-j\omega t)dt \tag{3.18}$$

调制信号电流输入有源区后，使其载流子及光子数发生变化，进而使光波的相位发生改变。由于 LD 本身具有本征谐振，所以其调制响应特性与频率有关。这种小信号分析方法可以应用于任意形式的 $I_p(t)$。

3.5.5 空间光调制器

空间光调制器可以形成随 x、y 坐标变化的振幅（或强度）透过率

$$A(x,y)=A_0T(x,y)$$

或者形成随 x、y 坐标变化的相位分布

$$A(x,y)=A_0T\exp[j\theta(x,y)]$$

或者形成随 x、y 坐标变化的不同散射状态。空间光调制器是一种对光波的空间分布进行调制的器件，含有许多独立单元，这些单元在空间排列成一维或二维阵列，每个单元都可以独立接受光信号或电信号的控制，并按此信号改变自身的光学性质（透过率、反射率、折射率等），从而对通过它的光波进行调制。空间光调制器可以应用于光学信息处理和光计算机中的图像转换、显示、存储、滤波，特别是为显示光学信息处理的优点而进行的实时二维并行处理。

典型的空间光调制器有泡克耳斯读出光调制器、液晶空间光调制器、声光空间光调制器和磁光空间光调制器，此外，还有铁电陶瓷（PLZI）调制器、微通道板（MSLM）调制器、多量子阱调制器等。

3.6 激光雷达发射机波形设计

不同工作体制的激光雷达需要通过不同的发射波形设计来实现对目标信息的

探测。在应用中，激光雷达发射机发射的波形通常有高频窄脉冲、调幅连续波、调频连续波、相位调制波等。目前，激光雷达通常将发射机激光波形和后置信号处理的要求相结合，如激光采用三角形或线性调频连续波，后置信号处理采用脉冲压缩技术；在单点扫描激光雷达中，则采用窄脉冲串波形。

调制是激光雷达获得所需要的探测信号波形而广泛使用的方法，也是激光雷达传输含有探测信息的激光信号的重要方法。激光雷达发射机广泛采用电光和声光调制技术产生各种调制波形。激光调制按调制的性质可以分为调幅、调频、调相等，下面分别简要介绍。

3.6.1　振幅调制设计

振幅调制就是光载波的振幅随着调制信号的变化规律振荡，简称调幅。如果对发射信号的振幅做正弦波调制，则可以通过对接收的调幅信号的相位和当前发射信号的相位进行比较，得到发射信号从发射到接收的时间差，并以此来确定目标的距离。目标的距离正比于振幅调制包络的相位差，即

$$R = c\varphi_{\mathrm{AM}}/(4f_{\mathrm{AM}}) \tag{3.19}$$

式中，R 是目标距离（m）；φ_{AM} 是发射信号和接收信号的相位差；f_{AM} 是调幅频率（Hz）；c 是光速。

单频调幅系统会使测距值模糊，这是同一种正弦波的每个周期相同所引起的。可以采用多频正弦调制来解决测距模糊的问题，每个频率都有自己的模糊距离，最低调制频率的模糊距离应超过激光雷达的最大作用距离。在多频调幅系统中，与任何较低频率有关的模糊距离都会导致很大的测距误差，因此误差的分布是多重模态的。

正弦调制在谐振腔内外都可实现。当在谐振腔内实现调制时，可以调制介质增益（如改变加在半导体二极管激光器上的电流）。这种方法产生的调制带宽由增益介质的激发态寿命和谐振腔往返时间决定。在谐振腔外实现调制时，常将光学损耗随时间变化的器件插入连续波激光光束路径。这种方法的缺点是至少有一半激光功率被损耗，即每种偏振光只含有一半的光功率，而一般只有一种偏振光照射到目标，其他光束被无效释放，这将导致系统效率降低。

3.6.2　频率调制设计

频率调制就是光载波的频率随着调制信号的变化规律振荡，简称调频。脉冲调制和振幅调制适用非相干或直接探测方式。频率调制则需要使用相干接收机进行解调，因为所有信息都以载波频率编码。调频在谐振腔内外都可实现。连续波

线性调频（FM-CW）和线性调频（LFM）都要求发射激光的频率呈周期性线性变化。

谐振腔内线性调频是通过在谐振腔内放入一块 FM 切割的电光晶体实现的。当电光晶体被加上电压时，它的折射率将发生变化，这等效于谐振腔光学长度的变化，激光频率也相应发生变化。当电光晶体被加上随时间线性变化的电压时，就实现了激光频率的线性调频。

谐振腔外线性调频是用声光调制器完成的，它是由声光介质和换能器组成的，换能器将高频电信号转变为超声波，当超声波通过声光介质时，就对入射的激光束产生衍射，如图 3.32 所示。

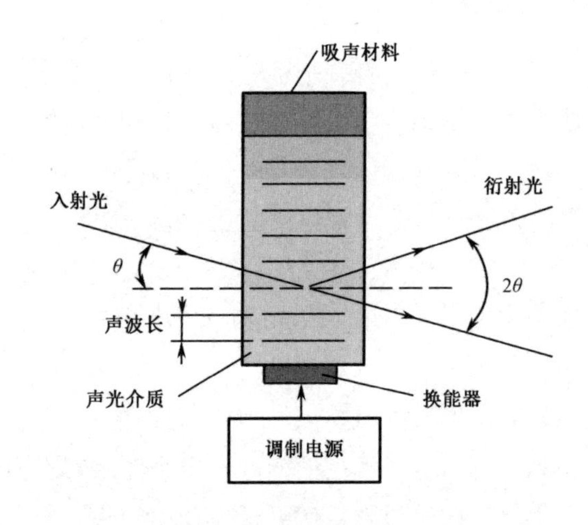

图 3.32　声光调频原理图

在双声道声光调制器中，两个声光调制器集成在一块声光介质上，超声波在两个相反的方向上分别送入两个声光调制器。这样，高频信号的频率变化时，衍射方向不会变化，而仅与入射光有一个小的平移量，大大方便了后续系统的设计和调节。

调频信号可有较高的测距分辨率。在接收信号时，采用对不同频率有不同延迟特性的匹配滤波技术，即开始时，线性调频信号有较高频率，匹配滤波器有较高延迟，之后随着频率变低，延迟逐渐降低，宽脉冲将被压缩成窄脉冲，而幅度则增大，使系统有较高的信噪比。

3.6.3　相位调制设计

相位调制就是光载波的相位随着调制信号的变化规律振荡，简称调相。

相位调制也就是相位角随调制信号的变化规律而变化，调相波的总相位角为

$$\varphi(t)=\omega_{\mathrm{c}}t+\varphi_{\mathrm{c}}+k_{\varphi}a(t)=\omega_{\mathrm{c}}t+\varphi_{\mathrm{c}}+k_{\varphi}A_{\mathrm{m}}\cos\omega_{\mathrm{m}}t \tag{3.20}$$

则调相波的表达式为

$$E(t)=A_{\mathrm{c}}\cos\left(\omega_{\mathrm{c}}t+m_{\varphi}\cos\omega_{\mathrm{m}}t+\varphi_{\mathrm{c}}\right) \tag{3.21}$$

式中，

$$m_{\varphi}=k_{\varphi}A_{\mathrm{m}} \tag{3.22}$$

称为调相系数。

以电光相位调制为例，如图 3.33 所示，调制器由起偏器和电光晶体组成，起偏器的偏振方向平行于晶体的感应主轴 x'（或 y'）轴，此时入射晶体的线偏振光不再分解成沿 x' 轴和 y' 轴的两个分量，而是沿着 x'（或 y'）轴一个方向偏振，故外电场不改变出射光的偏振状态，仅改变其相位，相位的变化为

$$\Delta\varphi_{x'}=-\frac{\omega_{\mathrm{c}}}{c}\Delta n_{x'}L \tag{3.23}$$

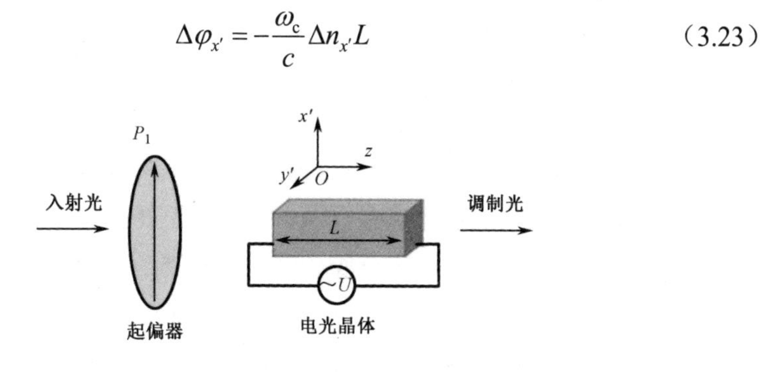

图 3.33　电光相位调制原理图

3.6.4　脉冲调制设计

脉冲调制是实现测距的最简单的方法。数字信息传输也要采用脉冲幅度、脉位、脉码等调制的方法。激光雷达发射激光脉冲，测量其往返时间，以确定距离。在发射激光的同时，一个采样信号直接送至探测器，触发计数器开始工作，当探测到接收信号时，计数器停止计数。由时钟脉冲的计数可得到距离。脉冲调制的主要方法有增益开关、激光调 Q、腔倒空、腔倒空 Q 开关和锁模等。

1. 增益开关

对激光增益介质进行脉冲泵浦，激光介质内部的能级粒子就会不断积聚，使激光腔内增益迅速增大，当增益大于损耗时，便出现增益开关现象，产生脉冲激光，脉冲宽度与介质激发态弛豫时间在同一个数量级。

2. 激光调 Q

对激光增益介质进行连续泵浦或脉冲泵浦，当形成粒子翻转时就满足了激光输出的基本条件，此时激光腔内的 Q 开关打开，阈值瞬时降低，激光器的腔内损耗迅速减小，输出脉冲激光。高能量短脉冲激光输出需要通过 Q 开关对脉冲泵浦和增益进行精确控制，因此 Q 开关对于脉冲激光作用非常重要。高重频脉冲激光通常采用连续泵浦，在增益介质中，泵浦能量储存时间不能超过激光弛豫时间，因此在自然状态下，要求脉冲间隔周期小于激发态弛豫时间。过长的脉冲周期会导致激光效率降低，即增加热损耗和降低平均输出功率。可通过调 Q 减小激光腔内损耗，对脉冲输出频率进行主动控制，包括声光技术、电光技术、饱和吸收、薄膜吸收和旋镜。这些技术产生的脉冲宽度一般受到调制装置带宽的限制。

3. 腔倒空

Q 开关在一开始是高损耗的光学腔，迅速转化为低损耗腔。腔倒空正好与此相反，连续或近似连续的泵浦的低损耗腔由光学开关触发而变为高损耗腔，将腔内循环的激光送到腔外，脉宽受到谐振腔的光学长度 L 的限制。要得到比 Q 开关更窄的脉冲，应再采用腔倒空开关技术。当谐振腔处于高 Q 值状态时，会产生强烈的激光振荡而使其不输出，直到腔内的光子密度达到最大值；然后突然使 Q 值近似为零，使腔内光子的能量全部耦合到腔外，此时有较高的输出效率。激光的脉宽相当于光子在谐振腔内往返一次的时间，在 ns 级，脉冲重复频率可达 kHz 级，甚至 MHz 级。

4. 腔倒空 Q 开关

在低损耗谐振腔中，泵浦过程和激发辐射与增益介质中的激发态增强和减弱是矛盾的。在高损耗腔中，激发辐射被抑制，激发态粒子可以达到较高的浓度。在 Q 开关和腔倒空激光器中，增益介质起初被激发到高能级，同时谐振腔以高损耗模式工作，然后因损耗降低而使 Q 值增加。当激发态的粒子数因激发辐射而减少时，谐振腔内的循环能量迅速增加，当能量接近高峰时，腔就被倒空。这样比单独腔倒空时产生的峰值功率要高。激光脉宽也由谐振腔的光学长度控制。

5. 锁模

激光器谐振腔的光学长度必须是激光波长的整数倍。如果激光增益谱线很宽或谐振腔较长，则腔长不止是一种波长的整数倍。这时，这几种波长都可以在谐振腔中循环，并产生增益，输出激光由波长接近且间隔均匀的几种激光组成。这些波长的激光在激光输出耦合器处的相位差为零。不同光波间的倍频拍差会产生一个随时间变化的信号。如果有足够多的频率成分，则输出相当于一串间隔非常窄且均匀的脉冲，可对单一的载波频率进行调制，也就可以同时进行高分辨率的距离和速度测量。

参考文献

[1] 孟召标. Co 基氧化物热电材料的制备与研究[D]. 昆明：昆明理工大学，2006.

[2] 杜维国. 光无源器件测试系统设计和测试误差分析[J]. 电子测量与仪器学报，2009(23):78-84.

[3] 贾青松. 基于光纤激光器的微波信号产生及其应用研究[D]. 长春：长春理工大学，2018.

[4] 武建芬，陈根祥. 光纤激光器技术及其研究进展[J]. 光通信技术，2006(8): 49-52.

[5] 楼祺洪，张海波，袁志军. 光纤和光纤激光器[J]. 科学，2018，70(2):32-37.

[6] 郝秀晴，陈根祥. 可调谐半导体激光器的发展及应用[J]. 光通信技术，2010，34(11):4-7.

[7] 方逸尘. 基于重构等效啁啾（REC）技术的 DFB 半导体激光器阵列快速调谐激光器实验研究[D]. 南京：南京大学，2017.

[8] 邓浩瑜. 激光器及其传感应用研究[D]. 杭州：浙江大学，2016.

[9] 许可. 基于重构等效啁啾技术的可调谐激光器及封装研究[D]. 南京：南京大学，2021.

[10] 张立森，宁永强，张星，等. 高功率窄脉冲垂直腔面发射激光器 n-DBR 反射率的优化[J]. 中国激光，2012, 39(5): 14-21.

[11] 严彩萍. 无线激光通信中调制系统的设计与研究[D]. 焦作：河南理工大学，2007.

[12] 蓝信钜，等. 激光技术[M]. 北京：科学出版社，2000.

[13] 吴平方，邢金玉，金施群. 新型光调制器综述[J]. 现代显示，2013(Z1):17-22.

[14] 冯一兵，冀晓群. 声光器件及其在大学物理实验中的应用[J]. 实验室科学，2007(6):152-154.

[15] 张树宏，云恩学，杨涛，等. 用于原子钟的半导体激光器功率稳定研究[J]. 光子学报，2021, 50(9):160-166.

[16] 赵鑫. 高功率脉冲激光技术及其在工业领域的应用[J]. 装备制造技术，2013(4):141-143.

[17] 蔡伟，伍樊成，杨志勇，等. 磁光调制技术与应用研究[J]. 激光与光电子学进展. 2015(52):060003.

[18] 陆卫国，吴易明，高立民，等. 利用偏振光实现空间方位角的快速测量[J]. 光学精密工程，2013, 21(3):539-545.

[19] 王卫鹏. 高功率半导体激光高频调制技术研究[D]. 长春：长春理工大学，2017.

[20] 姜鹏. FM/cw 激光成像雷达中的大功率激光调制系统及技术研究[D]. 哈尔滨：哈尔滨工业大学，2010.

[21] 宫玉琳. 空间光通信中大功率、高速率直接调制技术的研究[D]. 长春：长春理工大学，2009.

[22] 杨小丽. 光电子技术基础[M]. 北京：北京邮电大学出版社，2006.

[23] 付宝臣. 高精度激光测距仪硬件电路研究[D]. 南京：南京理工大学，2007.

[24] 胡忠华. 空心锥面激光及其大气传输特性研究[D]. 长春：长春理工大学，2006.

[25] 杨泽后. 电光调 Q 及腔倒空射频激励波导 CO_2 激光器[D]. 成都：四川大学，2005.

第 4 章
激光雷达接收机

激光雷达接收机采用各种形式的光电探测器，如光电倍增管、半导体光电二极管、雪崩光电二极管、红外和可见光多源光电响应器件等，将光学系统汇聚的激光信号转变为电信号，再经放大、滤波等转化为信息处理系统可以直接使用的数字信号，从而完成激光雷达光信号到电信号的转换过程。

4.1 激光雷达接收机的构成与主要功能

激光雷达接收机主要包括光电探测器、多级放大器、滤波器等。

光电探测器是激光雷达接收机的核心，主要功能是将光学系统传来的激光信号转换为电信号。

放大器是低噪声宽带放大器，但其自身的噪声强弱影响接收系统探测弱目标的能力，这就要求放大器噪声必须尽可能低，同时带宽要足够宽。

4.2 激光雷达接收机的体制分类

激光雷达接收机的体制可分为直接探测接收和相干探测接收两大类。直接探测接收将接收的光信号直接聚焦到光电探测器上，产生与输入激光功率相应的电信号，优点是技术简单且成熟。相干探测接收将激光器发射的激光信号和本振光耦合聚焦到光电探测器上，灵敏度比直接探测接收高，速度分辨率也高。

4.2.1 直接探测接收

直接探测接收的入射信号是非相干的背景辐射信号和目标反射信号。直接探测接收系统由光电探测器、接收机放大器和电子滤波器组成，如图 4.1 所示，光信号通过光学透镜天线、光带通滤光片后，入射到光电探测器表面，光电探测器将入射的光子流变换成电子流，电子流的大小正比于光子流的强度，然后经过前置放大器对信号进行进一步处理。由于光电探测器只响应光波功率的包络变化，而不响应光波的频率和相位，所以直接探测也称为光包络探测或非相干探测。

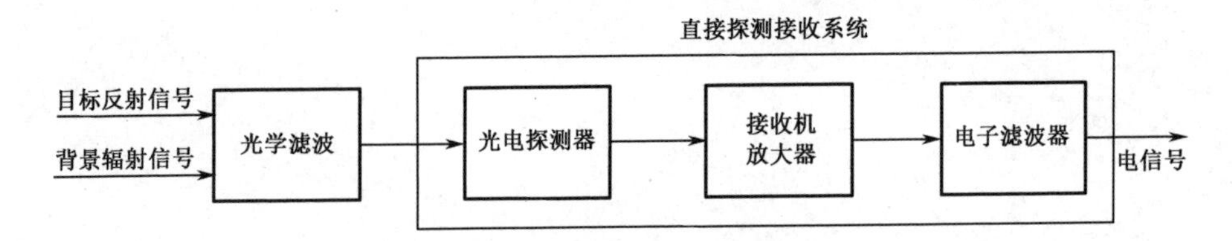

图 4.1 直接探测接收原理图

4.2.2　相干探测接收

相干探测接收有不同的形式，如双频、三频或四频相干接收等。双频相干接收可分为零差和外差方式。

1. 零差相干接收

零差相干接收只用一个激光器作为激光发射器和本地振荡器，即接收的激光信号和本地振荡信号来自同一激光器，二者频率相同，其原理图如图 4.2 所示。由于待测目标距离和激光回波时间未知，采用零差相干接收的激光发射系统通常使用连续光源，无法探测距离，若需探测距离，则应对发射的激光进行调制，信号调制应在分离出本地振荡信号之后进行。

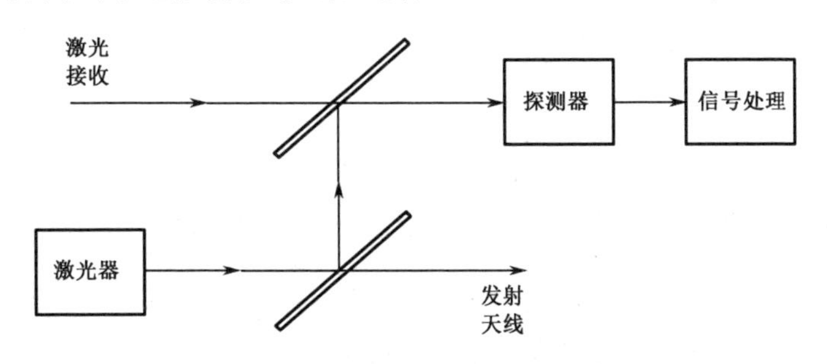

图 4.2　零差相干接收原理图

2. 外差相干接收

外差相干接收的相干波来自独立的光源，通常由本地振荡器产生，接收的激光信号与本地振荡信号混合，聚焦到探测器上产生电信号，其原理如图 4.3 所示。若探测目标相对于激光雷达运动，则接收的激光会产生多普勒频移，通过探测接收信号多普勒频移，就可确定目标径向速度。

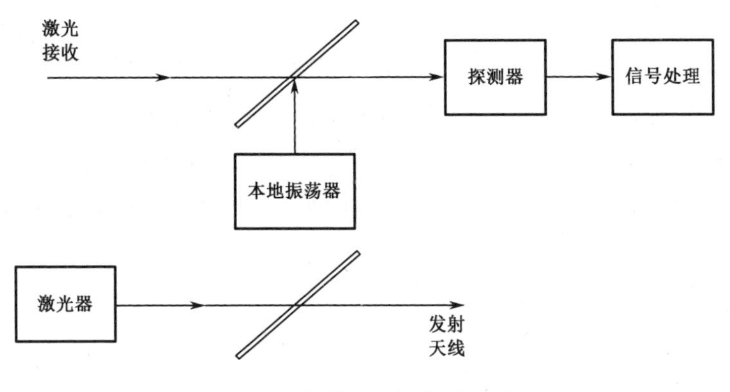

图 4.3　外差相干接收原理图

4.3 激光雷达接收机的工作原理

4.3.1 直接探测接收机的工作原理

直接探测接收机把入射的激光信号转换为电信号，电信号随光功率变化而变化。光信号通过光学透镜天线、带通滤光片后，入射到光电探测器表面，光电探测器将入射的光子流变换成电子流，然后经过前置放大器处理。

若输入光电探测器的光功率为S_{i}，噪声功率为n_{i}，光电探测器输出功率为S_{o}，输出噪声功率为n_{o}，则依据探测器的平方律特性，有

$$S_{\mathrm{o}}+n_{\mathrm{o}}=a(S_{\mathrm{i}}+n_{\mathrm{i}}) \tag{4.1}$$

式中，a为常数。输出信噪比可表示为

$$\frac{S_{\mathrm{o}}}{n_{\mathrm{o}}}=\frac{S_{\mathrm{i}}^2}{2S_{\mathrm{i}}n_{\mathrm{i}}+n_{\mathrm{i}}^2} \tag{4.2}$$

由此可知，若输入信噪比$\dfrac{S_{\mathrm{i}}}{n_{\mathrm{i}}}\ll 1$，则有$\dfrac{S_{\mathrm{o}}}{n_{\mathrm{o}}}\approx\dfrac{S_{\mathrm{i}}^2}{n_{\mathrm{i}}^2}$，表明输入信噪比远小于 1 时，输出信噪比将更小，且明显下降，故直接探测方式的输入信噪比不应小于 1。在实际应用中，主要在抑制背景辐射时提高信噪比。由于探测器光谱响应较宽，因此自身不能识别信号光和背景干扰光，为了减小背景干扰光的影响，通常在探测器之前增加带通滤光片，只允许与信号光频率相当的背景光进入探测器，从而隔离其他背景干扰光。

若输入信噪比$\dfrac{S_{\mathrm{i}}}{n_{\mathrm{i}}}\gg 1$，则有$\dfrac{S_{\mathrm{o}}}{n_{\mathrm{o}}}\approx\dfrac{S_{\mathrm{i}}}{2n_{\mathrm{i}}}$，表明输入信噪比远大于 1 时，输出信噪比为输入信噪比的一半，这在实际应用中完全可以接受，故直接探测接收机适用于强光信号探测。直接探测具有实现简单、可靠性高的优势，在实际中得到广泛应用。

在直接探测中，当光信号功率较小时，光电探测器的电信号输出也相应较小，为了信号处理、显示的需要，必须加前置放大器。但是，放大器的引入对探测系统的灵敏度或输出信噪比有一定影响，因为放大器不仅放大有用信号，也同样放大输入噪声，而且放大器本身还会引入新的噪声。因此，为使探测系统保持一定的输出信噪比，合理设计前置放大器就非常重要。为了充分利用光电探测器的灵敏度，在设计放大器时，总是优先满足噪声指标要求，然后才考虑增益、带宽等要求。

4.3.2　相干探测接收机的工作原理

1. 相干探测接收

对于外差相干接收机，经过光学混频后，产生频率等于二者差频的时间相干信号，若本振信号和接收目标反射信号在探测器表面是波前匹配信号，则探测器接收的光信号强度为

$$E = c\varepsilon_0[E_1^2 + E_S^2 + 2E_1E_S\cos(\Delta\omega t)] \tag{4.3}$$

式中，E_1 为本振激光电场振幅；E_S 为目标反射信号电场振幅；$\Delta\omega$ 为两者频率之差；ε_0 为介电常数。

当目标相对于激光雷达运动时，如果激光发射频率和本振信号频率已知，则可根据信号多普勒频移确定目标径向速度。

对于零差相干接收机，目标反射信号和本振信号来自同一激光器，频率相同。零差探测的信号一般是连续光信号，可以探测速度，若在分出本振信号之后，在发射之前进行信号调制，也可以探测距离。用零差相干探测距离的另一途径是频率调制，此时目标反射信号和本振信号的频率可以进行对比分析。由于发射信号的频率是时间的函数，某时刻的接收信号频率与当前发射信号进行对比，即可实现距离探测。

2. 光电探测器

目标反射信号经过接收系统汇聚后，进入光电探测器并转换为电信号。光电探测器利用光敏材料的光电效应完成信号探测。在光的照射下，电子经激发逸出而产生光电效应，电子逸出材料表面，产生光电子发射的，称为外光电效应；电子未逸出材料表面的，称为内光电效应。典型内光电效应包括光电导效应、光生伏特效应及光磁电效应。

1）光电效应

根据光的量子理论，光子的能量与频率有关，可表达为

$$E_p = h\nu \tag{4.4}$$

式中，ν 为光子频率；h 为普朗克常数。

光敏材料中的电子吸收光子能量后动能增加，向材料表面运动的电子在能量足够强时，将克服逸出过程中的电子碰撞、表面势垒（或逸出功）等阻碍，逸出材料表面，这些逸出的电子又称光电子。这种光电子从光敏材料表面逸出的现象称为光电效应。

光电子动能与光电子的初始状态有关，最大动能由材料逸出功决定，可用下

式计算

$$E_k = \frac{1}{2}mv^2 = h\nu - \omega \tag{4.5}$$

式中，E_k为光电子动能；ω为材料逸出功。

由式（4.5）可以看出，光电子动能与光照强度无关，仅与入射频率和材料逸出功有关，当光子能量低于材料逸出功时，无论光照强度多大，电子均无法通过势垒从材料逸出。

2）光电导效应

光电导效应是指材料内部电子吸收光子能量后，从束缚态跃迁至自由态，成为导电电子，这时在电场作用下，流过半导体的电流增大、半导体电导增大的现象。这是一种内光电效应，电子未逸出材料表面。

光电导效应从导电原理上可分为本征型和杂质型两类。本征型光电导效应是指电子吸收光子能量后由价带进入导带，价带中产生空穴，在外电场作用下，电子和空穴均参与导电，如图 4.4（a）所示。杂质型光电导效应是指光子使施主能级中的电子或受主能级中的空穴跃迁到导带或价带，使电导增加的现象，如图 4.4（b）所示。

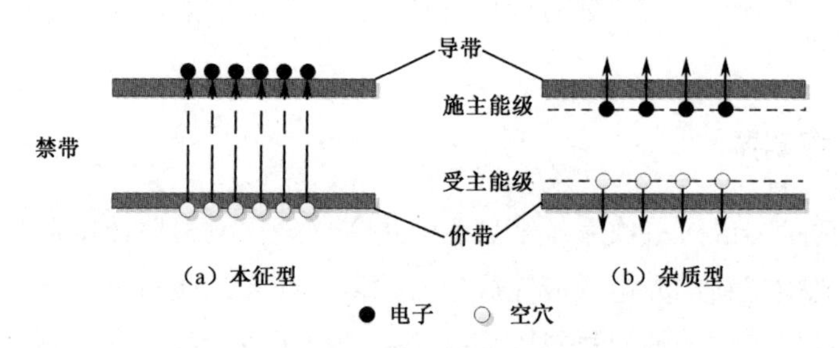

图 4.4　光电导效应原理图

3）光生伏特效应

PN 结是由一个 N 型掺杂区和一个 P 型掺杂区紧密接触而构成的，其接触界面区域称为耗尽层。当 PN 结形成时，电子和空穴的浓度差使载流子漂移而产生自建电场。在光照条件下，耗尽层附近产生电子-空穴对，由于电场的存在，电子漂移到 N 区，空穴漂移到 P 区，使 N 区带负电，P 区带正电，于是产生附近电动势，此电动势又叫光生电动势，这种现象称为光生伏特效应，其原理如图 4.5 所示。

4）光磁电效应

将光敏材料置于磁场中，光照材料表面，材料内部产生电子-空穴对，靠近表面部分和内部载流子浓度不同，产生浓度梯度，载流子向内部扩散，在扩散过程中，由于洛伦兹力的作用，电子-空穴对偏转到不同的方向，产生电荷积累，形成电位差，这就是光磁电效应，如图 4.6 所示。

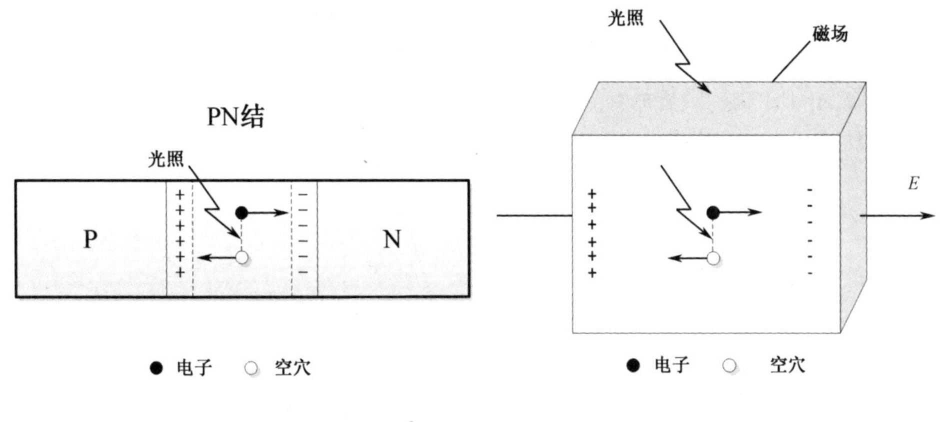

图 4.5　光生伏特效应原理图　　　　图 4.6　光磁电效应原理图

3. 信号解调技术

目标反射的激光信号经光电探测器转换为电信号后，从电信号中提取有用信息的过程称为解调。激光雷达常用的解调技术包括脉冲解调、振幅解调、频率解调等。

1）脉冲解调

对于光电探测器输出的电信号，确定该信号为目标信号的判别方法主要有阈值超越方法和峰值取样保持。

阈值超越方法判断电信号是否超过一定幅度，如图 4.7 所示，如果电信号超过阈值，则计数器停止计数，计算光波从激光雷达到达目标，再从目标反射回接收系统的时间，以此计算目标距离。该方法的优点是简单。用这种方法进行测量时，由于回波脉冲的变化会引起到达时间的误差，若图 4.7 中两个信号均超过阈值，则计算误差相差半个脉冲宽度。

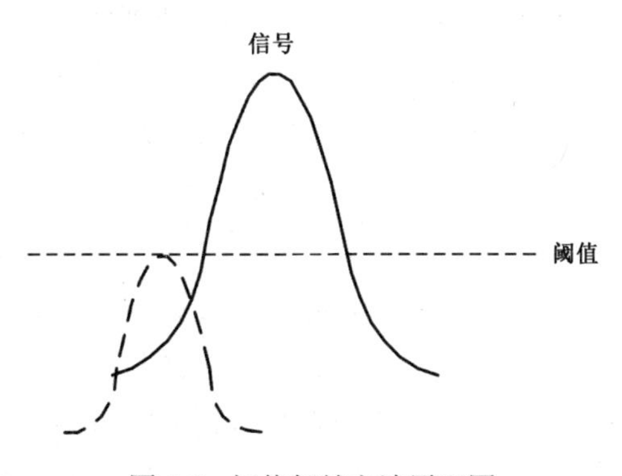

图 4.7　阈值超越方法原理图

峰值取样保持能够克服阈值超越方法的缺点，其原理如图 4.8 所示，接收系统保持出现在测量周期内的最大振幅信号。与阈值超越方法不同的是，当探测到峰值时，计数器不停止工作，但会记录当前的时刻，此后若探测器接收到另一个更大于振幅的信号，则更新记录的到达时刻，直到探测到新的峰值为止。这种方法可以有效减小与振幅变化有关的误差，减小噪声的影响。

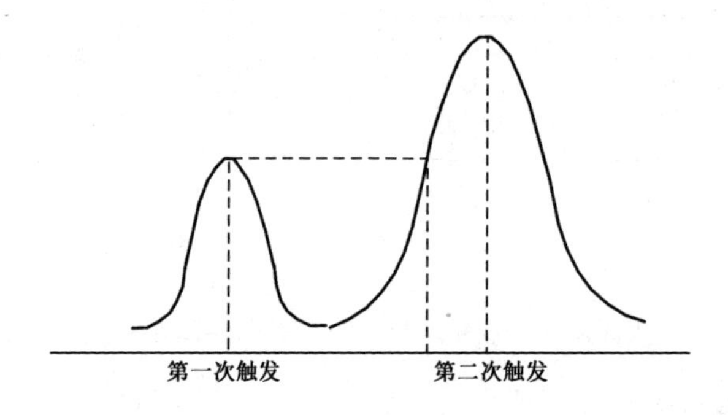

图 4.8　峰值采样保持原理图

2）振幅解调

振幅解调可用于常规相干探测接收机，将信号转变为调幅载波信号。利用正弦调幅探测距离时，常用锁相环路比较发射信号和接收信号的相位。锁相环路的输出正比于两个信号的相位差，它要求载波频率远大于调幅波的频率。该方法的相位测量准确度较低。另外，锁相环路总有相位差输出，甚至没有目标回波信号时仍有相位差输出。在没有信号时，锁相环路的输出是随机的，因此在激光雷达中需用后处理抑制干扰，以减少无效数据。

3）频率解调

线性调频（LFM）用于测距时和调幅类似。LFM 比较发射的频率和接收的频率，当目标与激光雷达没有相对运动（没有多普勒频移）时，频率变化量和频率斜率的比值就等于往返时间。多普勒频移产生一种频率差，这种频率差在调频系统中会被错误地解释为距离。这种现象称为距离-多普勒耦合或距离-多普勒模糊性。一般通过发射多个不同斜率或不同斜率方向（上升-下降扫频）的信号来解决这种模糊性问题。

4）调频零差

与零差光学接收情况类似，将接收信号与发射的线性调频信号混合后，外差信号保持恒定频率。如果将外差信号和发射信号的复制信号（电子本机振荡器）混合，则利用光外差接收机和恒频率本机振荡器也可以产生同样的效果。这样所产生的那些边带信号频率都恒定。在任意技术中，即使两个信号（接收信号和本振信号）具有恒定的变化频率差，信号的频率也都表征为距离或多普勒频移的特性，用频谱分析技术就可测量这个频率。

5）脉冲压缩

脉冲压缩要求光学接收机使用外差探测，并且本机振荡频率为常数。脉冲压缩是一项将线性调频信号通过一根色散延迟线转化为脉冲调制信号的技术。输出信号用前文介绍的任一种脉冲解调技术进行处理。色散延迟线是一种滤波器，它对信号的时间延迟量与该信号的频率有关。为了进行脉冲压缩，滤波器的延迟特性与线性调频的斜率必须大小相等、方向相反。产生的几种不同频率的信号叠加在滤波器的输出中，使输出信号振幅叠加，并产生单一的高幅度脉冲。

4.4 激光雷达接收机的总体设计

4.4.1 探测器特性参量

探测器是将光信号转变为电信号的光电转换器件，是激光雷达接收机的核心，在特定波长处，探测器具有较高的光电转换效率、较短的响应时间和较大的输出电信号强度。

1. 探测器的响应率

理想的光电探测器吸收一个光子即释放一个电子，在实际应用中，每发射一个电子都需要吸收多个光子。若单位时间内探测器接收到的光子数为 N_p，产生电子数为 N_e，探测器量子效率为 θ，则三者满足

$$\theta = \frac{N_\mathrm{e}}{N_\mathrm{p}} \tag{4.6}$$

则探测器产生的电流可以表达为

$$I = N_\mathrm{e} e = \theta N_\mathrm{p} e \tag{4.7}$$

式中，e 为单位电荷。探测器单位时间内接收到的光子数 N_p 与激光的功率 P_p 有关，二者满足

$$P_\mathrm{p} = N_\mathrm{p} h\nu \tag{4.8}$$

式中，h 为普朗克常数；ν 为激光频率。由式（4.6）～式（4.8）可得探测器的输出电流为

$$I = \frac{\theta e}{h\nu} P_\mathrm{p} \tag{4.9}$$

式（4.9）反映了探测器输出电流与激光信号功率的关系。定义探测器输出电

流与光功率的比值为响应率或响应度，可表示为

$$R = \frac{\theta e}{h\nu} \tag{4.10}$$

2. 光谱响应

光谱响应是探测器随入射激光波长变化而变化的特性，即探测器响应度是激光波长的函数，响应度最大时对应的激光波长为峰值响应波长，用λ_m表示。入射激光波长偏离λ_m时，探测器响应度降低，当响应度下降到一定程度（1%、10%或50%）时，对应的激光波长为光谱响应截止波长，用λ_0表示。

3. 响应时间

探测器的输出与入射激光功率有关，当入射激光功率产生跃迁变化时，探测器的瞬时输出与入射激光功率不完全跟随，产生滞后效应。探测器的响应时间反映了探测器的惰性，通常用响应时间τ表示。

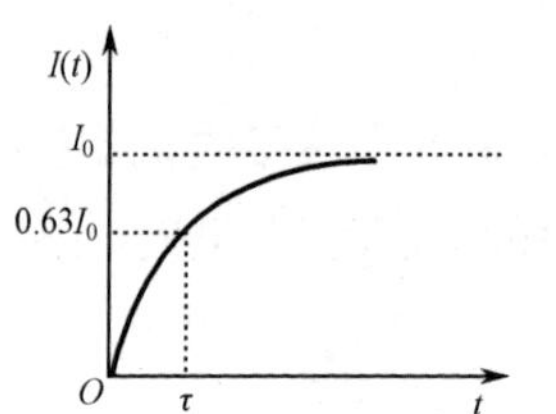

图 4.9　探测器的输出电流曲线

对于跃迁入射激光，探测器的输出电流随时间变化，如图 4.9 所示，可表达为

$$I(t) = I_0(1 - \mathrm{e}^{-t/\tau})$$

式中，I_0 为稳定时电流值；τ为电流值上升到稳态值的 0.63 时的时间，称为探测器的响应时间。

4. 噪声等效功率（NEP）及探测度 *D*

噪声等效功率反映探测器探测微弱光信号的能力，当没有入射激光时，输出端输出的电信号即噪声。噪声的大小限制了探测器探测弱目标的能力，噪声等效功率为探测器产生与噪声大小相等的电流时的入射激光功率，即使探测器输出电信号等于输出噪声电信号的入射光功率，可表达为噪声电流 I_Z 与探测器响应度 R 的比值，即

$$\mathrm{NEP} = \frac{I_Z}{R} \tag{4.11}$$

NEP 为探测器可探测的最小光功率，NEP 值越小，表示探测器探测弱目标的能力越强。

定义探测器探测度 D 为噪声等效功率 NEP 的倒数，即

$$D = \frac{1}{\mathrm{NEP}} \tag{4.12}$$

D 表征探测器的探测能力，D 值越大表示探测能力越强。但在实际工程应用中，并不是 D 值越大越好。D 值和 NEP 值均与测量条件相关，特别是与探测器面积 A 和探测带宽Δf高度相关，因此不同的探测器面积和探测带宽对应的探测度不能反映探测器性能的优劣。

在通常条件下，探测器的输出电信号正比于探测器面积 A 和 $\sqrt{\Delta f}$ ，则噪声等效功率正比于 A 和 $\sqrt{\Delta f}$ ，探测度反比于 A 和 $\sqrt{\Delta f}$ 。为了比较探测器的性能，引入归一化探测度 $D^{*}=D\sqrt{A\Delta f}$ ，D^{*}剥离了探测条件对探测器的影响，能够真实反映探测器性能的优劣。

4.4.2　接收系统的特性参量

1. 接收灵敏度

激光雷达接收系统接收灵敏度影响系统探测弱信号能力，接收灵敏度越高，探测微弱信号能力越强，作用距离越远。

提高接收灵敏度需提高接收机的增益，同时抑制外部干扰和内部噪声。减小噪声、提高增益是提高接收灵敏度的关键。

2. 接收信噪比 SNR

激光雷达接收信噪比 SNR 的定义为

$$\mathrm{SNR}=\frac{\bar{i}_{\mathrm{s}}^{2}}{\bar{i}_{\mathrm{sh}}^{2}+\bar{i}_{\mathrm{th}}^{2}+\bar{i}_{\mathrm{bk}}^{2}+\bar{i}_{\mathrm{dk}}^{2}+\bar{i}_{\mathrm{Lo}}^{2}} \tag{4.13}$$

式中，$\bar{i}_{\mathrm{s}}^{2}$ 是信号电流均方值；$\bar{i}_{\mathrm{sh}}^{2}$ 是散弹噪声电流均方值；$\bar{i}_{\mathrm{th}}^{2}$ 是热噪声电流均方值；$\bar{i}_{\mathrm{bk}}^{2}$ 是背景噪声电流均方值；$\bar{i}_{\mathrm{dk}}^{2}$ 是暗电流噪声均方值；$\bar{i}_{\mathrm{Lo}}^{2}$ 是本振电流均方值。

$\bar{i}_{\mathrm{s}}^{2}$ 可表达为

$$\bar{i}_{\mathrm{s}}^{2}=G^{2}R^{2}P_{\mathrm{s}}^{2} \tag{4.14}$$

式中，R 为探测器响应率；P_{s} 为激光功率；G 为放大器放大系数。

热噪声电流是由载流子热运动产生的噪声电流，其大小与温度有关，其均方值表达式为

$$\bar{i}_{\mathrm{th}}^{2}=\frac{4kTB}{R_{\mathrm{L}}} \tag{4.15}$$

式中，k 为玻尔兹曼常数；T 为热力学温度；B 为探测器的带宽；R_{L} 为探测器的负载电阻。

散弹噪声电流是由电子或光生载流子的粒子性所产生的噪声，光生载流子的

产生和复合的随机性导致探测器输出电流产生变化，引起散弹噪声，其均方值表达式为

$$\bar{i}_{\mathrm{sh}}^{2} = 2e\bar{i}\Delta f \tag{4.16}$$

式中，$\bar{i}$ 是输出电流平均值；Δf 是带宽。

暗电流噪声是由于半导体自身特性激发出载流子，从而产生的电流输出，即没有任何光照时产生的电流，其大小与探测器自身特性、工作电压和温度有关，其均方值表达式为

$$\bar{i}_{\mathrm{dk}}^{2} = 2e\overline{i_{\mathrm{n}}}\Delta f \tag{4.17}$$

3. 虚警概率

激光雷达的探测概率和虚警概率是分析系统灵敏度和保证系统可靠性的重要参数。灵敏度表征系统探测微弱光信号的能力，在发射激光能量和环境条件相同的前提下，灵敏度越高，可探测距离就越远。当然，灵敏度的提高是以保证系统可靠性为前提的。其思路是：在保证系统虚警概率和探测概率满足性能指标要求的前提下，严格控制探测电路噪声，选取相应探测阈值，并由此求出可靠探测的最小信噪比，对应定量计算出最小可探测光功率或最大探测距离，即在保证系统可靠探测的前提下，分析其灵敏度，并通过设计低噪声的探测电路来抑制外部噪声和内部噪声，进一步提高灵敏度。

在脉冲半导体测距跟踪雷达系统中，自动增益控制电路输出电压信号会与一个阈值电压进行比较。设输出电压为u_{s}，其有效值为U_{s}；噪声电压为u_{n}，其有效值为U_{n}。总输出电压$u = u_{\mathrm{s}} + u_{\mathrm{n}}$，阈值电压为$U_{\mathrm{T}}$，当$u > U_{\mathrm{T}}$时，认为有回波脉冲信号；当$u < U_{\mathrm{T}}$时，认为无回波脉冲信号。

探测器的光电子噪声、背景噪声、电路噪声等随机噪声的概率密度函数都服从高斯分布，在通过近似线性的放大系统后，输出噪声之和仍然服从高斯分布，其概率密度函数可以表示为

$$\rho(u_{\mathrm{n}}) = \frac{1}{\sqrt{2\pi}\sigma_{\mathrm{n}}}\exp\left[-\frac{(u_{\mathrm{n}} - \overline{U_{\mathrm{n}}})^2}{2\sigma_{\mathrm{n}}^2}\right] \tag{4.18}$$

式中，σ_{n}为噪声电压均方根；$\overline{U_{\mathrm{n}}}$为噪声电压平均值。若取$\overline{U_{\mathrm{n}}} = 0$，则

$$\rho(u_{\mathrm{n}}) = \frac{1}{\sqrt{2\pi}\sigma_{\mathrm{n}}}\exp\left(-\frac{u_{\mathrm{n}}^2}{2\sigma_{\mathrm{n}}^2}\right) \tag{4.19}$$

虚警概率是无激光回波信号时$u_{\mathrm{n}} > U_{\mathrm{T}}$的概率。对式（4.19）积分，得虚警概率

$$P_{\mathrm{F}}=\int_{U_{\mathrm{T}}}^{+\infty}\frac{1}{\sqrt{2\pi}\sigma_{\mathrm{n}}}\exp\left(-\frac{u_{\mathrm{n}}^{2}}{2\sigma_{\mathrm{n}}^{2}}\right)\mathrm{d}u_{\mathrm{n}} \tag{4.20}$$

从而虚警概率可表达为

$$P_{\mathrm{F}}=\frac{1}{2}-\frac{1}{2}\mathrm{erf}\left(\frac{U_{\mathrm{T}}}{\sqrt{2}\sigma_{\mathrm{n}}}\right) \tag{4.21}$$

设 TNR 为阈值电压 U_{T} 与噪声电压均方根 σ_{n} 之比（简称阈噪比），则虚警概率可表示为

$$P_{\mathrm{F}}=\frac{1}{2}-\frac{1}{2}\mathrm{erf}\left(\frac{\mathrm{TNR}}{\sqrt{2}}\right) \tag{4.22}$$

由虚警概率与 TNR 的关系可知，虚警概率随 TNR 的增加而减小，这是符合实际情况的，随着噪声电压降低或阈值电压增高，无脉冲激光回波信号时的误探测显然要减少。在实际探测中，虚警概率越低越好。降低虚警概率可以从两个方面考虑，一是降低噪声电压，二是提高阈值电压。随着阈值电压的升高，探测系统的探测概率也会降低。

4. 探测概率

探测概率是有激光回波信号时总输出电压 u 大于阈值电压 U_{T} 的概率。探测概率 P_{D} 可通过对噪声电压积分得到，即

$$P_{\mathrm{D}}=\int_{U_{\mathrm{T}}-U_{\mathrm{S}}}^{+\infty}\frac{1}{\sqrt{2\pi}\sigma_{\mathrm{n}}}\exp\left(-\frac{u_{\mathrm{n}}^{2}}{2\sigma_{\mathrm{n}}^{2}}\right)\mathrm{d}u_{\mathrm{n}} \tag{4.23}$$

进一步可得探测概率表达式

$$P_{\mathrm{D}}=\frac{1}{2}-\frac{1}{2}\mathrm{erf}\left(\frac{\mathrm{SNR}-\mathrm{TNR}}{\sqrt{2}\sigma_{\mathrm{n}}}\right) \tag{4.24}$$

式中，SNR 为信号电压与噪声电压方均根之比，即

$$\mathrm{SNR}=\frac{U_{\mathrm{S}}}{\sigma_{\mathrm{n}}} \tag{4.25}$$

在实际探测中，探测概率表征系统探测的能力，其值越大越好；虚警概率表征系统误探的概率，其值越小越好。探测概率随着 SNR 的增大而增大，随着 TNR 的增大而减小。随着 TNR 的增大，探测概率增大是显而易见的。TNR 的增大，意味着阈值电压的升高或噪声电压的降低，这两种情况都可以导致总输出电压超过阈值电压的概率减小。

通过虚警概率和探测概率的计算与分析可知，虚警概率随着阈噪比的增大而减小；探测概率随着信噪比的增大而增大，随着阈噪比的增大而减小。因此，通

过减小探测系统输出噪声来提高信噪比和阈噪比，是兼顾系统灵敏度和可靠性的最佳办法。

5. 噪声系数

噪声系数可衡量接收系统内部噪声的大小，定义为接收系统输入端信噪比 SNR_{in} 和输出端信噪比 SNR_{out} 的比值，即

$$噪声系数 = \frac{SNR_{in}}{SNR_{out}} \tag{4.26}$$

噪声系数表示信号经过接收系统之后变差的程度，通常用分贝表示。

6. 恢复时间

激光雷达接收系统的恢复时间反映了系统应对信号强弱变化的能力，当输入光信号较强时，自动增益控制将接收系统增益降低，此时若信号变弱，则系统恢复时间较长，将影响弱信号的探测。要提高激光雷达接收系统探测强弱变化信号的能力，就必须缩短系统恢复时间。

7. 动态范围

激光雷达接收系统动态范围反映了系统接收最大信号和最小信号的能力。接收系统能够探测的最大输入信号 $U_{in_{max}}$ 和最小输入信号 $U_{in_{min}}$ 的比值即为动态范围，可用下式表示：

$$D_R = \frac{U_{in_{max}}}{U_{in_{min}}} \tag{4.27}$$

4.5 激光雷达接收机的设计

4.5.1 直接探测接收的设计

1. 探测器的选择

目前，激光雷达中使用较多的探测器主要有光电二极管、PIN 二极管、光电倍增管（PMT）和雪崩光电二极管（APD）等。光电二极管和 PIN 二极管没有内部增益，在远距离微弱光探测的灵敏度方面远不如 PMT 和 APD。PMT 加上反向偏压后，内部可以具有数量级高达 10^7 的增益，但它有体积大、动态响应范围小、需要多组高压电源、抗电磁干扰性能差和抗机械冲击性能差等缺点，在小型化半导体激光雷达系统中较少使用。雪崩光电二极管（Avalanche Photodiode，APD）

利用雪崩倍增效应，内部增益数量级可达 10^2～10^4，响应时间可缩短到 0.05ns。在当今的激光制导、激光引信、激光成像雷达和测距、光纤通信等领域，作为远距离高速激光脉冲回波探测器，获得了广泛应用。

APD 与 PIN 二极管的主要区别是：PIN 二极管的特殊结构决定了其响应时间短、响应速度快，APD 内增益、灵敏度高；PIN 二极管内增益因子为 1，灵敏度相对不是很高。

在实际中，选择光电探测器时应综合考虑响应时间、响应度、响应波长范围、光敏面尺寸及价格等因素。

1）APD 阵列

对于此类探测器，光敏面和死区构成了感光区域。光敏面和死区的作用不同，死区不能发生光电效应，光敏面能响应光信号，照射到死区的部分光信号不但被直接浪费，而且会产生噪声，从而对相邻阵元的光敏面产生影响。死区使照射到探测器上的一部分光能损失，直接影响该探测器的探测性能。

光电接收机的有效接收视场大小受探测器光敏面尺寸、光学接收系统孔径等因素的影响。光学系统的设计视场大小、像差都会影响 APD 阵列接收视场的大小。在不考虑 APD 阵列光敏面之间及光学接收系统的像差时，APD 阵列接收视场的大小与光学接收系统的设计视场大小是一一对应的。通常，光学系统是存在像差的，进入光学接收系统内的光线在探测器上的光斑不再以艾里斑尺寸存在，而是具有一定大小范围的弥散斑。如果弥散斑的尺寸大于探测器光敏面的尺寸，则某些视场的光线将落在探测器光敏面外的死区，光电探测系统会探测不到这些视场内的光信号。APD 阵列自身特点决定了某些确定视场的光线经过光学接收系统后直接汇聚到死区，无法探测。

2）APD 探测器最佳工作点分析

对于探测接收系统，设计目标是能够在固定的阈值下得到最优的判断效果，即希望实现更高的信噪比。信噪比一定时，探测概率和虚警概率的大小由噪声阈值决定，噪声阈值增大，由噪声幅度过大而发生的虚警概率就减小，相应的探测概率会随着噪声阈值的增大而减小；相反，噪声阈值减小，探测概率就会增大，虚警概率随之增大。因此，探测接收系统的信噪比一定时，仅改变噪声阈值是无法提高探测接收系统工作性能的。

噪声阈值一定时，如果信噪比较小，即噪声较大时，噪声对信号的影响较大，虚警概率会增大，而探测概率减小，该种情况是不希望看到的；相反，信噪比较大时，探测概率会增大，虚警概率自然就会减小，这种情况是期望发生的。因此，信噪比对探测接收系统的性能影响最大。对于直接探测接收系统，可通过调节 APD

探测器的偏压倍增因子和增加窄带滤光片滤除背景噪声来提高信噪比。

APD 探测器的电流主要包括信号光电流、背景光电流、漏电流（体漏电流、面漏电流）等。电流在流过 APD 探测器的过程中，电流自身变化会引起散粒噪声；同时，APD 探测器在电流倍增过程中，不但放大了散粒噪声，而且放大了因倍增因子的变化而产生的过剩噪声。

2. 前置放大电路设计

前置放大电路的输出噪声主要由 APD 散粒噪声 i_{nF}、电阻热噪声 i_{nT}、放大器噪声组成。其中频等效噪声模型如图 4.10 所示，i_{s} 为信号光电流；i_{ns}、i_{nb}、i_{nd} 分别为流过 APD 的信号光电流、背景光电流、漏电流所产生的散粒噪声；i_{nL}、i_{nf} 分别为 $\mathrm{R_L}$、$\mathrm{R_f}$ 的热噪声；E_{na} 为运算放大器等效输入电压噪声；i_{na} 为运算放大器等效输入电流噪声。

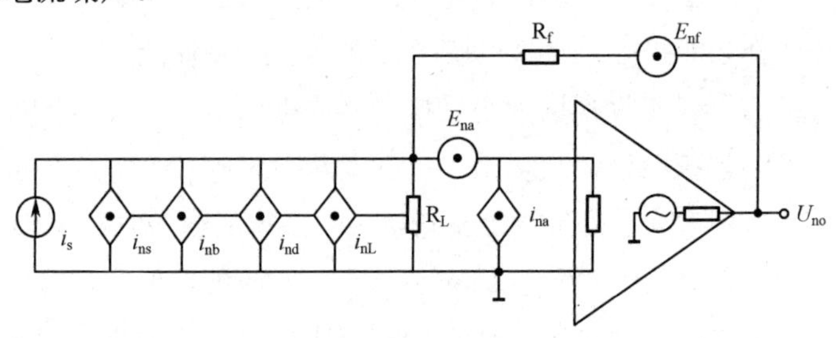

图 4.10　中频等效噪声模型

（1）散粒噪声

APD 总的散粒噪声均方值可以表示为

$$\bar{i}_{\mathrm{nF}}^{2}=\bar{i}_{\mathrm{ns}}^{2}+\bar{i}_{\mathrm{nb}}^{2}+\bar{i}_{\mathrm{nd}}^{2} \tag{4.28}$$

其中，

$$\bar{i}_{\mathrm{ns}}^{2}=2eB(P_{\mathrm{r}}R_{\mathrm{A}})M^{2}F \tag{4.29}$$

式中，e 为电荷常数；B 为噪声带宽；P_{r} 为 APD 接收到的信号光功率；R_{A} 为 APD 单位倍增因子响应率；M 为 APD 倍增因子；F 为 APD 过剩噪声系数，有

$$F=k_{\mathrm{F}}M+(1-k_{\mathrm{F}})\left(2-\frac{1}{M}\right) \tag{4.30}$$

式中，k_{F} 为电离率。

$$\bar{i}_{\mathrm{nb}}^{2}=2eB(P_{\mathrm{b}}R_{\mathrm{A}})M^{2}F \tag{4.31}$$

式中，P_{b} 为 APD 接收到的背景光功率。

$$\bar{i}_{\mathrm{nd}}^{2}=2eBM^{2}Fi_{\mathrm{db}}+2eBi_{\mathrm{ds}} \tag{4.32}$$

式中，i_{db} 为 APD 参与倍增的体漏电流；i_{ds} 为 APD 不参与倍增的面漏电流。

（2）电阻热噪声

电阻热噪声是内部载流子无规则散射引起的一种与频率无关白噪声，电流均方值为

$$\bar{i}_{\text{nt}}^{2}=\frac{4kTB}{R} \tag{4.33}$$

式中，k 为玻尔兹曼常数；T 为热力学温度（K）。

（3）放大器噪声

放大器噪声等于输入端噪声均方值乘以噪声增益系数。跨阻放大闭环放大倍数为

$$A_{\text{f}}=\frac{U_{\text{o}}}{I_{\text{i}}}\approx\frac{A_{\text{od}}R_{\text{f}}R_{\text{l}}}{R_{\text{f}}+(1+A_{\text{od}})R_{\text{l}}}\approx R_{\text{f}} \tag{4.34}$$

电压噪声均方值为

$$\bar{U}_{\text{nop}}^{2}=\bar{E}_{\text{na}}^{2}\left(1+\frac{R_{\text{f}}}{R_{\text{l}}}\right)^{2}+\bar{i}_{\text{na}}^{2}R_{\text{f}}^{2} \tag{4.35}$$

由于散粒噪声与电阻热噪声、放大器噪声互不相关，所以总的输出电压噪声可以表示为

$$\bar{U}_{\text{no}}^{2}=\bar{i}_{\text{nF}}^{2}R_{\text{f}}^{2}+(\bar{i}_{\text{nt}}^{2}R_{\text{f}}^{2}+\bar{i}_{\text{nf}}^{2}R_{\text{f}}^{2})+\bar{U}_{\text{nop}}^{2} \tag{4.36}$$

对于脉冲探测，脉冲信号引起的散粒噪声为间断的噪声，其均方根值可以近似为 0。另外，进入窄带滤光片的连续背景光的直流分量被交流耦合电容隔离，只需考虑连续背景光的散粒噪声，因此，输出电压信噪比可以表示为

$$\text{SNR}=\frac{R_{\text{A}}MR_{\text{r}}}{\sqrt{\left(\bar{i}_{\text{nb}}^{2}+\bar{i}_{\text{nd}}^{2}\right)+\left(\frac{4kTB}{R_{\text{L}}}+\frac{4kTB}{R_{\text{f}}}\right)}+\left[E_{\text{na}}^{-2}\left(\frac{1}{R_{\text{L}}}+\frac{1}{R_{\text{f}}}\right)^{2}+\bar{i}_{\text{na}}^{2}\right]} \tag{4.37}$$

取 B=100MHz，M=100，T=300K，P_{b}=5.1251×10^{-9}W，代入相关参数计算，得背景光散粒噪声均方值 $\bar{i}_{\text{nb}}^{2}$=4.02×10^{-15}，暗电流噪声均方值 $\bar{i}_{\text{nd}}^{2}$=1.27×10^{-15}，R_{f} 的热噪声均方值 $\bar{i}_{\text{nf}}^{2}$= 0.32×10^{-15}，R_{L} 的热噪声均方值 $\bar{i}_{\text{nL}}^{2}$=0.16×10^{-15}，放大器电压噪声均方值为 2.89×10^{-18}，放大器电流噪声均方值为 0.625×10^{-15}。取 M=20～150，计算得到的各类噪声均方值如表 4.1 所示。

表 4.1　各类噪声均方值

增益值	散粒噪声	暗电流噪声	电阻热噪声	放大器电压噪声	放大器电流噪声
20	0.804×10^{-15}	0.254×10^{-15}	0.48×10^{-15}	2.89×10^{-18}	0.625×10^{-15}
30	1.206×10^{-15}	0.381×10^{-15}	0.48×10^{-15}	2.89×10^{-18}	0.625×10^{-15}
40	1.608×10^{-15}	0.508×10^{-15}	0.48×10^{-15}	2.89×10^{-18}	0.625×10^{-15}
50	2.01×10^{-15}	0.635×10^{-15}	0.48×10^{-15}	2.89×10^{-18}	0.625×10^{-15}
60	2.412×10^{-15}	0.762×10^{-15}	0.48×10^{-15}	2.89×10^{-18}	0.625×10^{-15}
70	2.814×10^{-15}	0.889×10^{-15}	0.48×10^{-15}	2.89×10^{-18}	0.625×10^{-15}
80	3.216×10^{-15}	1.016×10^{-15}	0.48×10^{-15}	2.89×10^{-18}	0.625×10^{-15}
90	3.618×10^{-15}	1.143×10^{-15}	0.48×10^{-15}	2.89×10^{-18}	0.625×10^{-15}
100	4.02×10^{-15}	1.27×10^{-15}	0.48×10^{-15}	2.89×10^{-18}	0.625×10^{-15}
120	4.824×10^{-15}	1.524×10^{-15}	0.48×10^{-15}	2.89×10^{-18}	0.625×10^{-15}
150	6.03×10^{-15}	1.905×10^{-15}	0.48×10^{-15}	2.89×10^{-18}	0.625×10^{-15}

背景光散粒噪声和暗电流噪声构成了 APD 噪声。背景光散粒噪声主要可通过窄带滤光片去除。试验证明，窄带滤光片在带宽为 10～20nm 时为宜。从表 4.1 可以看出，通过窄带滤光片后的散粒噪声在 APD 增益较大时，在各类噪声中所占比重仍然最大。此外，暗电流噪声在各类噪声中所占的比重也很大，仅次于散粒噪声，且暗电流噪声随着温度和偏压的升高会增大。

由于输出信噪比随反馈电阻的增大而增大，随直流电阻的增大而增大，因此为实现低噪声设计，在满足带宽要求的条件下，应尽量增大反馈电阻；在保证上升时间满足后续处理要求的情况下，应尽量增大直流电阻。

当反馈电阻和直流电阻取值较小（几百欧或更小）时，通过计算可以得出运算放大器等效电压噪声大于等效电流噪声，应选择等效电压噪声低的放大器更能减小系统噪声。

3. 带宽分析与设计

前置放大电路在中频时 R_L、C_L 可以忽略。结合 APD 内部等效电路，由于 $R_S \gg R_L \gg R_j$，前置放大电路等效带宽分析电路如图 4.11 所示。其中，C_d 为探测器结电容与运算放大器输入电容及分布电容之和。

信号增益 A_S 可以表示为

$$A_S = R_f /(1 + jf / f_p) \tag{4.38}$$

式中，$f = 1/(2\pi R_f C_f)$。

噪声增益 G_n 可以表示为

$$G_n = \left[(R_f + R_S)/R_S\right]\left[(1+jf/f_S)/(1+jf/f_p)\right] \tag{4.39}$$

式中，$f_S = 1/\left[2\pi(R_f \parallel R_S)(C_d + C_f)\right]$。

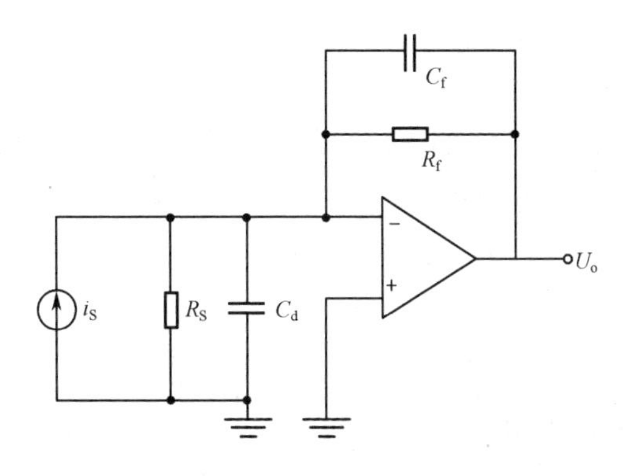

图 4.11　前置放大电路等效带宽分析电路

当 $f \ll f_S$ 时，噪声增益为

$$G_n = 1 + \frac{R_f}{R_S} \tag{4.40}$$

当 $f \ll f_p$ 时，噪声增益为

$$G_n = 1 + \frac{C_d}{C_f} \tag{4.41}$$

f_x 是噪声增益曲线和放大器开环增益曲线的交点，可以表示为

$$f_x = GB/(1 + C_d/C_f) \tag{4.42}$$

当 $f > f_p$ 时，信号增益迅速衰减，而噪声增益并没有衰减，因此为提高电路输出信噪比，应尽量使 $f_p = f_x$，以减小高频噪声。

4.5.2　相干探测接收的设计

1. 信号光和本振光混频设计

相干探测的相干效率是最重要的技术指标，是实现高灵敏度探测的基本保证。要得到高的相干效率，信号光和本振光混频时就要做到功率匹配、偏振匹配、光斑分布匹配。

（1）功率匹配

考虑到各种效率的匹配，一般本振光功率 $P_{Lo} \geq 1\,\text{mW}$。为了找寻更适合的本振光功率，在本振光路中加入可调光纤衰减器。

（2）偏振匹配

信号光和本振光的偏振匹配主要是通过 1/4、1/2 波片调节实现的。激光器发射 P 偏振光，经过偏振分光棱镜 PBS 和 1/4 波片的选通，信号光转换成 S 偏振光。取自激光器的本振光为 P 偏振光，经过 1/2 波片的选通变成 S 偏振光，在探测器光敏面上与信号光的偏振态完全一致。

（3）光斑分布匹配

光纤激光器发射的激光是 TEM_{00} 模的高斯光束，所以探测器的本振光为高斯光束的腰斑。高斯光束经过光学天线射向远场的目标，经过长距离的大气传输，回波信号光近似为平面波，对于圆形的光学天线孔径，聚焦在探测器上则为爱里斑图样。

在高斯光束-爱里斑模型中，只有当本振光的腰斑落在探测器光敏面上时，相位才为零，是平面波，等相位曲率半径近似于无穷大。当光学系统的像差接近零时，信号光的聚焦面也接近于平面，等相位曲率半径近似于无穷大，与信号光的聚焦爱里斑能很好地匹配。

2. 平衡探测设计

平衡探测和普通外差探测都是信号光和参考光在满足波前匹配的条件下，在探测器光敏面上发生光混频。不同之处在于，平衡探测进行了两个探测器的信号差分处理，而普通相干探测只用一个探测器探测光信号。因此，平衡探测除有普通外差探测的优点外，还有以下独特的优势。

（1）抑制共模噪声：在进行平衡探测过程中，当两个二极管的参数几乎相等时，经过差分处理，共模噪声在一定程度上被消除，可留下清晰的待测信号。

（2）减小直流分量，增大交流幅值：由于两个探测器都会探测到直流和交流信号，由于交流信号存在相位差，通过差分处理可得到直流分量的差值，同时得到两探测器交流部分的幅值之和。

（3）动态响应范围大：将两个探测器的反相信号相减，得到平衡探测器的输出信号，因此其响应范围是单个探测器响应范围之和。

（4）能够充分利用参考光：平衡探测利用了两个探测器响应的干涉信号，与只有一个探测器的普通相干探测相比，提高了参考光的利用率。因此，平衡探测在充分利用光功率方面有着巨大的优势，即能改善在接收时受功率限制的性能。

（5）有效提高信噪比：由于两个探测器的输出信号进行了差分处理，部分信号的散粒噪声、热噪声、过剩噪声等都能被大幅度地抑制，使探测信号强度增大、噪声减小，信噪比自然就提高了。

平衡探测接收技术具有灵敏度高、信噪比高的优势，可应用于数字光纤及微弱信号检测领域。平衡探测技术在美国、德国等国家已较为成熟，并广泛应用于科研生产。美国 Finisar 公司通过收购德国 U2T 公司获得了高速光电探测器及平衡探测技术，其采用的平面波导型平衡光电探测器芯片可实现 100GHz 模拟带宽，广泛应用于相干光通信领域。另外，美国 Discovery Semiconductors 公司研发的 1550 nm 平衡外差探测集成器件，在相干光纤数字通信系统中，传输速率可达 20 Gbit/s，中频分辨率小于 1 Hz，实现了信噪比的提高和参考光的有效利用。在激光雷达领域，美国 Thorlabs 公司的低速高增益平衡探测器性能更佳，以 PDB465C 为例，其光敏面直径为 150μm，3dB 带宽为 200MHz，光电转换增益为 30kV/W，共模抑制比大于 25dB。

近年来，国内也逐渐开始将平衡探测技术应用到激光测风雷达系统、相干差分吸收激光雷达系统和近红外激光相干干涉系统中，但针对平衡探测的性能机理还没有深入的研究。在探测系统中，分束比、探测电路二极管中的参数关系、二极管噪声、环境温度等因素，都可能影响平衡探测的性能，国内相关研究较少，且大部分主要针对相干光纤数字通信系统，集成了数字 TIA 和限幅放大器，不利于激光雷达对微弱信号的处理。

1）平衡探测器

平衡探测的本质是一种差分探测，输入的两路光信号分别通过两个探测器，将产生的两个光电流信号进行差分、跨阻放大、电压放大。因此，平衡探测器可以很好地抑制共模噪声。

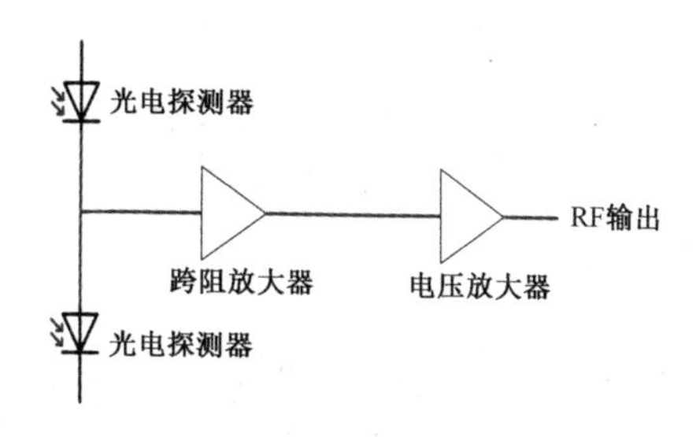

图 4.12 平衡探测器原理图

图 4.12 所示为平衡探测器原理图，可以看出，平衡探测器主要由三部分组成：光电探测器、跨阻放大器、电压放大器，平衡探测器的噪声也主要来源于这三部分。

光敏二极管自身的噪声主要有热电子激发产生的散粒噪声（大小与暗电流有关）、热噪声（存在于一切导体和半导体中）和 $1/f$ 噪声（低频噪声，存在于几乎所有的探测器中）。光在传播的过程中，由于光子具有不确定性，不可避免地会产生散粒噪声。散粒噪声是由单色完全相干光的光子本性决定的，因此是不可能完全消除的。噪声电流中的主要噪声也是散粒噪声，它是由于光电探测器在光辐射作用或热激发下由光电子或载流子随机产生的。散粒噪声可表示为

$$\bar{i}_{\text{ns}}^{2} = 2eI\Delta f \tag{4.43}$$

式中，I 为器件输出的平均电流；Δf 为测量的频带宽度。从式（4.43）可以看出，散粒噪声的功率谱与频率无关，属于白噪声。在实际的探测中，能够探测到的白

噪声的频谱宽度取决于探测系统的带宽。从相关性角度来说，白噪声的相关性较差，经过探测系统有限的带宽限制后，相关性有所改善，约束带宽越窄，改善的程度越大。根据具体的实验方案分析，需要计算的所有散粒噪声可以分为激光内光子本身产生的散粒噪声、光电探测过程中光电子随机产生的散粒噪声、背景光产生的散粒噪声及暗电子激发产生的散粒噪声。散粒噪声可以统一表示为

$$\bar{i}_{\mathrm{ns}}^{2} = 2eI_{\mathrm{DC}}\Delta f = 2e(I_{\mathrm{DC1}} - I_{\mathrm{DC2}})\Delta f \tag{4.44}$$

从以上分析可以看出，要减小平衡探测器的散粒噪声，需要选择两只几乎完全一样的探测器，探测器的匹配度越高，散粒噪声就越小。

跨阻放大器的输出噪声可以表示为

$$U_{\mathrm{OUTN}} = \sqrt{(I_{\mathrm{N}}R_{\mathrm{F}})^2 + 4kTR_{\mathrm{F}} + E_{\mathrm{N}}^2 + \frac{(E_{\mathrm{N}}2\pi C_{\mathrm{D}}R_{\mathrm{F}}F)^2}{3}} \tag{4.45}$$

式中，I_{N} 为放大器等效输入噪声电流；R_{F} 为跨阻；E_{N} 为放大器等效输入噪声电压；F 为电路带宽；k 为玻尔兹曼常数。

从式（4.45）可以看出，影响跨阻放大器的输出噪声的主要因素为电路带宽、跨阻、放大器等效输入噪声。因此，低噪声平衡探测器主要从这几个方面来降低跨阻放大器噪声。

图 4.13 所示为一般电压放大器等效噪声模型。通过该模型可以得到放大器的输出噪声

$$E_{\mathrm{O}} = \sqrt{\left[E_{\mathrm{NI}}{}^2 + (I_{\mathrm{BN}}R_{\mathrm{S}})^2 + 4kTR_{\mathrm{S}}\right]G_{\mathrm{N}}^2 + (I_{\mathrm{BI}}R_{\mathrm{F}})^2 + 4kTR_{\mathrm{F}}G_{\mathrm{N}}} \tag{4.46}$$

式中，I_{BN} 为放大器偏置电流；E_{NI} 为放大器等效输入噪声；G_{N} 为放大器增益。

由（4.46）可以看出，影响电压放大器噪声的主要因素有增益、放大器自身噪声特性、带宽等。

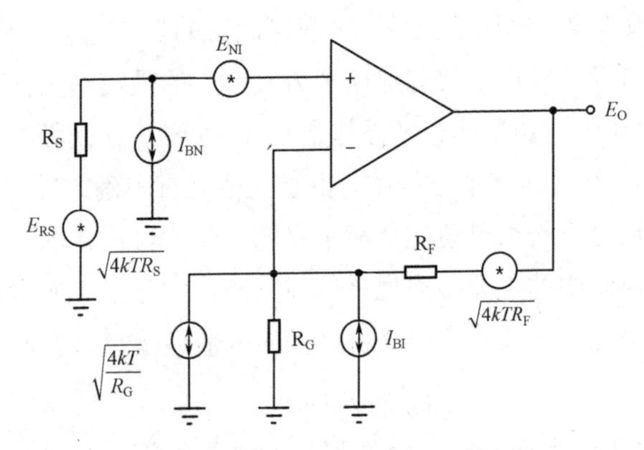

图 4.13　一般电压放大器等效噪声模型

2）平衡探测器设计

平衡探测器的噪声主要来源于光电探测器、跨阻放大器、电压放大器。影响探测器噪声的一个主要因素是电源噪声。

关于平衡探测器的噪声，从前文的分析来看，需要采用匹配度很高的两只探测器，并且暗电流要比较小，这样可以减小探测器噪声。

跨阻放大器既能获得相对较大的带宽，也能减小噪声输出。因此，光电流的检测常使用跨阻放大器来实现。关于跨阻放大电路，考虑到低噪声的需求，需要选择等效输入电流噪声及等效输入电压噪声较低的放大器。

如图 4.14 所示为跨阻放大器设计电路。根据平衡探测器对增益的要求，选择合适的反馈电阻值 R_F，既能确保带宽与增益，也能减小噪声。另外，可通过调整 C_F 值来控制跨阻放大器的带宽，进而优化输出噪声。

如图 4.15 所示为电压放大器设计电路。采用同相放大电路，可确保输入端不受输入信号阻抗特性的影响。在确保带宽的前提下，选择低噪声放大器是减小电压放大电路噪声的有效方法。

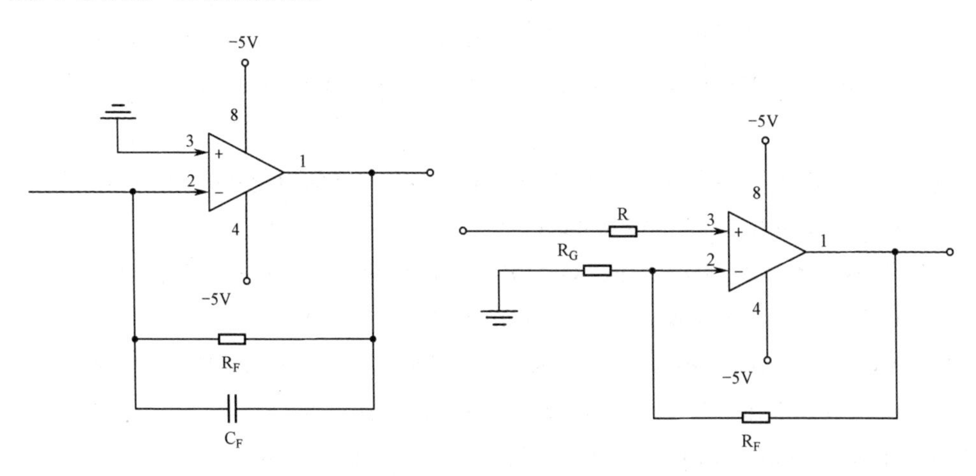

图 4.14　跨阻放大器设计电路　　　　图 4.15　电压放大电路设计电路

输入电源噪声会影响平衡探测器的输出噪声，因此采用低噪声隔离电源为光电探测器供电。隔离电源具备安全性高、抗干扰能力强、可以实现多路输出等优点，从而能够很好地减小电源电压波动及噪声对探测电路的影响，达到减小探测器噪声的目的。

如图 4.16 所示为隔离电路原理图，其主要由三部分组成，即变压器驱动器、变压器及低噪声线性电源。变压器实现了输入与输出的隔离，隔离后的电压经过低噪声线性电源及滤波，输出稳定的电压，且噪声非常小，从而确保电压放大器的输出噪声基本不受电源的影响。

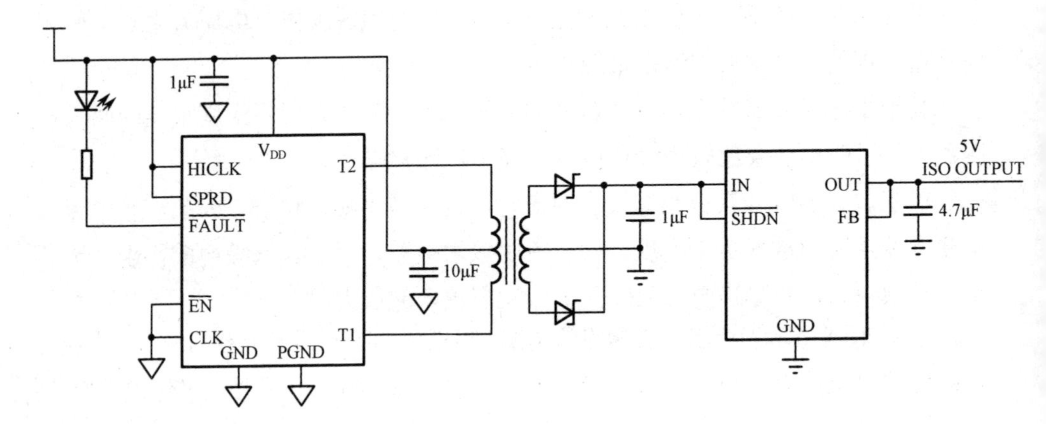

图 4.16 隔离电路原理图

参考文献

[1] RICHARD D RICHMOND, STEPHEN C CAIN. Direct-Detection LADAR System[M]. Washington: Society of Photo-Optical Instrumentation Engineers, 2010.

[2] MCMANAMON PAUL. Field Guide to Lidar[M]. Washington: Society of Photo-Optical Instrumentation Engineers, 2015.

[3] DONG PINLIAND, CHEN QI. LiDAR Remote Sensing and Applications[M]. Boca Raton: Taylor & Francis Group, 2018.

[4] MCMANAMON PAUL. LiDAR Technologies and Systems[M]. Washington: Society of Photo-Optical Instrumentation Engineers, 2019.

[5] 任逍遥. 2μm 激光单模多束外差接收技术研究[D]. 哈尔滨：哈尔滨工业大学，2015.

[6] 刘志毫. 基于 APD C30927E 的激光回波探测电路噪声抑制技术研究[D]. 北京：中国科学院大学，2013.

[7] 吴超. 光波导相控阵激光雷达接收系统设计与实验[D]. 西安：西安电子科技大学，2016.

[8] 张磊. 光正交频分复用系统接收技术的研究[D]. 北京：北京邮电大学，2010.

[9] 李邦旭. 空间目标激光相干探测技术研究[D]. 武汉：华中科技大学，2009.

[10] 邢旭东. 应用于激光相干探测技术的光学系统研究[D]. 西安：西安电子科技大学，2011.
[11] 赵奕阳. 光纤传感式红外水分测量方法的研究[D]. 上海：华东师范大学，2006.
[12] 李玉. 基于平衡探测器的光外差探测系统研究[D]. 长沙：国防科技大学，2015.

第 5 章
激光雷达光学系统

光学系统是激光雷达的基本组成部分之一，一般包括光束指向器、瞄准系统、发射光学系统、接收光学系统等部分，如图 5.1 所示。

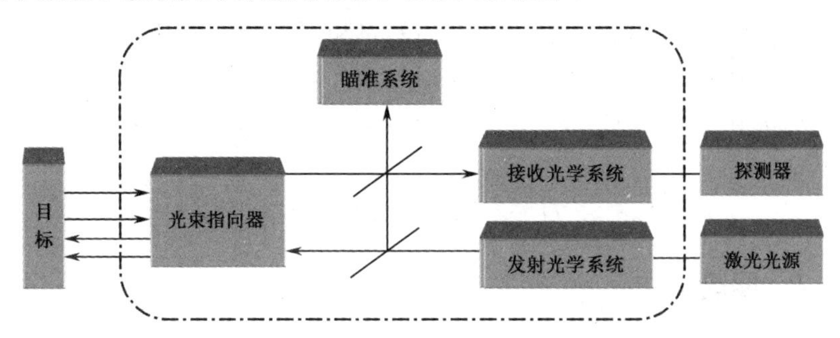

图 5.1　激光雷达光学系统功能框图

光束指向器又称光束偏转器或光束扫描器，其按一定规律改变光束在空间传播的方向，用来完成预定空间的观察、搜索和跟踪等，一般由扫描器、波束控制器等组成。发射光学系统对激光器发射的光束进行整形并加以控制，使得出射光束的大小、形状符合系统使用需求，以充分合理地利用激光能量，增大作用距离。接收光学系统用于捕获目标反射的激光，并将其聚焦到探测器光敏面，从而完成光电转换，形成测距信号。瞄准系统产生观察瞄准线，用于光轴调校和仪器校靶，在激光雷达系统工作时不使用，一般为瞄准望远镜。

根据实际需要，系统中还可能会有诸如分光镜、反射镜、衰减片、偏振片、保护玻璃和滤光片等单个光学元件，用于实现光路转换及分离、减小器件尺寸或重量、增大动态范围、保护系统性能不受外界恶劣环境的影响等。

另外，激光雷达目标分为合作目标和非合作目标，合作目标通常使用角锥棱镜、玻璃微珠等；非合作目标为不带角反射器等的目标，如自然景物。

5.1　基本概念

5.1.1　*F* 数或 NA

我们用 F 数或数值孔径 NA 来表示光学系统对辐射的集光能力。F 数的定义为光学系统的等效焦距 f 与入瞳直径 D（有效孔径）之比，记作 F 或 $F/\#$，F 数的倒数称为相对孔径。F 数的定义式为

$$F = \frac{f}{D} \tag{5.1}$$

数值孔径 NA 的定义式为

$$\mathrm{NA} = n' \sin u' \tag{5.2}$$

式中，n' 是像方最后一个光学面与焦平面间介质的折射率，在空气中，$n'=1$；u' 是像方汇聚光束孔径角。

对于光纤耦合发射系统，式（5.2）中的 n' 和 u' 分别为物方光纤至第一个光学面间介质的折射率和光纤发散角（$1/e^2$ 处）。

物镜的 F 数和数值孔径 NA 的换算关系为

$$F=\frac{f}{D}=\frac{1}{2n'\sin u'}=\frac{1}{2\mathrm{NA}} \tag{5.3}$$

5.1.2 视场

激光雷达接收机探测器通常为单元探测器或阵列探测器，光敏面较大，与成像光学中所用的 CCD 或 CMOS 等小像元阵列探测器有所区别。光敏面可视为系统的视场光阑，设光敏面直径为 d，则半视场角 W 为

$$W=a\tan\frac{d}{2f} \tag{5.4}$$

对于采用阵列探测器的接收光学系统，单个探测单元所对应的视场称为单元瞬时视场，而其总视场称为光学视场。

激光雷达对空间分辨率通常有较高的要求，但受限于探测器制备水平，其像元数有限，因此光学视场通常较小。其正切值可用弧度代替，若光敏元件的尺寸为 $a\times b$，则光学视场 IFOV 可表示为

$$\mathrm{IFOV_V}=\alpha=\frac{a}{f}，\quad \mathrm{IFOV_H}=\beta=\frac{b}{f} \tag{5.5}$$

通常采用光机扫描对物方空间进行扫描，有时也采用像方空间扫描，以扩展成像范围，形成的视场称为扫描视场。扫描视场主要取决于光机扫描方式，与光学系统本身无直接关系。基于单元探测器的扫描系统尽管可有较大的扫描视场，但其光学视场仍等于瞬时视场。

5.1.3 空间分辨率

空间分辨率是指在视场内区分两个目标或一个目标各个部分的能力，除与角分辨率有关外，还与伺服控制、数据处理等有关，是光学、伺服、处理等部分共同作用决定的综合性技术指标。光学系统设计主要关心单点瞬时覆盖范围。例如，瞬时视场为 0.3mrad，那么在 R=10000m 时，瞬时视场的覆盖长度为 3m。单点瞬时视场覆盖范围应小于空间分辨率。

5.1.4　像差评价

像差评价用于评估光学系统设计是否满足性能指标要求。发射光学系统设计主要关注波前像差，一般采用在准直光束中加理想透镜的方式获取波前像差。根据瑞利判据，波前像差 PV 值需小于$\lambda/4$。接收光学系统设计应考虑各视场的能量集中度，各视场能量集中度均应接近 100%。对有特殊应用需求的光学系统，应根据实际情况选择合适的物理量进行像差评价，如对光（出）瞳的位置、光斑强度分布、采用阵列探测器的接收光学系统畸变及光纤纤芯作为接收端面时光斑聚焦的面积与数值孔径匹配等。

5.2　激光雷达光学系统的总体设计

在掌握 5.1 节所介绍的基本概念的基础上，激光雷达光学系统总体设计应首先确定主要参数。

先根据包括辐射能量（信噪比、信号动态范围等）、空间特性（视场、空间分辨率）、时间特性（电子带宽、数据率等）、光谱特性（工作波段）和尺寸限制等在内的应用需求入手，确定系统的有效孔径、视场、焦距和光束指向控制方式等主要参数。

再依据最大作用距离、接收灵敏度、分辨率、探测概率、虚警概率等的要求，综合激光器和探测器的水平，用第 2 章介绍的激光雷达方程进行计算，确定发射激光的束散角、接收光学系统口径和视场角。

有效口径是激光雷达接收机光学系统最重要的参数之一，直接关系到系统能否实现预期的探测能力，同时制约着整机体积和重量。

系统焦距一般根据视场、空间分辨率确定。设计还应考虑到大视场时光学系统成像尺寸较大，这与光电器件的光敏面尺寸过小存在矛盾。从光学角度出发，对任何光学系统而言，光电器件光敏面直径与光学系统视场角有以下关系：

$$DW/(nd)\leqslant 1 \tag{5.6}$$

式中，D 为光学系统入瞳的有效直径；W 为光学系统半视场角；n 为探测器所在介质的折射率；d 为光敏面直径。

由式（5.6）可知，应用于激光雷达的光学系统，其入瞳直径、视场角及探测器光敏面的直径是相互制约的。

此外，光学系统还需考虑其他问题，如杂散光抑制、特殊使用环境等。

完成以上工作后，可绘出总体方案的草图，并以此来分析方案的可行性。

5.3 激光雷达光学结构的基本形式

激光雷达光学系统不仅需要满足能量等要求，保证实现探测、跟踪、成像等功能，还要尽量做到整个系统的小型化。因此，需根据不同探测体制，考虑发射、接收光束的相位、偏振等光学特性，选择合适的光学结构形式。接收光学系统主要应满足以下条件：有足够大的光放大倍数、合适的视场角，可充分消除杂散光的影响，结构尽量简单以提高光学效率，此外还要求成本低廉。

在激光雷达系统中，常常用望远镜作为发射和接收光学系统。望远镜所起的作用是通过改变接收光束尺寸，增加照射到探测器上的光通量，以提高光学增益，尽可能限制接收视场的噪声。如果选用光敏二极管或雪崩二极管之类的点探测器，则在望远镜后加一个汇聚透镜即可。常用于发射光学系统的是倒置伽利略望远镜，它可避免在高能激光束变换过程中出现实焦点。

如图 5.2 所示，望远镜的主要形式有透射的伽利略型、开普勒型，以及反射的卡塞格林型和格里高利型。随着激光雷达的广泛应用和光学技术的发展，未来会涌现出更多形式的光学系统。

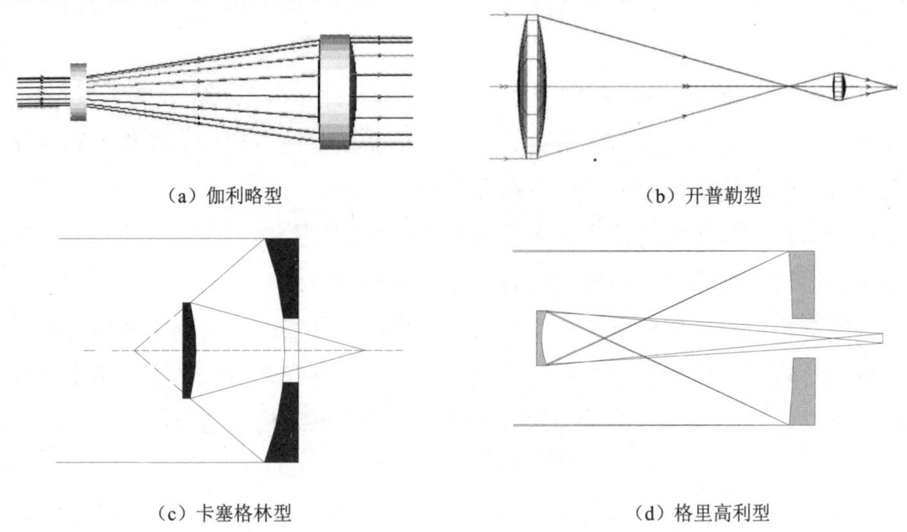

图 5.2　望远镜的主要形式

5.3.1 准直光学系统

准直光学系统的构型与其数值孔径的大小密切相关。一般来说，数值孔径越小，结构越简单，随着数值孔径的增大，结构会变得复杂，这是为了获得良好的性能。

例如，图 5.3 所示半导体激光器准直光学系统构型，当数值孔径较小时，通过两片正、负镜消球差设计即可实现较好的激光准直，结构简单；当数值孔径较大时，则需要通过复杂的光学系统来实现高质量激光准直。

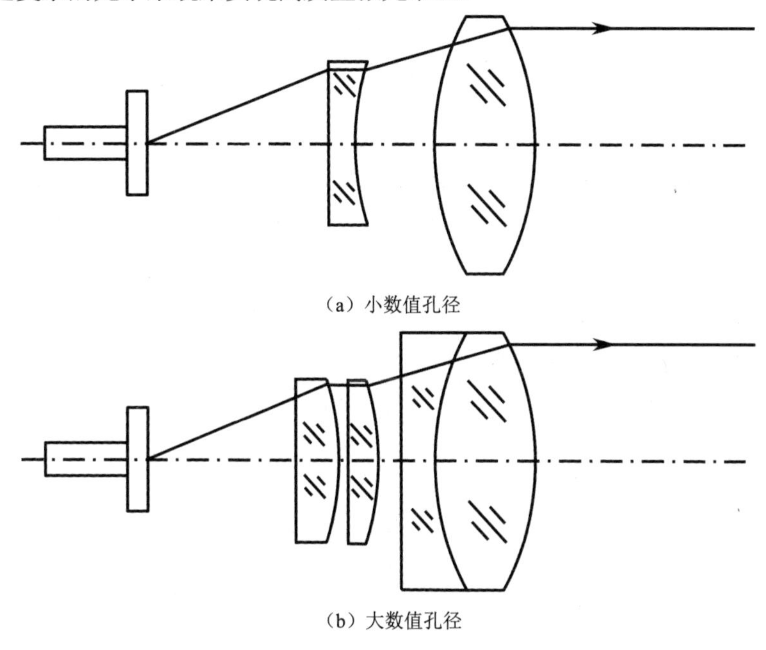

（a）小数值孔径

（b）大数值孔径

图 5.3　半导体激光器准直光学系统构型

针对高斯分布的准直光学系统的数值孔径角内能量集中度约为 95.5%，为充分利用激光能量，一般选取发射光学系统通光孔径为数值孔径的 1.3 倍，此时的能量集中度为 99%。

5.3.2　半导体激光整形发射系统

激光雷达最初使用 CO_2 激光器作为发射光源，体积庞大，随着半导体激光器的出现，激光雷达实现了小型化。特别是环境感知激光雷达，多采用半导体激光器。

半导体激光器的独特性质主要体现为结平面在正交方向上，矩形孔的尺寸和对应的光束发散角均不相同，且尺寸差异较大，发射光束为像散光束。激光雷达应用中需要合适的光束发散角和截面积，因此需对半导体激光束进行整形准直。

在设计半导体激光整形发射系统时，既要考虑准直性能，还要尽可能提高发射效率。准直光学系统数值孔径的大小与这两方面皆有关联。因此，为了同时获得良好的准直性能和较高的发射效率，数值孔径的选取尤为重要。从远场分布看，半导体激光器有快慢轴之分，快轴垂直于发光芯片正表面，慢轴平行于发光面表面。一般快轴的发散角大于慢轴。对于大功率半导体激光器，快轴的发散角基本上是慢轴的 3 倍以上。如果发射系统对快慢轴范围的光能量都包容，系统数值孔径就会过大，这将使系统像差校正困难，还会导致发射系统体积增大。

鉴于半导体激光器快慢轴的发散角差别较大，在系统应用中往往需要整形为两个方向的光斑尺寸基本一致。通常有两种方式，即切割整形法、附加光学系统法。切割整形法用在半导体激光器发光面互相垂直的两个方向尺寸接近的情况下。由于激光器的光强度分布近似为高斯分布，因此可取其光强集中的中心部分，用准直镜的镜框直接拦掉一小部分光，在保证发射功率的前提下，选取最佳的数值孔径，使系统在准直性能、发射效率及体积等方面协调一致，如图 5.4 所示。该方法的实质是放弃激光器慢轴方向边缘的一小部分光，使得慢轴和快轴方向的发散角大小接近，其优点是简单、方便、实用，但是有能量损耗。

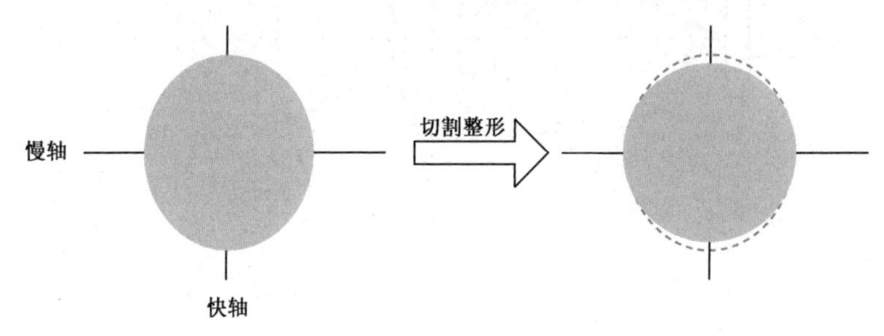

图 5.4　垂直方向光束被切割示意图

附加光学系统法如下所述。因为半导体激光器在两个相互垂直的方向上尺寸相差很大，发散角也不一样，所以必须用柱面镜、光楔等附加光学系统来完成整形，如图 5.5 所示。柱面镜、光楔这类光学元件在一个方向上的放大率为 1，而在另一方向上的放大率有增大或减小的功能，通过合理设计可获得很好的整形效果。

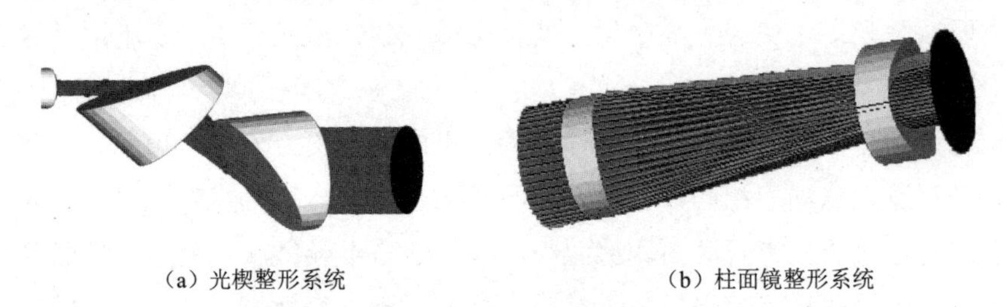

（a）光楔整形系统　　（b）柱面镜整形系统

图 5.5　附加光学系统

某 LD 光束发散角的典型值是 30° ×10° ，是像散光束，如图 5.6（a）所示。可以采用两级扩束的方式，即第一级采用图 5.3（b）所示结构形式，辅以微棱镜组、柱面镜等元件，将 LD 的出射光束整形并准直，目的是将像散光束整形，使其成为平行光，出射光斑形状近似圆形；第二级则使用望远扩束系统，目的是获得满足系统使用需求的发散角及光斑。如此，出射激光的发散角既可以微调，又可以得到较为均匀的准直光束，如图 5.6（b）～5.6（e）所示。

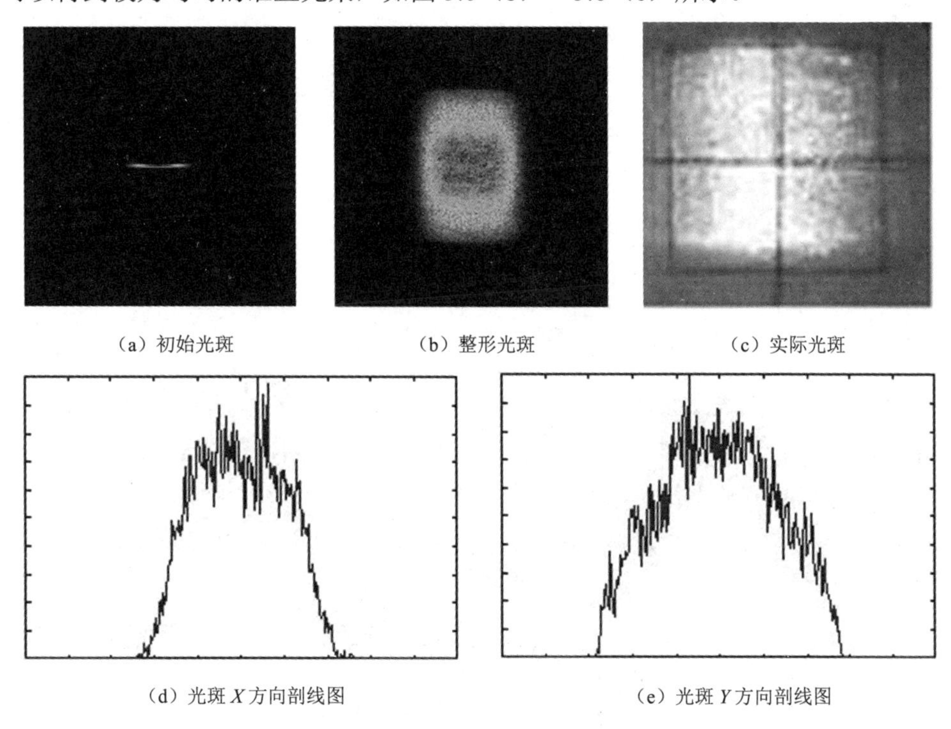

（a）初始光斑　（b）整形光斑　（c）实际光斑

（d）光斑 X 方向剖线图　（e）光斑 Y 方向剖线图

图 5.6　初始光斑及经过发射光学系统后的实际光斑

5.3.3　变波束发射光学系统

为适应远近距离成像跟踪对光斑大小、分辨率等的不同要求，对激光发散角的要求也不同，因此需要设计变波束发射光学系统，多采用以下两种设计思路：第一种是改变望远系统的物镜或目镜的焦距（变焦），得到发散角可变的激光光束；第二种是改变望远系统的物镜和目镜的间距（失调），从而改变出射光束的发散角。

采用第一种方法，可获得可变发散角的准直激光束，但发散角变化的动态范围小，系统结构复杂；采用第二种方法获得的出射光束，虽然失去准直性，但系统结构简单，为了避免在高能激光束变换过程中产生实焦点，采用目镜为负组的伽利略望远镜为原型。

采用第一种方法设计的可变倍激光准直扩束系统，其连续变倍的倒置望远系统具有变倍比高、尺寸小、结构简单及像质好等优点，在军用光学观察仪器、航空光学扫描仪器及激光扩束系统中得到了广泛的应用。可采用一个结构稍微复杂的倒置伽利略望远系统作为变倍扩束系统使用。图 5.7 所示是其光路原理图。

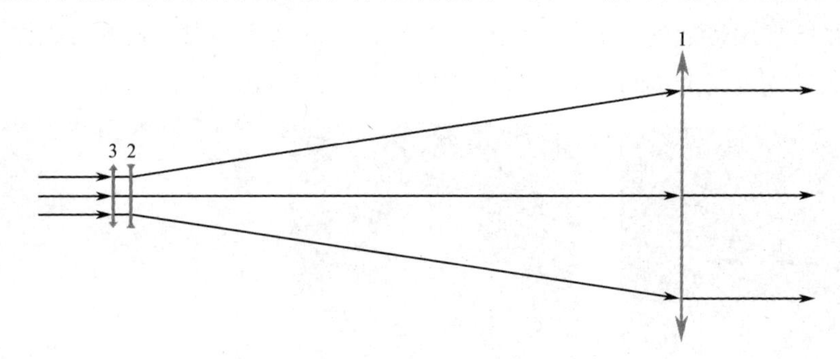

图 5.7　变倍扩束望远系统光路原理图

1—固定透镜组　2—变倍组　3—补偿组

第二种方法是采用失调型望远系统对高斯光束进行变换。该方法的基本原理是利用物镜后焦点与目镜前焦点之间的失调量 Δd 对出射光束的影响来改变输出光束发散角。伽利略型望远系统由于筒长较小，且因没有中间实像而可减小大气电离损耗，在大功率激光发射系统中得到广泛应用。其光路原理图如图 5.8 所示。

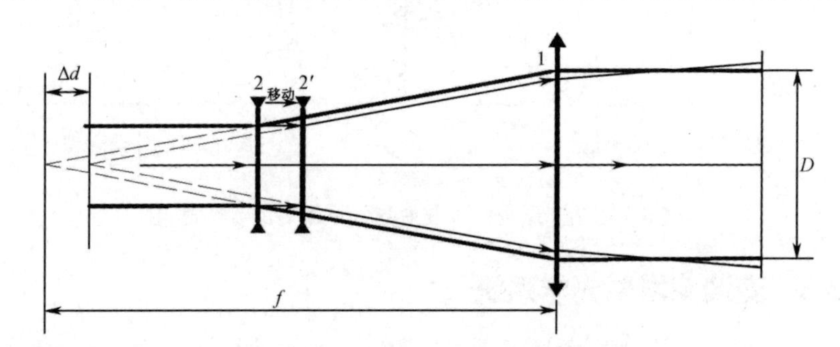

图 5.8　失调型望远系统光路原理图

1—物镜

2 和 2′—不同位置处的同一目镜

由高斯物像关系可知，若目镜由 2 处移动至 2′ 处，引入失调量 Δd ，则光束的发散角可表示为

$$\alpha = \frac{D}{L'} = D\left(\frac{1}{L} - \frac{1}{f}\right) \approx \frac{D\Delta d}{f^2} \tag{5.7}$$

式中，Δd 为离焦失调量；L、L' 和 f 分别为物镜的物距、像距和焦距。

若没有失调，则 $L = f$ ；若失调量为 Δd ，则 $L = f - \Delta d$ ；失调量越大，光束的发散角就越大。

5.3.4　基于单点探测器的接收光学系统

基于单点探测器的接收光学系统结构比较简单，技术相对成熟。为保证进入接收光学系统的信号光均为光电探测器所接收的，设计时至少应使接收光学系统的出窗（或出瞳面）的大小与探测器光敏面的大小相当。考虑到接收光学系统像差、光学装校精度和探测器实际结构，一般应使得接收光学系统的汇聚光斑直径不大于 $0.8\,D_0$（D_0 是探测器光敏面直径）。

5.3.5　基于阵列探测器的接收光学系统

基于阵列探测器的接收光学系统与基于单点探测器的接收光学系统类似，主要区别在于，一般要求具备较大的凝视视场，且应具有较小畸变，以保证接收信号恰巧能够入射到探测器上；同时应实现平像场设计，使各通道接收到的光斑大小一致，以保证各通道的灵敏度相同。另外，在装调上，需保证阵列探测器光敏面法线与接收光轴的不平行度较小。

5.3.6　基于四象限探测器的接收光学系统

对于基于四象限探测器的接收光学系统，为了使回波在探测器光敏面上不同视场下的汇聚光斑大小一致、分布均匀，通常将四象限探测器离焦放置，即在距离接收光学系统焦平面 L 处放置探测器（在焦平面前或后均可）。为了更好地减小杂散光的影响，保证一定的信噪比，宜在焦平面处放置一个视场光阑，且四象限探测器放在焦平面后。这样可使接收机误差信号形成较大的角位置测量线性范围，调整 L 可使测量线性范围发生变化。当回波光斑正好偏离四象限探测器十字线的一边时，将产生最大角位置线性测量范围。当目标成像不在光轴上时，比较 4 个象限上探测器分别输出的光电信号幅度，就可知目标成像于哪个象限，也就知道了目标的方位。

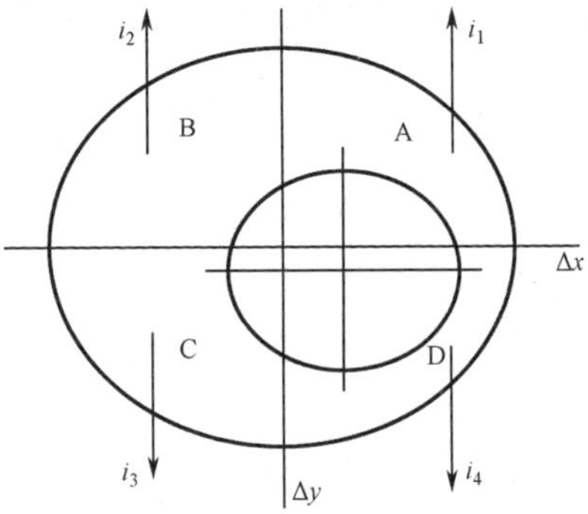

四象限光电探测器通过测量激光束光斑质心的位置变化，并借助一定的算法来确定光斑在两个方向上的偏移量。如图 5.9 所示，光斑被 4 个象限分成 A、B、C、D 4 个部分，其面积分别为 s_1、s_2、s_3、s_4，对应的 4 个象限产生的阻抗电流分别为 i_1、i_2、i_3、i_4。由 i_1+i_4 和 i_2+i_3 的比例可以确定横向偏移量 Δx，由 i_1+i_2 和 i_3+i_4

图 5.9　四象限光电探测器原理图

的比例可以确定纵向偏移量 Δy，即

$$\begin{cases} \Delta x = k\dfrac{(i_1+i_4)-(i_2+i_3)}{i_1+i_2+i_3+i_4} \\ \Delta y = k\dfrac{(i_1+i_2)-(i_3+i_4)}{i_1+i_2+i_3+i_4} \end{cases} \tag{5.8}$$

式中，k 为比例系数，是一个常数。

当光斑中心与四象限光电探测器中心重合时，4 个象限产生的阻抗电流 i_1、i_2、i_3、i_4 相等，两个方向的偏移量均为 0；当两个中心不重合时，两个方向的偏移量可由式（5.8）求出。

5.3.7 相干光体制接收光学系统

相干光体制接收光学系统的像质较高，波前像差较小。该系统采用空间光路时，必须保证在角准直条件下，信号光与本振光具有相同的相位和偏振方向，且两者在探测器上的光斑应大小一致且重合。该系统可采用扩束镜及微调本振光路来实现。

要获得较高的外差效率，信号光与本振光光轴不平行度需满足

$$Q \leqslant \lambda/(\pi d) \tag{5.9}$$

式中，d 为探测器光敏元直径；λ为激光波长。

为降低光路设计和装调难度，且随着窄线宽光纤激光器技术的成熟，该系统越来越多地采用光纤耦合相干方式（光纤应具有保偏特性）。

在某些应用中，采用收发共口径可以减小接收光学系统的尺寸，满足小型化的需求。而在相干激光雷达中，多采用收发合置，即发射和接收光学系统共光路设计，若为全光纤化光路，则发射光纤端面同时也是接收光纤端面。

5.4 激光雷达光束指向控制方式

在激光雷达应用中，由于光束发散角较窄，不足以覆盖成像空域，因此通常需要对激光光束进行指向控制。光束指向控制方式主要分为机械式（光机扫描方式）和非机械式两种。目前常用的多为机械式，主要采用振镜、快速反射镜、光楔、MEMS 扫描镜及转鼓等器件实现，具有偏转角度大、价格便宜、体积小等优势。

光机扫描虽然应用广泛，但存在偏转速度等的限制，在要求激光雷达成像帧频较高的情况下就显得无能为力了。因此电光偏转器、声光偏转器、光学相控阵等非机械式指向控制应运而生。电光偏转器（EOD）的偏转速度非常快，偏转精度极高，其局限性在于光束入射口径小、偏转角度小。声光偏转器（AOD）也具

有偏转速度快、偏转精度高（略逊于电光偏转器）的优点，同时具有比电光偏转器更大的偏转角度。

5.4.1　振镜扫描

振镜扫描通常采用摆动平面反射镜来进行二维扫描。对于方位扫描镜，有两种可行的平面反射镜运动方式，如图 5.10 所示，一种不正确，另一种正确。如果绕不正确的扫描轴旋转，则扫描图形会产生一个沿方位方向的圆弧，而不是水平线，如图 5.11 所示。

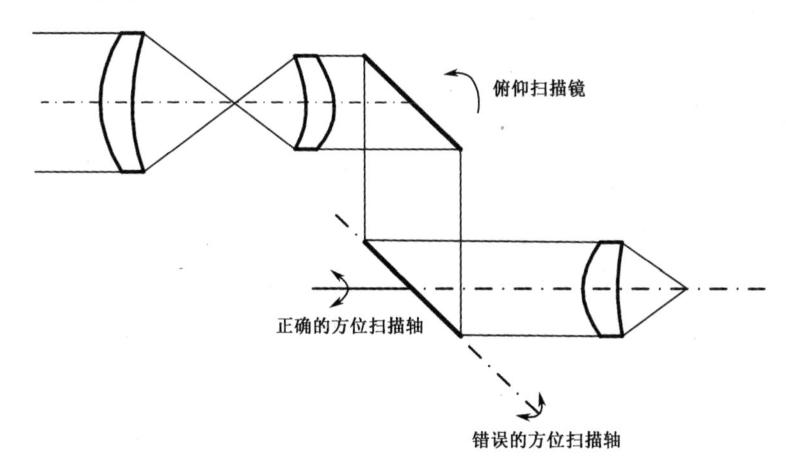

图 5.10　用于二维扫描的振镜扫描

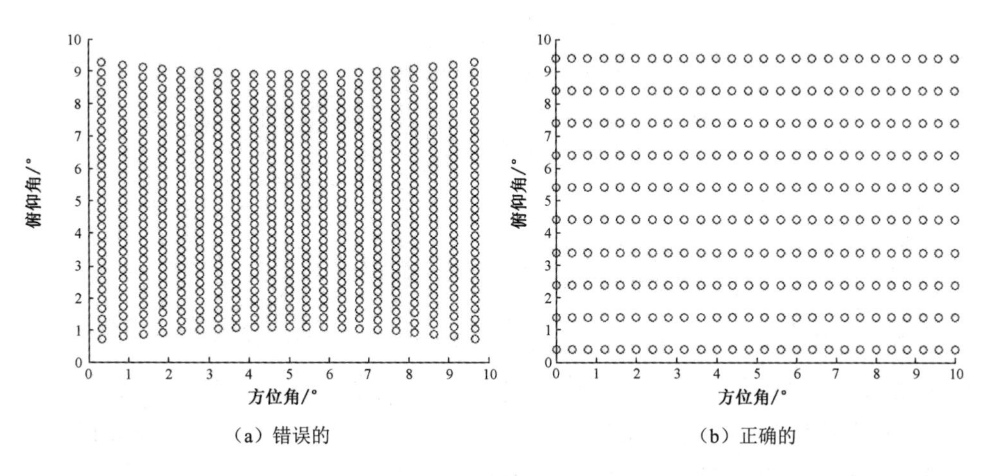

图 5.11　扫描图形

振镜扫描可在一定范围内进行周期性摆动，扫描效率较高，扫描惯性也较小。振镜扫描的偏转速度较低，扫描运动为非匀速运动，存在加速和减速过程。

5.4.2 快速反射镜扫描

快速反射镜（FSM）是一种可以在小角度上快速旋转的平面镜，当镜面旋转时，利用入射角等于反射角的原理来引导光束，精确控制光束方向。快速反射镜由压电陶瓷或音圈电动机驱动，使光束产生快速的微小角度偏转，响应速度快，控制精度高。镜面越大，旋转所需的时间和能量就越多，因此需要对镜面的尺寸和旋转速度进行权衡设计。

快速反射镜可以用来校正光路中的倾斜误差，也可以用来稳定光束的指向，还可以应用在快速跟踪系统中。驱动元件可控制反射镜面的快速高频转动，实现光束的高速精确指向、稳定和跟踪。快速反射镜可以 1kHz 频率转动，因此可以实现快速小角度瞄准。从一个角度快速转动到另一个角度后，会有一段固定的时间。这段固定时间可能比快速反射镜的响应时间长得多，即使是昂贵的快速反射镜，也会有 6ms 或更长时间。

压电陶瓷驱动是快速反射镜理想的驱动方式，如图 5.12 所示。给压电陶瓷加电压时，压电陶瓷会有一个可以达到纳米级的位移，这个位移和所加的电压大致成正比。压电陶瓷不需要传动机构，位移控制精度高、响应速度快、无机械吻合间隙，可实现电压随动式位移控制。

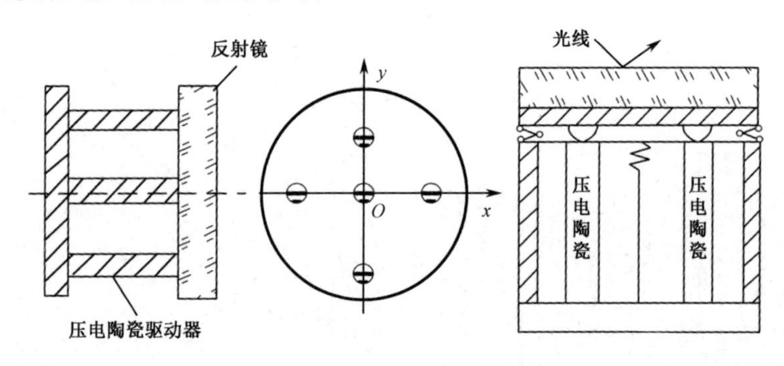

图 5.12　压电陶瓷驱动的快速反射镜结构

图 5.13 所示是快速反射镜和望远镜配合使用的示意图。快速反射镜是可旋转的平面镜，应该是小而快速的，所以一般放置在光束小（望远镜的出瞳位置）的地方。在快速反射镜之后，通常需要一个扩束镜（望远镜）。最终的偏转角通过扩束镜将光束放大到最终孔径大小，有

$$\theta_{\mathrm{f}}=\frac{\theta}{M} \tag{5.10}$$

式中，θ_{f}为最终偏转角；θ为反射镜偏转角；M为放大倍数。

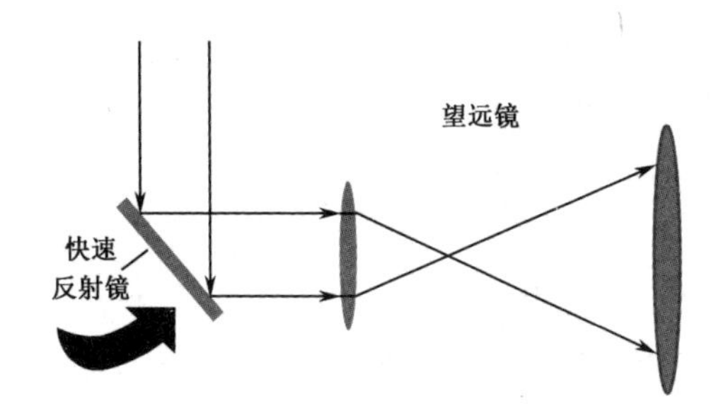

图 5.13　快速反射镜和望远镜配合使用的示意图

这就需要一个宽视场望远镜来将光束放大到最终的孔径大小。因此，设计一种消像差且能接受大偏转角的望远镜是设计难点。

5.4.3　光楔扫描

旋转双光楔扫描器是一种灵活的扫描器，可以分别控制两个光楔（楔形镜）的转速进行不同图样的扫描，且扫描速度很高。但双光楔扫描对两个光楔的转速控制要求较高，因为不同的转速将产生不同的扫描图样，因此需对转速进行精确的反馈控制。

当两个一样的光楔首尾两端面平行放置，且两个光楔以相同的转速逆向旋转时，激光束将在空间上进行一维直线扫描。当两个光楔旋转到图 5.14（a）所示位置时，光束的偏转角最小；当两个光楔旋转到图 5.14（b）和图 5.14（c）所示位置时，光束偏转角最大。最大偏转角由光楔的夹角所决定。

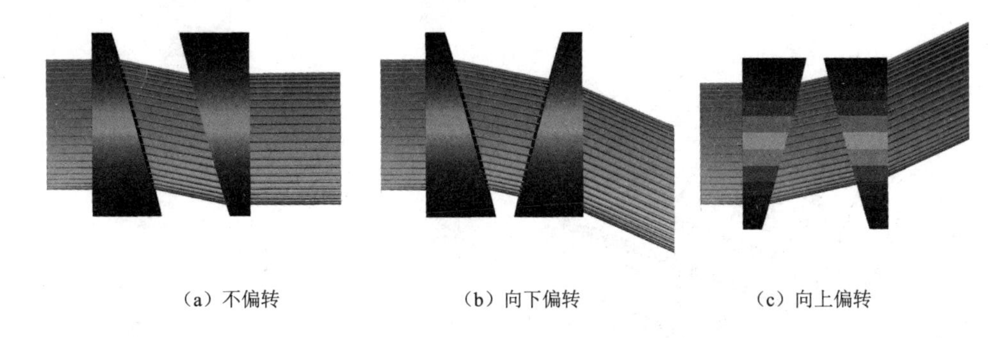

（a）不偏转　　（b）向下偏转　　（c）向上偏转

图 5.14　双光楔扫描示意图

双光楔扫描出射光线方向可基于折射定律矢量形式 $n(\boldsymbol{A}\times\boldsymbol{N})=n'(\boldsymbol{A}'\times\boldsymbol{N})$ 和矢量运算关系求解得出。折射光线矢量为

$$\boldsymbol{A}'=\frac{n}{n'}\boldsymbol{A}-\frac{1}{n'}[n(\boldsymbol{AN})+\sqrt{n'^2-n^2[1-(\boldsymbol{AN})^2]}]\boldsymbol{N} \tag{5.11}$$

式中，$\boldsymbol{A}$、$\boldsymbol{A}'$ 和 $\boldsymbol{N}$ 分别为入射光线、折射光线和法线矢量。$\boldsymbol{N}$ 由 YOZ 平面的双

光楔某光学面法线矢量 $\boldsymbol{N}_0$ 和绕 Z 轴的旋转矩阵计算得出，即

$$\begin{bmatrix} N_x \\ N_y \\ N_z \\ 1 \end{bmatrix} = \begin{bmatrix} \cos\theta & -\sin\theta & 0 & 0 \\ \sin\theta & \cos\theta & 0 & 0 \\ 0 & 0 & 1 & 0 \\ 0 & 0 & 0 & 1 \end{bmatrix} \begin{bmatrix} N_{0x} \\ N_{0y} \\ N_{0z} \\ 1 \end{bmatrix} \tag{5.12}$$

式中，N_x、N_y 和 N_z 分别为法线矢量 $\boldsymbol{N}$ 的 3 个分量；N_{0x}、N_{0y} 和 N_{0z} 分别为初始法线矢量 $\boldsymbol{N}_0$ 的 3 个分量。

里斯利光栅由独立旋转的内联偏振光栅组成。里斯利光栅光束导引采用包含偏振光栅的薄板取代了里斯利棱镜中笨重的棱镜元件，并利用了高偏振灵敏度衍射。当两个光栅旋转时，输出光束在一个视场内跟踪，这个视场的大小由光栅周期和它们的相对方向决定。由于偏振光栅通常是在薄液晶层（几微米厚）中形成的，因此里斯利光栅的厚度和重量可以比双光楔棱镜小得多。里斯利光栅可在 1550 nm 波长下实现 62° 视场和透过率为 89%～92%连续转向。

5.4.4 MEMS 扫描

柔性 MEMS 微反射镜阵列是目前最有前途的 MOEM 器件。偏转式微反射镜可以在模拟和数字两种控制方式下工作。以模拟控制方式工作的微反射镜阵列，可实现微反射镜运动范围内任意位置的控制工作，如图 5.15 所示。以数字控制方式工作的微反射镜阵列，仅以二元方式控制每个镜元实现“通”（ON）或“断”（OFF）的状态控制，如图 5.16 所示。

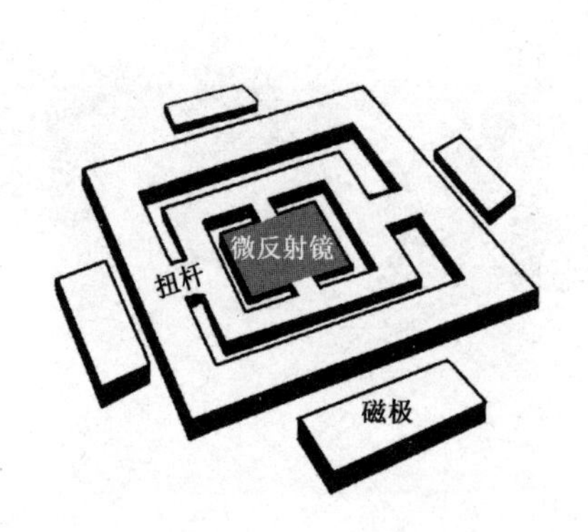

图 5.15　模拟控制方式的微反射镜结构

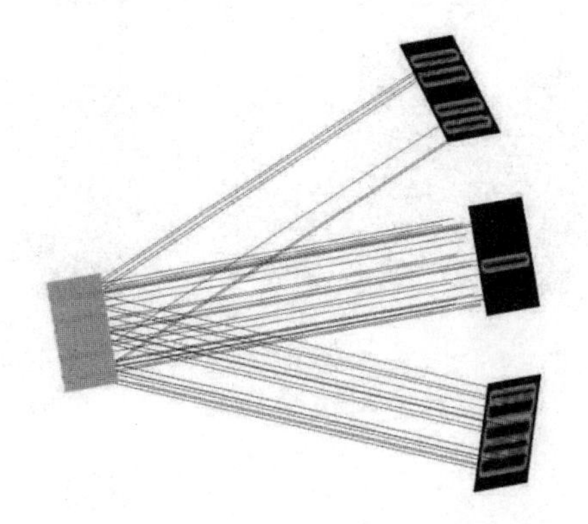

图 5.16　数字控制方式的微反射镜结构

在基于单轴 MEMS 振镜的激光雷达中，单轴 MEMS 振镜配合激光扩束镜，可以使得一维 MEMS 振镜实现激光光束在水平方向和垂直方向上的同步扫描。图 5.17 所示为 Infineon 开发的基于单轴 MEMS 振镜的激光雷达原理图。基于单

轴 MEMS 振镜的激光雷达有两种扫描模式：谐振式和非谐振式。

基于双轴 MEMS 振镜的激光雷达有两个转动轴，因此有 3 种扫描模式：双轴谐振、单轴谐振/单轴非谐振、双轴均非谐振。双轴 MEMS 振镜的结构和工艺较为复杂，其扫描角较小，一般需要配合外围光学元件才可扩展到大视场。也有部分厂商将单轴 MEMS 振镜放置在旋转电动机带动的转台上，如图 5.18 所示，实现二维扫描。

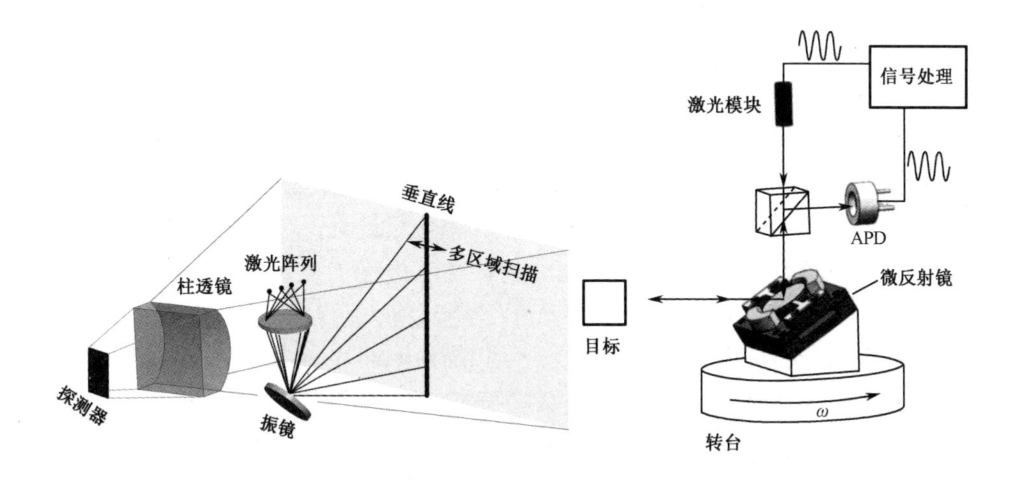

图 5.17　基于单轴 MEMS 振镜的激光雷达原理图　　图 5.18　放置于旋转电动机上的单轴 MEMS 振镜

采用微透镜组进行光束扫描，其缺陷是存在非均匀的填充因子。有人考虑用隐藏边缘的概念来解决填充因子的问题。单轴和双轴 MEMS 振镜的扫描模式均可分为谐振、非谐振和半谐振。

激光雷达的 MEMS 振镜选型时主要有以下参考指标。

（1）视场角

激光雷达的扫描角度包括水平和垂直两个方向。对于无人驾驶应用中的激光雷达，更大的扫描角意味着更大的视场角。

（2）光学孔径

MEMS 振镜的光学特性与激光雷达的角分辨率、探测距离等参数息息相关。其中，空间分辨率与激光波长、激光光束质量正相关，与激光光斑大小负相关。在应用中，期望激光雷达的角分辨率尽可能小于 1mrad，因此在激光光束质量较好时，MEMS 振镜的直径应不小于 1mm。探测距离则与发射激光功率、透射率、障碍物反射率、接收口径等参数相关。

（3）扫描频率及谐振频率

对于无人驾驶应用的双轴 MEMS 振镜激光雷达，MEMS 振镜的横轴（水平方向、快轴）扫描频率应为 0.5～2kHz，纵轴（垂直方向、慢轴）扫描频率应为 10～30Hz。此外，若选用的 MEMS 振镜的谐振频率较高，则激光雷达的分辨率、帧率及健壮性均更佳。

（4）振镜尺寸及重量

MEMS 振镜激光雷达得到产业界青睐的原因之一是体积小、便于集成。因此，在满足光学孔径和谐振频率的前提下，MEMS 振镜的尺寸和重量应尽可能优化。

（5）品质因数

前述参数均为 MEMS 振镜的本征参数。FoM(Figure of Merit)则是将这些重要参数融合后形成的描述激光雷达性能的综合指标。根据行业经验，激光雷达为获得良好性能，所选用的 MEMS 振镜的 FoM 值应尽量大。对于无人驾驶应用中的激光雷达，FoM 值应不小于 0.7。FoM 的计算公式为

$$\mathrm{FoM} = \theta_e d_e f_e \tag{5.13}$$

式中，θ_e 是激光雷达视场方向的有效光学扫描角（rad）；d_e 是 MEMS 振镜的有效直径（mm）；f_e 是 MEMS 振镜的有效谐振频率（kHz）。

总之，MEMS 振镜的 FoM 值越大，越有利于激光雷达性能的提升。相较而言，单轴 MEMS 振镜因整体结构更为简单，所以容易得到更大的扫描角、更大的光学孔径和更高的谐振频率。

5.4.5 转鼓扫描

由几何光学原理可知，一束光照到转动的平面反射镜上，当反射镜转过角度 α 时，反射光线转过 2α，如图 5.19 所示。由于平面镜的高速旋转稳定性差，且不能连续扫描，因此一般采用图 5.20 所示的转鼓作为扫描镜。若转鼓的各个面和转鼓底面所形成的角度呈等差数列关系，就可以实现等间距的二维扫描。

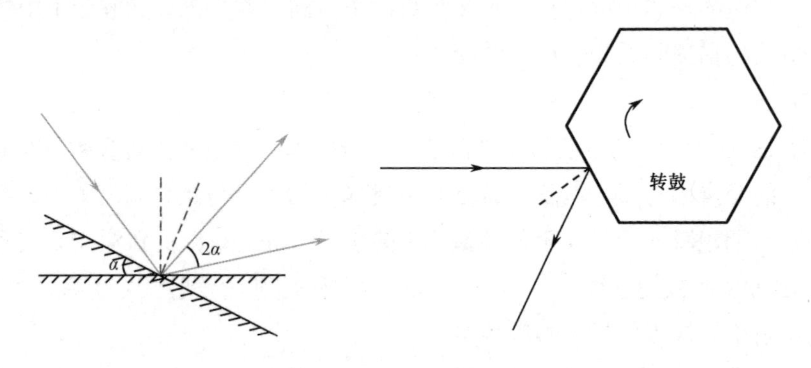

图 5.19　平面反射镜旋转的光学原理　　　　图 5.20　转鼓扫描的工作方式

5.4.6 条纹管扫描

条纹管扫描属于非机械扫描，能快速获取目标的强度像和三维距离信息像，可称为目标成四维像。

条纹管一般由 4 个基本部分构成：光阴极、电子光学系统、扫描偏转系统和荧光屏。条纹管扫描工作方式如图 5.21 所示。视场内不同位置目标回波信号的距离差反映为回波信号到达光阴极的时间差，即光阴极上产生电子的时间差。这些电子在加有斜坡电压的电极作用下偏转，不同回波信号的光电子发生偏转，在纵轴方向上的偏转距离不同；再通过微通道板（MCP）进行放大，使电子离散的变化反映在纵轴方向上，最终分离并轰击到荧光屏上，被标记下来；然后通过透镜，将荧光屏上的图像用 CCD 照相机记录，并经数字图像处理后，即可获取瞬态光信号的时间、空间和强度信息。条纹管具有单狭缝、多狭缝、偏振等多种成像方式。

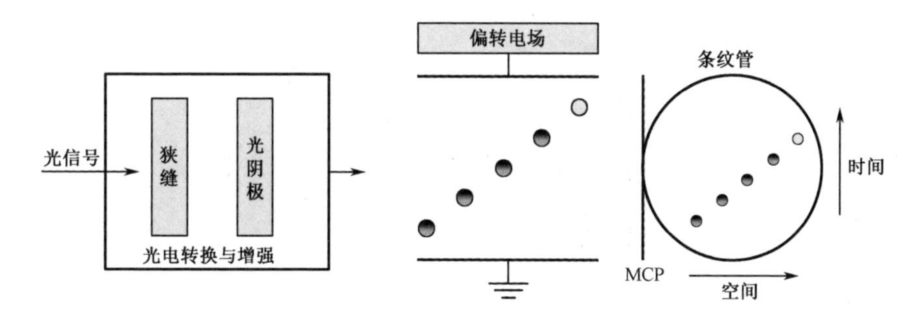

图 5.21 条纹管扫描工作方式

5.4.7 相控阵扫描

光学相控阵直接源于微波相控阵。在微波雷达相关领域，相控阵已得到迅速发展。相控阵具有无须机械装置即可进行快速光束指向等明显的优势，即使成本很高，人们也青睐这种技术。相控阵扫描代表了一种非常有潜力的新型技术，它具备非常高的稳定性，具有随机处理光束指向、可编程控制光束扇出、动态聚焦/散焦等能力。相比于微波相控阵，光学相控阵具有更高的精度，并且能够对光束实现快速精准的非机械小型固态二维扫描。芯片级的片上光学相控阵将在探测感知系统中广泛应用。

光学相控阵的基本构成单元是光移相器。制造光移相器的材料主要是 PLZT 压电陶瓷、$LiNbO_3$（铌酸锂）光电晶体和液晶等。

光学相控阵光束指向控制的基本原理是，通过调节从各个相控单元（光移相器）射出的光波之间的相位关系，使其在设定方向上彼此同相，产生相互加强的干涉，干涉的结果是在该方向上产生一束高强度光束；而在其他方向上，从各相控单元射出的光波不满足彼此同相的条件，干涉的结果是彼此相抵消，因此辐射强度接近于零。组成相控阵的各相控单元在计算机的控制下，可使一束或多束高强度光束的指向按设计的程序实现随机空域扫描。

当光束偏转到一个新的方向θ_s（相对于阵列视轴）时，有基本光栅等式

$$\sin\theta_s + \sin\theta_{inc} = \frac{\lambda_0}{\Lambda} \tag{5.14}$$

式中，θ_{inc}是光束的入射角；λ_0是光束偏转器的设计波长；Λ是阶梯斜面的周期$\Lambda = qd$，q是阶梯斜面周期内移相器个数，d是移相器中心的间距。可见，θ_s取决于阶梯斜面的周期（和符号）。

在图 5.22（a）所示装置图的电极上加电压U_{RMS}，将产生一个阶梯形光程差$n\varepsilon$，近似于光楔，如图 5.22（b）所示。

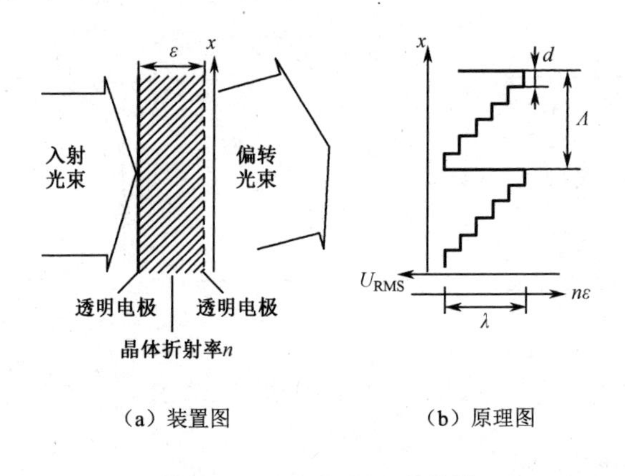

（a）装置图　　（b）原理图

图 5.22　电压控制光束偏转

对于一维光移相器阵列，归一化的辐射强度可简要表示为

$$I = \sin^2 N\alpha / (\sin^2\alpha N^2) \tag{5.15}$$

其中，

$$\alpha = \pi(\Lambda/\lambda)(\sin\theta_s - \sin\theta_{inc}) \tag{5.16}$$

式（5.15）～式（5.16）中，θ是辐射场测量点的角度（相对于阵列视轴）；N是阶梯斜面周期数；λ是自由空间波长。光学相控阵的远场光束宽度θ_B近似为

$$\theta_B = k\lambda / (N\Lambda\cos\theta_s) \tag{5.17}$$

这里，k是接近 1 的常数，取决于阵列形状、照射截面形状和光束宽度。对于方形口径内均匀照射，k=0.866；对于圆形口径内均匀照射，k=1.22。光束宽度有一个经验公式：$\theta_B = \lambda / D$，其中，D是口径直径，$D = N\Lambda$。激光光束宽度的变化与微波相比很窄，微波雷达光束宽度一般以度或毫弧度计量，而光学口径的光束宽度

一般以微弧度计量。一个 10GHz 相控阵的光束宽度如果与一个 1μm 波长 10cm 口径光学相控阵光束宽度接近，则它的光束直径约可达 3km。

相控阵激光雷达有一个关键参数：半功率主瓣宽度 $\theta_{0.5}$，有

$$\theta_{0.5}=\frac{0.886}{N\Lambda}\lambda\text{（单位：rad）} \tag{5.18}$$

而栅瓣出现的角度为

$$\theta_{\mathrm{GL}}=\arcsin\left(\pm\frac{n\lambda}{\Lambda}\right) \tag{5.19}$$

式中，n 是整数。当 $\Lambda=\lambda$ 时，$\theta_{\mathrm{GL}}=90°$。由于 $\sin\theta_{\mathrm{GL}}>1$ 不可能成立，所以空间不会出现第一栅瓣。为了不出现栅瓣，只需要

$$\frac{\Lambda}{\lambda}<\frac{1}{1+|\sin\theta_0|} \tag{5.20}$$

栅瓣将对阵列天线产生致命的影响，产生诸如多波束辐射、天线增益下降等问题。因此，在相控阵激光雷达系统设计中要防止栅瓣出现在实空间。

当前较为成熟的光学相控阵是无源相控阵，正在发展主动相控激光器，一旦其研制成功，将使得主动光电系统发生革命性变化。

5.4.8　相控级联扫描

值得一提的是，光学相控阵可以与偏振光栅角度放大器和 EOD、AOD 配合使用来扩大其偏转角。图 5.23 所示为级联式液晶光学相控阵工作方式。它通过光移相器阵列实现了第 1 级高精度光束指向控制，并采用“相位延迟+偏振光栅”实现了离散区域选择，对光移相器阵列的偏转角进行放大，同时实现了大偏转角和高控制精度。

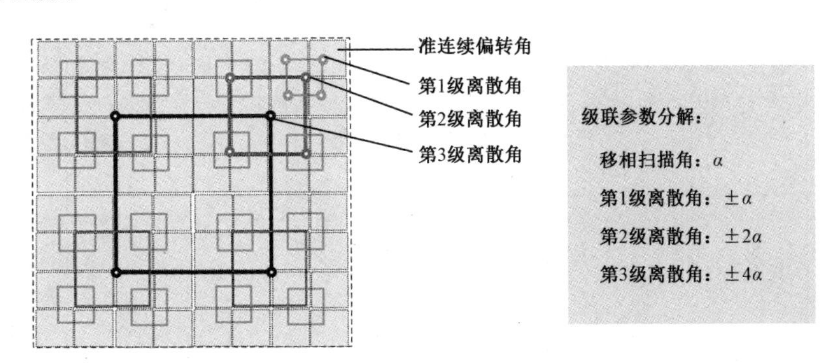

图 5.23　级联式液晶光学相控阵工作方式

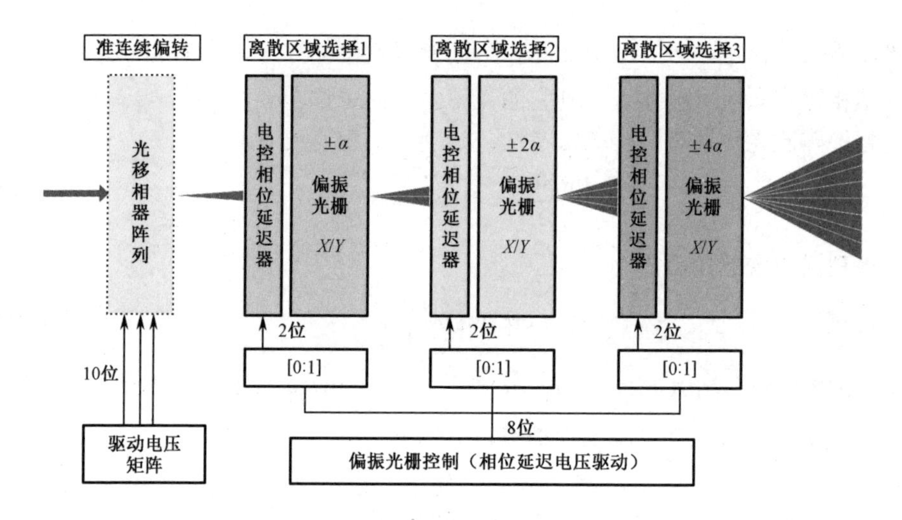

图 5.23　级联式液晶光学相控阵工作方式（续）

5.4.9　典型扫描体制的比较

几种典型扫描体制的比较如表 5.1 所示。未来将发展高帧频、超高分辨率、成像速度快、可靠性高、体积小、重量轻的激光成像雷达。因此，采用焦平面阵列、盖革模式 APD 阵列等无扫描式激光成像将成为主要发展趋势。

表 5.1　典型扫描体制比较

项目	振镜扫描	快速反射镜扫描	光楔扫描	MEMS 扫描	转鼓扫描	条纹管扫描	相控阵扫描
特点	结构简单，易于实现，扫描效率高但消耗功率大，转动惯量较大	不需要传动机构，控制精度高，响应速度快，功耗低	体积小；视场由光楔角度决定；两个光楔不同转速、不同方向的组合可形成不同形式的扫描，但扫描形式复杂难以反演	尺寸小，成本低，扫描频率高，响应速度快，扫描角小，功耗低	扫描角大（一般大于 30°），扫描机构简单，扫描频率高，但扫描效率不高	具有大视场、高帧频，可同时给出一维连续时间信息和一维空间信息	灵活，具有高频率、高精度，可实现电控相位扫描，无惯性
扫描速度	50Hz 左右	1kHz 左右	500Hz 左右	kHz 级	30～20000Hz	10^8～10^{13}Hz	液晶材料：kHz 级；光波导相控阵：MHz 级
复杂度	简单	简单	一般	复杂	一般	复杂	较简单

5.5　激光雷达光学系统设计的其他内容

5.5.1　背景光抑制

在激光雷达接收光学系统接收到返回的激光信号的同时，背景光也一并进入。如何从连续背景光噪声中提取有用信号，几乎是所有激光探测系统都需要面对的问题。可从光谱特性入手解决该问题，其中一个重要手段就是在光路中加装光学窄带滤光片。光学滤光片的种类较多，常采用干涉滤光片，其具有带宽窄、波长可调、体积小、重量轻等特点。一般窄带滤光片的关键指标如图 5.24 所示。其中，λ_c 为峰值透过率对应的波长，λ_L 和 λ_R 为 1/2 峰值透过率对应的波长，截止范围为被高效滤光的波长范围。非工作波长的光不会被完全滤掉，仍有部分光透过，其透过率的对数值乘以-10 即为截止深度，该值表征了对非工作波长的光的抑制能力。

使用干涉滤光片时，需要确保其峰值透过率足够高。根据波长随入射角漂移的理论和实验曲线，有如下经验公式：

$$\frac{\lambda_\theta}{\lambda_D}=1-k\theta^2 \tag{5.21}$$

式中，λ_D 为设计波长；λ_θ 为入射角为 θ 时的最大透射率对应波长；k 为常数，取决于膜层数、各层折射率和色散，取值范围为 0.09～0.28，由膜系的设计和工艺条件决定。

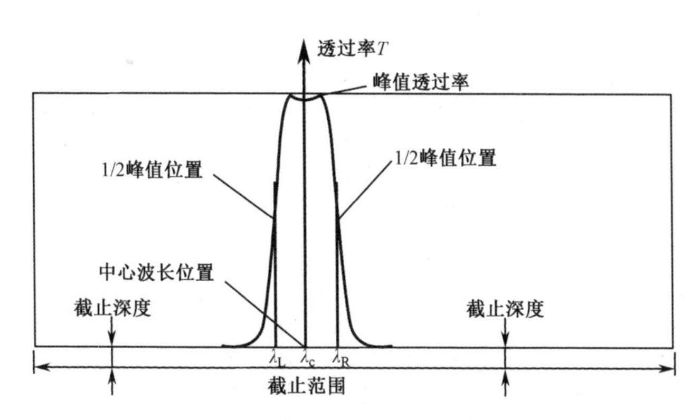

图 5.24　窄带滤光片的关键指标示意图

带宽与最大入射角的关系为

$$\Delta\lambda=0.833k\theta_m^2\lambda_1 \tag{5.22}$$

在应用中，应注意干涉滤光片与中心波长的匹配和温度适应性。随着温度的升高，干涉滤光片的中心波长向长波方向移动；随着激光入射角的变化，干涉滤光片的中心波长向短波方向偏移。

窄带滤光片的带宽要根据激光器的波长温度漂移、光谱宽度等按照上述公式进行设计，同时也要考虑工艺水平，在确保激光透过率的情况下，尽可能减小带宽，以提高接收光学系统的信噪比。

例如，根据目前采用的 1064nm 光纤激光器的性能水平，窄带滤光片的关键指标可设计如下。

中心波长（CML）：1064nm；

中心波长偏差范围：0.5nm；

半带宽（FWHM）：5nm；

峰值透过率：优于 90%

截止范围：400～1100nm；

截止深度：优于 OD4；

入射角：0°

有效孔径：20mm。

此外，还应对其尺寸参数提出详细要求，关注其公差和表面粗糙度。

注意，不能错误理解入射角是光源位置与滤光片中心的连线和滤光片中心法线之间的夹角。如未经准直光路，即便把光源安装到滤光片中心法线上，光线仍是发散的，即入射角不为 0°。

如果入射光线与滤光片中心法线存在一定的夹角，则需指明该夹角的具体范围，因为由前述经验公式可知，干涉滤光片对角度十分敏感，对于由特定入射角设计的窄带滤光片，如果在不同入射角下使用，会出现中心波长偏移现象。例如，0° 入射角的 850nm 窄带滤光片，当入射角增大时，中心波长的位置会向短波移动。这是干涉滤光片的一个基本特性。从图 5.25 中可以看出，在 50° 入射角下使用时，它变成了 740nm 窄带滤光片。

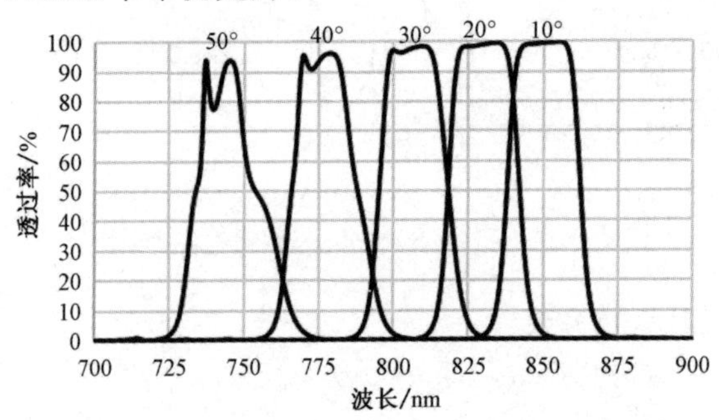

图 5.25 不同入射角对干涉滤光片透过率的影响

5.5.2　杂散光的抑制

因为激光探测器的灵敏度很高，外界杂散光汇聚后会形成背景，从而降低接收信噪比。激光雷达通常有几类影响较大的杂散光来源：发射光学保护窗口处产生的杂散光，主要包括激光雷达保护窗口返回光学系统的杂散光和系统结构的杂散光经过折射或反射通过保护窗口射入光学系统；视场外的光线产生的一级杂散光；光学系统中一些特殊光学元件，如在收发合置光路中使用的偏振合束棱镜、分色片、1/4 波片等，会将部分发射激光反射或透射到接收通道，从而产生“鬼像”或杂散光，导致接收信噪比降低甚至失效。为有效去除杂散光，应依据实际光路图，针对可能产生杂散光的元件和表面，实施抑制杂散光的措施。可以将保护窗口玻璃倾斜安装，选择几个截面位置设置消杂散光光阑，将结构件表面全部涂黑色消光漆，以便吸收大部分能量，减少杂散光。

以某收发共口径激光雷达为例进行杂散光分析，设计结果如图 5.26 所示，图中的灰色光线代表发射光，黑色光线代表接收光。其中，激光光纤线阵和探测器线阵均垂直于纸面，从左向右，第一个镜片为 1/4 波片，第二、三个镜片构成缩束系统，第四个镜片为偏振分束镜，第五个镜片为 1/2 波片。

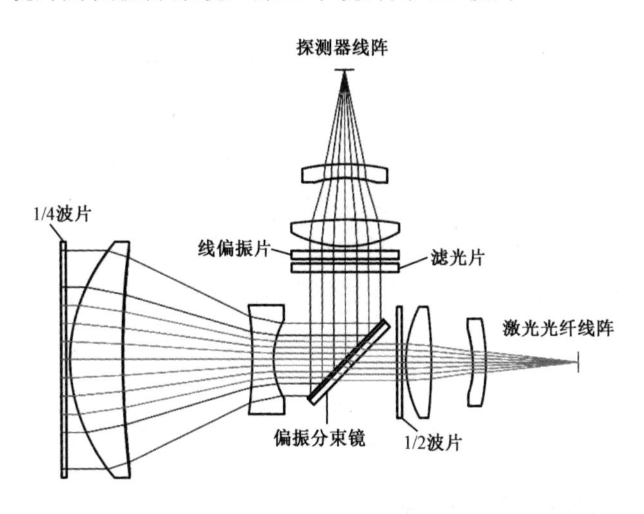

图 5.26　某收发共口径激光雷达光学系统

杂散光来源主要有视场外杂散光——背景光经机械结构内部表面散射后进入探测器光敏面；内部杂散光——发射激光在机械结构内部表面散射或发射进入探测器光敏面，来源主要是扩束镜片和 1/4 波片的剩余反射。其中，1/4 波片前表面剩余反射引入杂散光的机理与 1/4 波片后表面、扩束镜片剩余反射引入杂散光的机理不同。前者改变了回波的偏振态，使回波被偏振分束镜直接反射至接收探测器；而后者不改变回波的偏振态。

利用 Lighttools 软件建立杂散光分析模型，并进行光线追迹，得到的结果如图 5.27 所示。

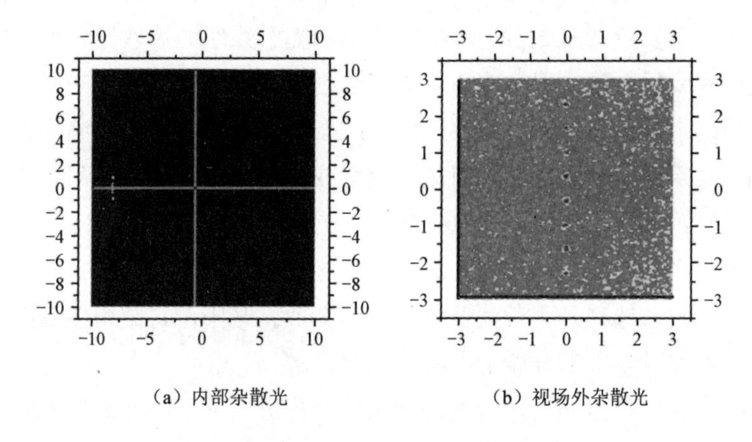

（a）内部杂散光　　（b）视场外杂散光

图 5.27　杂散光追迹结果

该模型中设置了消光结构和消光漆，并参考了 1976 年美国标准大气条件，地面反射率为 0.4，能见度为 23km，太阳天顶角为 15°，通过计算得到 1.55μm 波长、5nm 带宽滤光片下可入射进接收系统光瞳处的辐射亮度约为 1.4×10^{-5}W/（cm^2 • str）。

图 5.27（a）的左侧有一组亮点，即为倾斜放置 1/4 波片剩余反射的聚焦位置，距离像元约 8mm，可忽略其影响；接收面上其余部位的辐照度约为 2.5×10^{-7} W/mm^2，最终可计算得到光敏元 φ0.2mm 内的杂散光功率值为 7.85×10^{-9}W。

图 5.27（b）中的 8 个暗点分别对应光源上的 8 个孔，即探测器光敏元，其上的光强代表视场外杂散光光强。经光线追迹得到视场外杂散光在探测器光敏面上的功率为 2.4×10^{-12}W。

追迹结果表明，内部杂散光和视场外杂散光均能得到控制，抑制效果较好。

5.5.3　光学增益改变方法

激光雷达的使用越来越广泛，对待测目标大动态范围亮度变化场景下接收光学系统的适应能力提出了更高的要求。传统光电探测通光量的调节主要有光圈和衰减两种方式。光圈方式直接有效，但在一定程度上牺牲了成像单元的分辨能力。利用圆形变密度衰减盘可很好地解决连续变密度衰减问题，可满足高精度地面固定光电系统的探测衰减需求。

圆形阶梯中性密度滤光片（简称圆形阶梯密度片）可在滤光片区域内以离散

的方式衰减光强，每一离散区域内的光密度为固定值，如图 5.28 所示。

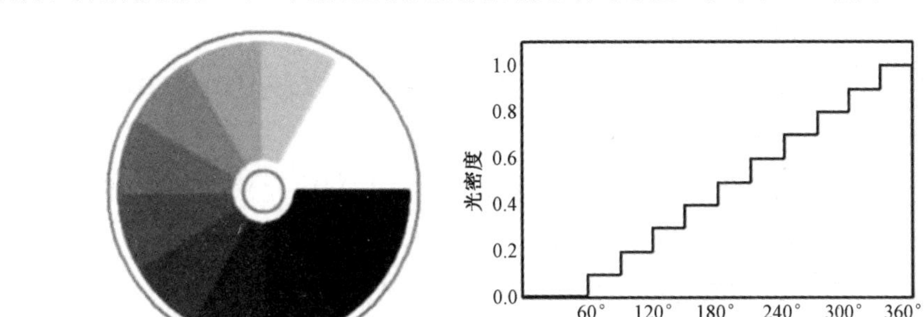

（a）外观　　（b）工作原理示意图

图 5.28　中性密度滤光片

5.5.4　瞄准望远镜

为了实现远距离测量，激光雷达要求发射和接收光学系统的不平行度尽量小，在同其他系统（如红外成像系统等）配合使用时，还会有收发光轴与安装面的平行度要求。由于机械基准通常是不可见的，因此瞄准望远镜作为辅助光学系统，在激光雷达系统中是必需的。

瞄准望远镜采用开普勒望远系统，安装有分划板，中间加有正像系统，成正像，以便于观察，使用中主要关注放大倍数、分辨率、视场角、出瞳直径、出瞳距等指标。

参 考 文 献

[1] 熊辉丰. 激光雷达[M]. 北京：宇航出版社，2007.

[2] 刘肖民. 激光发射光学系统设计探讨[J]. 应用光学，1996(5):19-21.

[3] 刘肖民. 半导体激光器光学系统准直特性的研究[J]. 应用光学，2000(6):13-24.

[4] ACHWARZE CRAIG R, VAILLANCOURT ROBERT, CARLSON DAVID, et al. Risleyprism based compact laser beam steering for IRCM[EB/OL]. Laser Communications and Laser Radar. 2005-09-10[2011-03-20].

[5] SCHWARZE C.A new look at risley prisms[J].Photonics Spectra,2006,40(6):67-70.

[6] OSTASZEWSKI M, HARFORD S, DOUGHTYN, et al. Risley prism beam pointer[C]. SPIE, 2006: 6304.

[7] 董光焰，刘中杰. 光学 MEMS 微镜技术及其在激光雷达中的应用[J]. 中国电子科学研究院学报，2011，6(1):36-38.

[8] 石吟馨，王葵，张畅. 条纹管蓝绿激光雷达水下成像技术[J]. 光电子技术，2015，35(3):195-199.

[9] 董光焰. 用于激光成像雷达中的液晶相位扫描技术研究[D]. 西安：西安电子科技大学，2009.

[10] 魏光辉，杨培根. 激光技术在兵器工业中的应用[M]. 北京：兵器工业出版社，1995.

[11] 安鹏飞. 激光识别与通信系统若干问题的研究[D]. 长春：长春理工大学，2001.

第 6 章
激光雷达信息处理机

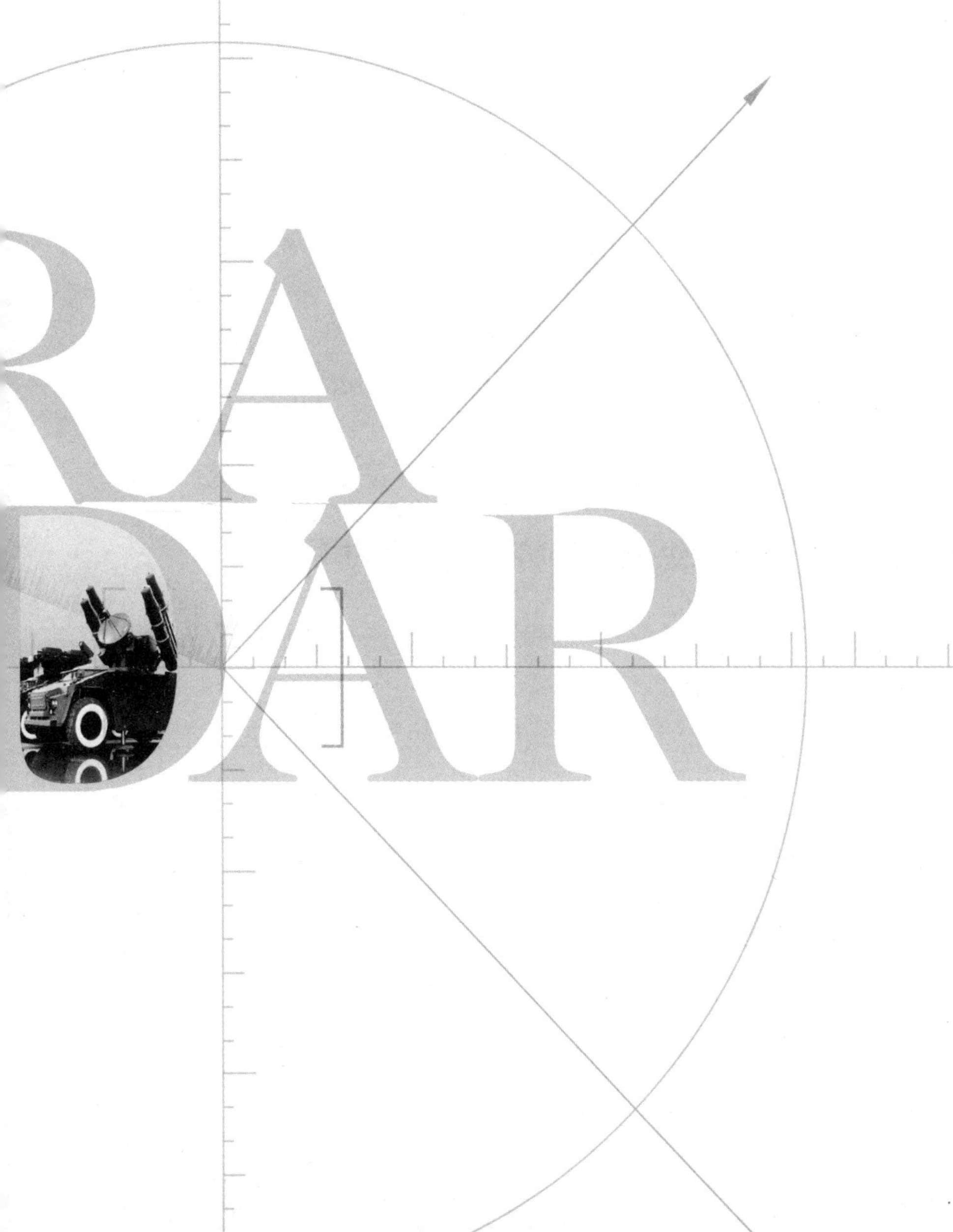

激光雷达信息处理机是激光雷达的重要组成部分，主要实现激光发射机、接收机等的协同工作，实现时序控制、信号采集与数据处理、通信、数据显示与人机交互等功能，如图 6.1 所示。激光雷达信息处理机是激光雷达的信息处理终端，根据系统需求，高效、实时地与外部进行信号交互，对激光雷达的性能有重要影响。

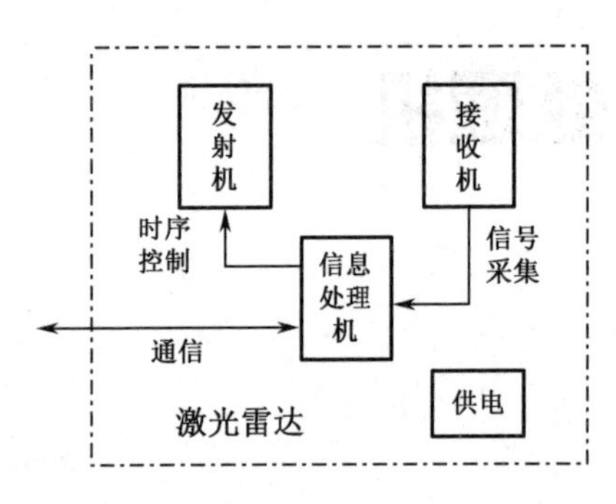

图 6.1　激光雷达信息处理机

随着集成电路的发展，后摩尔时代异构计算为激光雷达信息处理机注入了活力，使其架构从传统的冯·诺依曼架构转变为哈弗架构，再到新型混合架构——异构计算，即在 SoC 芯片内部集成不同 Core，包括 DSP、GPU、NPU 等；数据处理流程从多级流水线、超线程技术（Hyper-Threading，HT）、单指令多数据（Single Instruction Multiple Data，SIMD），转变为片上多核互联技术。随着人工智能神经网络的发展，激光雷达信息处理机未来将融合通用处理器与创新处理单元（XPU）、专用处理算法等，以满足激光雷达海量、实时、高效的数据处理需求。

本章将分析不同应用领域激光雷达的工作原理、常用的数据处理方法，以及信息处理机设计需要考虑的因素，旨在探索适应不同类型激光雷达的信息处理机的设计与实现；同时，简要介绍激光雷达点云处理及基于深度学习的目标识别方法。

6.1　激光雷达信息处理机的构成与主要功能

激光雷达信息处理机是一个软硬件协同工作的平台，采用高度集成化设计，主要由数据处理及显控单元、逻辑控制单元、通信及接口电路等构成，如图 6.2 所示。它通过集成化设计平台实现模块化功能，通过编译终端人机交互界面实现信号的监测，并定期生成报表。

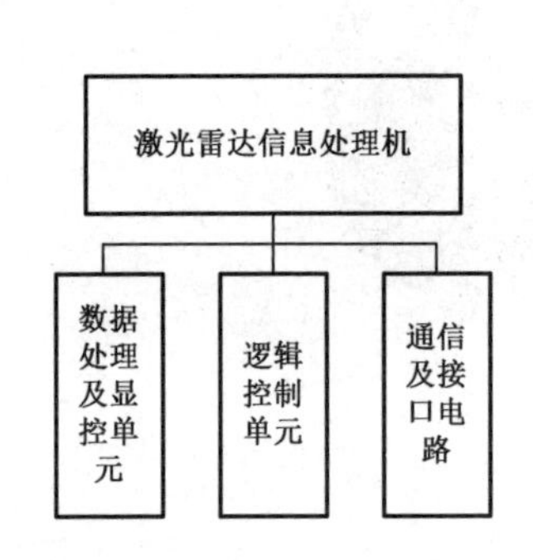

图 6.2　激光雷达信息处理机构成

1. 数据处理及显控单元

数据处理及显控单元具有以下功能。

（1）完成回波波形采集与算法实现。

（2）实现激光雷达各部件工作参数控制及显示。

（3）完成工作状态的监测及数据存储。

2. 逻辑控制

逻辑控制单元具有以下功能。

（1）完成系统同步时序控制。

（2）接收外同步授时及计时。

（3）完成发射机控制。

（4）完成扫描单元同步控制。

3. 通信及接口电路

通信及接口电路具有以下功能。

（1）为信息处理机供电。

（2）实现与其他模块的接口通信。

6.2　激光雷达信息处理机的工作原理

不同应用领域的激光雷达，其信息处理机的工作原理也不完全相同。

6.2.1　测时原理

激光雷达常用的测时原理有基于脉冲计数的时延测量、基于模数转换的高速采样测量、基于延迟线插入法的高分辨率时延测量。

1. 基于脉冲计数的时延测量

回波脉冲时间间隔测量的基本方法是脉冲计数法。计数器开始计数信号由激光主波脉冲前沿产生，而停止计数信号由回波脉冲前沿产生。如图 6.3 所示，时间间隔为

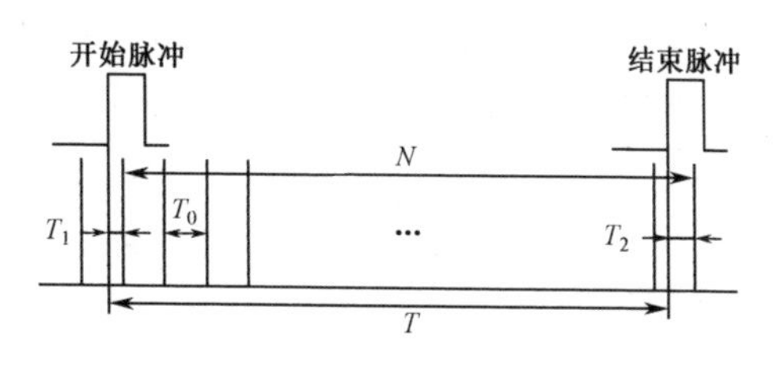

图 6.3　基于脉冲计数的时延测量原理

$$T = NT_0 + T_1 - T_2 \tag{6.1}$$

式中，N 为计数结果；T_0 为计数周期。

2. 基于模数转换的高速采样测量

该方法在激光测量开始时刻进行高速模数（A/D）转换，测量结束时停止转换，并将采样数据进行存储，根据采样间隔与采样周期计算时间间隔，原理如图 6.4 所示。

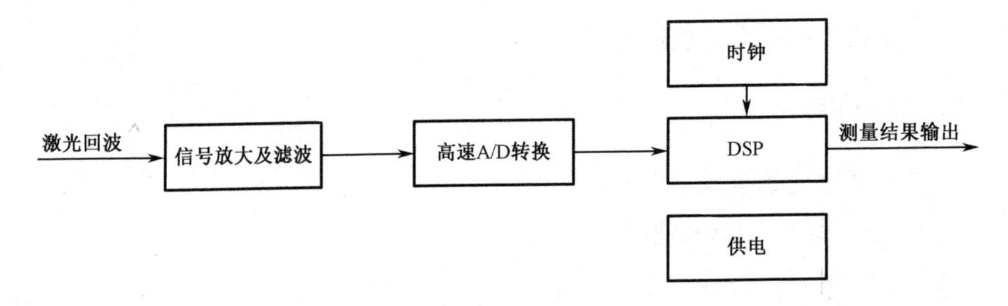

图 6.4　模数转换测量原理

3. 基于延迟线插入法的高分辨率时延测量

该方法在脉冲计数的基础上，利用内部时延单元将时间间隔转换为数字量，经高速锁存器锁存后，得到代表时延的信息，原理如图 6.5 所示。

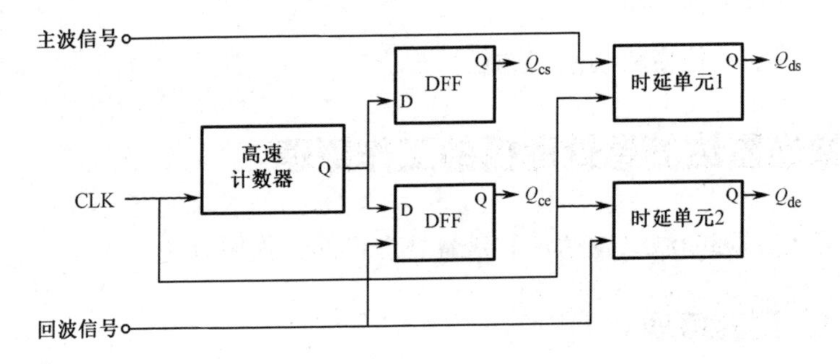

图 6.5　延迟插入法测量原理

该方法通过高速计数器（时钟周期为T_0）和两个锁存器（DFF）实现主波信号和回波信号到达计数器的时间间隔测量，利用两路延迟电路实现主回波与时钟上升沿的间隔T_s和T_e，可得到主、回波信号之间的间隔T_d。

$$T_d = Q_{cnt}T_0 + T_s - T_e \tag{6.2}$$

式中，Q_{cnt}为主、回波测量计数间隔，有

$$Q_{cnt} = \begin{cases} Q_{ce} - Q_{cs}, & Q_{ce} > Q_{cs} \\ 2^{N_c} + Q_{ce} - Q_{cs}, & Q_{ce} \leqslant Q_{cs} \end{cases}$$

其中，Q_{ce}为回波信号锁存器的计数值；Q_{cs}为主波信号锁存器的计数值；N_c为计数器与锁存器位宽。

假设延迟线延迟时间为T_p，主波信号延迟线与回波信号延迟线输出分别为Q_{ds}和Q_{de}，则有

$$T_s = T_pQ_{ds}, \quad T_e = T_pQ_{de}$$

6.2.2 测频原理

激光测频又称相干探测，是指利用激光的多普勒频移原理，通过测量光在空气中遇到运动的气溶胶粒子所产生的频率变化得到风速、风向信息，或者通过测量目标移动产生的频率变化得到目标的速度。与脉冲直接探测相比，相干探测的测量探测灵敏度高，可达到量子噪声限。根据本振光信号与信号光载波频率的不同，相干探测分为外差探测和零差探测。其中，零差探测的测频原理如图 6.6 所示。

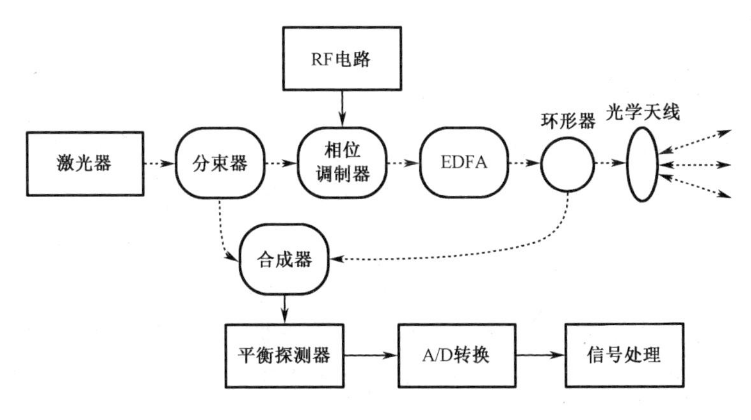

图 6.6　零差探测的测频原理

信号光为

$$E_{\mathrm{S}}(t)=A_{\mathrm{S}}\cos(\omega_{\mathrm{S}}t+\phi_{\mathrm{S}})$$

本振光为

$$E_{\mathrm{L}}(t)=A_{\mathrm{L}}\cos(\omega_{\mathrm{L}}t+\phi_{\mathrm{L}})$$

合成后的输出电压信号为

$$\begin{aligned}U_{\mathrm{P}}&\propto\overline{[E_{\mathrm{t}}^{2}(t)]}=\overline{[E_{\mathrm{S}}(t)+E_{\mathrm{L}}(t)]^{2}}\\&=\frac{e\eta}{h\nu}\{P_{\mathrm{S}}+P_{\mathrm{L}}+\sqrt{P_{\mathrm{S}}P_{\mathrm{L}}}\cos[(\omega_{\mathrm{L}}+\omega_{\mathrm{S}})t+(\phi_{\mathrm{L}}+\phi_{\mathrm{S}})]+\\&\sqrt{P_{\mathrm{S}}P_{\mathrm{L}}}\cos[(\omega_{\mathrm{L}}-\omega_{\mathrm{S}})t+(\phi_{\mathrm{L}}-\phi_{\mathrm{S}})]\}\end{aligned}\tag{6.3}$$

式中，P_{S} 为平均信号光功率；P_{L} 为本振信号光功率。

相干探测可进行强度调制、频率调制和相位调制，当滤除直流与高频$(\omega_{\mathrm{L}}+\omega_{\mathrm{S}})$信号后，可将调制后的信号无差别地转移到频率为 $\omega_{\mathrm{L}}-\omega_{\mathrm{S}}$ 的载波频率上，有

$$U_{\mathrm{IF}}=\frac{e\eta}{h\nu}\sqrt{P_{\mathrm{S}}P_{\mathrm{L}}}\cos[(\omega_{\mathrm{L}}-\omega_{\mathrm{S}})t+(\phi_{\mathrm{L}}-\phi_{\mathrm{S}})]\tag{6.4}$$

在相同 P_{S} 下，相干探测与直接探测的信号功率比为

$$\frac{P_{\mathrm{IF}}}{S_{\mathrm{P}}}=\frac{2P_{\mathrm{L}}}{P_{\mathrm{S}}}\tag{6.5}$$

其中，P_L远大于P_S，相干探测更有利于探测微弱信号。

在直接探测过程中，光探测器除接收信号光外，还会受到杂散光的影响。为了抑制杂散光，一般需要在光探测器前增加孔径光阑和窄带滤光片。而相干探测对激光相干性有较高的要求，要求信号光与本振光在合成器合成时具有较好的频率稳定性及空间调准，因此对杂散光的滤波性能比直接探测要好。为了保证本振光与信号光的频率一致性，在设计中需要进行锁相及波前相位匹配设计，因此相干探测比直接探测的设计更复杂。

6.2.3 测角原理

激光雷达一般通过光电编码器来实现对角度测量。光电编码器是一种光电式转角测量元件，能够将转轴上的机械几何位置转换成数字量或脉冲。

光电编码器的输出轴与转轴固定在一起，并随之旋转。光源发出的光通过主光栅与指示光栅的相互作用，被调制成规则变化的光信号。该光信号经光电编码器转换成电信号，再经放大、整形、逻辑译码等处理，输出所需要的角度信息。光电编码器按照其编码原理，通常可分为增量式和绝对式两种。增量式光电编码器由一个可逆计数器和一个光电脉冲发生器组成，当被测轴转动时，两个光电变换器输出相位差为90°的近似正弦波，在经过相关处理后，可得到相应的脉冲信号。该脉冲信号经过可逆计数器进行计数，即可测出被测轴的旋转角度。

绝对式光电编码器是通过读取轴上码盘的图形来确定轴的位置的，其码制可选用二进制码、BCD码或循环码，输出角度是被测轴的绝对位置。

光电编码器具有转动惯量低、噪声低、分辨率高和精度高的优点。

相比于增量式光电编码器，绝对式光电编码器具有输出信号处理简单、便于使用、结构简单、可靠度高、抗干扰能力强、没有累积误差，电源切断后相关位置信息不会丢失等优点。

6.2.4 成像原理

激光成像是在激光测距基础上发展起来的应用领域，是除可见光成像、红外成像等的又一种获取目标信息的手段。

成像激光雷达利用具有高亮度、高方向性和高相干性的激光作为光源，主动照射目标，对目标进行非接触直接探测成像，获取目标激光成像结果。对激光成像结果进行特征提取和目标反演等，可快速、高精度地获取目标的位置、结构、属性等立体特征信息。常见的激光成像按照扫描方式划分为扫描式成像、固态成像。

1. 扫描式成像

扫描式成像是指用扫描系统将激光光源发射的激光束进行有规律的偏转，形成对物面的扫描，接收视场同步对目标进行扫描，得到目标不同位置的激光回波数据。扫描式三维成像激光雷达由激光测距系统配备光束扫描装置，通过机械旋转实现三维激光扫描。激光测距装置一般采用脉冲直接探测体制，实现对目标的距离测量，并通过光束扫描装置的角编码器等获取角度信息，就可以得到目标的距离-角度-角度图像。扫描式三维成像激光雷达工作原理如图 6.7 所示，成像效果如图 6.8 所示。

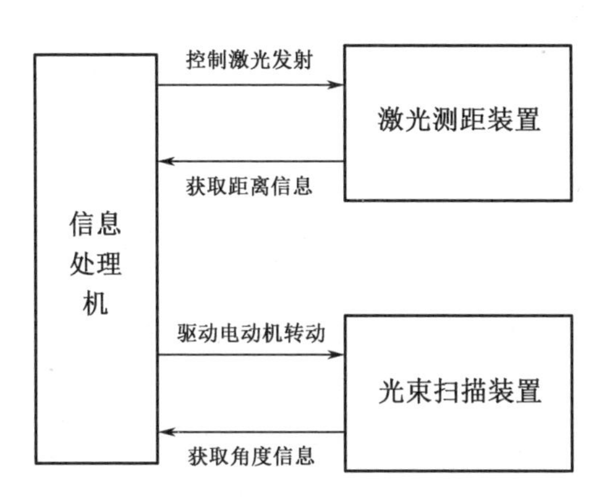

图 6.7　扫描式三维成像激光雷达工作原理

（a）白天

（b）夜晚

图 6.8　扫描式三维成像激光雷达的成像效果

2. 固态成像

近年来，随着电子元器件集成度的提高，出现了固态成像技术，其中，基于面阵成像的激光雷达得到了快速发展，如光学相控阵激光雷达、单光子阵列成像激光雷达。

固态成像激光雷达特别适合应用于对高速运动目标的测量。为了提高光学耦

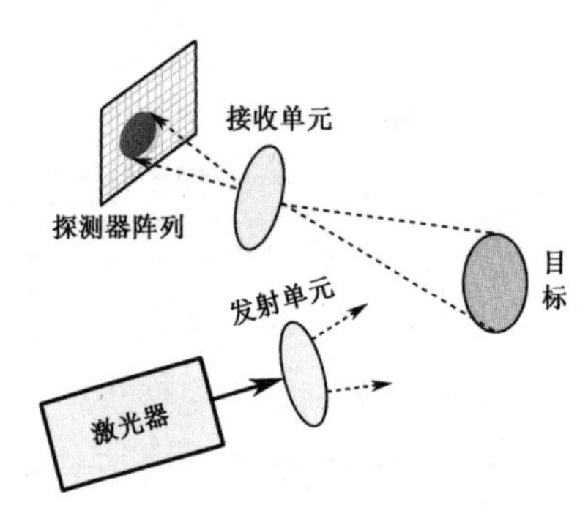

图 6.9 固态成像激光雷达工作原理

合效率，发射/接收单元多采用多光束点阵发射，发射单元常采用衍射光学元件（Diffraction Optical Element，DOE），对应接收单元采用微透镜耦合等高效率耦合方式，如图 6.9 所示。

（1）光学相控阵（OPA）激光雷达

光学相控阵激光雷达不再使用传统的扫描系统，水平和垂直方向的激光扫描均通过电子方式实现，相比于保留了“微动”机械结构的 MEMS 激光雷达，其电子化更彻底。它由若干发射/接收单元组成一个矩形阵列，通过控制单元来改变阵列中不同单元发射的光线的相位差，达到调节发射波束角和方向的目的。激光经过分束器后进入波导阵列，通过在波导上增加控制的方式改变光波的相位，利用波导间的光波相位差来实现光束扫描。

（2）单光子阵列成像激光雷达

固态成像激光雷达仅需要发射一次脉冲即可获取一帧三维图像，即“闪光式”成像。单光子阵列成像采用类似于照相机的工作模式，激光器直接发射覆盖一大片探测区域的激光，通过高灵敏度单光子探测阵列的每个像素记录的光子飞行时间来计算对应的距离信息，一般采用时间相关单光子计数技术（TCSPC）提取通道数据，完成绘制周围环境的三维图像，如图 6.10 所示。

（a）可见光图像

（b）基于盖格模式的单光子阵列成像三维图

图 6.10 单光子阵列成像效果图

6.2.5 强度测量原理

激光雷达在获取三维位置坐标信息（距离）的同时，记录下目标的强度信息（目标反射特性）。由于强度信息的本质与传统的光学影像是一样的，因此可采用传统的数字图像处理方法。

单光子阵列成像激光雷达通过统计每个像素点的回波率来实现目标反射特性测量，强度图如图 6.11 所示。

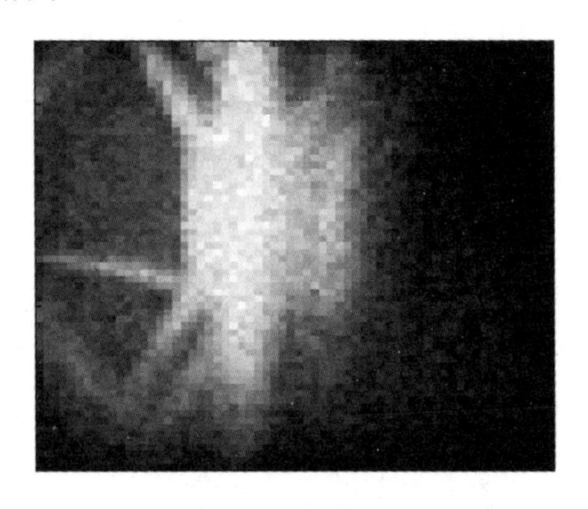

图 6.11　基于盖格模式的单光子阵列强度图

6.3　激光雷达信息处理机的设计

6.3.1　总体设计

激光雷达信息处理机的设计需要综合考虑系统设计要求、整机功能和性能指标。在激光雷达中，经过光电探测的电信号需要经过 A/D 转换才能进行数据的处理、运算及存储，采用全数字的方式可提高系统集成度，减小设备体积与功耗。

信息处理机的基本工作原理框图如图 6.12 所示。

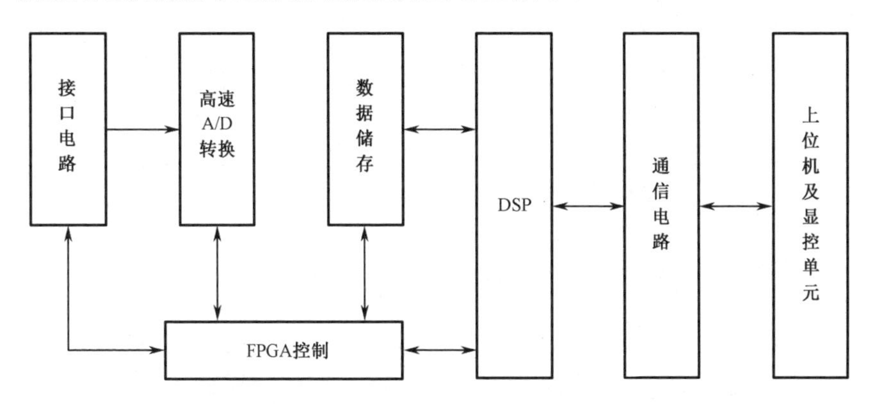

图 6.12　信息处理机的基本工作原理框图

信息处理机一般采用 DSP+FPGA 架构的嵌入式集成电路设计，通过高速 A/D 转换对模拟信号进行采样；利用 DSP 对回波采样数据进行滤波、脉冲提取等处理，

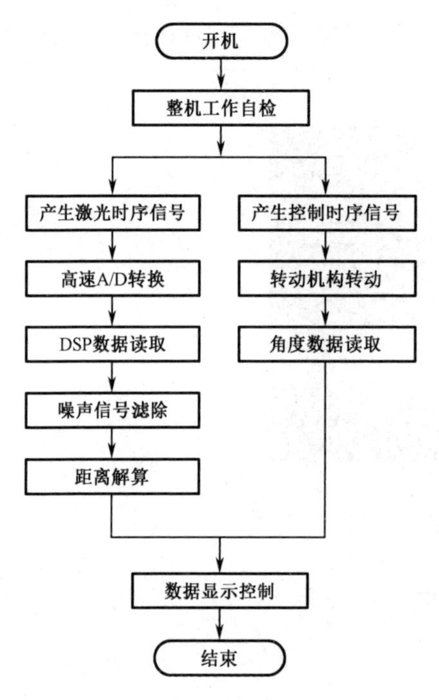

图 6.13　信息处理机工作流程

根据信号模型分析目标与噪声信号的差异，提取真实有效的目标信息，并进行解算后上传至上位机；上位机接收信息后实现数据的显示与后处理。数字化处理技术可以提高激光雷达对目标的检测能力，提高系统性能，改善设备对工作环境的适应性。

信息处理机一般在开机后先进行整机工作自检，并产生激光时序信号与控制时序信号。激光发射信号控制激光发射，启动数据采样，对回波信号进行高速A/D 转换，并将采集到的回波数据存入数据存储器。DSP 从数据存储器中读取数据，并对数据进行滤波、脉冲提取、目标信息解算等处理，通过通信电路将其发送至上位机进行显示。信息处理机工作流程如图 6.13 所示。

6.3.2　方案设计

本小节以某激光雷达的设计为例，根据设计要求分析各个指标的设计。设计要求如下。

（1）测距频率：500kHz。

（2）测距精度：10cm@1km。

（3）回波模式：无限次回波输出。

（4）采样精度：10 位。

1. 基本参数

（1）采样频率

采样频率决定了 A/D 转换的速度，采样频率越高越能还原原始信号。根据采样精度的要求，采用 2GHz 超高速 ADC 对主回波进行采样。对主回波采样数据进行全波形分析，采用数字阈值方式，提取主回波波形位置；根据波形数据，提取主回波波形质心位置，从而计算出主回波时延及回波强度。

（2）采样位数

采样位数决定了采样精度，采样位数越高，采样精度越高，这里采用 10 位。

（3）处理时间

处理时间反映了信息处理机的处理能力。处理时间与处理芯片的主频正相关，采用专用的处理模块与处理算法可缩短处理时间。

这里采用 Xilinx 公司的 XC7K355T-2FFG900 芯片，内置 840 个 DSP48E Slice 高达 800Mbps 的 HSTL 和 SSTL、550MHz 时钟技术。

（4）处理容量

这里采用 Xilinx 公司的 XC7K355T-2FFG900 芯片，其逻辑门数为 326080，50950 个 Slices，445 个 36KB Block，同时可外置 8GB 数据存储器。

2. 硬件设计

信号采样采用 ADC10D1000 芯片，数据处理采用 Xilinx 公司的 Kintex-7 系列 FPGA（XC7K355T）及 TI 公司的 TMS32C6416。硬件结构框图如图 6.14 所示。

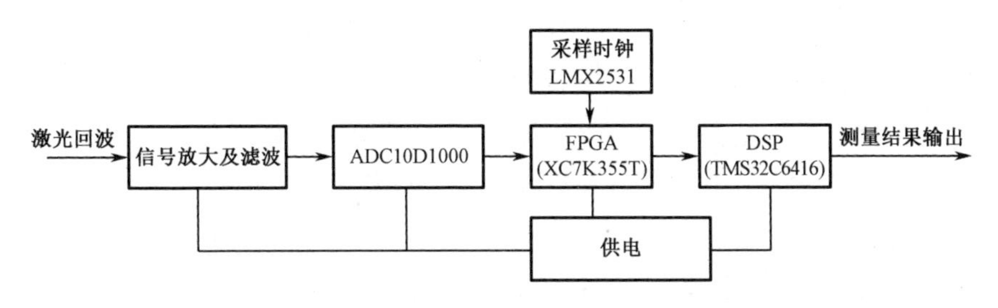

图 6.14　硬件结构框图

信号放大及滤波主要完成模拟信号幅度匹配和单端信号转差分信号，设计时主要考虑系统带宽及噪声抑制。根据检测的激光信号脉冲宽度范围，系统输入激光脉冲信号宽度为 5ns，接收机放大输出带宽为 200MHz。这里将模拟信号放大带宽初步设计为 350MHz。

ADC10D1000 具有双通道结构，每个通道的最大采样频率可达 1.0GHz，采样位数能达到 10 位；采用双通道“互插”模式时，采样速率可达 2GSps；采用 128 脚 LQFP 封装，1.9V 单电源供电；具有自校准功能，可通过普通方式或扩展方式对其进行控制；可工作在 SDR、DDR 等多种模式下。

FPGA 主要完成主回波时延测量及回波幅度测量，采用 XC7K355T-2FFG900。根据对系统测距算法的仿真结果，该芯片的资源及运行速度能够满足系统要求。

DSP 采用 TI 公司 TMS32C6416，其时钟频率可达 600MHz，最高处理能力为 4800MIPS。

采用 LMX2531 频率合成芯片产生高速采样时钟。该芯片的特点是将锁相环、环路滤波器和 VCO 集成在一起，降低了电路调试难度，只需要对芯片寄存器进行配置即可得到稳定可靠、相位噪声低的采样时钟。

采用开关电源与线性电源相结合的设计，采用开关电源将高电压转换成低电压。对于纹波要求高的模拟电路及 A/D 转换芯片，则先采用开关电源，转换成低电压；然后采用低压差线性电源，转换成所需的低纹波电源。这种电源设计不仅保证了电源转换效率，而且满足了供电纹波要求。

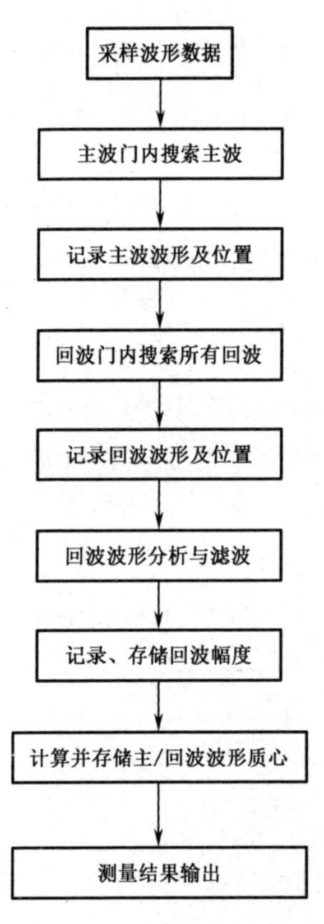

图 6.15　数据处理流程

3. 软件设计

软件主要是 DSP 与 FPGA 程序，系统加电后，FPGA 从 Flash 加载程序后自动运行，配置完各芯片参数后，实时完成主回波波形采样，并生成控制信号；DSP 则采用流水线与并行处理相结合的方式完成波形数据的处理。

软件的主要功能是处理采样后的主/回波波形数据，从采样数据中，按照设定的主/回波门、采样波形噪声阈值，提取主/回波波形，进行脉宽、峰值分析，剔除噪声干扰后，计算主波波形质心及每个回波波形质心，解析记录每个回波相对于与主波的时延及回波的幅度，存储测量的结果，打包发送给控制板。数据处理流程如图 6.15 所示。回波通道波形如图 6.16 所示。

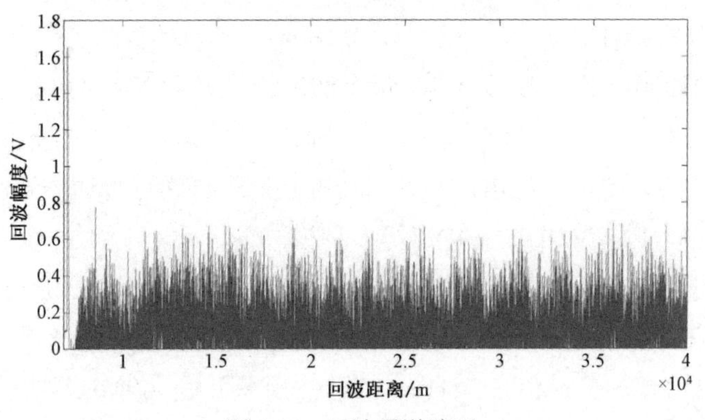

图 6.16　回波通道波形

6.4 激光雷达信息处理机的数据处理

6.4.1 距离信息处理

根据信号探测与记录方式的不同，距离信息处理可分为基于波形的距离信息处理与基于光子计数的距离信息处理。

1. 基于波形的距离信息处理

（1）回波信号模型

激光雷达接收到的回波中包含各种噪声，由于接收机放大器带宽的限制，通带内的噪声数限制了激光雷达探测的能力，信噪比（SNR）越高越有助于目标探测。因此，激光雷达的信号探测在本质上是数据统计问题。通常需要一些检验的准则来探测回波信号，常用的是奈曼-皮尔逊准则。

激光雷达回波的统计模型有多种，对于量子极限噪声探测而言，不同噪声的统计特性是不同的。对于接收到大量光子的情况，一般采用高斯分布模型来近似处理，并描述回波。当激光雷达接收机中的探测器使用线性雪崩二极管光电探测器（APD）时，其接收噪声模型一般采用零均值的高斯模型。这里也采用零均值的高斯模型作为理论分析和实验数据处理的依据。假设随机变量 X 为噪声变量，其服从均值为零、方差为 σ^2 的分布，概率密度函数为

$$P(X)=\frac{1}{\sqrt{2\pi}\sigma}\exp\left(-\frac{X^2}{2\sigma^2}\right) \tag{6.6}$$

虚警概率的定义为：当没有回波信号时，探测系统给出探测到回波的虚假信号的概率，即

$$\begin{aligned}P_{\mathrm{F}}&=\int_{U_{\mathrm{th}}}^{\infty}P(X)\mathrm{d}X=\int_{U_{\mathrm{th}}}^{\infty}\frac{1}{\sqrt{2\pi}\sigma}\exp\left(-\frac{X^2}{2\sigma^2}\right)\mathrm{d}X\\&=\frac{1}{2}\left[\int_{-\infty}^{\infty}\frac{1}{\sqrt{2\pi}\sigma}\exp\left(-\frac{X^2}{2\sigma^2}\right)\mathrm{d}X-\int_{0}^{U_{\mathrm{th}}}\frac{1}{\sqrt{2\pi}\sigma}\exp\left(-\frac{X^2}{2\sigma^2}\right)\mathrm{d}X\right]\\&=\frac{1}{2}\left[1-\int_{0}^{U_{\mathrm{th}}}\frac{2}{\sqrt{2\pi}\sigma}\exp\left(-\frac{X^2}{2\sigma^2}\right)\mathrm{d}X\right]\end{aligned} \tag{6.7}$$

式中，U_{th} 为阈值电压。为了简化式（6.7），引入误差函数 erf，其定义为

$$\mathrm{erf}(X)=\frac{2}{\sqrt{\pi}}\int_0^x\exp(-t^2)\mathrm{d}t \tag{6.8}$$

简化后可得

$$P_{\mathrm{F}}=\frac{1-\operatorname{erf}[U_{\mathrm{th}}/(\sqrt{2}\sigma)]}{2}=\frac{1-\operatorname{erf}(\mathrm{TNR}/\sqrt{2})}{2} \tag{6.9}$$

式中，TNR 为阈噪比，即阈值电压与噪声电压的比值，$\mathrm{TNR}=U_{\mathrm{th}}/(\sqrt{2}\sigma)$。

定义经过中频滤放大器后的接收机信号为

$$y(t)=s(t)+X(t) \tag{6.10}$$

式中，$s(t)$ 代表回波中的信号电压；$X(t)$ 代表回波中的噪声电压。定义电压形式的信号的信噪比为

$$\mathrm{SNR}=\frac{s}{\sigma} \tag{6.11}$$

虽然 $s(t)$ 并不满足高斯分布，但可以利用公式将其转化为高斯分布形式来处理，因此探测概率可以表示为

$$\begin{aligned}P_{\mathrm{D}}&=\int_{U_{\mathrm{th}}}^{\infty}P\left[y(t)-s(t)\right]\mathrm{d}X=\int_{U_{\mathrm{th}}-s}^{\infty}\frac{1}{\sqrt{2\pi}\sigma}\exp\left(-\frac{X^2}{2\sigma^2}\right)\mathrm{d}X\\&=\frac{1}{2}\left\{1-\operatorname{erf}\left[\frac{1}{\sqrt{2}}(U_{\mathrm{th}}/\sigma-s/\sigma)\right]\right\}\\&=\frac{1}{2}\left\{1+\operatorname{erf}\left[\frac{1}{\sqrt{2}}(\mathrm{SNR}-\mathrm{TNR})\right]\right\}\end{aligned} \tag{6.12}$$

由以上公式可得出以下三个结论。

①虚警概率 P_{F} 只与阈噪比 TNR 有关，只需提高阈噪比 TNR 即可降低虚警概率。

②在阈噪比一定的情况下，信噪比 SNR 越高，探测概率 P_{D} 越高，即探测效果越好。

③在信噪比 SNR 一定的情况下，阈噪比 TNR 越高，探测概率 P_{D} 和虚警概率 P_{F} 越低。

阈噪比 TNR 和信噪比 SNR 可通过噪声功率 σ^2 关联起来。相应地，有以下三个途径可以提高探测能力。

①提高激光发射功率，或者通过改进接收机的滤波特性来提高信噪比 SNR，可提高探测概率 P_{D}。

②在 SNR 一定的情况下，选择最佳的阈值 U_{th}。

③保证信号电压 s 和阈值电压 U_{th} 不变，通过一些手段减小噪声信号。

（2）激光回波波形数据提取方法

根据激光发射信号的特性，高斯型激光回波脉冲电流 $i_{\mathrm{s}}(t)$ 及其频谱 $I_{\mathrm{s}}(\omega)$ 可以表示为

$$\begin{cases} i_{\rm s}(t) = I_{\rm s}\exp(-kt^2/\tau_{\rm R}^2) \\ I_{\rm s}(\omega) = \dfrac{\tau_{\rm R} I_{\rm s}}{2\sqrt{\pi\ln 2}}\exp[-\ln\sqrt{2}(\omega/\omega_{\rm ci})^2] \end{cases} \tag{6.13}$$

式中，$\tau_{\rm R}$ 为探测器输入端回波脉冲电流半峰值宽度；$\omega_{\rm ci}$ 为信号的 3dB 截止频率，$\omega_{\rm ci} = 2\sqrt{2}\ln 2/\tau_{\rm R}$，$k = 4\ln 2$。

对于高斯型激光回波脉冲，如果按照其电流脉冲峰值和宽度分别为 $I_{\rm s0}$ 和 $\tau_{\rm R0}$ 来设计滤波放大器，则滤波放大器输出端的信号电压 $u_{\rm s}(t)$ 及其频谱 $U_{\rm s}(\omega)$，以及噪声电压均方 $U_{\rm n}^2(\omega)$ 分别为

$$\begin{cases} u_{\rm s}(t) = k_1 I_{\rm s}(\tau_{\rm R}/\tau_{\rm RU})\exp[-4\ln 2(t/\tau_{\rm RU})^2] \\ U_{\rm s}(\omega) = \dfrac{k_1\tau_{\rm R} I_{\rm s}}{2\sqrt{\pi\ln 2}}\exp[-\ln\sqrt{2}(\omega/\omega_{\rm cu})^2] \\ U_{\rm n}^2(\omega) = k_1^2 i_{\rm n}^2\exp[-2\ln\sqrt{2}(\omega/\omega_{\rm c})^2] \end{cases} \tag{6.14}$$

$$\omega_{\rm c} = 2\sqrt{2}\ln 2/\tau_{\rm R0}$$

式中，k_1 为电路总增益。

滤波放大器输出端信号的半峰值脉冲宽度 $\tau_{\rm RU}$ 和 3dB 截止频率 $\omega_{\rm cu}$ 分别为

$$\tau_{\rm RU} = \sqrt{\tau_{\rm R}^2 + \tau_{\rm R0}^2}, \quad \omega_{\rm cu} = \frac{\omega_{\rm c}\omega_{\rm ci}}{\sqrt{\omega_{\rm c}^2 + \omega_{\rm ci}^2}} = \frac{2\sqrt{2}\ln 2}{\tau_{\rm RU}} \tag{6.15}$$

滤波放大器输出端的信噪功率比为

$$\text{SNR}_{\rm U} = 1.133\tau_{\rm R}\frac{I_{\rm s}^2}{i_{\rm n}^2}\cdot\frac{\sqrt{2}\tau_{\rm R0}}{\sqrt{\tau_{\rm R0}^2 + \tau_{\rm R}^2}} \tag{6.16}$$

信号经滤波放大器之后由高速 A/D 转换电路完成信号采样，通过采取一定的门限电平来判断有无回波，并在回波信号中输出一个适合后续数据处理的代表回波的脉冲信号。

（3）波形数据处理实现

基于波形测距需要对激光发射和回波接收的脉冲时间间隔进行精确测量。TDC-GP21 以其高集成度、高精度、低功耗的优点成为性价比极高的测距产品。以该芯片搭建的中近距离激光雷达测量系统为例，系统测量范围为 0～150m，分辨率为 0.01m。采用两块 TDC-GP21 构成测距模块的设计原理图如图 6.17 和图 6.18 所示。

其中，TDC-GP21_1 使用测量范围 1（0～150m），Start 通道连接发射时统信号，Stop1 通道连接激光发射主波信号，Stop2 通道连接测距回波信号；TDC-GP21_2 使用测量范围 2（75m～300km），Start 通道连接主波信号，Stop1 通道连接回波信号，Stop2 通道在测量范围 2 内不使用，可以忽略。在测量时，系统发射时统信号

驱动测量开始，两块芯片接收相同的主波与回波信号，并分别负责近距离与远距离的测量结果计算。

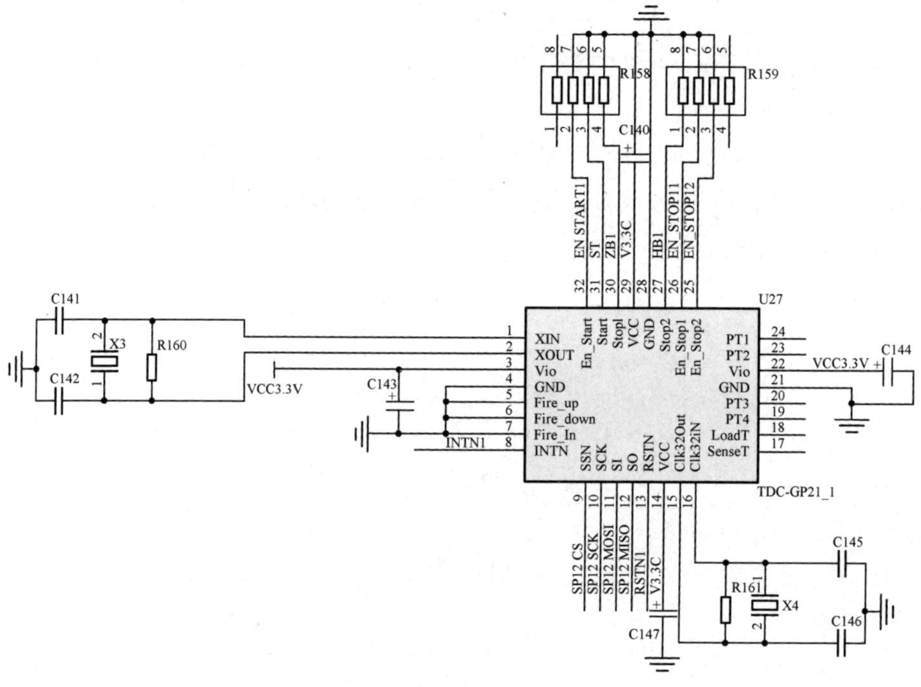

图 6.17　设计原理图（一）

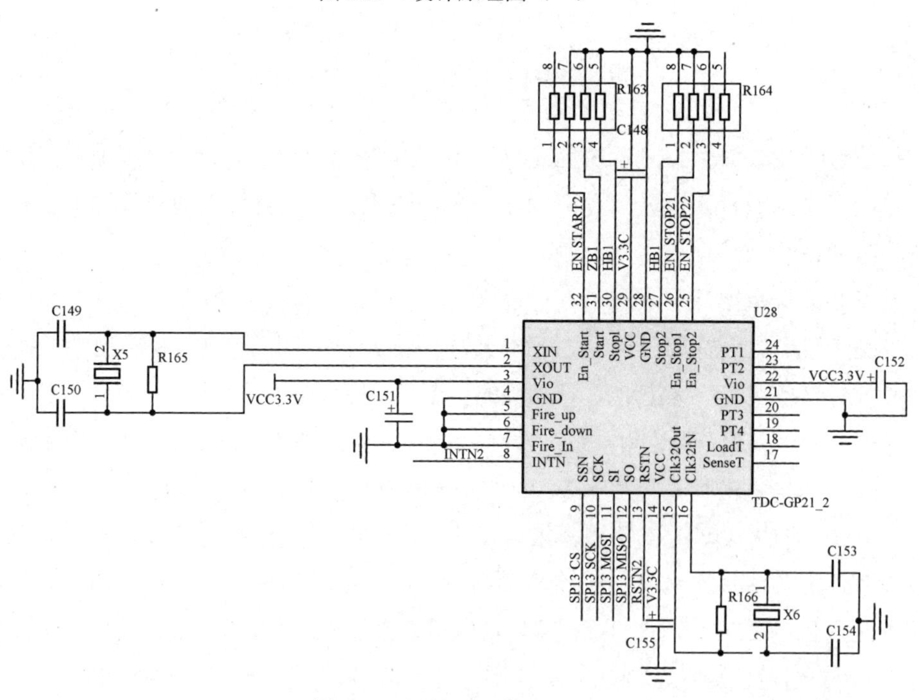

图 6.18　设计原理图（二）

测量程序流程图如图 6.19 所示。

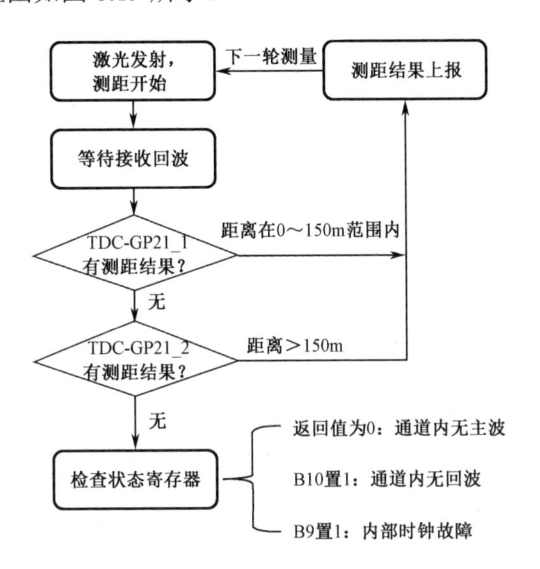

图 6.19　测量程序流程图

利用该系统完成对 52.5m 目标的距离测量，并通过采集几百组数据完成目标标定，结果如图 6.20 所示。

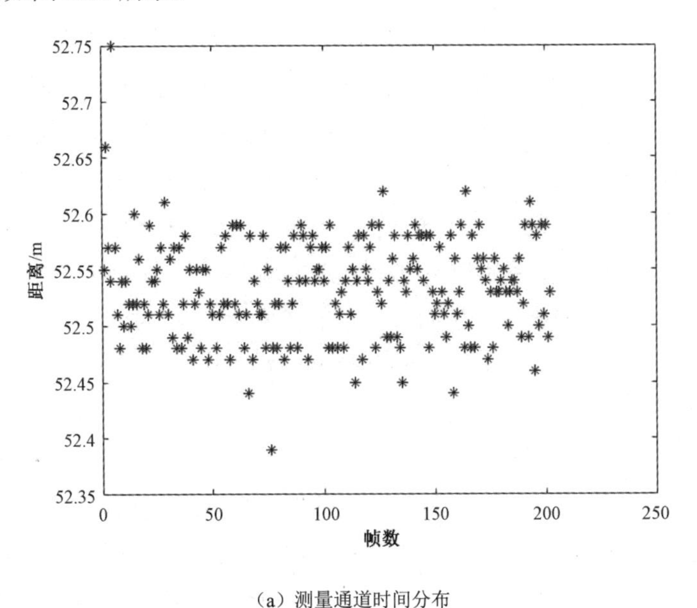

（a）测量通道时间分布

图 6.20　52.5m 目标的距离测量结果

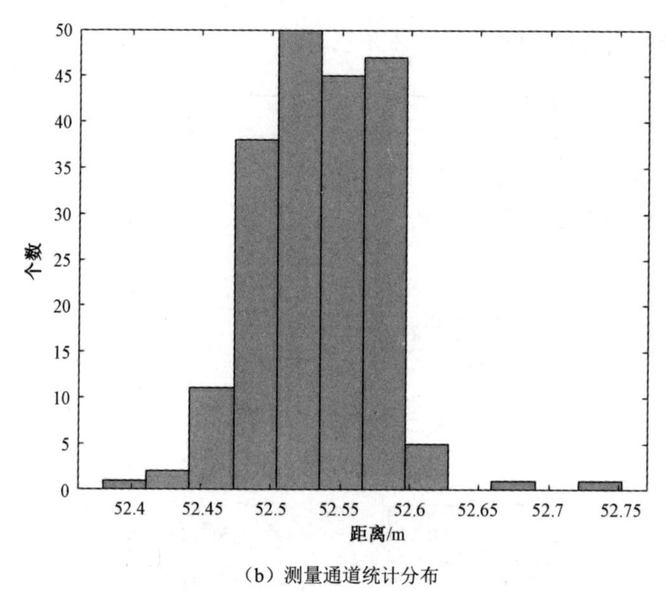

（b）测量通道统计分布

图 6.20　52.5m 目标的距离测量结果（续）

2. 基于光子计数的距离信息处理

（1）信号模型

光子计数激光雷达的探测器具有超高探测灵敏度。单个光子输入可使探测器产生雪崩饱和电流，此时需要猝灭电路使探测器恢复正常工作状态。从雪崩状态恢复到正常状态需花费“死时间”，在该时间区间内，探测器不响应输入信号。因此，在信号波形到达时刻，噪声信号会影响目标探测概率与精度。若设立一个工作波门，在该波门内只响应一次光子信号，则在工作门限内的噪声或回波信号都可以触发产生脉冲信号，将该工作波门根据探测器的分辨率划分为均匀间隔，那么，回波信号在某间隔触发产生脉冲信号的概率为

$$P_{\mathrm{D}} = \exp(-fN)[1-\exp(-s-w)] \tag{6.17}$$

虚警概率为

$$P_{\mathrm{F}} = 1 - P_{\mathrm{D}} - \exp(-s-w) \tag{6.18}$$

式中，N 为工作波门内单位间隔的初次触发噪声平均速率；fN 为在来自目标的激光光子到达之前在工作波门内产生的噪声初级电子的平均数量；s（信号）为在工作波门内产生的目标反射光电子的平均数量；w 为工作波门内的噪声系数。

（2）数据处理实现

由于探测器灵敏度极高，当受到噪声信号或暗计数等干扰时，探测器本身存在“死时间”，导致通道被阻塞，且过多的噪声信号将恶化信噪比；同时，单光子

探测器无法像常规 APD 那样获取目标的强度信息，无法利用阈值来区分目标回波信号与噪声信号。目标回波信号与噪声信号均服从泊松分布，而噪声在回波门限内均匀分布，信号在回波波形内均匀分布，目标回波位置与回波强度相关。常用 TCSPC 计数来完成单通道数据处理，回波次数较多的位置为真实距离值的可能性较大，即利用目标回波与噪声分布离散程度的不同来完成目标信号的提取。

以 2018 年美国发射的 ICESat-Ⅱ卫星的测高数据为例，该卫星通过使用单光子探测体制的测高数据来绘制冰层、森林数字高程地图。目前该数据开源，可通过美国国家冰雪数据中心（NSIDC）网站获取，数据处理结果如图 6.21 所示。

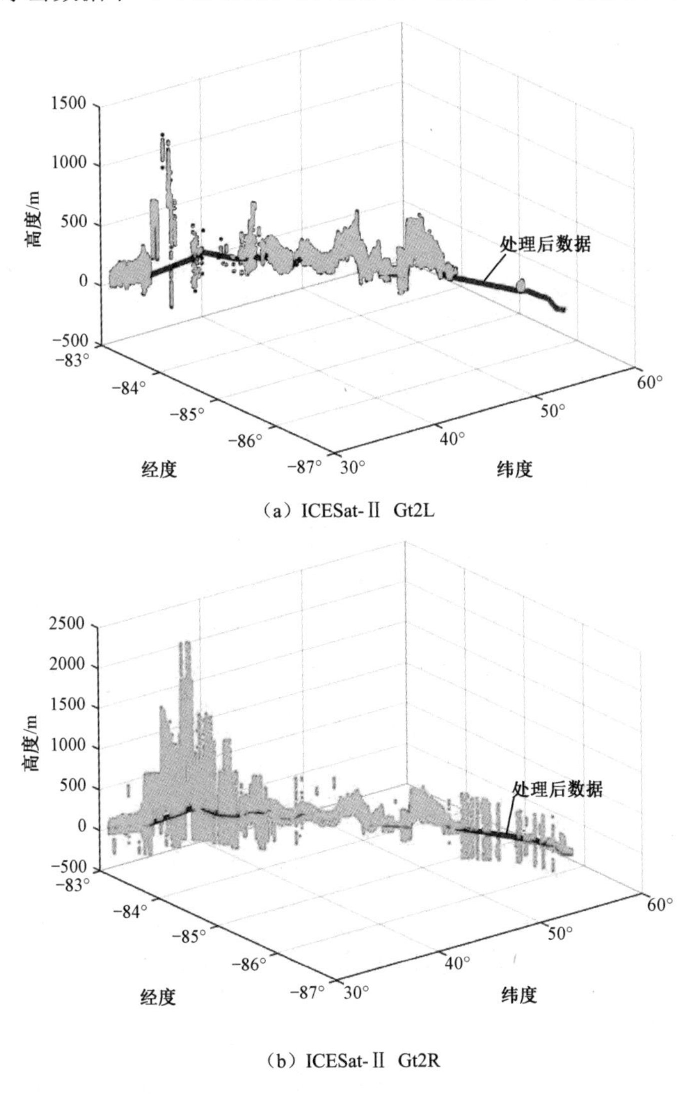

（a）ICESat-Ⅱ Gt2L

（b）ICESat-Ⅱ Gt2R

图 6.21　ICESat-Ⅱ卫星的测高数据处理结果

6.4.2 频率信息处理

1. 快速傅里叶变换（FFT）

目前主要通过离散傅里叶变换（DFT）进行频谱分析，解算光信号多普勒频移大小。有限长度的离散信号 $x(n)$（$n=0,1,\cdots,N-1$）的 DFT 定义为

$$\begin{cases} X(k)=\sum_{n=0}^{N-1}x(n)W_N^{kn}, & k=0,1,\cdots,N-1 \\ W_N=\mathrm{e}^{-\mathrm{j}\frac{2\pi}{N}} \end{cases} \tag{6.19}$$

由式（6.19）可以看出，该计算大约需要进行 N^2 次乘法和 N^2 次加法。DFT 的计算点数越多，频谱分辨率就越高。而测速精度与频谱分辨率正相关，因此需要通过提高频谱分辨率来提高测速精度。但是，相干激光雷达频谱分辨率和数据刷新率存在冲突，当使用多点数 FFT 提高频谱分辨率时，数据刷新率和硬件资源占用都受到限制。目前，相干激光雷达主要应用 512 点和 1024 点 FFT，一般采用多级流水线及蝶形并行运算来提高运算速度。

将 $x(n)$分解为偶数与奇数的两个序列之和，即

$$x(n)=x_1(n)+x_2(n) \tag{6.20}$$

式中，$x_1(n)$是偶数序列；$x_2(n)$是奇数序列。$x_1(n)$与$x_2(n)$的长度都是 $N/2$，有

$$X(k)=\sum_{n=0}^{N/2-1}x_1(n)W_N^{2km}+W_N^k\sum_{n=0}^{N/2-1}x_2(n)W_N^{2km}, \quad k=0,1,\cdots,N-1 \tag{6.21}$$

式中，$W_N^{2km}=\mathrm{e}^{-\mathrm{j}\frac{2\pi}{N}2km}=W_{N/2}^{km}$。式（6.21）可简化为

$$X(k)=X_1(k)+W_N^kX_2(k), k=0,\cdots,N-1 \tag{6.22}$$

$X_1(k)$与$X_2(k)$分别为$x_1(n)$与$x_2(n)$的 $N/2$ 离散傅里叶变换。由于$X_1(k)$与$X_2(k)$均以 $N/2$ 为周期，所以$X(k)$可以表示为

$$\begin{cases} X(k)=X_1(k)+W_N^kX_2(k), & k=0,\cdots,N/2-1 \\ X(k+N/2)=X_1(k)-W_N^kX_2(k), & k=0,\cdots,N/2-1 \end{cases} \tag{6.23}$$

DFT 通过大量容易的小变换去实现大规模加运算，降低了运算难度，提高了运算效率，数据处理流程如图 6.22 所示。

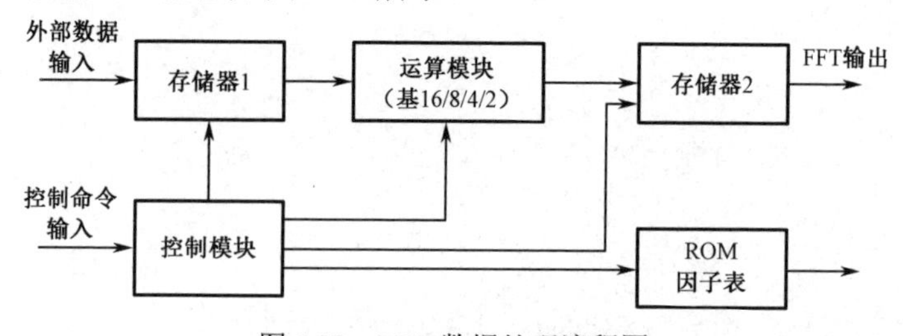

图 6.22 DFT 数据处理流程图

MATLAB 函数库提供了用 FFT 计算 DFT 的函数 fft，其调用格式为 Xk=fft(xn,*N*);。

其中，参数 xn 为被变换的时域序列向量，*N* 为 DFT 变换区间长度。当 *N* 大于 xn 的长度时，fft 函数自动在 xn 后面补零。函数返回 xn 的 *N* 点 DFT 结果向量 Xk。当 *N* 小于 xn 的长度时，fft 函数计算 xn 的前面 *N* 个元素构成的长序列的 *N* 点 DFT，忽略 xn 后面元素。

Ifft 函数用于计算 IDFT，其调用格式与 fft 函数相同，可参考 help 文件。

设 $x(n)=R_8(n)$， $X(\mathrm{e}^{\mathrm{j}\omega})=\mathrm{FT}[x(n)]$ 。分别计算 $X(\mathrm{e}^{\mathrm{j}\omega})$ 在频率区间[0,2π]上的 64 点和 512 点等间隔采样，并绘制幅频特性图和相频特性图。

由 DFT 与傅里叶变换的关系知道，$X(\mathrm{e}^{\mathrm{j}\omega})$ 在频率区间[0,2π]上的 64 点和 512 点等间隔采样分别是 $x(n)$ 的 64 点和 512 点 DFT。

64 点 DFT 的 MATLB 计算程序如下。

```
xn=[1 1 1 1 1 1 1 1];       %%输入时域序列向量 xn
Xk64=fft(xn,64);            %%D 计算 xn 的 64 点 DFT
%%%%%%64 点 DFT 计算
k=0:63;wk=2*k/64; %%D 产生 64 点 DFT 对应的采样点频率(关于 π 归一化值)
subplot(2,1,1);stem(wk,abs(Xk64),'.'); %%D 绘制 64 点 DFT 的幅频特性图
title('(a)64 点 DFT 的幅频特性图');xlabel('ω/π');ylabel('幅度')
subplot(2,1,2);stem(wk,angle(Xk64),'.'); %%D 绘制 64 点 DFT 的相频特性图
title('(b)64 点 DFT 的相频特性图');
xlabel('ω/π');ylabel('相位');axis([0,2,-3,3])
```

程序运行结果如图 6.23 所示。

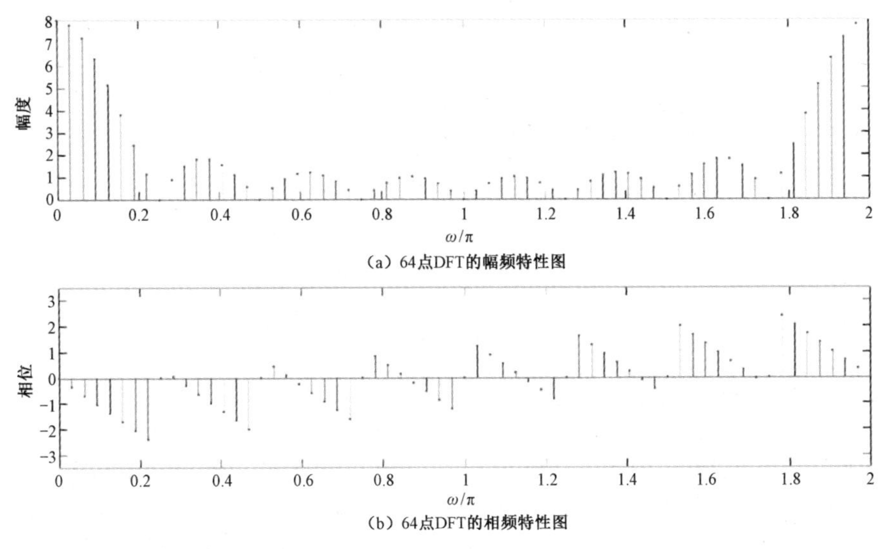

（a）64点DFT的幅频特性图

（b）64点DFT的相频特性图

图 6.23　64 点 DFT 处理结果

512 点 DFT 的 MATLB 计算程序如下。

```
xn=[1 1 1 1 1 1 1 1];     %%输入时域序列向量 xn
Xk512=fft(xn,512);     %%D 计算 xn 的 512 点 DFT
%%%%%%512 点 DFT 计算
k=0:511;wk=2*k/512;     %%D 产生 512 点 DFT 对应的采样点频率(关于 π 归一化值)
subplot(2,1,1);stem(wk,abs(Xk512),'.'); %%D 绘制 512 点 DFT 的幅频特性图
title('(a)512 点 DFT 的幅频特性图');xlabel(' ω / π ');ylabel('幅度')
subplot(2,1,2);stem(wk,angle(Xk512),'.');%%D 绘制 512 点 DFT 的相频特性图
title('(b)512 点 DFT 的相频特性图');
xlabel(' ω / π ');ylabel('相位');axis([0,2,-2,2])
```

程序运行结果如图 6.24 所示。由图可见，$x(n)$ 的 512 点 DFT 相对于 64 点 DFT 的幅度包络更加接近 $x(n)$ 的幅频特性曲线。

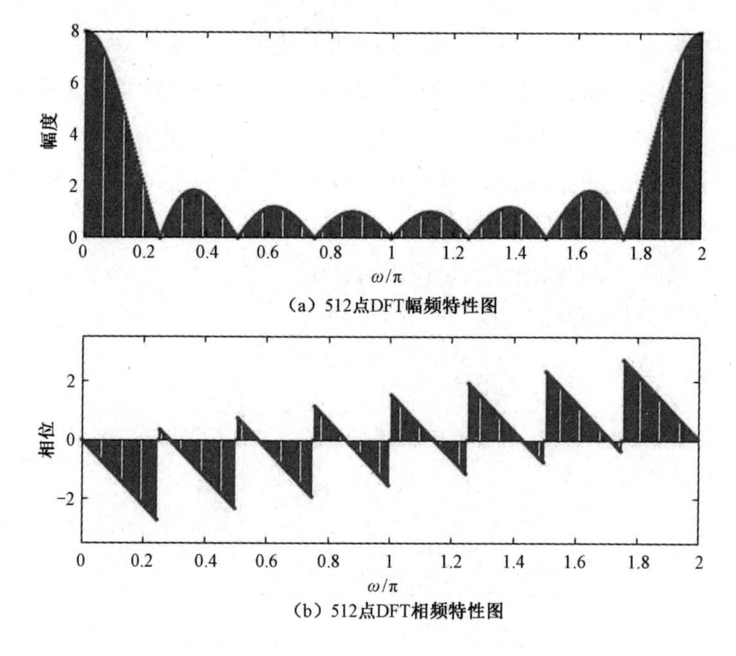

图 6.24　512 点 DFT 处理结果

2. FFT 数据处理嵌入式实现

FFT 数据处理的主要难点在于实时处理大量数据。嵌入式平台的结构如图 6.25 所示，它可快速完成 FFT、IFFT、数字滤波处理，以及相关处理及数据累积处理，与传统雷达信号数据处理方式相比，处理速度更快、精度更高。它一般

采用 FPGA 完成信号的 FFT，数据处理流程如图 6.26 所示。

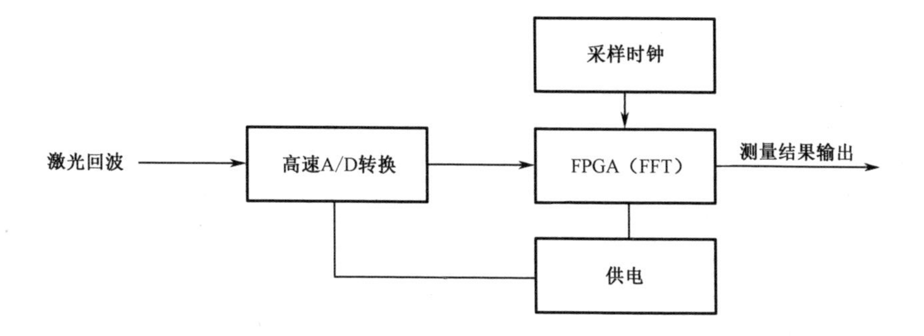

图 6.25　嵌入式平台的结构

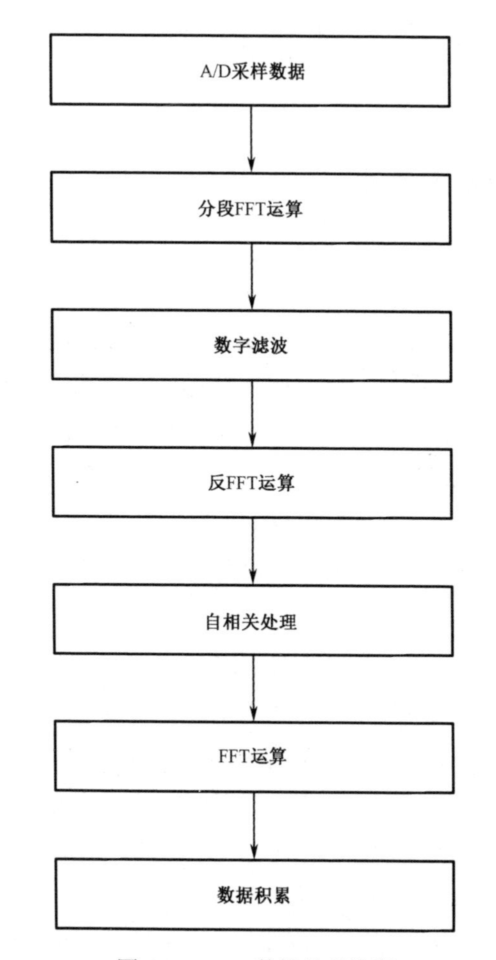

图 6.26　FFT 数据处理流程

利用该嵌入式平台实现的大气风场测量结果如图 6.27 所示。

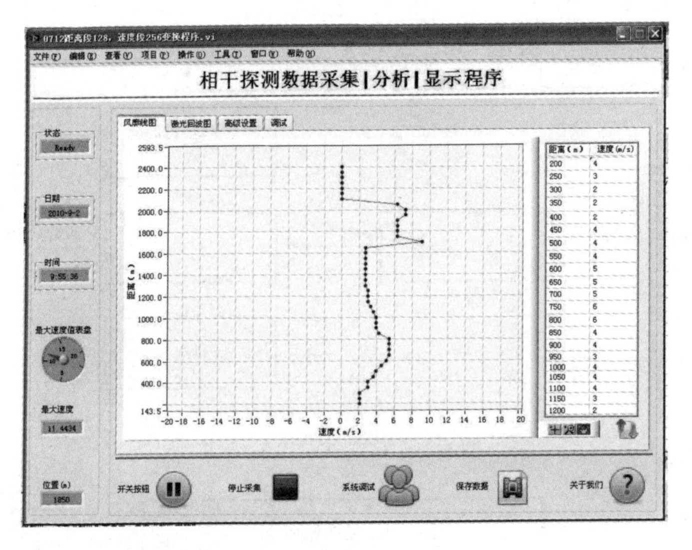

图 6.27　大气风场测量结果

6.4.3　成像与显示处理

激光雷达成像与显示处理单元一般由嵌入式信息处理平台与上位机显控软件两部分构成。

嵌入式信息处理平台通过控制激光发射机向目标区域发射激光脉冲，形成探测空域的地毯式激光探测照射点阵，照射到目标上的激光脉冲被目标反射回激光扫描仪，通过接收光学系统汇聚到光电探测器光敏面上，光电探测器完成光电转换，电信号经放大、处理后，可测量激光往返时间间隔，经解算即可得到对应于空间目标某点的距离信息。逐点完成探测空域范围的扫描，对各扫描点距离信息和光电编码器测得的角度信息进行时空映射变换，即可得到反映目标空间信息的三维图像。

嵌入式信息处理平台以大规模集成电路 FPGA 为核心。FPGA 接收 GPS 等同步时间信号后，完成本地时间校准，形成统一的工作时间。工作时，激光扫描仪按照统一的工作时间，同时控制扫描速率和角度、激光发射时刻和 CCD 同步拍照时刻。FPGA 接收扫描仪测量的激光发射时刻的角度及采样的回波数据，并对回波数据进行分析处理，计算主回波的时延及回波强度，并将其结果存储到 SD 卡。FPGA 的工作原理框图如图 6.28 所示。

激光雷达显控软件由基于 Windows 的 VC++平台搭建（见图 6.29），负责完成与激光雷达主机的交互及激光点云数据的后处理与显示（见图 6.30）。

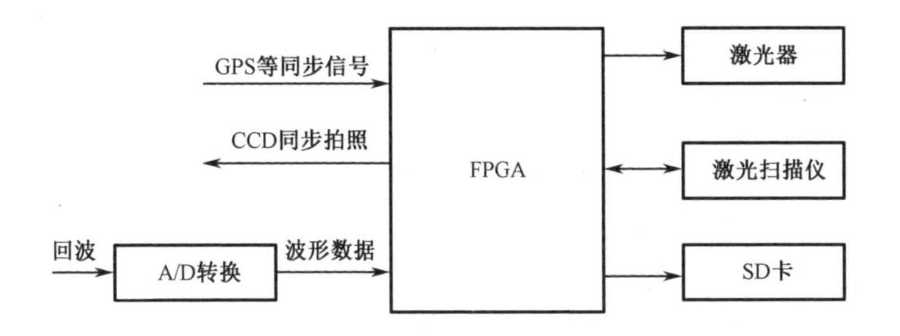

图 6.28 FPGA 的工作原理框图

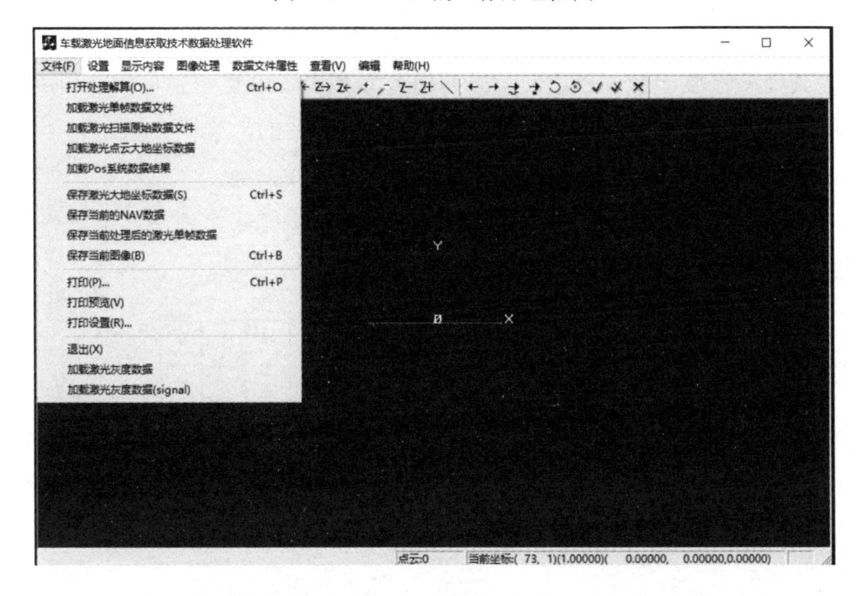

图 6.29 基于 VC++平台的激光雷达显控软件

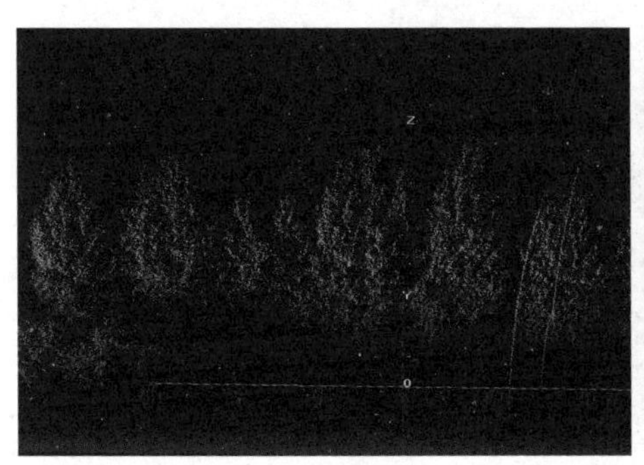

图 6.30 数据显示

6.4.4 强度信息处理

强度信息处理主要是将激光雷达数据的回波强度信息转换为灰度图像，然后分析其灰度分布状态，确定地面点的灰度值范围，将灰度值在该范围内的像素判

定为地面点，从而完成滤波。

强度信息数据处理步骤如下。

（1）重采样：将时间序列的数据转换为规则格网数据阵列，每个点的像素值代表该点对应的回波强度值。

（2）去粗差：将回波强度值异常的点剔除。

（3）取整、拉伸：回波强度值往往不是整数，而且也不是刚好有 256 个灰度级，要想显示为灰度图像，就必须进行取整和拉伸（压缩）。

（4）去噪：强度信息存在较严重的噪声，噪声的主要成分为脉冲噪声（椒盐噪声），其概率密度函数（PDF）一般为指数分布密度函数和伽马分布密度函数。这种噪声为乘性噪声，与信号相关，本质上是非线性的，难以去除。

灰度图像数据处理一般采用中值滤波或均值滤波去噪。

中值滤波是对一个移动窗口内的所有像素灰度值排序，使用其中值作为该窗口中心像素输出值，如图 6.31 所示。

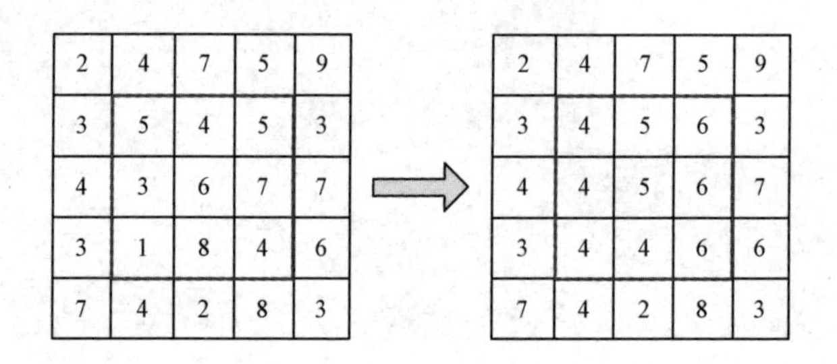

图 6.31　中值滤波

中值滤波对脉冲干扰及椒盐噪声的抑制效果较好，在抑制随机噪声的同时，可使边缘模糊度较小。对中值滤波来说，正确选择移动窗口的尺寸是重要的环节。

均值滤波的基本原理是把数字图像中每一点的值 $S(x,y)$，用它的邻域中各像素灰度值的均值代替，即

$$S(x,y)=\sum_{j=y-k}^{y+k}\sum_{i=x-k}^{x+k}S(i,j)/(2k+1)^2 \tag{6.24}$$

二维均值滤波的窗口可以取方形、近似圆形或十字形。均值滤波的算法简单，计算速度快。

6.5　激光雷达点云处理

激光雷达因具有扫描速度快、精度高、主动性强、全数字特征等特点，广泛应用于大地基础测绘、文化遗产保护、数字城市建设等领域。激光雷达点云处理

在其中起到了至关重要作用。点云处理主要包括点云滤波、点云分割和目标识别等。

6.5.1　点云滤波

激光雷达常见的点云滤波有基于坡度理论的方法、基于平面拟合的方法和基于曲面拟合的方法等。

1. 基于坡度理论的方法

该方法认为地形表面平缓光滑，局部区域内地形发生急剧变化的可能性较小，通过比较两点间的高差值是否满足高差函数来判断点是否为地面点，其计算公式为：

$$\begin{cases} \mathrm{DEM}=\left\{p_i \in A \mid \forall p_j \in A: \mid h_{p_i}-h_{p_j} \mid \leqslant H\right\} \\ H=\Delta h_{\max}\left[d(p_i,p_j)\right] \\ \Delta h_{\max}(d)=S_{\max} d+1.65\sqrt{2}\sigma_z, d \leqslant d_{\max} \end{cases} \tag{6.25}$$

式中，$S_{\max}$ 为最大地形坡度百分比；d 为两点间距离；σ_z 为标准偏差；$d_{\max}$ 为最大两点间距离。

2. 基于平面拟合的方法

基于平面拟合的方法是点云滤波的基本方法，步骤如下。

（1）采用较大移动窗口，在窗口内搜索最低点，用全体最低点拟合地面的平面方程（地面模型）。

（2）将所有点与地面模型比较，计算每点到平面的距离（高度差），若高度差超过某个阈值，则认为是非地面点，将这些点剔除。

（3）缩小移动窗口，对剩余点按照第（1）、（2）步计算地面模型，改变阈值，进一步剔除与当前地面模型之间的高度差较大的点，重复数次后得到比较精确的地面点集合。

3 基于曲面拟合的方法

激光点云的空间关系反映了地形表面的空间变化，任何一个复杂的空间曲面，其局部面元可利用一个简单的二次曲面拟合，即

$$Z_i=f(X_i,Y_i)=a_0+a_1 \cdot X_i+a_2 \cdot Y_i+a_3 \cdot X_i^2+a_4 \cdot X_i \cdot Y_i+a_5 \cdot Y_i^2 \tag{6.26}$$

当局部面元小到一定程度，甚至可以将该局部面元近似表达成一个平面，即

$$Z_i=f(X_i,Y_i)=a_0+a_1 \cdot X_i+a_2 \cdot Y_i \tag{6.27}$$

点云滤波的步骤如下。

（1）选择局部最低的三个点作为种子点。

（2）进行初始平面拟合。

（3）基于平面拟合方程判别邻近点；当拟合点达到 6 个时，改用二次曲面方程进行地形拟合。

（4）基于二次曲面方程进行地面点的迭代判别，并不断更新地形曲面，完成点云滤波。

6.5.2 点云分割

点云分割是指依据数据点间隔和密度等特性将点云划分为独立子集。常见的点云分割算法有非模型投影法和聚类法。

非模型投影法将点云投影至俯视平面，利用栅格地图进行处理，即通过计算每个栅格点云的高度差来进行区分。该方法具有简单高效的优点，但不适用于复杂地形的分割。

聚类法是依据与某事先确定的标准（如目标距离、幅度）的差异将散乱的数据点聚合为相互独立的类别。聚类法的关键在于标准及其阈值的选取，如可采用深度信息-距离值作为聚类阈值进行调整。

如图 6.32 所示，r_{n-1} 为相邻前一点 p_{n-1} 与激光雷达的直线距离；$\Delta\varphi$ 为激光雷达的角分辨率；σ 为激光雷达零偏误差；λ 为可变阈值参数。聚类的可变阈值为

$$D_{\mathrm{T}} = r_{n-1}\frac{\sin\Delta\varphi}{\sin(\lambda-\Delta\varphi)}+3\sigma \tag{6.28}$$

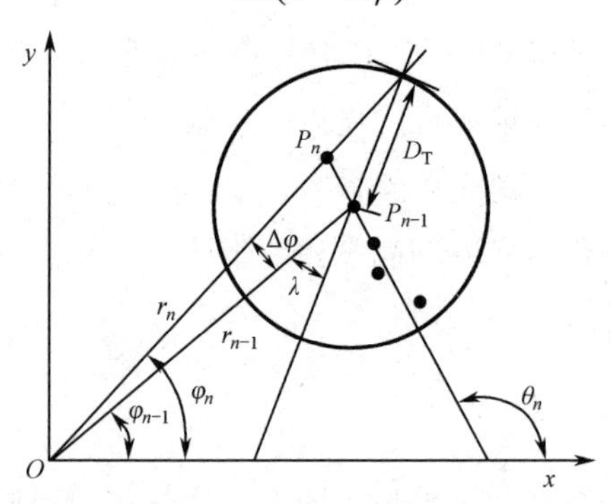

图 6.32　阈值计算示意图

通过选取合适的可变阈值参数，可以改善离散点云的聚类效果。

根据点云滤波与点云分割算法形成图 6.33 所示原始点云数据，处理结果如图 6.34 所示。

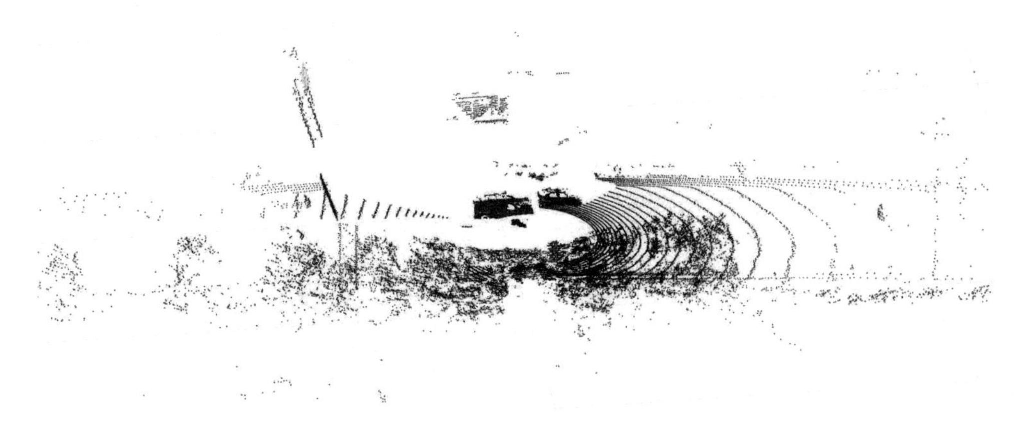

图 6.33 原始点云数据

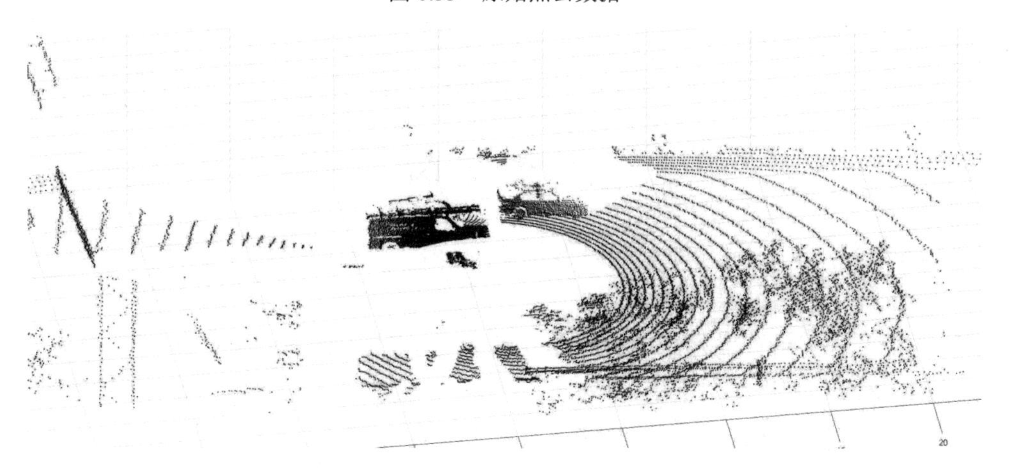

图 6.34 点云数据处理结果（底部环形曲线为地面）

6.5.3 目标识别

目标识别是指将空间或时间分布数据中属于目标的部分筛选出来进行特征判别，一般先根据原始点云生成一系列 3D 区域（3D Box），然后从中挑选可能的结果，如图 6.35 所示。

常见的点云识别算法有基于全局特征的目标识别和基于局部特征的目标识别，前者的识别速度快，受环境影响大；后者对噪声不敏感，抗密度干扰性差。

人工智能与机器学习将是解决激光雷达点云识别的有利工具。随着神经网络结构的层次与复杂度不断升级，网络对计算资源的需求与日俱增，进行目标识别的关键是设计适宜的深度神经网络模型，如基于点云的神经网络 PointNet、PointNet++，轻量化的 SqueezeNet、NasNet、MobileNetV3 等结合通用芯片（CPU、GPU）、全定制化芯片（ASIC）、半定制化芯片（FPGA）等多样化的硬件实现的嵌入式深度神经网络平台。

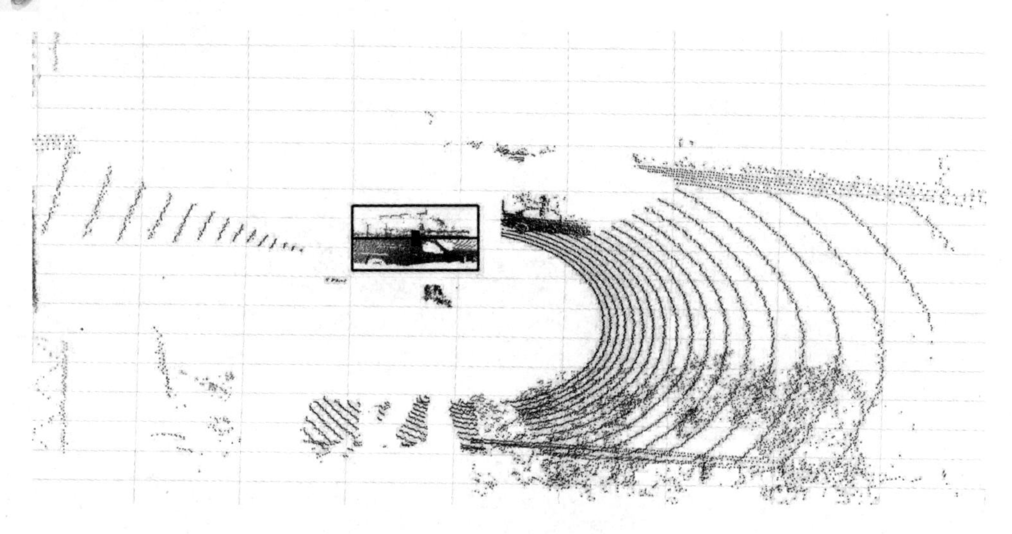

图 6.35　目标识别图中的卡车

参 考 文 献

[1] 王利涛. 嵌入式 C 语言的自我修养：从芯片、编译器到操作系统[M]. 北京：电子工业出版社，2021.

[2] 张翼飞，杨辉. 激光高度计技术及其应用[J]. 中国航天，2007(12):19-23.

[3] 冯志辉，刘恩海，岳永坚. 基于 FPGA 延迟线插入法的半导体激光测距[J]. 光电工程，2010, 37(4): 53-59.

[4] 隋文博. 基于观测器的空间扫描镜最优跟踪控制系统设计[D]. 长春：长春光学精密机械与物理研究所，2012.

[5] 王劲强. 星载相机扫描镜控制系统研究[D]. 长沙：国防科学技术大学，2004.

[6] 陈晓冬，张佳琛，庞伟淞，等. 智能驾驶车载激光雷达关键技术与应用算法[J]. 光电工程，2019, 46(7):190182.

[7] 李雪松. 机载激光 LiDAR 原理及应用[J]. 测绘与空间地理信息，2015, 38(2): 221-224.

[8] 庞亚军，苗睿锴，白振旭，等. 扫描激光雷达大视场与全景成像技术研究进展[J]. 激光杂志，2021, 42(8): 1-8.

[9] 刘骋昊，陈云飞，何伟基，等. 单光子测距系统仿真及精度分析[J]. 红外与激光工程，2014(2): 382-387.

[10] 张弛，董光焰，吴淦华，等. 基于单光子激光雷达远距离海上测距的实现[J]. 科学技术与工程，2020(14): 208-212.

[11] 于方磊，赵硕，程坤，等. 基于单光子探测的 LiDAR 三维点云数据处理方法设计[J]. 国外电子测量技术，2019(2): 10-14.

[12] 刘博，于洋，姜朔. 激光雷达探测及三维成像研究进展[J]. 光电工程，2019, 46(7): 21-33.

[13] 陈向成. 脉冲激光雷达回波处理方法与系统研究[D]. 合肥：中国科学技术大学，2015.

[14] 高西全. 数字信号处理——原理、实现及应用[M]. 北京：电子工业出版社，2016.

[15] 贾永红. 数字图像处理[M]. 武汉：武汉大学出版社，2015.

[16] 张抒远，李宁. 基于坡度理论的点云滤波方法研究[J]. 建筑工程技术与设计，2017(23): 5716.

[17] 郭庆华，陈琳海. 激光雷达数据处理方法[M]. 北京：高等教育出版社，2020.

[18] 徐国艳，牛欢，郭宸阳，等. 基于三维激光点云的目标识别与跟踪研究[J]. 汽车工程，2020, 42(1): 9.

[19] 陈晓冬，张佳琛，庞伟淞，等. 智能驾驶车载激光雷达关键技术与应用算法[J]. 光电工程，2019, 46(7): 5.

[20] QI CHARLES R, et al.Pointnet: deep learning on point sets for 3d classification and segmentation[C]//Proceedings of the IEEE Conference on Computer Vision and Pattern Recognition, 2017.

[21] QI CHARLES R, et al. Pointnet++: deep hierarchical feature learning on point sets in a metric space[J]. arXiv:1706.02413 V1, 2017: 3.

[22] IANDOLA F N, HAN S, MOSKEWICZ, et al. SqueezeNet: AlexNet-level accuracy with 50x fewer parameters and <0.5MB model size[J]. arXiv:1602.07360 V4, 2016: 2.

[23] BARRET ZOPH, VASUD VAN. Learning transferable architectures for scalable image recognition[C]//Proceedings of the IEEE Conference on Computer Vision and Pattern Recognition, 2018: 8691-8710.

[24] ANDRW HOWARD, MARK SANDLER, GRACE CHU, et al. Searching for mobilenetv3[C]// Proceedings of the IEEE International Conference on Computer Vision, 2019: 1314-1324.

[25] 焦李成，孙其功，杨育婷，等. 深度神经网络 FPGA 设计进展、实现与展望[J]. 计算机学报，2022, 45(3): 441-471.

第 7 章

交会对接激光雷达

空间交会对接（Rendezvous and Docking，RVD）技术广泛应用于飞船对接、空间站建设、载人登月等领域，包含两部分相互衔接的操作：空间交会和空间对接。空间交会是指两个或两个以上的飞行器在空间轨道上按预定位置和时间相会；空间对接是指两个飞行器在空间轨道上相会后在机械结构上连成一个整体。在空间交会对接过程中，追踪飞行器需要完成相对距离、速度、角度、角速度的测量，并反馈给制导、导航和控制系统（Guidance, Navigation and Control, GNC），以实现在轨位置和姿态的调节。

RVD 测量技术包括微波雷达、激光雷达、光学成像、双目视觉等，它们具有各自的技术特点，适用于不同的距离段。一般来说，微波雷达的作用距离较远（几百千米），测量精度不高；光学成像、双目视觉具有较高的测量精度，但作用距离较近，容易受背景光干扰；激光雷达具有作用距离远、测量精度高、抗干扰能力强的优点。

美国采用的主流体制是“微波雷达+目视光学瞄准器或电视摄像仪”，中远距离段采用微波雷达，近距离段使用光学系统或电视。苏联（俄罗斯）采用全程微波雷达（S 波段）测量的技术方案。出于对航天飞行器、航天员的安全考虑，我国采用多传感器分段组合、作用距离重叠备份的方案，将交会对接全过程分成三个阶段：远距离段采用微波雷达，中近距离段采用激光雷达，近距离段采用光学成像敏感器。

本章主要以我国某型 1 号飞船的交会对接激光雷达测量系统为例，从工程的角度进行阐述。

7.1 交会对接激光雷达概述

7.1.1 主要特点

激光是一种特殊的电磁波，它的波长极短，单色性好，相干性强，方向性好。因此，激光雷达在空间交会对接中具有很多优势，具体如下。

（1）距离分辨率高

一般的脉冲测距方法，距离分辨率可达到 1m 以内。高精度脉冲测距的距离分辨率可达 cm 级，如卫星激光测距，精度可优于 2cm。采用相位测距方法时，距离分辨率可达 mm 级。

（2）速度分辨率高

激光雷达的多普勒频率灵敏度极高，具有极高的速度分辨率，如 CO_2 激光外差多普勒探测技术，速度测量精度可达 mm/s 级。

(3) 角度分辨率高

激光的波长极短，容易获得极窄的发散角，因此角度分辨率很高。依据光学衍射定律，较小尺寸的光学天线就可以获得μrad级的激光束，可以分辨几十到几百千米处的小目标。

(4) 可以获得目标的三维图像

通过激光雷达的光束扫描成像，可以获得目标的“强度+距离”三维图像，若采用多普勒成像，则还可获得速度、物体振动等信息，能够较为真实地再现目标的立体外形、运动状态及周围环境分布；也可用于对目标的跟踪和精细识别。

另外，激光雷达在体积、重量、抗干扰能力等方面也具有明显的优势。

7.1.2 主要应用

交会对接激光雷达在距离和角度测量上具有精度高、体积小、重量轻、抗干扰能力强、无测量盲区等突出优点，因此在国内外航天领域受到高度的重视，并且快速发展。交会对接激光雷达主要应用于以下领域。

1. 空间站的建造与运营

空间站是高度复杂的航空航天系统，在其建造过程中，各组成模块需经过多次发射完成在轨组装，有时还涉及更换舱段的操作；为了实现在太空中的安全运行和长期停留，还必须给空间站加注燃料，更换寿命已尽或失效的有效载荷；在运营阶段，为航天员或科学家提供往返于天地、轨道、星际间的轨道服务，运送器材、给养补给、实验仪器、生产设备等；必要时，还需发射航天飞行器完成维修和救援；在空间站母港建设过程中，为伴飞子星提供停靠、补给服务。以上任务完成的前提是实现飞行器与空间站的交会对接。中国空间站如图 7.1 所示。

图 7.1 中国空间站

2. 天基平台维修与回收

发射专门的航天飞行器，或者在轨飞行器变轨接近目标飞行器，对接后可完成天基平台的维修与回收。自 1957 年人类发射第一颗人造卫星至今，航天技术高速发展，近地空间已有数以万计的航天飞行器，包括卫星、飞船、空间站等，部分损坏且无法修复及寿命已尽的飞行器成为太空漂浮垃圾，威胁着其他飞行器的运行安全。部分轻微损坏的飞行器没达到报废标准，且维修成本可控，可以通过在轨维修继续使用。

3. 深空可返回探测平台

人类对宇宙的探索已经不仅仅局限于近地空间，深空探索已成为继陆地、海洋、近地空间之后大国竞争的热点。科学研究表明，深空拥有丰富的矿产资源，存在部分地球上没有的特殊元素，极具研究价值。发射可返回的月球、火星探测器或载人飞船是建立深空走廊的关键。可返回探测平台由两部分组成：轨道返回器和着陆器，着陆器完成月球（火星）地面试验、矿物采样后上升至过渡轨道与轨道返回器组合后返回地球。深空远距离交会对接激光雷达具有体积小、功耗低的优势，同时具有测距、通信一体化的潜力，特别适合设计约束严苛的深空飞行器搭载，极具应用前景。

7.1.3　主要功能

空间交会对接激光雷达作为航天飞行器 GNC 系统的重要敏感器，其功能要求如下。

（1）扫描、捕获和跟踪

在交会对接的初始阶段，追踪飞行器（以下简称追踪器）和目标飞行器（以下简称目标器）之间没有建立链路连接。地面或天基控制中心发出交会指令后，追踪器在地面遥测、GPS 等的辅助作用下引导激光完成对目标器所处区域的覆盖扫描，直至发现目标器并完成对其空间位置的动态锁定，即扫描、捕获和跟踪，这是进行下一步参量测量的前提。

（2）相对参量的测量

交会对接开始后，追踪器 GNC 系统需要根据与目标器的位置、姿态关系，控制追踪器火箭发动机完成变轨、姿态调整等操作，最终实现两飞行器的交会和对接。表征飞行器间位置和姿态关系的参量包括相对距离、距离变化率、相对姿态角和角度变化率，它们是 GNC 系统实现控制的必要反馈量，完成对这些量的测量是交会对接激光雷达的基本功能，是交会对接成败的关键。

（3）三维成像

三维成像是交会对接激光雷达具备空间扫描、测距功能后自然扩展的功能，常应用于追踪器对目标器的绕飞阶段，完成对合作目标的识别。在具体执行过程中，激光雷达控制光束扫描机构完成对目标器特定区域的快速扫描，以获得对应不同方位俯仰角的距离信息，即点云图像，再通过数据建模、反演得到所需目标器的部位形状或特征位置信息。目前多是基于合作目标的激光成像，而针对非合作目标的激光三维成像用于交会对接将会使系统更简单。

7.1.4 主要性能指标

交会对接激光雷达主要负责中近段的测量，作用距离从远端数十千米开始，到近端几米；测量精度需求随交会对接任务变化，与交会对接的控制方式、对接方式、对接机构形式均有关。一般来说，远距离段要求测量精度低（m 级），近距离段要求测量精度高（dm 级）。

这里以美国、苏联、欧空局及我国研制的交会对接激光雷达指标为参考，提出以下性能指标要求。

（1）远距离段（几百米）测量精度

距离精度：优于 1%。

速度精度：在±100m/s 范围内，优于 0.1m/s。

角度精度：在±60° 范围内，优于 0.5° 。

角速度精度：在±2° /s 范围内，优于 0.01° /s。

（2）近距离段（几米至几百米）测量精度

距离精度：1%～0.5%；距离小于 10m 时，绝对误差小于 5mm。

速度精度：优于 1cm/s。

角度精度：在±30° 范围内，优于 0.3° ；滚动姿态角精度优于 0.5° 。

角速度精度：在±2° /s 范围内，优于 0.002° /s。

7.2 交会对接激光雷达的组成

交会对接激光雷达系统一般包括激光雷达主机、信息处理机和合作目标三部分，如图 7.2 所示，激光雷达主机和信息处理机分别安装在运输飞船的舱外和舱内，合作目标安装在目标器上。其中，激光雷达主机包括伺服转台和光学传感器，光学传感器由激光发射机、激光接收机、光学天线、光学扫描机构等部分组成。随着技术发展，激光雷达主机和信息处理机可实现一体化设计，从而实现小型化。

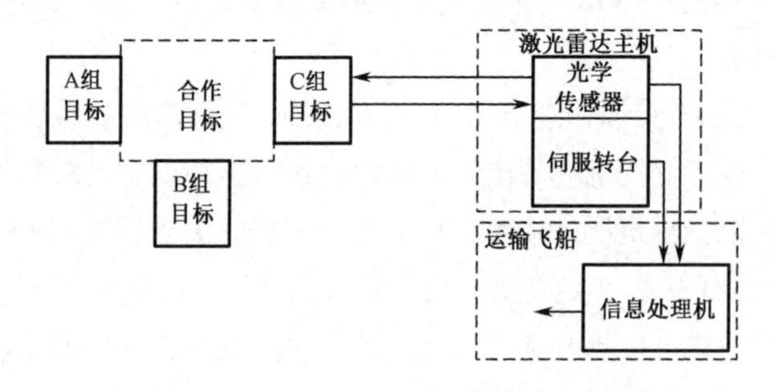

图 7.2 交会对接激光雷达系统的组成

7.2.1 合作目标

合作目标又称后向角反射器，安装在目标器上，可以有效增加光的后向反射效率，在激光发射功率、天线口径等条件相同的情况下，可以有效加大激光雷达的探测距离。

交会对接任务的合作目标通常由多块后向角反射镜组成，采用熔石英材料制作，具有均匀性良好、温度变形小、无气泡杂质等优点。常见的后向角反射镜外形是三棱锥，但工程上为了便于安装集成，往往沿正入射面按内切圆大小将其切割成圆柱形侧面。这种切割方式导致光入射角逐渐增大时，合作目标有效面积逐渐减小，且材料的折射率越高，光入射角越大。以熔石英材料为例，反射面积下降一半时对应的光入射角约为 21.5°。后向角反射镜的这种特性，使得单镜的有效使用角度受限，一般不超过 50°。如果需要增大有效使用角度范围，则必须采用多镜组合的技术方案。

针对中国空间站研制的交会对接激光雷达需要考虑绕飞的工况，单个后向角反射镜对应的有效入射角不能满足任务需求，因此必须采用多镜组合的方案，以覆盖 180°角，如图 7.3 所示。

图 7.3　某型号飞船激光雷达合作目标

需要说明的是，在合作目标的研制过程中，后向角反射镜的安装误差、平面加工精度、材料不均匀性、直角误差等都会影响光束回波信号的远场能量分布，导致激光雷达系统性能下降。

7.2.2 激光雷达主机

交会对接激光雷达主机由激光发射机、激光接收机、光学天线、信息处理机等功能单元组成。

1. 激光发射机

激光发射机的作用是完成激光的产生、调制，光束准直和发射，其组成包括激光器、激励源、温度控制器、光束准直器、光学衰减片等，如图 7.4 所示。

激光发射机可选光源有半导体激光器、半导体泵浦激光器（DPL）、CO_2激光器、光纤激光器等。多量子阱结构的 InGaAs 脉冲半导体激光器具有较高的峰值功率和重复频率，且使用寿命较长，中心波长约为 905nm，光谱线宽为 5～10nm。早年多采用这类光源，随着技术进步，近年来，光纤激光器越来越受到青睐。

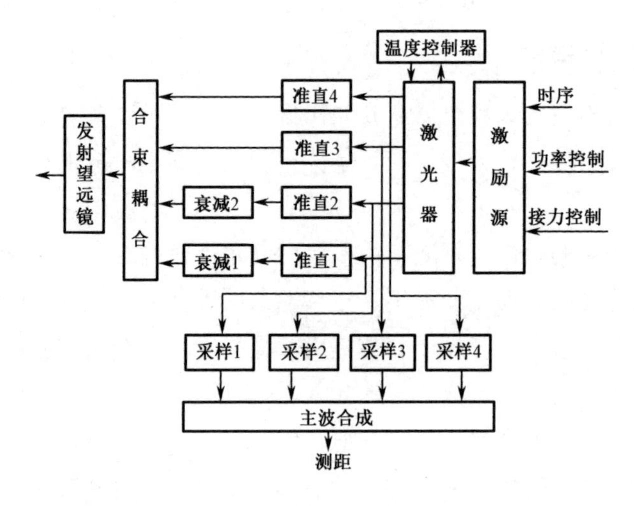

图 7.4 激光发射机结构及原理图

在交会对接过程中，考虑到航天员的人眼安全，在不同距离段需要反馈调节发射机的输出功率。这里以采用半导体激光器为发射机的方案为例介绍设计思路。根据全程激光功率的估算，激光发射机采用大/小功率发射机组合、分时控制的方案。该组合共包含 4 个发射机：大功率发射机（LD1）及其备份（LD2），中功率发射机（LD3）和小功率发射机（LD4）。考虑到器件种类和控制电路的一致性，4 个发射机均选同一系列的半导体激光器，中小功率发射机的输出通过衰减片控制产生。

激光器输出功率的反馈调节是通过改变激光器的驱动电流实现的，控制驱动电流的大小则通过控制激励源的激励电压实现。在实际设计中，半导体激光器驱动采用大功率 MOSFET 管作为主开关元件，产生窄脉宽的瞬时大电流注入信号。考虑到可靠性，驱动输出端采用高速钳位二极管来保护半导体激光器不受反向电压的破坏，同时电源采取缓上电措施，以抑制浪涌对激光器的不利影响。

半导体激光器的输出波长会随温度的变化发生漂移（约 0.3nm/℃），漂移严重时将导致激光波长超出接收带宽范围，从而引起接收机响应的变化，影响信号输出幅度，因此必须对激光器温度进行控制，以限制其波长偏移。工程上依据接收机滤光片的带宽，要求激光器温度控制在 25℃±5℃范围内，对应波长漂移范围为±1.5nm。太空中没有空气介质参与热交换，主要通过辐射和传导方式向周围环境散热，热耗很小。考虑到选用的激光器热耗仅约 100mW，所需制冷功率不大，选取小功率半导体热电制冷器即可满足要求。在具体热控结构设计和安装上，如图 7.5 所示，激光器安装在导热性能良好的铜质基板上；温度传感器安装在激光器附近；制冷器贴装在铜质基板的侧面，制冷器的另一面安装有散热器；将铜质基板周围用绝热材料密封，防止半导体激光器及铜基板与外界产生热交换。

半导体激光器发射的一小部分激光经光电探测器进行光电转换、信号放大后，作为主波采样信号送至测距电路，同时起到激光光源故障监测的作用。

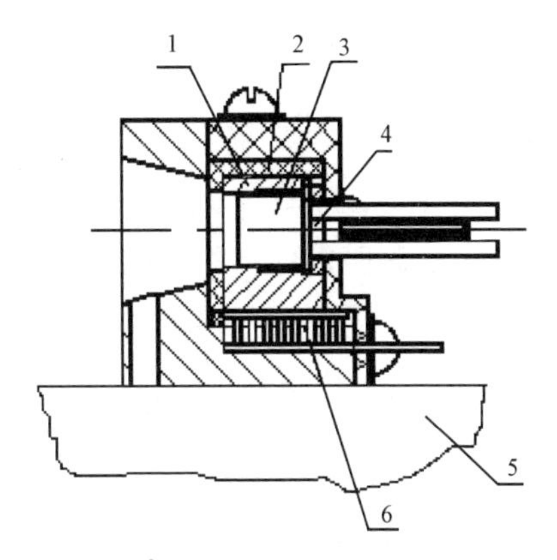

1—铜质基板　2—绝热层　3—激光器
4—温度传感器　5—安装底板　6—制冷器

图 7.5　激光器热控结构示意图

2. 激光接收机

激光接收机的作用是完成激光回波的探测、光电转换、放大、滤波及目标脱靶量提取，由四象限探测器（QAPD）、前置放大组件、视频放大模块、信号处理模块等组成，如图 7.6 所示。

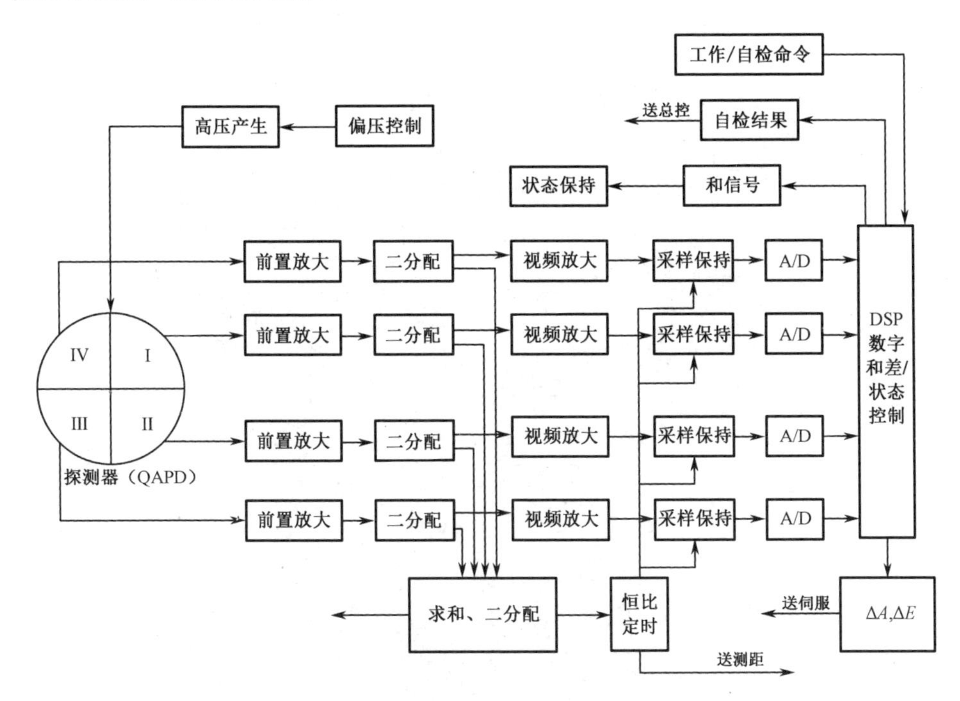

图 7.6　激光接收机结构及原理图

QAPD 选用的是技术比较成熟的 Si 基雪崩光敏二极管，具有较高的探测灵敏度和较大的动态范围，且可靠性及稳定性相对较高。探测器的四路性能指标的一致性满足系统测量精度要求，工作温度为-40～60℃，储存温度为-60～100℃，满足环境要求。

工作时，QAPD 组件完成对微弱激光回波信号的检测和光电转换，输出的电信号经过四路前置放大器放大处理后，经功分器一分为二，一路求和，送恒比定时电路，经恒比采样，提取最佳的采样时刻，用于控制采保电路，同时和输出信号一起用于测距电路；另一路经过四路视频放大器输出一定幅度的脉冲信号，经过采样保持（采保）电路提取每路信号的幅值，并经 A/D 转换送到 CPU。最后，CPU 将采集的四路激光峰值信号进行滤波、非线性修正等处理，用于解算目标脱靶量（ΔA、ΔE）和目标距离。

3. 光学天线

光学天线包括发射光学系统、接收光学系统和收发耦合光学系统。

光学天线与伺服转台采用一体化设计方案，如图 7.7 所示。发射组件（激光发射机、分光镜）置于伺服转台下部，通过中轴连接上部，与接收分割孔径同心耦合，经同一 45° 扫描镜进行扫描。

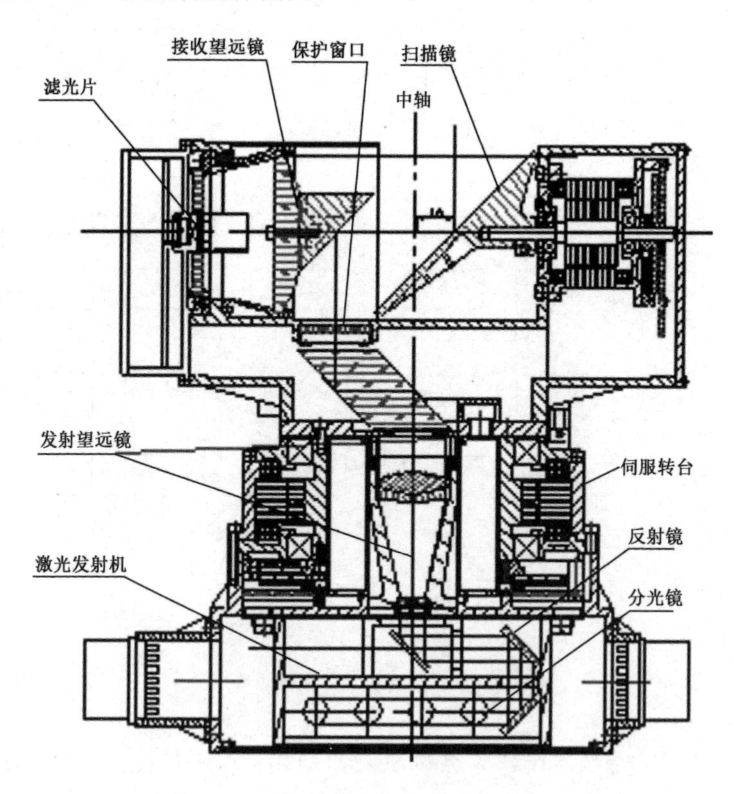

图 7.7 光学天线与伺服转台结构示意图

发射光学系统主要完成激光器的合束和准直，如图 7.8 所示，准直镜将四路 LD 发散角初步压缩，经四路 45° 反射镜转折后合成一路输出，再经二级准直、扩束，以满足系统发散角的要求。

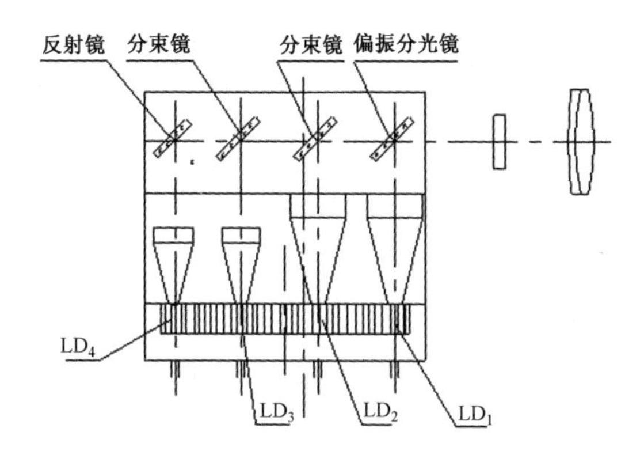

图 7.8　发射光学系统结构图

四个发射准直系统的二级准直发射望远镜的光学参数完全相同。四路激光器及其相应的一级准直系统构成一个发射组件，其中，耦合镜是具有不同分光比的消偏振透反元件，根据测距能力确定分光比。

4. 信息处理机

信息处理机由总控板和测距板两部分组成，如图 7.9 所示。总控板包括通信电路、接口电路、控制 CPU、FPGA、双口 RAM 等；测距板由 CPU、高精度时间测量电路、控制逻辑及输入/输出接口电路等组成。

其中，时间测量电路是主要功能电路，采用两套电路同时工作的备份设计，通过 CPU 表决确定测量结果。总控板和测距板合作分工，共同实现信息处理机的以下功能。

（1）接收 GNC 的引导数据和控制命令，将其转换成内部命令分发给各分机。

（2）距离测量、有效目标判断和速度解算。

（3）完成雷达的整机时序控制和工作模式控制，如控制雷达的工作和自检状态、控制雷达内部的通信时序、输出激光触发时统、搜索/跟踪状态控制、根据目标距离控制激光功率的渐变输出等。

（4）检测各分机的工作状态并进行故障判别，发送至 GNC；接收距离、距离变化率、角度、角速度等测量结果，进行滤波处理，判断有效数据后输出至 GNC。

除上述功能外，还与测控分系统交换信息，根据测量距离和 GNC 状态，完成对不同距离目标的切换。

信息处理机的工作流程如图 7.10 所示，上电后，首先由总控计算机控制全系统进行自检，并将自检结果送至系统遥测接口；自检结束后，总控计算机根据 GNC 的引导数据计算距离范围并控制相应激光器工作，同时引导伺服系统控制电动机扫描搜索目标区域；搜索到目标后，激光回波信号触发时统开始进行距离测量和数据处理，判断有效捕获目标后，伺服系统转入跟踪状态；在通信同步信号的控制下，总控计算机接收伺服系统的偏转角度和相对距离的测量结果，并进行速度和角速度的解算，同时根据目标的距离进行激光器的切换及功率控制；收到 GNC 的通信命令后，总控板输出距离、距离变化率、角度、角度变化率及各分机的巡检结果。除上述流程外，信息处理机还需根据 GNC 命令进行远近场目标切换等。

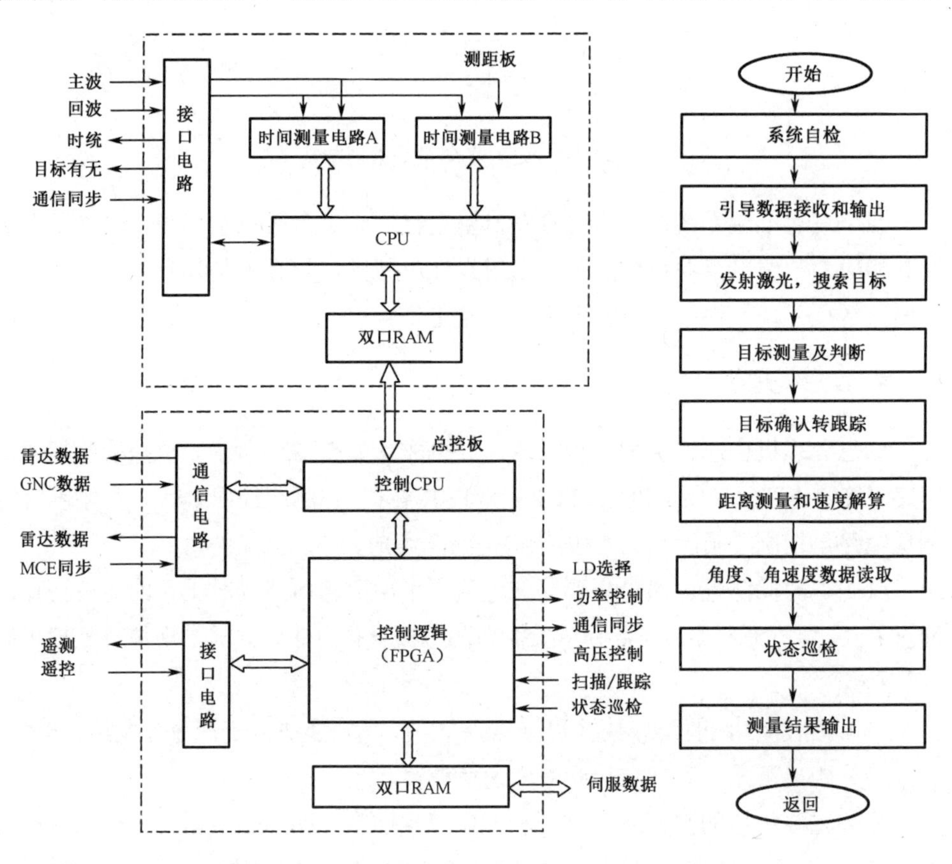

图 7.9　信息处理机的组成及原理　　　　图 7.10　信息处理机工作流程

7.2.3　系统软件

激光雷达系统软件由总控软件、测距软件、跟踪接收软件、伺服控制软件四部分组成，分别在独立的 CPU 处理器上运行，它们之间的关系如图 7.11 所示。

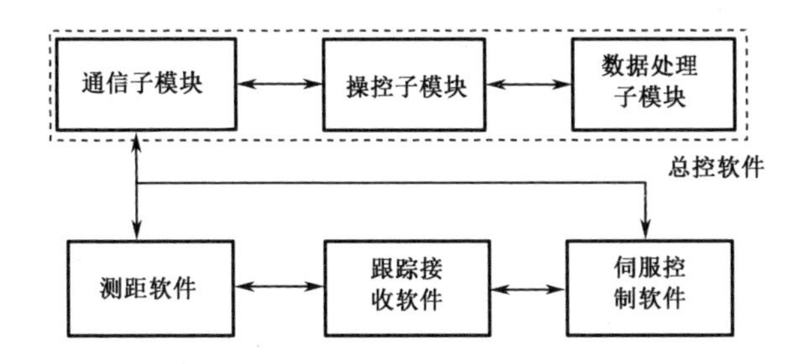

图 7.11　信息处理系统软件各部分的关系

总控软件由通信子模块、操控子模块、数据处理子模块组成。其中，操控子模块是核心，完成系统的操控管理任务，包括控制各分机工作/自检、状态巡检，产生系统各单元控制时序，接收各单元数据，确定搜索/捕获/跟踪状态、绕飞及其转换，发送控制命令；数据处理子模块对采集的数据进行处理、滤波、判别，形成有效测量数据；通信子模块接收 GNC 通信数据并判别命令字，对激光雷达数据，状态、遥测数据进行打包、发送。

测距软件产生时统，触发激光脉冲，设置主波门和跟踪回波门，对测量距离数据进行滤波等预处理，接收总控软件自检命令进行自检并发送自检状态，向总控软件发送距离数据。

跟踪接收软件采集四路恒比采样数据，通过和差运算计算脱靶量，并送至伺服控制接口，根据回波幅度信号进行数字增益控制，接收总控软件自检命令并发送自检状态。

伺服控制软件控制俯仰和方位电动机实现二维空域扫描，采集编码器角度数据并进行处理，采集跟踪接收软件送来的脱靶量进行闭环跟踪，对测量角度数据进行微分、平滑滤波处理，向总控软件发送视线角和视线角变化率数据，接收自检命令并发送自检状态。

7.3　交会对接激光雷达的工作原理

交会对接激光雷达的工作原理如图 7.12 所示。在信息处理机统一控制下，一维机械转台在伺服系统控制下进行水平慢速扫描，同时，安装在转台上的光学振镜进行高速往复式扫描，二者组合形成空间二维扫描，将激光发射机发射的激光脉冲经振镜射向目标所在的不确定区域。在该过程中，照射到目标上的激光脉冲会被合作目标反射回激光雷达，经过光学系统后耦合到探测器光敏面上，再经光电转换和信号放大、处理后测得激光往返时间间隔。配合方位、俯仰轴上光电编码器测得的角度指向信息，可解算出目标距离和距离变化率、视线角和视线角变化率等，即得到合作目标的精确空间运动参数和位置信息。最终，信息处理机将数据实时传输给追踪器 GNC 系统，引导目标器完成空间交会对接任务。

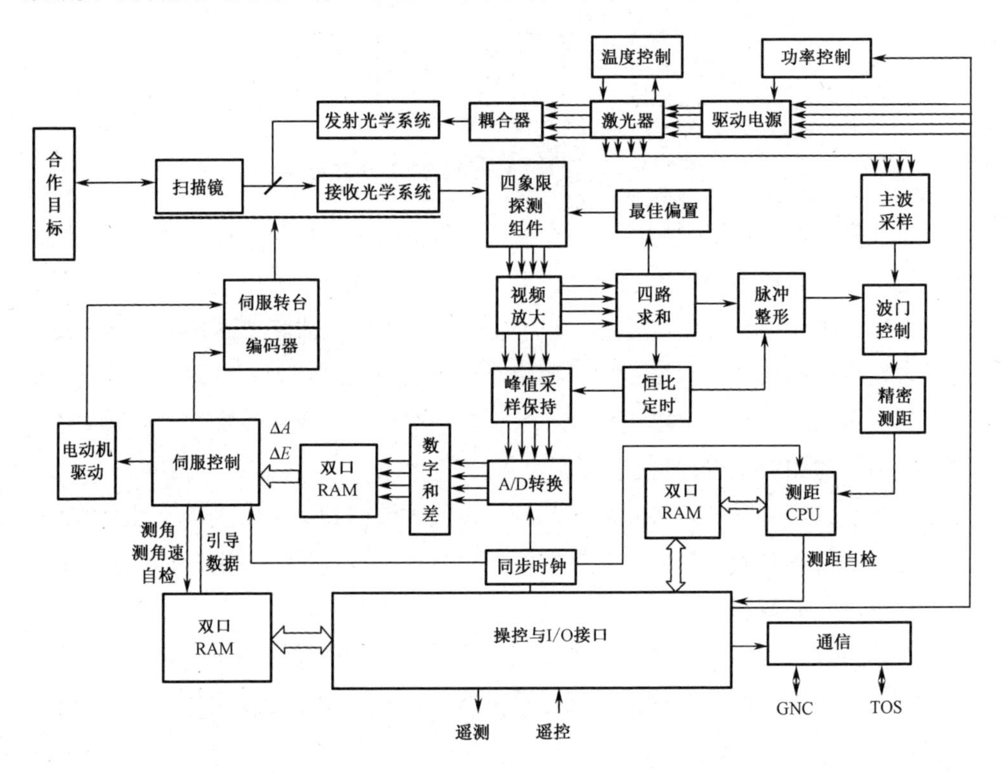

图 7.12　交会对接激光雷达的工作原理

7.3.1　坐标系定义

激光雷达本体坐标系 $o_L x_L y_L z_L$ 记为 $\{o_L\}$，其原点 o_L 为激光雷达的转动中心，即仰角 α 和方位角 β 转轴的交点，如图 7.13 所示。$o_L x_L$ 轴与仰角和方位角零位时的激光雷达主光轴方向一致，$o_L z_L$ 从原点 o_L 指向激光雷达底部安装面，与仰角零位时的方位角转轴方向一致，$o_L y_L$ 轴与 $o_L x_L$、$o_L z_L$ 轴构成右手系。

激光雷达的测量参数为合作目标测量中心相对于激光雷达本体坐标系的相对距离 ρ、相对距离变化率 $\dot{\rho}$、视线仰角 α、视线方位角 β，以及仰角变化率 $\dot{\alpha}$、方位角变化率 $\dot{\beta}$。在激光雷达本体坐标系下，仰角 α 和方位角 β 的定义如图 7.14 所示，图中的 $\alpha>0$，$\beta>0$。

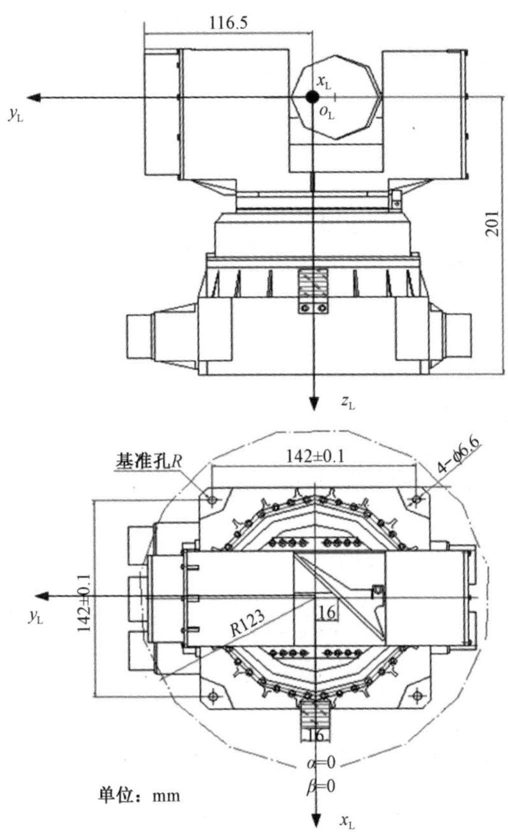

图 7.13　激光雷达本体坐标系定义

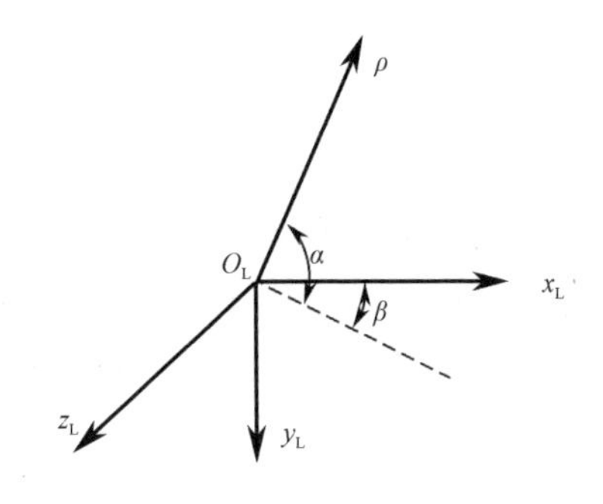

图 7.14　激光雷达的测量参数定义

7.3.2　跟踪测量原理

距离、速度、角度、角速度等信息的测量体制按激光调制方式分为连续调制和脉冲调制，按照激光探测体制分为直接探测和相干探测。本节仅针对成熟的脉冲调制、直接探测体制的激光雷达参量测量原理进行阐述。

1. 距离、速度的测量原理

在交会对接过程中，激光发射较窄的脉冲信号，照射到目标后返回，测量激光从发射到返回的时间差，就可得到激光往返走过的路程（目标距离的 2 倍），即

$$L = cT/2 \tag{7.1}$$

式中，L 为目标到激光雷达的距离；c 为真空中的光速，c=2.997924562×10^{8}m/s；T 为激光发射脉冲到回波脉冲的时间。

在工程上，测量时间一般采用脉冲计数的方法。图 7.15 所示为测距电路的时序

图，电路以一定的时钟频率 f_0 计数，发射脉冲信号时启动计数器，收到回波脉冲信号时停止计数，所得到的脉冲量乘以每个脉冲代表的时间值（时钟的振荡周期 T_0），即得到测量的时间值。

$$T_f = T_0 N,\quad T_0 = 1/f_0 \tag{7.2}$$

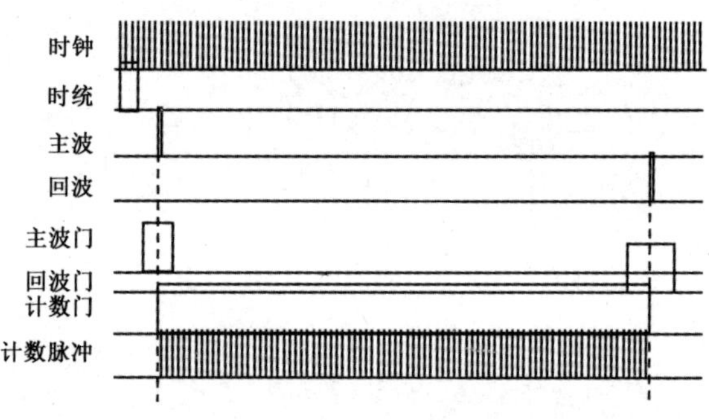

图 7.15　脉冲测距时序图

为了便于简化计算，时钟频率值应尽可能与光速值接近，或接近其整数倍，因为这样时钟周期可以得到整数的量化单位。脉冲测距的分辨率和精度与时钟频率有关，提高计数器的时钟频率，可以直接提高测距精度和分辨率。

目标速度由目标距离测量值通过微分得到，即

$$\rho' = \frac{\rho_2 - \rho_1}{\Delta t} \tag{7.3}$$

速度的测量精度与距离的测量误差、时间的测量误差有关，满足

$$\sigma_{\rho'} = \frac{1}{t}\sqrt{2\sigma_\rho^2 + (\rho'\sigma_t)^2} \tag{7.4}$$

式（7.4）表明，距离微分法测速的精度与选取的时间间隔成反比，时间间隔越长，测量精度越高，但由微分得到的速度实时性也越差。在实际工程中，距离微分法的速度精度不能满足交会对接中飞船控制的精度要求，需要通过数据平滑、滤波等算法进一步改善。

2. 角度、角速度测量原理

目标器相对仰角和偏航角的测量与目标的跟踪密切相关，目标器进入追踪器探测视场后，角度测量值是角编码器读数和入射光脱靶量的和，其中伺服转台方位和俯仰轴向的角度值可以从角编码器读取。

基于四象限探测器的测角原理如图 7.16 所示，激光光斑落在探测器靶面上，各象限的输出分别为 A、B、C、D，则光斑中心相对于四象限探测器中心的偏移量近似为

$$
\begin{cases}
\Delta X = \dfrac{(A+D)-(B+C)}{A+B+C+D} \\
\Delta Y = \dfrac{(A+B)-(C+D)}{A+B+C+D}
\end{cases}
\tag{7.5}
$$

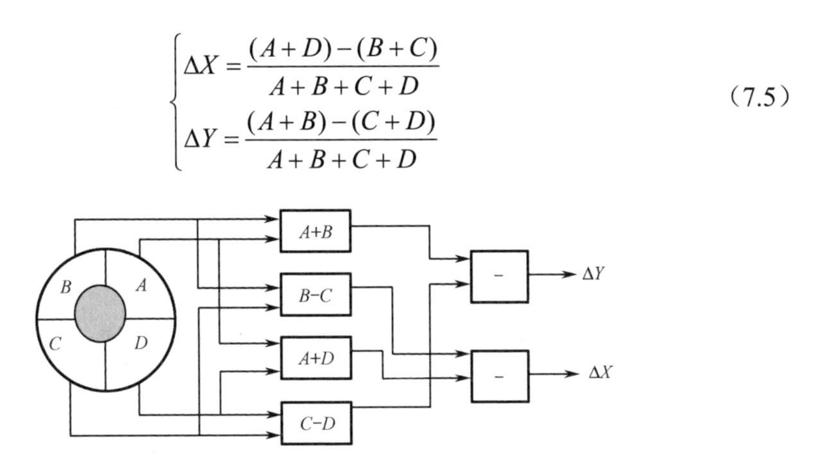

图 7.16　基于四象限探测器的测角原理

实际使用时，四象限探测器光学耦合系统采用离焦的设计方案，一般要求光斑直径约为靶面直径的 0.6 左右。

目标器进行动态跟踪时，入射光斑在伺服控制系统的作用下处于探测器中心，此时伺服转台的指向随目标器的相对位置的变化而变化，在此过程中，电动机轴的旋转带动测速电动机完成角度变化率（角速度）的测量。

7.4　交会对接激光雷达的工作方式

目标器和追踪器的交会对接过程按照二者的距离划分为地面导引、自动寻的、接近、逼近操作和对接等几个阶段，如图 7.17 所示。追踪器进入轨道后，地面测控中心辅助其进行若干次轨道机动，直至追踪器上的敏感器捕获目标器为止，为地面导引阶段。自动寻的阶段从追踪器上的捕获探测器探测到目标器反射的光开始，追踪器完成必要的参量测量并反馈给 GNC 系统追踪目标器，至距离目标器约几百米时结束。自动寻的阶段结束后，初始瞄准点通常不在对接轴上，追踪器需要进行轨道平面内和轨道平面外的绕飞运动，调整横向位置和姿态，最终追踪器和目标器之间的相对距离缩短到 10m 左右，追踪器沿对接轴方向平移就可到达目标器的对接口，这是接近阶段。逼近操作阶段是从两个飞行器对接轴对准起，到对接机构开始接触为止。最后是对接阶段，追踪器和目标器完成结构上的连接和锁紧，以及数据线、电源线和流体管线等的连接。

交会对接激光雷达主要作用于自动寻的、接近和逼近操作阶段，距离范围覆盖几十千米至 1m。在不同阶段，GNC 系统对激光雷达的功能需求不同，不同的功能对应不同的工作方式，包括捕获、跟踪、扫描成像、目标切换与识别等。

图 7.17　交会对接过程

7.4.1　捕获

在目标器和追踪器交会对接的地面导引阶段，地面测控中心或天基控制平台发出交会指令，追踪器收到指令后，GNC 系统根据引导数据计算目标器可能存在的区域位置，并控制激光雷达完成粗指向；之后，激光雷达通过控制伺服转台指向激光束完成对目标器所处区域的快速扫描，直至探测器探测到激光回波信号，即捕获到目标器。

在实际工程中，目标器所处区域的扫描是分步实现的，如图 7.18 所示。以某交会对接激光雷达为例，首先，在大角度范围内发现目标器后，信息处理机根据存在回波信号时对应的伺服转台方位俯仰指向角度与扫描区域的相对位置关系，调整伺服转台指向，使目标器在自身探测器上的位置尽可能靠近中心；然后缩小搜索范围，调整为以目标器位置为中心的小角度范围。

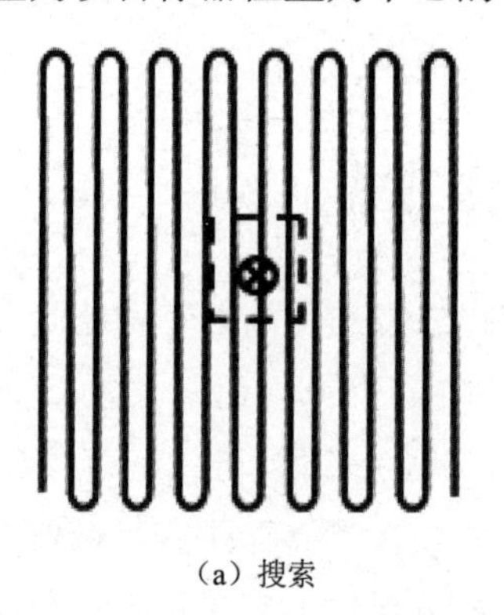

（a）搜索

（b）捕获

图 7.18　目标搜索、捕获示意图

7.4.2　跟踪

跟踪是一个动态反馈控制的过程，包含目标器位置追踪的大闭环和激光雷达视轴对目标器跟踪的小闭环。大闭环包括激光雷达敏感器、GNC 系统、火箭动力系统，激光雷达敏感器将测量的相对位置信息反馈给追踪器 GNC 系统，经特定算法计算得到轨道位置和姿态的修正量，控制火箭动力系统实现变轨和姿态调节。小闭环有目标器上合作目标的参与，是本小节关注的重点。

小闭环由伺服转台、探测器、信号处理机及控制器组成。在捕获阶段末期，追踪器在确认目标器位置的情况下，以瞬时小视场锁定目标器，此时目标器位于小区域扫描范围的中心。激光雷达切换为跟踪工作方式后，处于凝视状态，此时接收机输出脱靶量并与伺服系统闭环，控制伺服转台和一维摆镜瞄准目标器，稳定跟踪后输出目标器相对距离、速度、角度等测量数据。跟踪过程中如果丢失目标，则以丢失时的速度外推，在小角度范围内快速搜索，重新捕获到目标器后切换为跟踪工作方式；如果没有发现目标器，则在大角度范围内重新搜索。

7.4.3 扫描成像

扫描成像工作方式主要用于追踪器绕飞的工况。在非绕飞工况下，激光雷达捕获到目标器后会立刻停止扫描，实施跟踪，无须使用扫描成像识别功能。在绕飞工况下，随着绕飞角度的变化，各合作目标的有效反射面积比将发生变化，激光雷达探测到各合作目标的能量也将不同。同时，随着距离和绕飞角的变化，各合作目标相对于激光雷达的夹角也会发生变化。激光雷达单一利用与合作目标间的空间分布关系和能量关系均不能满足绕飞任务的要求，因此在切换和重捕过程中，需综合利用目标能量和空间分布关系，实现目标的识别，即成像。

具体成像过程是在追踪器绕飞捕获合作目标时，发现目标后不停止扫描，而是继续将扫描视场内各合作目标的位置、强度、距离等信息均记录下来，获得扫描范围之内的点云数据，解算出预期合作目标的信息，将其成像后，再以小视场捕获预期目标并实现基于四象限探测器的动态跟踪。

7.4.4 目标切换与识别

在激光雷达捕获和跟踪飞行器的过程中，回波信号的强度控制是通过控制激光发射机发射功率和合作目标的反射效率实现的。

激光雷达跟踪远场合作目标，逼近至距离为几十米（80～60m）时，由追踪器 GNC 系统或遥控、程控系统向目标器发送切换指令，使激光雷达由远场合作目标切换到近场合作目标；反之，在撤离过程中，当距离超过一定阈值范围（110～150m）时，由追踪器 GNC 系统或遥控、程控系统向目标器发送指令，使激光雷达由近场合作目标切换到远场合作目标。

由远场目标切换至近场目标时，根据切换距离，计算出近场目标相对于当前跟踪的远场目标的俯仰角差 $\Delta\alpha$ 、方位角差 $\Delta\beta$ ，控制电动机转至以指定的目标空域（ $\alpha+\Delta\alpha$ 、 $\beta+\Delta\beta$ ）为中心，对近场目标进行小范围扫描，捕获近场目标后转入跟踪工作方式。同理，在撤离过程中，由近场目标切换至远场目标时，根据切换距离，计算出远场目标相对于当前跟踪的近场目标的俯仰角差 $\Delta\alpha$ 、方位角差 $\Delta\beta$ ，控制电动机转至以指定空域（$\alpha+\Delta\alpha$ 、$\beta+\Delta\beta$ ）为中心，对远场目标进行小范围扫描，捕获后对远场目标进行跟踪。

远场目标和近场目标的识别是依据激光雷达所探测到的回波信号能量的相对强弱实现的。根据合作目标的设计原理，远/近场目标的有效反射面积不同，远场目标反射面积较大，近场目标反射面积较小。测量远场目标和近场目标的回波信号强度，设定一个中间阈值，回波强度大于该值的识别为远场目标，回波强度小于该值的识别为近场目标。识别完成后，在通信数据状态位上给出跟踪的远/近场目标的状态。

7.5 交会对接激光雷达的系统设计

作为飞行器实现交会对接功能的重要器件，交会对接激光雷达起着举足轻重的作用，其性能直接关系着天基平台及航天员的安全。这种特殊的应用背景决定了交会对接激光雷达的研制要求异常高，本节针对安全性、可靠性、测量体制、扫描方式等系统设计中的关键问题进行介绍和分析。

7.5.1 安全性

交会对接激光雷达安全性要求的基本原则如下。

（1）在任何情况下，均不能影响航天员的安全。

（2）在正常情况下，包括在加、断电的过渡过程中，均不能输出非预期的有效脉冲。

遵循安全性要求的基本原则，设计交会对接激光雷达有以下要点。

（1）通过优化设计提高整机可靠性，减少因故障引起的危险。

（2）对组成单元潜在的各种故障模式及其对功能的影响进行分析，对潜在故障造成后果的严重程度进行分类，采取相应改进和预防措施，提高产品的安全性。

（3）容易对人员产生危害的部位，如高电压部分，采取隔离和防护措施。

（4）针对环境条件进行加固，预防恶劣环境条件（如温度、加速度、冲击振动等）所导致的危害。

（5）设计防错、容错措施，预防在产品使用、维护中因人为差错导致的风险。

（6）在危险部位给出醒目的标记。

（7）通过软件设计实现对故障进行监控、检测、报警，以减少事故发生。

交会对接激光雷达设计中采取多种可靠性设计，保证系统的安全运行。

交会对接激光雷达主机设置在航天飞行器舱外，工作有相对的独立性，与其他分系统的电气接口均采取有效的隔离和保护措施，不会对其他分系统和航天员造成损害性影响。主机结构通过加固设计和优化设计，满足极限应力下的强度安全裕度要求，且留有较大余量，以适应航天飞行器发射过程中存在的较大加速度、冲击振动等，保证系统的刚度、强度、稳定性；使用经过严格筛选的元器件及材料，无有害、有毒、易燃、易爆、易腐蚀的化学物质或气体，不存在人身安全和破坏环境问题。

交会对接激光雷达发射的最大激光功率不超过 10mW，激光危害等级属于 3A 类。整个交会对接过程中，信息处理机根据飞行器间的距离调整激光功率，保证近距离工作时，目标器所在区域的激光辐射始终处于人眼安全范围内。远距离时，激光束口径大，发散角大，激光功率低，激光进入人眼的辐射功率很小，对人眼不造成危害。近些年，人眼安全激光器技术逐渐应用到激光雷达中。

交会对接激光雷达有两处存在高电压，一处为雪崩探测器偏压，最高电压一般不超过 400V，输出电流较小，位于接收机与 QAPD 组件之间，采用屏蔽电缆隔离，不会对人员产生危害；另一处为发射机激励源，电压范围为 20～200V，舱内信息处理机连接舱外激光器激励源，输出电流较小，采取屏蔽电缆隔离和防护措施，也不会对人员产生危害。

信息处理机负责处理各分机自检状态，对各分机故障进行监控处理，应采取故障隔离措施，以防止设备故障对航天飞行器造成危害。

采取上述措施，可消除各种安全隐患，保证交会对接激光雷达在轨运行和工作时不对航天飞行器和航天员的安全产生影响，也保证了激光雷达自身的安全性。

7.5.2　可靠性

严格按照可靠性准则设计交会对接激光雷达是保证其功能可靠性的前提条件。可靠性设计准则概括如下。

（1）尽量采用成熟的可靠技术或现成的可靠产品。

（2）系统的设计应符合通用化、系列化和模块化要求。

（3）设计力求简单、可靠。

（4）实施 I 级降额设计。

（5）严格进行元器件、材料和工艺的选择、使用与控制。

（6）采用可靠的电路设计技术。

（7）进行可靠性热设计与分析，以及振动、冲击等其他环境设计与分析。

（8）尽可能减少单点故障。

（9）采用必要的容错、避错和纠错技术。

交会对接激光雷达可靠性设计应满足以下要求。

（1）可靠度大于 0.998（置信度为 0.7，按实际飞行时间考虑）。

（2）具有看门狗复位功能，具有可靠的上电复位、抗干扰、防死机措施，具有故障自检能力。

（3）尽量避免单点故障。

（4）CMOS 器件的多余输入端不得悬空，并有规范的电路板级和器件级防闩锁措施。

（5）除了检测信号线和模拟量遥测信号线可用单点线，其他对外信号线均采用双点双线。

（6）输入接口应能滤除 1ms 以下的干扰信号。

（7）开展可靠性设计与分析工作，包括 FMEA 分析、抗力学环境设计、热设计、降额设计、电磁兼容性设计、抗辐射设计、静电放电控制设计，关键元器件选型和可靠性验证。

下面通过对某飞船 GNC 系统激光雷达可靠性设计要求的分析，建立系统和分系统的可靠性数学模型，进行指标分解，然后在元器件选型、电路设计、电磁兼容设计、冗余设计等方面采取保障措施。

1）元器件选型

（1）元器件、原材料和紧固件尽可能选择航天飞行器总体设计单位制定的元器件及材料选型目录内的产品，并采用降额设计，且保证原材料满足空间环境的使用要求，其他辅材、辅料均采用符合相关标准规定的厂家的产品。

（2）对不能达到标准要求的元器件进行充分的试验论证，并按照规定程序及要求经审批后使用。

2）电路设计

（1）尽量采用成熟技术和标准电路。

（2）在保证功能的前提下，尽可能简化设计。

（3）采用有效的瞬态过应力保护措施。

（4）对电路参数的漂移、电源电压的变化、温度变化等引起的性能改变进行充分的分析和试验验证，以确保电路能长期无故障工作。

（5）降低功耗以保证电路设计的热特性满足可靠性要求。

（6）具有看门狗复位功能，具有可靠的上电复位、抗干扰、防死机措施，具有故障自检能力。

（7）输入接口（包括脉冲和电平）能滤除干扰信号。

（8）CMOS 器件的多余输入端不悬空，并有规范的电路板级和器件级防闩锁措施。

3）电磁兼容设计

（1）预测、预防整机内外可能的干扰源及干扰信道。

（2）采取严格的屏蔽、滤波和正确的接地措施。

（3）正确配置频率关系及工作时间间隔，以消除干扰源的影响。

（4）电源供电采用总线方式、树形布线、双点双线制，分块通过汇流条供电，接插件的输出线与回路线尽量靠拢。

（5）电源地线和信号地线分开，屏蔽线单端接地，电源正、负线走向平行并尽量靠拢。

（6）单机之间的连接电缆尽量短，使整机供电不构成回路。对于 10mA 以上的电流回路，采用绞合双股线。

4）冗余设计

（1）凡影响系统成败的关键部分都尽可能进行冗余设计，减少或避免单点失效项目。

（2）对整机接口电路及部件进行冗余设计。

（3）统一考虑冗余设计和重量、体积、功耗等因素。

（4）采用电路冗余设计、单机冗余设计等不同的设计方法，以实现最佳可靠性。

（5）杜绝因冗余设计减小某种故障模式发生的概率，而增大另一种重要故障模式的发生概率。

（6）除了检测信号线和模拟量遥测信号线可用单点线，其他对外信号线均采用双点双线。

5）接口可靠性设计

（1）一次电源与二次电源接口采取有效的瞬间过载或短路失效的保护措施，达到电源故障隔离的技术要求。

（2）输入或输出均为冗余状态时考虑交叉冗余设计。

（3）充分考虑故障隔离措施，以保证设备出现故障时不会影响其他功能。

6）软件可靠性设计

（1）编制软件可靠性设计技术要求，明确软件设计中的各项可靠性要求及准则。

（2）进行纠错、容错可靠性设计，针对产品使用特点及控制的高可靠性要求进行纠错、容错设计，并采用故障隔离技术。

（3）应用软件任务及接口说明书，详细描述软件的任务剖面，防止产生软件功能缺陷。

（4）软件设计工作采用双岗制，软件检测做到自检、互检相结合。

（5）进行详细的软件测试。

7）降额设计

（1）所有设计均按 GJB/Z35 要求采用Ⅰ级降额设计。

（2）大功率二极管、三极管根据器件最高结温及实际热阻计算实际安装条件下的额定功耗。

（3）达不到Ⅰ级降额设计的部分必须通过试验验证，以满足其工作条件。

7.5.3 测量体制

交会对接激光雷达测量体制的选择原则是首先保证测距、测速、测角度、测角度变化率及其对目标器的搜索、捕获、跟踪等功能的完整性，在此基础上，综合考虑安全性、可靠性、低功耗、小体积等设计约束要求。

与直接探测方式相比，相干探测拥有趋近量子极限的探测灵敏度，但系统往往过于复杂，对光源系统、处理电路等要求较高，在体积、重量、功耗等方面也没有优势。直接探测方式分连续波探测和脉冲探测两种，前者的特点是距离和速度测量精度高，但由于受限于发射功率，探测距离较近。

下面结合常用测量体制的特点，对交会对接激光雷达系统测量体制的选型进行分析。

常用的激光测距体制有脉冲法、相位法、三角法三种。三种方法都具有体积小、重量轻、功耗极低的优点。它们有以下区别。

（1）脉冲法的激光峰值功率高，作用距离远，测距精度适中（5～0.5m）。

（2）相位法的测距精度极高（0.1～0.01m），但作用距离较近，信号处理系统略复杂。

（3）三角法的成本较低，在近距离时可获得较高精度，但测量距离变远，精度变低。

常用的激光测速体制有多普勒测速和距离微分测速两种。多普勒测速在体积、重量、功耗方面有优势，缺点是作用距离近（0～5km），测速精度低（0.1～0.5m/s）。距离微分测速建立在测距电路基础上，处理器通过对距离数据进行微分得到速度数据，测速精度与测距精度接近。

测角度体制有角编码器测角和成像测角，前者测量精度高（0.01°）、体积小、重量轻，可实现 360° 全周扫描，需由扫描电动机带动工作；后者的角度信息通过解算光斑位置探测器获得的入射光轴指向数据得到，测量精度中等（0.1°），测量范围一般为几十度。

测角速度体制分为测速电动机测角速度、陀螺测角速度、角度微分测角速度。测速电动机测角速度的精度较高（优于 0.01°/s），需在电动机带动下与跟踪同步。与之相比，陀螺测角速度需要一定的额外功耗。角度微分测角速度与距离微分测速的数学原理类似，但受时间测量精度、图像处理等因素的影响，精度不高（约 0.1°/s）。

对比四种参量的测量体制，交会对接激光雷达采用脉冲测距是一个不错的选择。

对于目标终端的捕获、跟踪探测，有面阵探测器成像（CCD 或 CMOS）、四象限探测器、晰像管等测量方法，凝视探测视场的大小和测量精度与其配套光学系统的焦距、成像质量等因素有关。一般来说，四象限探测器的感光面积小于面阵探测器；在光学系统参数相同的情况下，面阵探测器的凝视探测视场优于四象限探测器，但在测量精度方面较弱，晰像管性能居中。实际使用时，受限于帧处理时间，面阵探测器的信号获取存在一定的延时，实时性不佳。

对于交会对接激光雷达使用的捕获跟踪系统，基于面阵探测器的成像探测很容易实现目标的搜索、捕获及跟踪，但受限于面阵探测器自身分辨率，以及信号处理延时问题，跟踪系统带宽和指向精度不高。比较来看，四象限探测器具有较高的跟踪测量精度，凝视视场方面的不足可以通过优化扫描机构、设计捕获方案来补偿。

综上所述，经过多方权衡，基于具体应用条件，选择“半导体激光器+四象限探测器+测距跟踪一体化”方案。若采用对人眼安全的光纤激光器，作用距离可更远。

需要说明的是，这里提到的用四象限探测器捕获、跟踪目标器的方案不是完整的，想要实现对目标器所处区域的快速扫描和捕获，还需要设计高效的扫描方式。

7.5.4 扫描方式

具体扫描方式的设计与应用背景有关，以某空间交会对接任务为例，追踪飞行器远距离、近距离段对应的方位俯仰轴向的扫描范围分别为(±40°,±60°)、(±40°,±30°)，要求捕获时间优于 10s，光束发散角取 5mrad。

扫描方式分机械扫描和非机械扫描，机械扫描有转台扫描、光锲扫描、摆镜扫描、振镜扫描、检流计式摆镜扫描等，非机械扫描有声光扫描、电光扫描、液晶扫描、MEMS 扫描、全息光栅扫描等。按照目前的技术水平，非机械扫描具有体积小、扫描速度快、指向精度高的优点，但扫描角度较小，一般在 mrad 级。光锲扫描、摆镜扫描和振镜扫描的角度一般不大于 45°，特别是振镜（音圈电动机振镜和压电陶瓷振镜）扫描，扫描角度一般小于 10°。以上这些扫描方式无法满足交会对接任务的大范围角度扫描需求。转台扫描和检流计式摆镜扫描是依靠电磁电动机驱动的，前者可实现 360° 全周扫描，后者受限于机械结构可旋转 180°，此两项技术比较成熟，已获得充分的在轨验证，成为交会对接激光雷达扫描方式的优选方案。

实际使用时，目标器所处区域是二维的，需要方位轴向和俯仰轴向共同作用才能实现全覆盖扫描。备选方案有“转台+转台”“转台+检流计式摆镜扫描”“检流计式摆镜扫描+检流计式摆镜扫描（双检流计式摆镜扫描）”三种。双检流计式摆镜扫描具有扫描速度快、体积小的优点，但由于使用了空间光路嵌入式结构，使二维空间的有效扫描角度大大减小，无法满足任务需求。“转台+转台”方案能够实现 360°×360° 的空间扫描，常见的结构有经纬仪式和潜望式二维伺服转台，扫描速度通常为几度/秒，但一般体积较大。另外，该方案俯仰轴向的扫描速度也无法满足需求。以激光雷达非绕飞工况下有先验数据的重捕获任务为例，要求捕获时间不大于 30s，且捕获范围为 10°×10°，需要俯仰轴向扫描速度高于 11.6°/s（方位轴向为 0.33°/s，矩形扫描）。

综合以上分析，“转台+检流计式摆镜扫描”方案最优。在实际工程中，考虑到可靠性、安全性等因素，会用 45° 夹角型的检流计式摆镜代替镜面与电机转子共面型的检流计式摆镜，其结构如图 7.19 所示。

（a）共面型

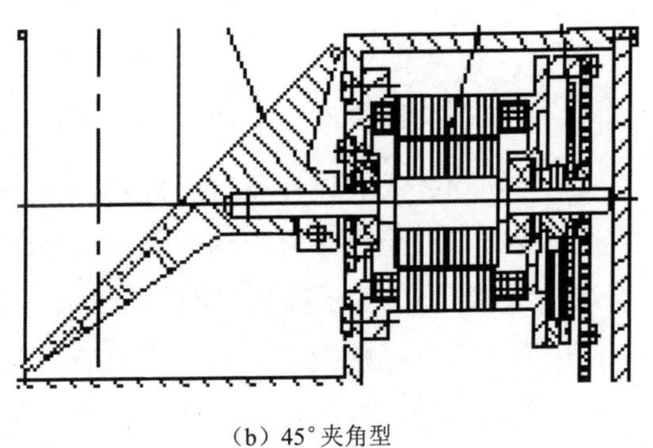

（b）45° 夹角型

图 7.19　检流计式摆镜

交会对接激光雷达扫描目标器的不确定区域较大，扫描图样的选择要满足覆盖率高、速度快的要求，同时应便于特定伺服机构的高效运行。常见的激光束扫描特定区域的方式有很多种，如光栅式扫描、螺旋线扫描、正弦扫描、渐开线扫描、李萨如扫描、玫瑰花扫描、十字形扫描等，其图样如图 7.20 所示。其中，李萨如扫描、玫瑰花扫描和十字线扫描的扫描点空间分布不均匀，部分区域容易出现漏扫的情况；螺旋线扫描和渐开线扫描的扫描点空间分布均匀，无漏扫情况，但在覆盖扫描区域的情况下会出现无效的冗余空间，从而延长捕获时间，造成资源的浪费。光栅式扫描是一种线性的扫描方式，要求某一轴向采用步进式控制和双轴向随动保持的策略，难以扫描制动状态下的航天飞行器。正弦扫描是一种适合“转台+检流计式摆镜扫描”方案的扫描方式，方位轴向进行线性低速扫描，俯仰轴向做高速往复摆动，既满足了扫描时间和覆盖概率的要求，又结合了两种执行器的性能特点，便于工程实现。

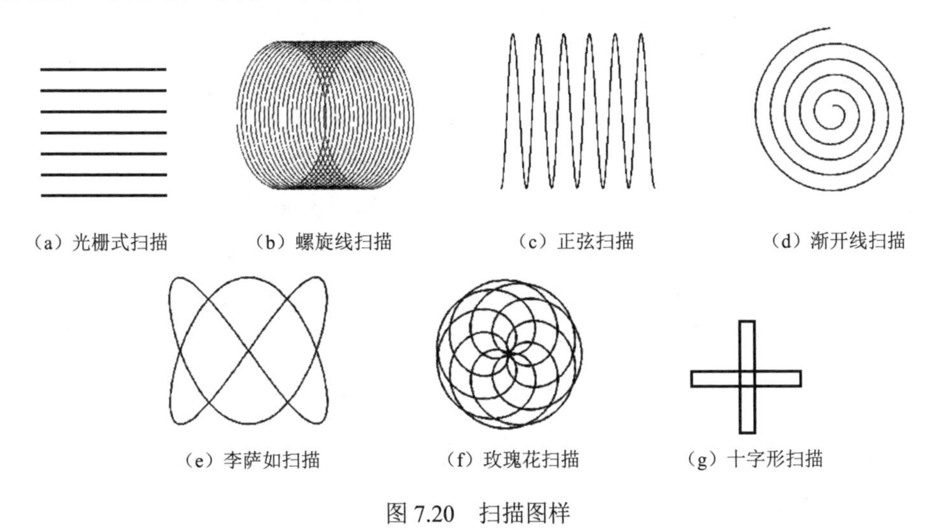

（a）光栅式扫描　（b）螺旋线扫描　（c）正弦扫描　（d）渐开线扫描

（e）李萨如扫描　（f）玫瑰花扫描　（g）十字形扫描

图 7.20　扫描图样

7.6　交会对接激光雷达系统的校准与测试

在实际工程中，距离、速度、角度、角速度等参量的测量是通过测量飞行器距离、角度后进行微分的方法实现的，但受到安装误差、时钟精度、信号延时等因素的影响，集成后的激光雷达系统对距离、角度的测量误差较大，还可能存在伺服转台方位、俯仰轴向的偏转零位与雷达本体坐标不重合的现象。为了更好地优化性能，激光雷达在研制后需要在地面校准和测试装置的辅助下完成必要的校准和测试工作。

角度、距离的地面校准和测试装置组成框图如图 7.21 所示。激光雷达安装在高精度二维转台上，通过数据线与地检计算机相连。其中，地检计算机的作用是辅助激光雷达单机调试和模拟在轨 GNC 系统的功能；合作目标和地面模拟器安装在移动平台上，并通过数据线相连接，主要用于模拟目标器根据相对距离的范围实现合作目标的切换。

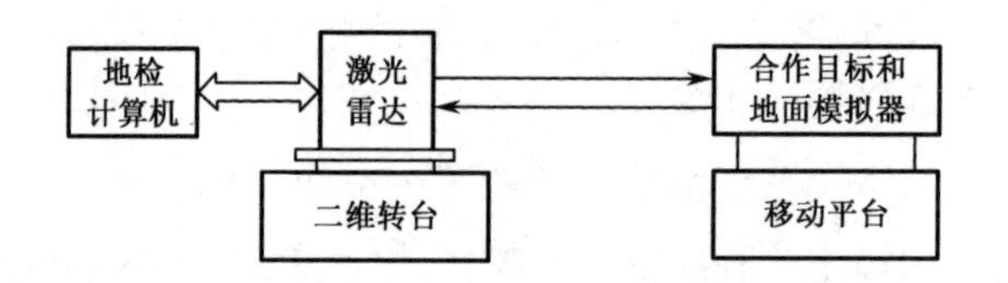

图 7.21 地面校准和测试装置组成框图

7.6.1 角度与距离的校准

集成后的激光雷达系统受到器件误差、安装误差等因素的影响，不能直接用于测量，需要先进行必要的校准，内容包括角度校准和距离校准。

1. 角度校准

激光雷达角度校准的目的是标定出射光轴指向与雷达体坐标 X 轴完全重合时方位轴向和俯仰轴向对应的光电码盘值，关键操作步骤如下。

（1）使用指示激光束正面照射（沿 $-X$ 方向）激光雷达本体上安装的反射镜，反射光经聚焦后在 CCD 感光面成像，记录此时的光斑位置。

（2）使用地检计算机控制激光雷达开启，并逐步微调出射光束指向，直至出射光束在 CCD 感光面的成像光斑与步骤（1）中的光斑重合。

（3）读取方位轴向、俯仰轴向的光电码盘值。

2. 距离校准

激光雷达的距离校准是通过使用高精度仪器精确测量雷达与合作目标间的距离值、对应脉冲计数值来标定系统自身的计数时钟间隔。具体操作时采用开环模式进行校准，关键步骤如下。

（1）将激光雷达、地检计算机、合作目标按照图 7.21 连接，合作目标与激光雷达的距离取几米到几十米。

（2）使用地检计算机控制激光雷达指向合作目标，并开启测距功能。

（3）使用高精度仪器对合作目标与激光雷达的距离进行标定，并读取对应距离的光脉冲回波计数值，同时记录测试时对应的气象条件，包括温度、湿度、气压、大气能见度，并计算测量时经大气修正后的光速。

（4）选取不同的距离标定点，重复上述步骤。

7.6.2　角度与距离的测试

1. 角度测试

角度测试内容包括角度测量范围、角度测量精度两项，具体测量方法及操作步骤如下。

1）角度测量范围

激光雷达视线角的测量是在保证对合作目标稳定跟踪的状态下进行的。一般认为，方位轴向和俯仰轴向绝对正交，即运动完全解耦，各轴向的测量可以独立测试。

按照图 7.21，将激光雷达安装在二维转台上，通过地检计算机控制激光雷达，捕获并稳定跟踪合作目标，然后旋转转台，测量激光雷达方位、俯仰探测角度的最大测量范围，关键操作步骤如下。

（1）距激光雷达几十米（一般取 20～30m）处安装近场合作目标，调节近场合作目标高度与激光雷达中心大致等高。

（2）激光雷达开机跟踪近场合作目标后，调节转台角度，使激光雷达的角度为零位。

（3）分别转动转台的方位轴和俯仰轴，使激光雷达达到最大探测角度范围，记录转台最大转动角度的范围，即为激光雷达视线角测量范围。

2）角度测量精度

将激光雷达安装于二维转台上，激光雷达测量中心与转台两旋转轴轴心重合，转台的两旋转轴分别与雷达两扫描旋转轴平行；对准静止的合作目标，进行静态跟踪测量，输出一组方位角和俯仰角数据；转台旋转一定角度，重新测量一组数据。将激光雷达角度测量值与转台输出角度值相减，得到视线角测量精度，关键操作步骤如下。

（1）选择在晴朗、无风，无沙尘的天气进行测试。

（2）用水准仪将二维转台的工作台调整至水平，用自准直经纬仪和金属反射镜找到二维转台的工作台法线和合作目标的中心。

（3）在距离转台约 0.8m 处安装近场合作目标，目标应不受周围物体遮挡。

（4）转动转台到激光雷达零位标定点，激光雷达加电后引导激光雷达跟踪上合作目标，地检计算机记录激光雷达角度测量值。

（5）转台旋转一定角度并固定，该角度通过串口发送给地检计算机，当转台到位时，地检计算机自动记录 50 组转台输出角度值和雷达角度测量值。

（6）移动合作目标到不同的取样距离处，重复上述操作步骤。

2. 距离测试

距离测试内容包括距离测量范围、距离测量精度两项，具体测量方法及操作步骤如下。

1）距离测量范围

距离测量范围应包括最大作用距离和最小作用距离的测量。首先将合作目标安装在指标要求的最近距离处，控制激光雷达瞄准合作目标后对合作目标进行跟踪测距，使接收机有稳定的回波，系统能输出正确的距离数据；然后逐步缩小距离，直至系统恰好不能稳定跟踪测距，该距离即为最小作用距离。同理，逐步移动合作目标到远处，恰好不能稳定跟踪测距时对应的距离，即是最远作用距离。

2）距离测量精度

将激光雷达整机和高精度仪器放置在同一位置，在预先选好的标定点上安装合作目标，使用高精度仪器对合作目标与激光雷达的距离进行标定，将该标定值作为真值。激光雷达对合作目标进行测量，测得一组距离数据，经数据处理，排除测量粗大误差后得到距离测量值。将距离测量值与标定值进行比对，得到激光雷达在该标定点处的误差。在实际中，通常选取多个距离标定点进行测量，且要求不同的距离段取多个标定点。其中，关键测量步骤如下。

（1）将激光雷达、地检计算机和合作目标构成闭环测试系统。

（2）使用高精度仪器对合作目标与激光雷达的距离进行标定。

（3）激光雷达对合作目标进行跟踪，记录激光雷达测距值，同时记录测试时对应的气象条件，包括温度、湿度、气压、大气能见度，并计算经大气修正后的测量值。

（4）选取不同的距离标定点，重复上述步骤。

参 考 文 献

[1] 李九人. 空间紧急救援轨道总体分析与设计[D]. 长沙：国防科学技术大学，2007.

[2] 戴永江. 激光雷达技术[M]. 北京：电子工业出版社，2011.

[3] 赵明福. 星间高精度激光测距技术应用研究[D]. 西安：西安电子科技大学，2011.

[4] 邓全. 星载脉冲激光雷达变频测距技术研究[D]. 西安：西安电子科技大学，2011.

[5] 朱晓凯. 激光雷达结构设计及精度分析[D]. 西安：西安电子科技大学，2014.

[6] 方超. 双目 CCD 成像目标器识别算法研究[D]. 南京：南京理工大学，2007.

[7] 卢永吉，王远达，侯健，等. 军用飞机两级维修及其关键设计技术[J]. 航空维修与工程，2008(5): 52-54.

第 8 章
环境感知激光雷达

环境感知系统通过传感器采集和感知其周围完整的三维环境信息，为具有环境感知需求的平台安全运行提供决策依据，其性能关系到后续决策的成败。目前，可以用于环境感知的传感器主要有微波传感器、视觉传感器、红外传感器、超声传感器和激光雷达等。激光雷达具有测量精度高、空间分辨率高、可全天时工作等特点，能够提供障碍物的空间三维信息，具备目标识别能力，为主动避障、自主导航等应用提供了基础。

8.1 环境感知激光雷达的特点

8.1.1 感知对象

环境感知激光雷达的感知对象通常包括以下方面。

1. 路径识别

结构化道路的行驶路径识别包含道路交通标线、行车路边缘线、路口带向线、导向车道线、人行横道线、道路出入口标线、道路隔离物识别。

2. 物体感知

无人驾驶环境中的物体感知指的是移动和静止的物体。其中，移动物体包括行驶的车辆、路上的行人等；静止的物体包括交通指示牌、信号灯、建筑物等。上述移动物体会对车辆的安全行驶造成不同程度的影响。

3. 环境感知

驾驶环境感知主要包括路面状况、道路交通拥堵情况，对于无人机或直升机，还需要感知机身周围环境。

8.1.2 主要应用

激光雷达技术是一种光学感知技术，可让机器“看到”世界，做出决策。历经几十年发展，激光雷达技术已由最初的激光测距技术逐步发展出激光测速、激光跟踪、激光成像等技术，被广泛应用于各个领域。环境感知激光雷达主要有以下应用。

1. 辅助（自主）驾驶

在辅助（自主）驾驶领域，激光雷达以多线扫描体制为主，可以准确测量视场中障碍物与车的距离，精度可达厘米级。目前，激光雷达的应用包括可行驶区域检测、车道标识线检测、障碍物检测、动态物体跟踪、障碍物分类识别等。

2. 机器人

自主定位导航是机器人实现自主行走的必备技术，如以激光雷达为基础的即时定位与地图构建（Simultaneous Localization and Mapping，SLAM），加上视觉和惯性导航等多传感器融合的方案，可帮助机器人实现环境感知、自主建图、路径规划、自主避障等任务。

3. 无人机/直升机

机载激光雷达是应用于无人机/直升机的激光探测和测距系统。在军事应用领域，直升机在进行低空飞行时极易与地面小山或建筑物发生碰撞。能感知和规避地面障碍物的直升机机载环境感知激光雷达是解决上述问题的关键。目前，激光雷达在低空飞行直升机障碍物规避方面已进入实用阶段。

4. 智慧城市

在交通管制方面，激光雷达可用于信号灯即时感应控制，是未来道路协同的基础。此外，环境感知激光雷达可用于确定周围车辆的时速，驾驶员可在并道或转弯时凭此判断是否需要加速或减速。交通管理部门已将此技术应用于高速公路的监视，可据此获知公路上的车流量和拥堵情况。

8.1.3 主要功能

环境感知激光雷达需为无人车或直升机的规划导航提供决策依据，因此具备结构化道路检测、非结构化道路检测等功能。

1. 结构化道路检测

车道线检测主要有以下三个步骤。

（1）对获取的图片进行预处理。

（2）提取车道线特征。

（3）直线拟合。

在官方制定的行业标准下，结构化道路的设计较为规则，有明显的区分道路和非道路的车道线。在激光雷达系统中，利用距雷达不远处的车道线方向变化不大，即曲率变化很小的特点，近似用直线来拟合车道线。

此外，弯道是公路中常见的道路形式，对弯道检测是非常有必要性的。弯道检测可按照以下三步进行。

（1）对弯道的形状进行假设，以此为基础构建弯道检测模型。

（2）检测弯道车道线，提取每条车道线的像素点。

（3）结合弯道检测模型和提取的车道线像素点，解算弯道检测模型的最优参数。

2. 非结构化道路检测

对于越野环境等非结构化道路的情况，激光雷达采用基于深度学习模型的道路检测方法，结合探测环境和先验知识对道路图像数据进行处理，并基于不同的环境修正预测模型，实现非结构化道路检测。

例如，在车辆顶端安装激光雷达，对该雷达进行标定并采集周围障碍物的三维数据，将这些数据投影生成二值栅格数据并进行聚类，使用机器学习算法训练获得分类器，求取道边，从而完成非结构化道路边界的检测。

8.1.4 主要性能指标

环境感知激光雷达的主要性能指标有波长、视场（Field of View，FOV）、分辨率、探测距离、测距精度、帧频等。

1. 车载环境感知激光雷达

（1）波长：激光器波长的选择需要适应探测器的接收带宽，与探测距离相关。车载环境感知激光雷达对探测距离要求不高，普通半导体探测器即可满足需求，考虑到人眼安全，波长一般选905nm，也有的选1550nm。

（2）视场：视场的大小与激光雷达的感知范围有关。车载环境感知激光雷达需要探测车周边环境的障碍物信息，因此其水平视场最大可达到 360°，垂直视场基于不同需求，一般为±15°～±40°。

（3）分辨率：分辨率越高，激光雷达探测障碍物的粒度越小，感知越精细，反之亦然。车载环境感知激光雷达的水平视场分辨率一般为0.09°～0.125°，垂直视场分辨率一般为0.1°～0.8°。

（4）探测距离：探测距离体现了激光雷达的感知能力。目前，车载环境感知激光雷达的探测距离通常为100～200m。

（5）测距精度：测距精度是评价激光雷达感知准确性的评价指标，精度越高，探测结果越准确。车载环境感知激光雷达的探测距离通常为10mm～3cm。

（6）帧频：帧频对于激光雷达感知目标，尤其是运动目标的状态、速度等至关重要。无人车需探测的障碍物类型和数量较多，对帧频要求较高，通常不低于 20Hz。

2. 机载环境感知激光雷达

（1）波长：机载环境感知激光雷达需实现远距离探测，要求探测器具有高灵敏度和抗环境光干扰能力，其探测波长通常选择 1550 nm。

（2）视场：直升机通常无须具备 360° 视场能力，在前行、转向、着陆时，水平视场一般为 40°～60°，垂直视场一般为 30°～50°。

（3）分辨率：机载环境感知激光雷达需要探测大到建筑物，小到电力线等目标，对分辨率要求较高，水平分辨率需优于 0.1°，垂直分辨率需优于 0.05°。

（4）探测距离：基于探测目标和能见度的差异，探测距离有所不同。对于线缆，探测距离至少大于 300m；对于大型目标，探测距离需大于 1000m。

（5）测距精度：通常不大于 0.5m。

（6）帧频：空中飞行环境相比于无人车的行驶环境，复杂度较低，对数据刷新率要求不高，1～6Hz 即可满足需求。

8.2　环境感知激光雷达的组成

8.2.1　系统组成

如图 8.1 所示，环境感知激光雷达由激光发射系统、激光接收系统、光学系统、信息处理（数据处理和图像处理）系统、控制系统、供电系统等组成。

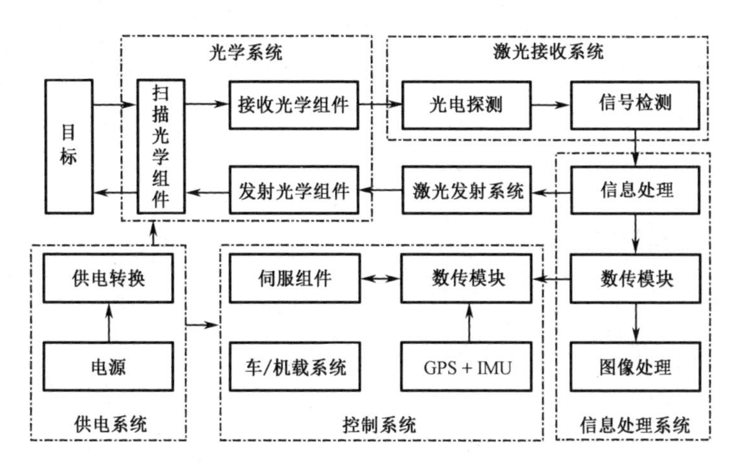

图 8.1　环境感知激光雷达系统的组成

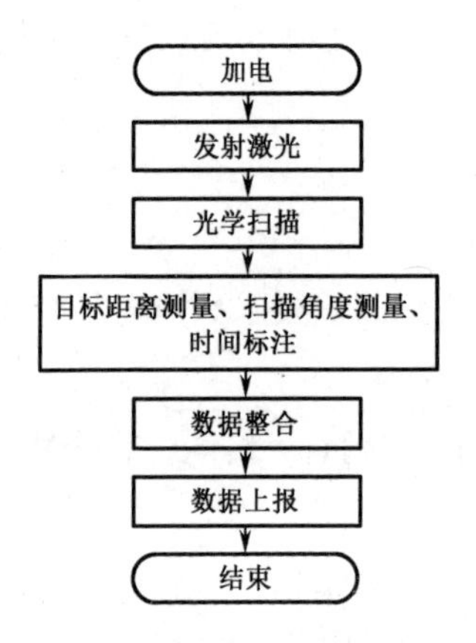

图 8.2　环境感知激光雷达工作流程图

如图 8.2 所示，环境感知激光雷达加电后，在信息处理系统的控制下将工作模式发给各分机，控制激光器的发射频率，伺服组件的扫描角度、扫描速度等。激光光束经光学整形后，小部分被主波探测器接收作为探测起始信号，其余射向扫描光学组件并反射到指定区域。伺服组件通过旋转实现光束在预定角度内依次照射目标，目标反射光经接收光学组件汇聚到光电探测器上，完成光电转换，经信号处理后送信息处理系统。信息处理系统完成目标的距离测量、强度测量，接收伺服组件输出的角度测量数据，得到距离、强度、方位和俯仰信息，输出至计算机或车/机载控制系统，实现三维点云图像生成、障碍物提取等功能。

8.2.2　激光发射系统

激光发射系统为激光雷达提供了大功率、高重频、高质量的阵列光源。激光器的发射功率、激光光束的发散角、光强分布截面等直接影响激光雷达的性能。如果探测目标为路面、障碍物等，则可近似看作扩展目标，对激光发散角要求不高；如果探测目标为电力线等非扩展目标，则对激光发散角要求较高。

车载环境感知激光雷达主要用于感知无人车周围环境的障碍物，实现主动避障、自主导航等功能，对探测距离、探测精度等要求不高，因此可以选半导体激光器。机载环境感知激光雷达必须适应飞行速度、飞行高度等的需求，需要快速感知机身周围较远距离的环境信息，为后续飞行、导航等提供决策依据，因此可选择光纤激光器。

8.2.3　光学天线

激光器发出的光经过光束准直、扩束后，形成满足测量要求的激光束，覆盖成像视场范围。光学天线接收视场范围内反射的激光，经滤波后汇聚到光电探测器光敏面上，形成回波信号，完成高质量光学成像和收发视场的匹配。

为实现小体积、高性能的激光雷达设计，光学系统通常采用收发共口径技术，通过在光路中插入 1/4 波片和偏振分束镜将激光发射和接收分离，实现收、发光学组件共光路设计方案，从而将原本需要的 2 个镜筒减少为 1 个，大大减小了光学系统的口径和体积。激光雷达对收发光轴稳定性具有非常高的要求，如果环境温度变化产生应力引起系统收发光轴相对变化，将对整机性能产生极大影响，甚至无法正常探测。因此，必须采用稳定的光机结构设计、装调技术，以保证温度变化时光轴的稳定性。

8.2.4　多通道接收

激光接收系统主要完成光电转换。它通过光学系统收集从目标反射的极其微弱的光信号，将光信号由光电传感器转换为电信号后，经放大处理，噪声滤波、信号接口匹配后，输出满足总体要求的电脉冲信号。激光接收系统的灵敏度表征了接收机接收微弱光信号的能力，灵敏度越高，所能接收到的信号就越弱，激光雷达的作用距离就越远。

激光接收系统的设计通常需要考虑探测器类型、接收机带宽、探测灵敏度等主要指标。探测器的选择应当与激光器的波长和发射机制相匹配，若激光器选用1550nm 人眼安全激光，则需选用能够响应 1550nm 波长的探测器；若激光器选用阵列发射机制的，则探测器需具有相应的阵列接收功能。

8.2.5　数据采集与处理

数据采集与处理部分是信息处理系统的核心，通常包含测距模块、控制和数传模块。测距模块主要完成目标距离解算、目标强度测量、数据预处理等；控制和数传模块主要接收处理计算机的控制命令，接收激光雷达的测量信息和状态信息，完成测量信息的输出。

信息处理系统以 FPGA 为核心，配以 A/D 转换及接口电路组成，实现系统测距、通信及总控功能。测距主要采用超高速 A/D 转换的主回波数据，通过滤波及波形分析，提取主回波波形，解算主回波波形质心，完成距离测量。通信采用 FPGA 实现，FPGA 接收系统控制指令，对指令进行解析并处理，接收采集的距离、强度、角度和时间数据，组帧通过网络发送给总控。总控由 FPGA 完成，主要完成激光器、接收机等的控制。

8.2.6　图像处理与显示

图像处理系统通常需要实现以下功能。

（1）图像预处理：对传感器原始数字视频进行透雾、增强、白平衡、3D 降噪等处理，实现图像质量最佳化。

（2）图像显示：完成系统状态、故障信息、方位角、俯仰角、目标位置、十字分划等信息的图像叠加，并通过 AVT、以太网接口送至显示设备。

激光三维成像数据量大、算法复杂度高，为实现高速实时的图像信息处理，采用 FPGA 和 DSP 分别实现硬件和软件处理方式，以提高图像处理的速度。以 FPGA 为主要功能芯片的子系统实现图像预处理功能，DSP 实现对激光雷达点云数据的复杂运算处理。此外，DSP 可通过总线连接容量较大的 DDR，作为全局外部存储器用于存储图像处理过程中的图像数据。

8.3 环境感知激光雷达的工作方式

8.3.1 三维成像探测

环境感知激光雷达通过探测目标距离，结合目标方位、俯仰等信息，得到包含距离、方位角、俯仰角三维信息的三维图像，完成三维成像探测。基于成像方式的不同，三维成像探测可分为扫描式和面阵式。

1. 扫描式三维成像探测

由于激光发射一次只能测量一个目标点的信息（距离、强度、角度），因此目前广泛使用的三维成像探测主要采用扫描式，即以单点测距加光机扫描或机械扫描方式对探测区域进行逐点覆盖，对大区域目标的成像需要在扫描机构的带动下逐点依次测量，以实现大范围、高密度的三维测量。

扫描式三维成像探测技术成熟、系统简单，易于实现远距离探测，关键器件成熟度高，但由于采用逐点扫描方式，成像速度慢。在同等探测面积和探测分辨率的情况下，需要较高的激光发射频率，对于大角度高速精细测量，激光发射频率高达几十万赫兹，这对激光器设计是较大的挑战。

2. 面阵式三维成像探测

面阵式三维成像探测不需要复杂的扫描机构，简化了系统设计，单次激光脉冲发射即可获得包含距离、方位角和俯仰角信息的整幅三维图像，因此又称“闪光式”成像，能够极大地提高雷达系统三维成像的速度。

面阵式三维成像探测可通过一次激光发射实现面阵成像，因此需要较高的激光单脉冲能量，且面阵闪光成像的视场角较小。此外，应用于激光雷达的面阵探测器的像元数量有限，限制了其成像视场和分辨率。像元越多，需要处理的信号就越多，信号间的各种干扰会影响成像精度。

用环境感知激光雷达对真实环境进行三维成像探测，三维成像图如图 8.3 所示。

（a）真实环境

（b）环境感知三维成像

图 8.3 真实环境和环境感知三维成像图

8.3.2 环境信息生成

环境感知激光雷达采集的数据是离散的激光点云数据，包含测量目标相对于激光雷达的距离、方位角和俯仰角，在对探测目标进行探测及识别时，需要将点云数据转换成真实三维坐标。激光点云三维坐标解析主要包含点云数据预处理和三维坐标解析。

1. 点云预处理

点云数据预处理是对采集的激光点云噪声数据进行滤波，剔除异常的距离及角度数据。

（1）对于距离数据，由于激光采用的是角度扫描，测量的激光点云距离是离散数据，常规的滤波算法无法剔除隐藏在探测目标中的噪声。可采用距离门限方式，剔除过大或过小的异常距离数据。对于隐藏在探测目标中的噪声，主要在点云滤波时剔除。

（2）在激光雷达扫描测量的过程中，方位角和俯仰角连续变化，电路噪声等会引起角度数据突变。在激光三维坐标解算的过程中，主要采用二次插值算法对采集的数据进行异常判断，剔除异常角度数据，插值填补未测量时刻的角度数据。

2. 三维坐标解析

三维坐标解析是将距离、角度数据转换成激光雷达坐标系中的三维坐标。假定激光扫描测量点 P 的距离、方位角和俯仰角分别为 d、α 和 β，则测量点 P 的坐标为

$$
\begin{cases}
x = d\cos\beta\cos\alpha \\
y = d\cos\beta\sin\alpha \\
z = d\sin\beta
\end{cases}
\tag{8.1}
$$

激光雷达将探测得到的距离、方位角、俯仰角及当前采集数据时刻一并送往缓存区，交换存储缓冲区空间，并通知成像计算机读取数据。成像计算机读取相应的点云数据，进行坐标解析、空间位置映射，生成三维激光坐标云图并显示，具体流程如图 8.4 所示。

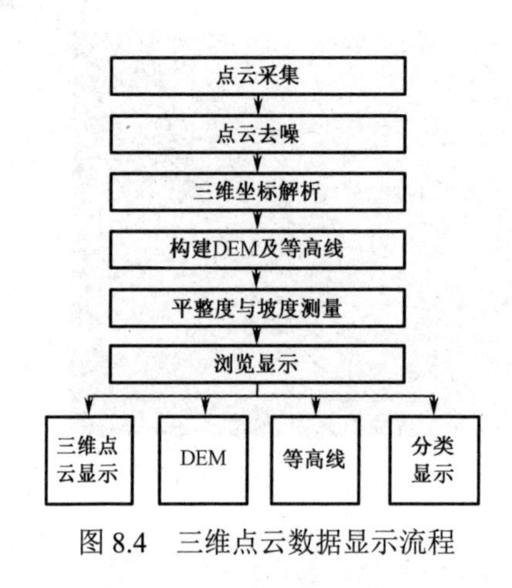

图 8.4　三维点云数据显示流程

8.3.3　障碍物检测

环境感知激光雷达需要对无人车或直升机运动过程中遇到的障碍物进行检测与识别，实时获取障碍物的类别、位置、大小、轮廓、朝向、速度、加速度、轨迹等时空信息，以便进行后续的安全路径规划。

1. 无人车障碍物检测

无人车在行驶过程中遇到的典型障碍物包括车辆、行人、交通路牌、路边树木等。为了保证无人车安全行驶，需要激光雷达对车身周围的典型障碍物进行检测和识别。

障碍物检测是将激光点云进行精细分类和标记的过程，准确区分不同类型的障碍物，辅助无人车准确避障，为安全路径规划提供保障。

2. 直升机障碍物检测

直升机在飞行过程中遇到的典型障碍物包括电力线、高压线塔、孤立障碍物、建筑物、车辆等。此外，直升机在着陆寻址过程中会经过灌木丛、草地、水塘、沙地、丘陵等不同地貌。为了保障直升机的安全飞行和着陆，需要激光雷达能够自动识别这些障碍物和不同地貌。

直升机障碍物检测是将获取的原始激光点云分割为地面、植被、建筑等。地面点和导线点分类一般可基于高度特征自动识别；植被点、建筑点、道路点、杆塔点云和车辆等精细分类往往需要结合相关算法，如随机森林、决策树等机器学习算法。

3. 障碍物检测步骤

激光雷达根据采集的三维点云数据检测障碍物，有三个主要步骤，即样本选择、特征提取、障碍物标记检测。样本选择对于任何一种监督分类都是至关重要的。样本一般至少包含以下三个特性：能够完全描述试验区域的地貌特点；包含试验区域的所有地表、地物类别；尽可能均匀分布。在特征提取完成后，将样本数据的特征集与其对应的类别标签作为机器学习算法的输入，训练检测模型。待训练结束后，将检测模型用于障碍物检测和标注。

8.3.4　安全路径规划

环境感知激光雷达的主要任务是及时、精确地获取无人车周边或直升机前视和俯视模式下一定距离内的三维环境信息，并上传至控制系统，为实时、可靠、准确地识别存在安全隐患的物体，规划安全、迅速到达目的地的行驶方案提供信息支持，主要体现在以下方面。

（1）安全性：能实时、准确地识别出对无人车或直升机的移动可能存在安全隐患的物体，为无人车或直升机的机动提供信息。

（2）通过性：基于自身性能和共识的规则，能实时、可靠、准确地识别并规划可保证规范、安全、迅速到达目的地的路径。

局部路径规划，又称即时导航规划，是指以局部环境信息和自身状态信息为基础，对障碍物的移动轨迹进行监测跟踪（Moving Object Detection and Tracking，MODAT），做出下一步可能位置的推算，绘制出包含现存碰撞风险和潜在碰撞风险的障碍物地图，是目前广泛使用的路径规划方式。局部路径规划包括环境模型建立和安全路径搜索两部分。

1. 环境模型建立

建立环境模型是指在障碍物检测的基础上，利用栅格法把视场区域分割成规则而均匀的含二值信息的栅格，在无人车或直升机移动的过程中，栅格的尺寸和位置不变。二值信息分别表示某栅格处是否有障碍，没有障碍的栅格为自由栅格，否则为障碍栅格。栅格的尺寸通常和无人车或直升机的基本移动步长相适应，故其移动转化成从一个自由栅格移动到下一个自由栅格，路长对应爬过的栅格数。

由于视觉系统无法做到精细的边界分割，难以适应太精细的栅格，因此激光雷达更适合栅格法。

2. 安全路径搜索

安全路径搜索的任务是基于障碍物检测和环境模型，结合不同的路径规划算法（如 Dijkstra 算法、Lee 算法、Floyd 算法、启发式算法、蚁群算法等），规划一条自起始点到目标点的无碰撞、可通过的理想局部路径。

8.4 环境感知激光雷达的设计

8.4.1 激光波段选择

环境感知激光雷达的工作波长是其最关键的指标，对性能影响较大，不同电磁波的波长如图 8.5 所示。

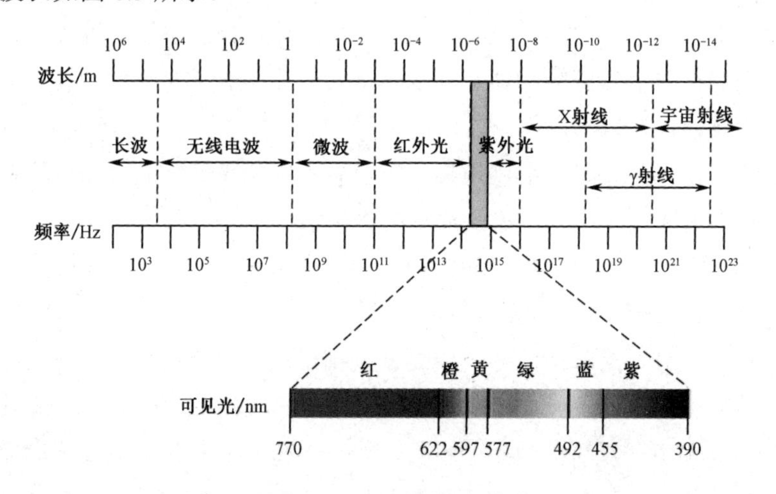

图 8.5 电磁波波长范围

激光雷达工作波长的选择主要有以下依据。

（1）所选用的激光波长对雷达与目标之间介质的穿透能力较强，能以较小的发射激光功率实现较远的作用距离。

（2）与激光器的种类、性能相适应。

（3）与探测器和接收机性能相适应，在同等条件下，提高接收系统的灵敏度，可大大降低对发射功率的要求。

（4）充分考虑目标的背景特性，所选波长应有利于从背景中选出目标。

（5）选用对人眼安全的波段。

激光雷达光源的工作波长主要为 850nm、905nm、940nm、1550nm，目前的激光雷达产品以 905nm 和 1550nm 为主。基于不同的应用平台，激光雷达工作波长的选择有所差异。

1. 车载激光雷达波长的选择

由于要避免可见光对人眼的伤害，激光雷达常用的波段在 1000nm 以内，典型值是 905nm，该波段可采用硅做探测器，成本低且产品成熟，激光在空气中传播的稳定性较高，成为激光雷达中最常用的波长。

近年来，以砷化镓（GaAs）为工作物质产生 905nm 脉冲激光的半导体激光器（激光二极管）发展尤为迅速。它的优点是体积小、重量轻、功耗低、易调制、易集成。虽然半导体激光器的输出激光峰值功率（百瓦级）和重频（最高不超过 100kHz）较低，但其探测距离可达到 200m，能够满足车载环境感知激光雷达的应用需求。因此，905nm 波段半导体激光雷达成为大多数激光雷达厂商，尤其是无人驾驶产品厂商的选择。

用于车载环境感知激光雷达的半导体激光器常用指标如下。

（1）激光波长：905nm；

（2）激光峰值功率：70W；

（3）激光重频：1～40kHz；

（4）脉宽：7ns。

2. 机载激光雷达波长的选择

随着光线波长的增大，人眼的晶状体、眼角膜等的投射性能不断减弱，波长大于 1400nm 的光无法投射到视网膜上，因此 1550nm 激光雷达对人眼的安全阈值更高。1550nm 波段对烟雾的穿透能力较强，可采用 Ge 或 InGaAs 探测器，虽然成本较高，但可以发射更高功率的激光，以获得更远的探测距离。

直升机的飞行速度快、飞行高度高，在飞行、着陆时需要远距离快速感知障碍物，如电力线、电线杆等，从而为后续的飞行规划或避障预留足够的反应时间。鉴于直升机使用环境的特殊性，机载环境感知激光雷达的激光器应具有以下特征：大气穿透能力强、探测距离远、探测精度高、探测灵敏度高、抗干扰能力强等。因此，重频高、功率高的 1550nm 光纤激光器成为远距离、高灵敏探测的首选。

用于机载环境感知激光雷达的光纤激光器常用指标如下。

（1）激光波长：1550nm；

（2）激光峰值功率：12kW；

（3）激光重频：100～240kHz；

（4）脉宽：（3±1）ns。

综上所述，环境感知激光雷达在波长选择上，短距离探测一般采用 905nm，远距离探测则采用 1550nm。

8.4.2 高密度成像设计

点云密度是激光雷达点云数据的重要属性，反映了激光脚点空间分布的特点及密集程度，而激光脚点的空间分布直接影响地物的空间分布状态和特点。一般认为，点云密度越大，激光雷达能分辨和探测粒度越小的目标，环境感知的效果越好。

点云密度与空间分辨率和激光重频有关，激光雷达的分辨率越高、重频越大，则点云数据的密度越大。

1. 车载平台高密度成像设计

在水平视场上，无人车需具备 360° 感知能力。目前，车载激光雷达的水平视场分辨率指标设计必须优于 0.1°，考虑到电动机转速，如 600r/min，则激光重频至少要达到 36kHz，即激光雷达在水平视场上每秒至少产生 36000 个脉冲探测点。如果车载激光雷达在纵向视场方向采用多元线列收发阵列，假设垂直视场为 30°，垂直视场分辨率为 0.5°，则至少需要 60 元线列收发，即纵向视场上每秒至少产生 60 个脉冲探测点。图 8.6 所示是车载平台激光雷达点云高密度成像。

图 8.6 车载平台激光雷达点云高密度成像

综上所述，在满足车载环境感知激光雷达基本设计指标的情况下，激光雷达每秒至少产生 2.16×10^6 个脉冲探测点。因此，空间分辨率、视场、激光重频，以及电动机转速是影响车载环境感知激光雷达高密度成像设计的关键指标。

2. 机载平台高密度成像设计

考虑到机载环境感知雷达在远距离情况下对电力线等微小障碍物的探测能力，激光器的发散角一般不大于 1mrad。由于横向的电力线对直升机的威胁较大，为了提高电力线的探测概率，通常设计垂直分辨率优于 0.05°。在垂直视场为 30°的情况下，垂直方向激光点数为 600 点。水平方向可以适当增大激光间隔，当水平视场为 60°，水平视场分辨率为 0.15° 时，水平方向激光点数为 400 点，此时视场空间激光点数为 240000 点。当数据刷新率为 1Hz 时，机载平台激光雷达的激光重频达到 240kHz，即每秒至少产生 2.4×10^5 个脉冲探测点。

此外，直升机飞行时的飞行高度和姿态会对点云密度产生影响。

（1）飞行高度

点云间距直接反映点云密度大小，对于脉冲式激光测距传感器来说，航向点间距和旁向点间距共同决定着点云密度分布。一般而言，激光重频越高，点云密度越大。在功率一定的情况下，重频越高，单束激光的能量就越小，量测的距离越小，换言之，飞行高度越低，点云密度越高。

（2）飞行姿态

当直升机的俯仰角发生变化时，激光脉冲探测点位置向前或向后偏移。随着偏移值的变化，点云航向分布呈现不同状态。当飞机头逐渐向下倾斜，俯仰角逐渐减小，点云航向点间距逐渐缩小，点云密度逐渐增高；飞机向上逐渐抬头，俯仰角逐渐增加，点云航向点间距逐渐扩大，点云密度逐渐降低。

综上分析可知，对于机载环境感知激光雷达，空间分辨率、激光重频、数据刷新率、航高以及飞行姿态是影响其高密度成像设计的关键。

8.4.3　高速成像设计

为了克服传统激光雷达成像速度慢、数据刷新率（帧频）低的缺点，扫描成像激光雷达逐渐从单点扫描向线阵扫描和面阵三维成像过渡。

1. 车载平台高速成像设计

无人车的驾驶环境复杂，车身周围障碍物类型多、数量多，因此激光雷达需要有较高的数据刷新率，通常不低于 20Hz。同时，车载激光雷达的探测距离短，一般小于 200m，因此常采用阵列发射接收加周视扫描的高速成像设计。例如，选择一维方向，如垂直方向，采用线列探测器组件实现小角度探测；另一维方向即水平方向，通过扫描体制实现周视成像，扫描成像示意图如图 8.7 所示。

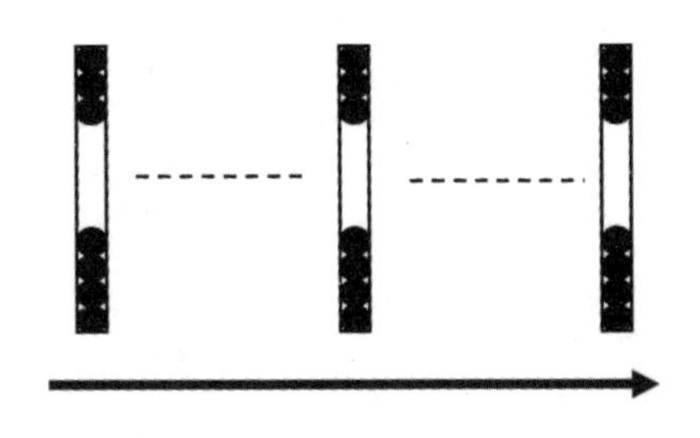

图 8.7　扫描成像示意图

激光阵列发射模式采用与线阵光电探测器图样匹配、一一对应的多束激光对目标进行照射，如图 8.8 所示。

激光阵列发射可采用激光器阵列发射，或者对一个激光器输出的光进行并行分束发射。激光器阵列发射可采用多个半导体激光二极管阵列，将其排布成所需的图案。对一个激光器输出的光进行并行分束发射，主要采用并行分束发射装置将激光分束形成所需要的图案。采用激光多束发射，可以提高激光能量的利用率，因而可增大激光雷达的探测距离。

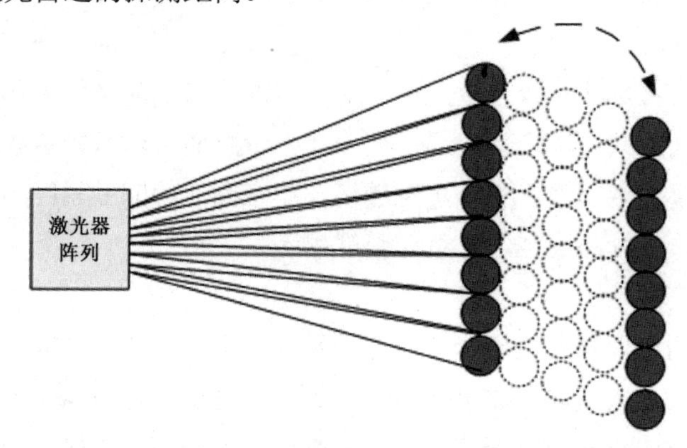

图 8.8 激光阵列发射模式

根据无人车的应用需求，激光雷达伺服平台设计转速为 600～1500r/min，帧频为 10～25Hz，可实现周视成像 10～25 次/s，满足车载环境感知激光雷达的高速成像设计需求。

2. 机载平台高速成像设计

空中飞行环境比地面环境复杂度低，所遇障碍物少，且均为电力线、电力塔、树木等典型障碍物，数据刷新率无须太高。此外，机载环境感知激光雷达需要满足远距离探测需求，因此常采用单点测距加快速机械扫描（二维振镜、双光楔）的高速成像设计，其原理如图 8.9 所示。

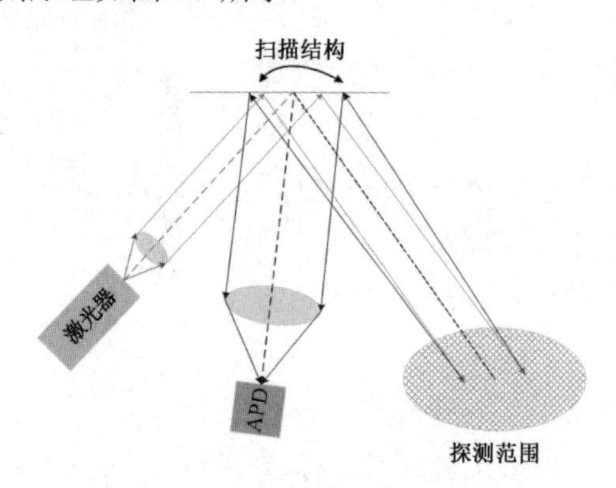

图 8.9 单点测距加快速扫描成像原理

因为激光发射一次只能测量一个目标点的信息（距离、强度、角度），所以对大区域目标的成像需要在扫描机构的带动下快速逐点测量。扫描成像技术成熟、系统简单，易于实现远距离探测；关键器件成熟度高，可以实现全部国产化，价格适中。虽然采用逐点扫描方式的作业效率较低，但能够满足机载环境感知激光雷达 1～6Hz 帧频设计指标的高速成像需求。

8.4.4 抗干扰设计

激光雷达工作时，背景光噪声及雨、雪、雾等恶劣天气会严重影响其探测性能。为了适应激光雷达全天时应用场景，减小视场内背景光及恶劣天气的干扰是提高探测灵敏度，实现激光雷达高分辨率和远程探测的关键，也是环境感知激光雷达系统的设计要点之一。

1. 放置滤光片

为了抑制背景光，突出目标特性，一个有效方法是在接收光学系统的平行光路中加入滤光片装置。对比国内现有技术，采用把滤光片装置安装在探测器靶面入瞳成像的位置，这对成像系统设计有以下优势。

（1）可有效减小系统体积，实现探测系统微型化。

（2）可提高探测器适配光学镜头的通用化程度。

根据滤光片设计策略及准则，可在探测器前端放置白天、夜晚、透雾等多种滤光片，以满足复杂气象条件下光电联合图像增强的需要。滤光片（窄带滤光片）的设计主要关注以下性能指标。

（1）中心波长（905nm、1550nm）；

（2）带宽（5～10nm）；

（3）峰值透过率（70%～85%）；

（4）截止部分的截止深度。

2. 偏振态调制

在发射端对激光脉冲进行偏振态调制和光子串随机编码，在接收端对回波信号进行解调，可得到不含背景光和杂散光的探测目标回波信号。

设计思路为：激光器发出的高重频激光经过调制装置产生一组 $\theta+0^\circ$、$\theta+45^\circ$、$\theta+90^\circ$ 和 $\theta+135^\circ$ 偏振态，其中，θ 的取值范围为 $0^\circ\sim45^\circ$，每组都由一个 8 位的伪随机码产生，将调制后的激光脉冲进一步采用 8 位伪随机 OOK 编码。激光发射信号经过目标反射后，首先通过滤波器进行滤波，然后利用偏振分束器和透镜对回波信号进行分束，探测器探测上述 4 个偏振态的回波信号，通过解码得到仅包含激光回波信号的激光点云图像。

3. 图像处理

雨、雪、雾、沙尘等恶劣天气会对场景中的物体有遮挡，造成物体轮廓、特征缺失，当激光雷达对这些物体进行扫描成像时，点云数据无法体现物体的典型特征，进而影响检测和识别。

对于恶劣天气场景中的障碍物检测和目标识别，需要在信息处理系统中设计能够对探测器成像后的点云图像进行降噪、去雾处理的算法，如He增强算法、直方图均衡化增强算法、Retinex增强算法等，以增强点云图像中障碍物的特征显示，为点云聚类、分割奠定基础。

8.5 环境感知激光雷达的数据处理

8.5.1 感知范围

激光雷达的感知范围是后续障碍物检测、导航避障、路径规划的关键影响因素，感知范围越大，激光雷达“看”得越多，环境信息感知越丰富，感知结果越可靠。

1. 视场拼接与视场扩展

对于无人车，单个激光雷达的视场有限，完成环境感知功能需要获取车身周围360°全方位的环境信息，以检测和识别周围所有的障碍物。因此，车载环境感知激光雷达系统往往采用多激光雷达联合感知。

激光雷达系统可采用发射视场拼接模式与线阵探测器的一体化设计，先完成发射的视场拼接，再通过接收光学系统将线阵探测器对应于相应的视场。将阵列收发组件置于伺服平台上，随伺服平台一起进行360°旋转，获得360°的水平视场，并通过结构组装获得30°纵向视场，实现360°×30°的视场拼接与扩展，从而获得最大的感知范围。车载环境感知多激光雷达三维效果图如图8.10所示。

图8.10　车载环境感知多激光雷达三维效果图

直升机虽无需 360° 视场感知，但需要对前行（前视）和着陆（下视）这两种典型的飞行模式进行视场感知。因此，前视和下视的切换也是对直升机视场感知范围的拼接与扩展。前视视场区域和下视视场区域的光学扫描可利用两块振镜实现，如图 8.11 所示。

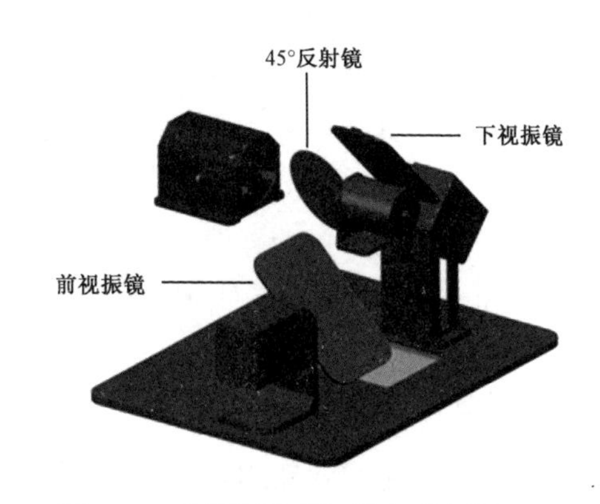

图 8.11 机载环境感知激光雷达前视和下视模式示意图

如果前视视场设计为 60°（水平）×30°（垂直），则反射镜光学扫描角度为 ±30°，前视振镜光学扫描角度为 ±15°；如果下视视场设计为 40°（水平）×40°（垂直），则反射镜光学扫描角度为 ±20°，下视振镜光学扫描角度为 ±20°。两种设计的前视视场和下视视场激光布局示意图如图 8.12 所示。

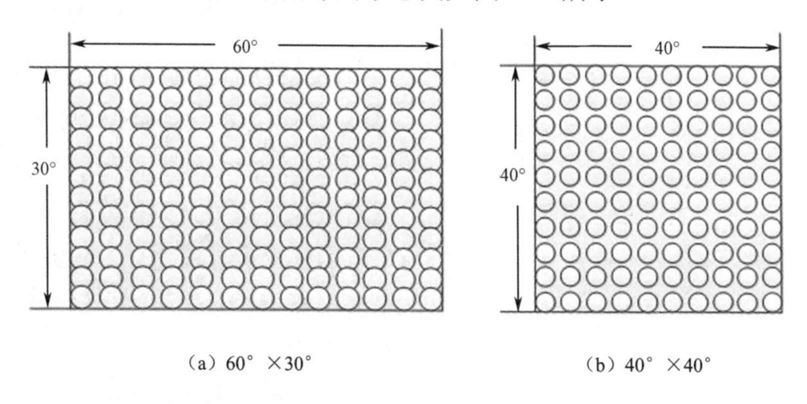

（a）60°×30°　　（b）40°×40°

图 8.12 前视视场和下视视场激光布局示意图

2. 环境信息积累与更新

在无人车或直升机运动的过程中，视场内的环境不断发生变化，这不利于环境信息的感知和提取，从而使障碍物检测、导航避障和后续安全路径规划变得困难。为了在运动的情况下准确感知环境的变化，环境感知激光雷达应具有环境信息积累与更新能力，从而拓宽其感知范围和感知深度。

环境感知激光雷达对当前环境信息的实时感知能力越强，感知结果越可靠，导航避障和路径规划的安全性越高。然而，数据采集、平台运动、图像处理等因素的综合影响，使激光雷达视场内的环境信息可能滞后于真实环境。例如，直升机向前飞行时，如果飞行速度为 250km/h，数据刷新率为 1Hz，则直升机当前视场内的环境信息可能来自刚刚经过的、大约 70m 之外的位置，即前一帧数据的地面检测结果。

因此，环境感知激光雷达需要重点解决实时平台运行环境的感知测量问题，通过无人车或直升机前进（或着陆）方向环境信息的实时累积与更新，选择合适的障碍物躲避及局部安全路径规划算法，对环境感知平台导航器进行路径修正，以实现智能自主导航。

8.5.2 标定

由于安装方式和相对于车载或机载平台安装位置的不同，激光雷达均在其各自所在的坐标系下采集数据。因此，需将激光雷达与平台或多个激光雷达的坐标系进行联合标定，将其采集到的数据整合到统一的坐标系（如激光雷达搭载平台所在的坐标系）下，从而得到致密的点云数据。

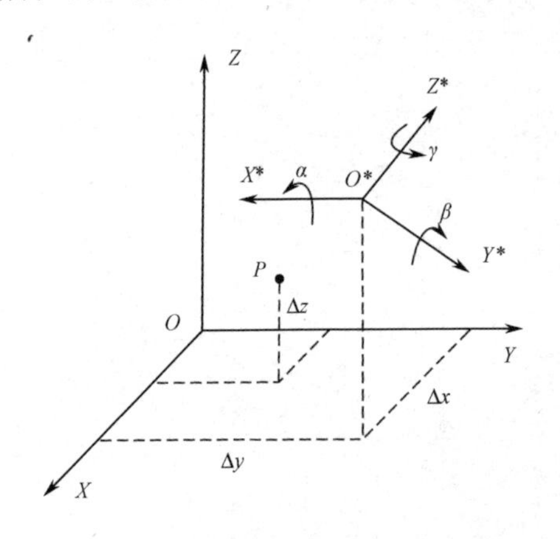

图 8.13 车载或机载安装平台坐标系与激光雷达坐标系的关系

1. 激光雷达与平台的标定

激光雷达的内参，即内部激光发射器坐标系与雷达本身坐标系的转换关系，在出厂前已经标定好，可以直接使用，但仍需对激光雷达与无人车或直升机等安装平台的外参进行标定。车载或机载安装平台坐标系与激光雷达坐标系的关系如图 8.13 所示。

平台坐标系以 O 为原点，垂直地面向上为 Z 轴正方向，朝前为 X 轴正方向，朝右为 Y 轴正方向。由于激光雷达在平台上的安装位置固定，因此两个坐标系的转换为刚性变换，可以用旋转矩阵 $\boldsymbol{R}$ 和平移矩阵 $\boldsymbol{T}$ 表示。

P 点在 $OXYZ$ 坐标系下的坐标为(x,y,z)，在 $O^*X^*Y^*Z^*$坐标系下的坐标为(x^*,y^*,z^*)，坐标转换关系为

$$\begin{pmatrix} x \\ y \\ z \end{pmatrix} = \boldsymbol{R} \begin{pmatrix} x^* \\ y^* \\ z^* \end{pmatrix} + \boldsymbol{T} \tag{8.2}$$

进一步推导得到

$$\begin{pmatrix} x \\ y \\ z \\ 1 \end{pmatrix} = \begin{pmatrix} \cos\beta\cos\gamma & \cos\alpha\cos\gamma - \cos\gamma\sin\alpha\sin\beta & \sin\alpha\sin\gamma + \cos\alpha\cos\gamma\cos\beta & \Delta x \\ -\cos\beta\sin\gamma & \cos\alpha\cos\gamma + \sin\alpha\sin\beta\sin\gamma & \cos\alpha\sin\beta\sin\gamma & \Delta y \\ -\sin\beta & -\cos\beta\sin\alpha & \cos\alpha\cos\beta & \Delta z \\ 0 & 0 & 0 & 1 \end{pmatrix} \begin{pmatrix} x^* \\ y^* \\ z^* \\ 1 \end{pmatrix} \tag{8.3}$$

通过采集同一个点在两个坐标系下的真实坐标，即同名点，建立一系列方程组，求出未知参数，可得到坐标系转换关系。

2. 多激光雷达的标定

点云数据由激光雷达采集获得，其坐标系与激光雷达坐标系一致。对激光雷达的点云数据进行配准，把多幅激光雷达的点云数据经过变换统一到同一坐标系下，可以求取多幅点云数据的变换关系，此变换关系就是多激光雷达之间的变换关系。因此，多激光雷达的标定转换为点云数据的配准问题。

常见的点云配准算法包括正态分布变换（Normal Distribution Transform，NDT）算法和迭代最近点（Interative Closest Point，ICP）算法。

1）NDT 算法

NDT 算法把一个立方体内的大量离散点表示为一个分段连续可微的概率密度函数，将点云空间分为若干个相同的立方体，并满足每个立方体内都至少有 n 个点云，分别计算其均值 q 和协方差矩阵 $\boldsymbol{\Sigma}$，即

$$q = \frac{1}{n}\sum_i \boldsymbol{X}_i,\ \boldsymbol{\Sigma} = \frac{1}{n}\sum_i (\boldsymbol{X}_i - q)(\boldsymbol{X}_i - q)^{\mathrm{T}} \tag{8.4}$$

式中，n 为点云个数；$\boldsymbol{X}_i$ 为点云集合。

以此为基础，NDT 算法的具体步骤如下。

（1）计算第一帧激光雷达点云集的 NDT，并初始化坐标变换矩阵 $(\boldsymbol{R},\boldsymbol{T})$。

（2）利用 $(\boldsymbol{R},\boldsymbol{T})$ 将第二帧点云映射到第一帧点云的坐标系中，得到新点云 X'。

（3）求每个点变换后的概率密度 $\rho(\boldsymbol{X}_i') \sim \exp\left[-\frac{(\boldsymbol{X}_i' - q_i)^{\mathrm{T}} \boldsymbol{\Sigma}_i^{-1} (\boldsymbol{X}_i' - q_i)}{2}\right]$。

（4）概率密度相加评估变换参数 $s(\rho) = \sum_i \exp\left[-\frac{(\boldsymbol{X}_i' - q_i)^{\mathrm{T}} \boldsymbol{\Sigma}_i^{-1} (\boldsymbol{X}_i' - q_i)}{2}\right]$。

（5）使用 Hessian 矩阵优化 $s(\rho)$，跳转到步骤（2），直至满足收敛条件。

2）ICP 算法

ICP 算法的本质是求解源点云集 $\boldsymbol{P}$ 与目标点云集 $\boldsymbol{Q}$ 之间距离最小的空间变换。若旋转矩阵为 $\boldsymbol{R}$、平移矩阵为 $\boldsymbol{T}$，$E(\boldsymbol{R},\boldsymbol{T})$ 表示 P 在 $(\boldsymbol{R},\boldsymbol{T})$ 变换下与 $\boldsymbol{Q}$ 的偏

差，则 ICP 算法可等效为求解满足 $\min E(\boldsymbol{R},\boldsymbol{T})$ 的最优变换 $(\boldsymbol{R}',\boldsymbol{T}')$，即

$$(\boldsymbol{R}',\boldsymbol{T}')=\underset{(\boldsymbol{R},\boldsymbol{T})}{\arg\min}\sum_{i=1}^{n}\left\|Q_i-\left(P_i\boldsymbol{R}+\boldsymbol{T}\right)\right\|^2 \tag{8.5}$$

ICP 算法的步骤如下。

（1）从 $\boldsymbol{P}$ 中找出与 $\boldsymbol{Q}$ 中点云相对应的点，使得匹配点对之间的距离最小，剔除无法匹配的点，计算两个新点集（仍使用 $\boldsymbol{P}$、$\boldsymbol{Q}$ 表示）的重心。

（2）通过上述重心计算初始旋转矩阵 $\boldsymbol{R}$ 和平移矩阵 $\boldsymbol{T}$，使得偏差 $E(\boldsymbol{R},\boldsymbol{T})$ 最小。

（3）利用得到的 $(\boldsymbol{R},\boldsymbol{T})$ 对 $\boldsymbol{P}$ 进行变换，得点集 $\boldsymbol{P}'$。

（4）计算 $\boldsymbol{P}'$ 与 $\boldsymbol{Q}$ 中对应点对之间的平均距离 $\bar{d}=\frac{1}{n}\sum_{i=1}^{n}\left\|p_i'-q_i\right\|^2$。

（5）判断 $\bar{d}$ 是否满足给定阈值，是则算法结束，输出结果；否则返回步骤（2）继续迭代，直到满足收敛条件。

在实际的运用中，可使用 NDT 算法与 ICP 算法相结合的方法对多激光雷达系统采集的点云数据集进行配准，即采用 NDT 算法进行粗配准，采用 ICP 算法进行精配准。点云配准收敛后，可得到满足配准条件的变换矩阵($\boldsymbol{R}$,$\boldsymbol{T}$)，完成多激光雷达的坐标系变换和标定。

8.5.3 多激光雷达数据融合

单激光雷达的探测视场有限，因此需要对激光雷达采集的点云数据进行去噪，并对多个激光雷达在不同视场中采集的点云进行组帧拼接融合，从而更好地对障碍物目标进行识别。

1. 点云去噪

激光雷达采集的距离信息中包含噪点，主要有逸出值和失落信息，统称漏值。逸出值也称距离反常，是主要噪声来源，指没有反映真实距离的虚假值；而失落信息则是激光雷达自身造成的某些点或行信息的缺失。上述噪声在点云图像中一般表现为孤点，与其邻近测量点的距离值相差较大。去除该类噪声可采用基于点间距离的方法，如 K 近邻（K-Nearest Neighbor，KNN）算法、密度聚类（Density-Based Spatial Clustering of Applications with Noises，DBSCAN）算法等。

DBSCAN 算法利用邻域半径和邻域内点云最小数构造点云捕获规则，即在邻域内包含的点云数量不少于其阈值时，标记邻域内的点云。算法结束后，未被标记的点云被当作噪声滤除。该算法可以捕获同一目标点云数据，同时区分不同目

标的点云数据，因此非常适用于点云去噪，其流程如图 8.14 所示。

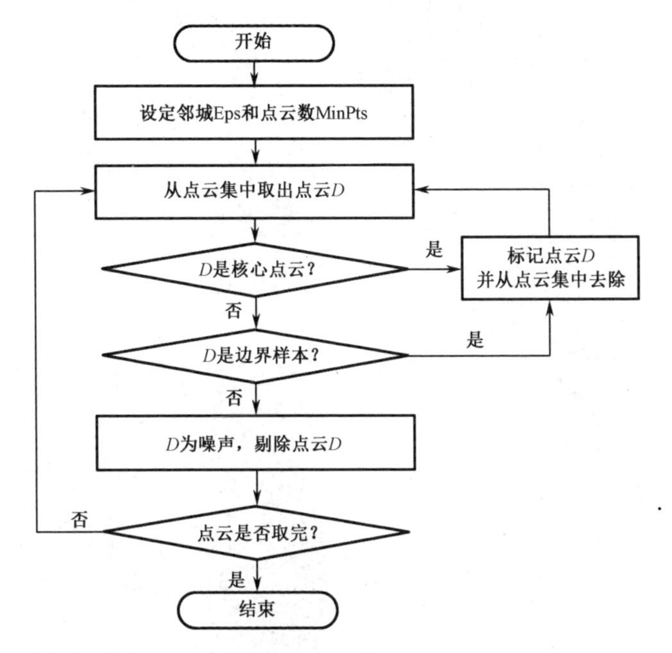

图 8.14　DBSCAN 算法点云去噪流程图

对图 8.15（a）所示电线塔中心架位置（圆圈内）进行点云数据采集［见图 8.15（b)]，去噪后效果如图 8.15（c）所示（右侧色条表示距离选通宽度，单位：m；图 8.16 相同）。可以看出，去噪后能够基本识别中心架的点云轮廓特征。

2. 组帧拼接

当无人车和直升机处于运动状态时，激光雷达扫描可能造成单帧点云数据中的探测区域或障碍物的点云分布过于稀疏，难以体现其典型特征，从而影响有效检测。因此，可将当前帧点云数据与前几帧点云数据进行组帧拼接融合，以增强目标识别的效果。

同样以图 8.15（a）所示电线塔中心架位置（圆圈内）的点云数据为例，对比不同帧点云数据的组帧拼接融合效果，如图 8.16 所示（从左至右、从上至下分别为 5 帧、10 帧、50 帧、100 帧、200 帧、1000 帧拼接融合效果）。

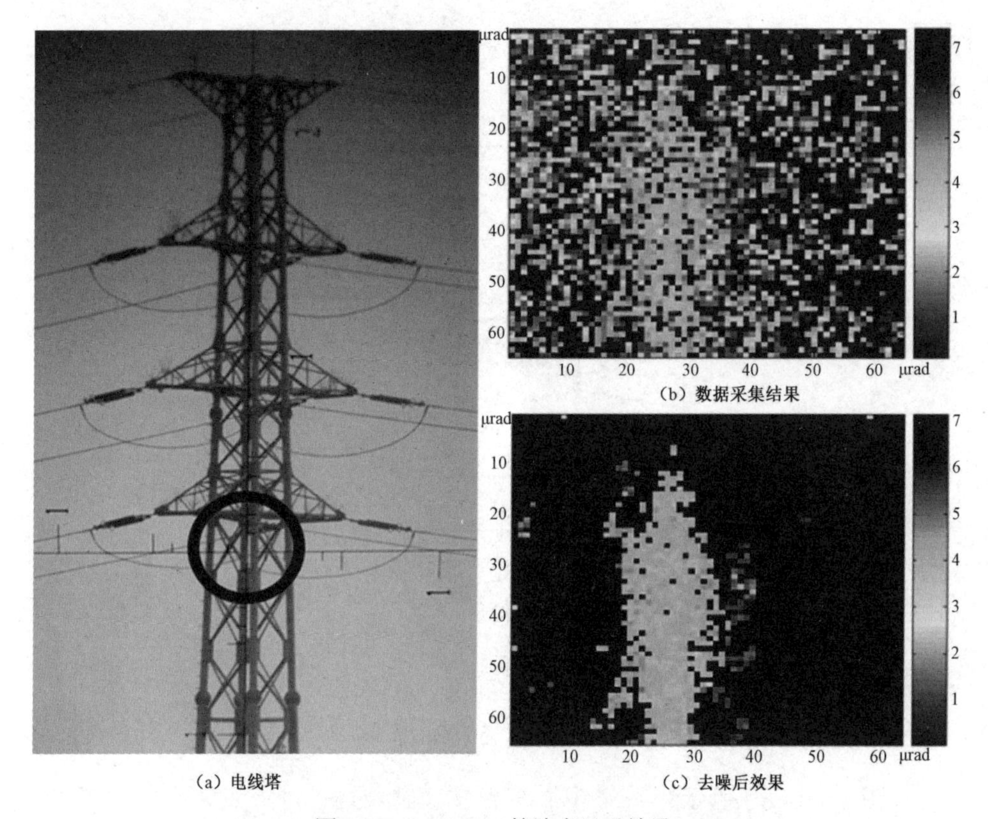

图 8.15　DBSCAN 算法点云噪效果

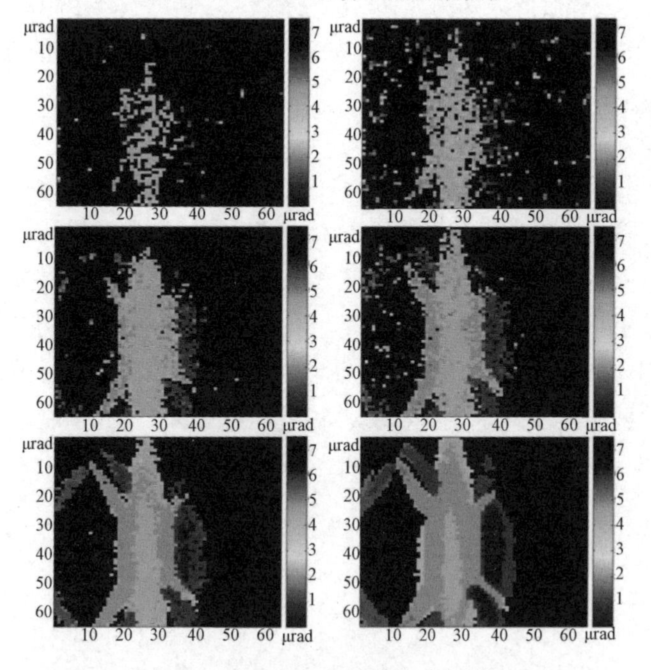

图 8.16　点云数据组帧拼接融合效果

8.5.4 目标识别

目标识别首先需要对点云数据进行分割，对地物目标进行特征提取，然后根据目标结构特征，利用深度学习算法对目标进行分类。

（1）目标分割：采用基于区域增长的分割方法、基于聚类的分割方法或基于边检测的分割方法对不同区域、不同距离的障碍物进行分割，并分离地物目标。

（2）特征提取：是目标识别的核心，也是识别分类器能准确识别目标的前提。对分割后的障碍物提取大小、密度、强度、角点、纹理等多维特征，作为深度学习神经网络的输入。

（3）目标识别：激光点云数据包含目标三维坐标特性，可以直接获得目标的尺寸、矩形拟合度等几何特征，以及距离、质心高度等信息。目标几何特征是其本质特征，通过对目标几何特征的分析可以实现对目标的分类和识别。

目标识别处理流程如图 8.17 所示。

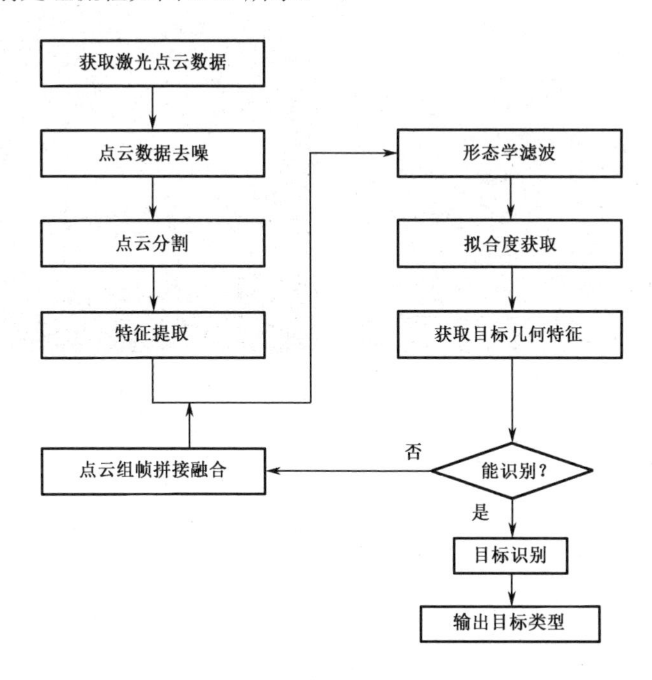

图 8.17　目标识别处理流程

对路面行人和路旁树木的识别如图 8.18 所示。

可以看出，环境感知激光雷达能够准确感知、探测和识别行人、树木、杆塔、建筑物等典型障碍物，为无人车或直升机的安全路径规划和安全行驶（飞行）奠定了坚实的基础，在无人化、智能化和自主化的需求背景下，具有广泛的应用前景。

（a）真实环境

（b）识别效果

图 8.18　对路面行人和路旁树木的目标识别

对杆塔和建筑物的识别如图 8.19 所示。

（a）真实环境

（b）识别效果

图 8.19　对杆塔和建筑物的识别

参 考 文 献

[1] 李建军. 基于多激光雷达数据融合的智能车可行驶区域检测研究[D]. 西安：长安大学，2020.

[2] 王世峰，戴祥，徐宁，等. 无人驾驶汽车环境感知技术综述[J]. 长春理工大学学报，自然科学版，2017, 40(1): 1-6.

[3] 唐振民，陆建峰，诸葛程晨. 一种 SVM 与激光雷达结合检测非结构化道路边界的方法：CN102270301A[P]. 2011-12-07.

[4] 李小路，曾晶晶，王皓，等. 三维扫描激光雷达系统设计及实时成像技术[J]. 红外与激光工程，2019, 48(5): 0503004.

[5] 严洁，阮友田，薛珮瑶. 主被动光学图像融合技术研究[J]. 中国光学，2015, 8(3): 378-385.
[6] 张欣婷，安志勇，亢磊. 三维激光雷达发射/接收共光路光学系统设计[J]. 红外与激光工程，2016, 45(6): 0618004.
[7] 鲁芬，欧艺文. 激光雷达数据的采集以及处理研究[J]. 激光杂志，2016, 37(9): 87-90.
[8] 刘博，于洋，姜朔. 激光雷达探测及三维成像研究进展[J]. 光电工程，2019, 46(7): 190167.
[9] 刘慧颖，孙玉国. 基于激光雷达的空间三维图像绘制系统[J]. 电子测量技术，2019, 42(17): 174-178.
[10] 吴芳，李瑜，金鼎坚，等. 无人机三维地障信息提取技术应用于航空物探飞行轨迹规划[J]. 自然资源遥感，2022, 34(1): 286-292.
[11] 蔡岐彬，徐小龙. 随机森林算法在机载 LiDAR 电力线自动提取中的应用[J]. 电力信息与通信技术，2018, 16(7): 16-20.
[12] 慈明儒. 相干接收激光雷达光学系统装调方法研究[D]. 长春：长春理工大学，2012.
[13] 赖旭东，刘雨杉，李咏旭，等. 机载激光雷达点云密度特征应用现状及进展[J]. 地理空间信息，2018, 16(12): 1-5.
[14] 李志杰，黄兵，雷建国. 影响机载激光雷达点云密度的因素分析[J]. 测绘科学，2019, 44(6): 204-211.
[15] 孙志慧，邓甲昊，王昌. 三维成像激光雷达线阵探测模式分析[J]. 激光与红外，2011, 41(4): 381-385.
[16] 董进武. 机载激光雷达的背景辐射抑制技术研究[J]. 电光与控制，2009, 16(7): 84-87.
[17] 刘辉席. 基于激光雷达多帧数据融合的障碍物检测算法研究[D]. 武汉：华中师范大学，2020.

第 9 章

测绘激光雷达

测绘激光雷达是集遥感测量、遥感影像判绘、精确定位、组合导航、多元数据采集、数据综合处理等先进技术于一体的测量系统。在大地基础测绘、文化遗产保护、农业作物监测、数字城市建设等领域发挥着重要作用，不仅涵盖地球表面探测，而且在大气层探测、月球与火星探测中得到广泛应用。

测绘激光雷达根据搭载平台，可划分为星载激光雷达、机载激光测绘雷达及地基激光测绘雷达。星载激光雷达通过空对地高度测量，用于获取地面高程信息和植被特征等。机载测绘激光雷达通过大面积激光扫描数据，实地获取地物空间特征和属性特征信息等。地基激光雷达通过近距离扫描，获取被测目标详细空间三维信息。

本章重点介绍测绘激光雷达在陆地测绘中的应用，通过分析测绘激光雷达的组成、工作原理、工作流程及设计方法，使读者不断加深对测绘激光雷达的了解。

9.1　测绘激光雷达的特点

9.1.1　主要特点

测绘激光雷达克服了传统测量技术的局限性，采用非接触主动测量方式直接获取高精度三维数据，能够对任意物体进行扫描，且没有白天和黑夜的限制，能够快速将现实世界的空间信息转换成计算机可以处理的数据。它具有扫描速度快、实时性强、精度高、主动性强、全数字特征等特点，可以极大地降低成本、节约时间，而且使用方便，可输出标准的数据格式，可直接对接 CAD、三维动画等工具软件。

9.1.2　主要应用

测绘激光雷达可以直接获取高精度的三维空间信息，广泛应用于国土测绘、数字城市规划、工程建筑测量、电力设计勘测选线和线路监测、灾害监测与环境监测、林业种植与规划等领域，其数据产品主要包括以下几类。

（1）数字表面模型（DSM）：真实再现自然地物和人工地物数字模型，包括地物高程值的集合。

（2）数字高程模型（DEM）：自然地貌高程值的集合，能够反映较稳定的地貌形态；和 DSM 相比，只包含了地貌的高程信息。

（3）正射影像（DOM）：是数码航空影像结合对应的 DEM 经正射纠正的成果。

（4）数字规划图（DLG）：利用点云和 DOM 快速生成的大比例尺图像产品。

9.1.3 主要功能

测绘激光雷达不仅可以有效、快速、准确地采集相应的三维空间数据来生成影像，而且可以进行大比例尺地形图规划，以高精度、高自动化水平、高效率方式完成必要的数据获取与测量工作。测绘激光雷达具备以下主要功能。

1. 三维扫描成像

激光三维扫描成像雷达在高精度测量、测绘中发挥重要作用，常用探测原理有脉冲式测距法和相位式测距法。目前，大部分测距激光雷达系统采用脉冲式激光测距，即发射机向目标发射一束激光脉冲，同时记录发射脉冲（主波）时间 T_{start}；部分脉冲被目标反射回接收机，记录接收脉冲时间（回波）T_{stop}；通过计算两者时间差值可获取距离信息，通过编码器等可获取角度信息；由距离信息和角度信息即可获得三维图像信息。

2. 全球定位

全球定位系统（GPS）可为遥感和测绘提供位置与时间信息，得益于它能够全天候为全球提供服务。测绘激光雷达可实现以下功能。

（1）在动态扫描成像时，提供光学投影中心。

（2）为测绘提供高精度的行驶路线。

3. 全球导航

全球导航卫星系统（GNSS）为测绘设备提供载体姿态参数，包括俯仰角、侧滚角和航向角。测绘激光雷达利用 GPS 与 GNSS 进行优势互补，将两个采集系统的数据进行融合处理。

4. 数字影像

激光点云数据缺少目标的光谱和纹理信息，测绘激光雷达一般利用高分辨率数码照相机获取目标区域地貌的数字影像信息，来弥补光谱和纹理信息的不足，实现优势互补。

9.1.4 主要性能

1. 作用距离

作用距离表示测绘激光雷达的作用范围，通常根据激光雷达测距方程来计算，即

$$R = \sqrt{\frac{P_s \tau_t \tau_r A_s \rho \tau^2}{\pi P_r}} \tag{9.1}$$

式中，R 为发射机到目标的距离；P_r 为接收机信号功率（W）；P_s 为激光发射功率（W）；τ_t 为发射机光学效率；A_s 为接收光学面积；ρ 为目标反射率；τ_r 为接收机光学效率；τ 为目标与探测器之间的大气传输系数。

2. 测距精度

测距精度表示测绘激光雷达所测距离的准确度，是激光雷达的一个关键参数。目前，大部分测绘激光雷达采用脉冲激光扫描探测方式，有

$$\delta_r \propto \frac{c}{2} \cdot \Delta t_R \cdot \frac{\sqrt{W_P}}{P_R} \tag{9.2}$$

其中，测距精度 δ_r 受到回波前沿抖动 Δt_R 、A/D 采样速度、噪声带宽 W_P 、接收峰值功率 P_R 等的影响。一般通过采用高精度测时芯片、高速 A/D 转换器及距离标定来消除误差。

3. 扫描视场

扫描视场（0～360°）表示测绘激光雷达的测量范围，包括方位扫描视场与俯仰扫描视场。测绘激光雷达的扫描视场较大，常见的扫描方式有摆镜扫描、旋转棱镜扫描、光纤扫描等。

4. 测量频率

测量频率表示激光发射重频。测绘激光雷达一般重频较高，当采用光纤激光器时，其激光重频能达到 100kHz 以上。在实际测量过程中，根据最大测量距离及点云密度要求，可动态调整测量频率。

5. 扫描速度

扫描速度表示激光雷达的动态扫描能力。测绘激光雷达一般由低压直流无刷电动机带动摆镜、棱镜进行转动，转速可达 12000r/min。实际作业时，根据激光点云密度及载体作业的速度，可动态调整扫描速度。

9.2　测绘激光雷达的组成

9.2.1　系统组成

测绘激光雷达系统一般包括三维激光扫描仪、照相机、GPS 终端、GNSS 终端、

信息处理终端、车载平台等部分，如图 9.1 所示。

以车载测绘激光雷达系统为例，其构成框图如图 9.2 所示。其中，车载平台为激光雷达的移动工作平台，实现机械安装及进行供电；三维激光扫描仪是获取测绘数据的关键器件，对目标区域进行高精度三维测量；照相机作为影像传感器件，提供探测区域目标的属性信息；GPS 终端、GNSS 终端提供载车的位置信息和姿态信息，为激光扫描仪的测量数据在全球坐标系中定位提供必要的信息，使信息处理终端完成多传感器的数据处理与融合，提供生成与输出最终的测绘信息。

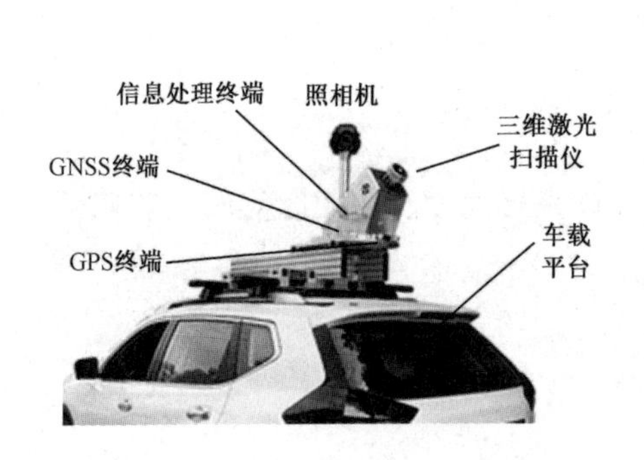

图 9.1　测绘激光雷达系统构成

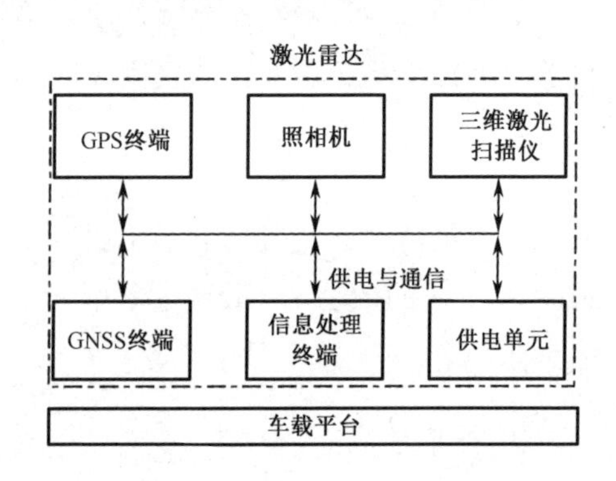

图 9.2　车载测绘激光雷达系统构成框图

9.2.2　三维激光扫描仪

三维激光扫描仪由激光发射机、接收机、扫描光学系统、收发光学系统、综合信息处理系统、伺服系统、电源系统等组成，如图 9.3 所示。

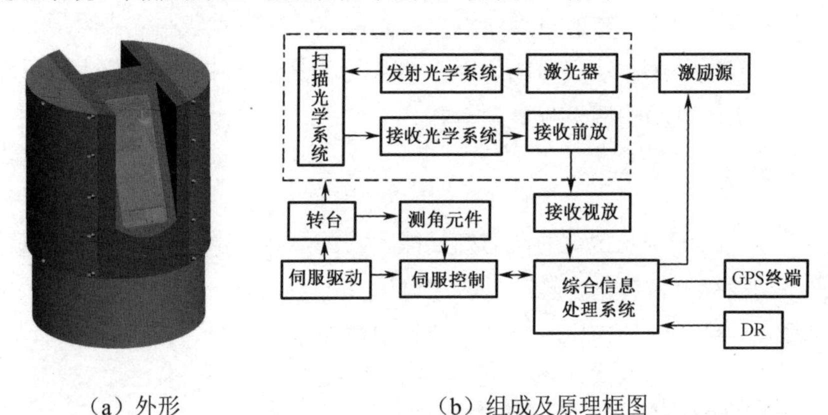

（a）外形　　（b）组成及原理框图

图 9.3　三维激光扫描仪组成及原理框图

三维激光扫描仪在综合信息处理系统的控制下工作，一维机械转台在伺服系统控制下做水平慢速扫描，安装在转台上的光学转镜在伺服系统控制下做高速俯仰扫描，二者组合形成空间二维扫描。激光器发射激光脉冲经转镜射向目标区域，形成探测空域的地毯式激光探测照射点阵，目标反射的回波经反射转镜后通过接收光学系统汇聚到光探测器光敏面上，由光电探测器完成光电转换，经放大电路放大、采样与处理，完成激光往返时间的测量，即可得到对应于空间目标某点的距离信息。逐点完成探测空域范围的扫描，对各扫描点的距离信息和光电码盘测得的角度信息进行时空映射变换，即可得到反映目标空间信息的三维图像。

9.2.3　GPS

GPS 是一种有源定位系统，只有接收到卫星信号，才可以进行定位。而在移动测量的状态下，GPS 有时（如经过涵洞或隧道时）会因遮挡而不能完成定位，且不能输出姿态数据。航位推算装置（DR）是一种无源的自主定位系统，它通过内部的惯性元件测得载体三轴角速度、加速度，经积分运算来获取测量载体的姿态数据。其优点是抗干扰能力强、实时性好，但误差会随时间积累，必须及时用 GPS 数据来修正，消除其累积误差。因此，为保证测量数据链的完整性，必须将 GPS 数据与 DR 数据进行融合，构成组合定位系统，如图 9.4 所示。

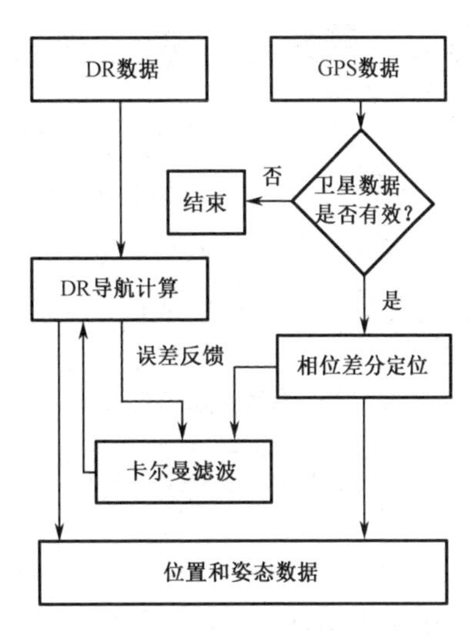

图 9.4　DR/GPS 组合定位系统

9.2.4　GNSS

GNSS 用于测量运动载体在载体坐标系下的各个物理量，其核心元器件是加速度计和陀螺仪。加速度计测量的是载体相对于惯性空间的加速度，陀螺仪测量的是载体相对于惯性空间的角速度，其技术实现过程如图 9.5 所示。

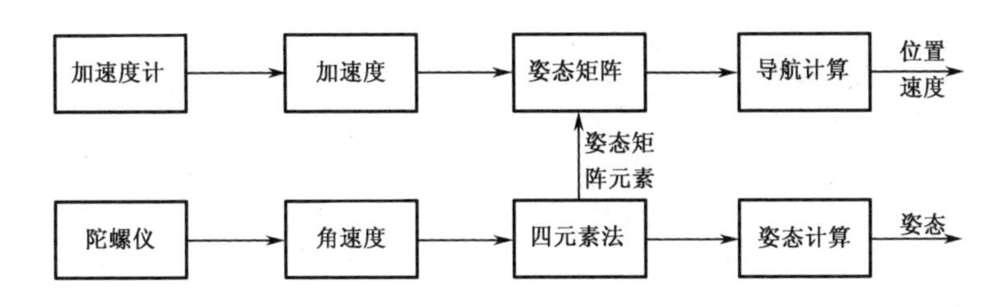

图 9.5　惯性测量系统技术实现过程

加速度计输出的加速度及陀螺仪输出的角速度经过坐标转换，解算出俯仰角、横滚角及航向角，用于确定载体的姿态和航向，其涉及的计算主要有姿态矩阵的更新、姿态角的提取、速度计算及位置计算等。

9.2.5 照相机

三维地形快速勘测技术中的 CCD 照相机是可选配件，可采用目前比较成熟的全景照相机（见图 9.6），直接安装在激光扫描仪机头顶部。

图 9.6 全景照相机

9.3 测绘激光雷达的工作原理

在测绘激光雷达系统工作前，需要对载体位置 (x_0, y_0, z_0)、载体姿态参数 (α, β, γ)、激光扫描仪、GPS 终端、GNSS 终端等进行标定；系统工作时，各部分按照各自的采样频率进行测量，但采样时刻均以 GPS 标准时间为准；测量完成后，完成各部分时间和空间信息的融合。

9.3.1 坐标系定义

1. WGS-84 坐标系

全球坐标系有 WGS-84 坐标系、空间大地坐标系等。其中，WGS-84 坐标系属于协议地球坐标系，坐标原点位于地球质心，*X* 轴正方向指向 BIH1984.0 定义的零子午平面与协议地球极 CTP 赤道焦点，*Z* 轴正方向指向 BIH1984.0 定义的 CTP 方向，*Y* 轴垂直于 *XOZ* 平面，构成右手坐标系。

2. 平台坐标系

由移动载车定义的平台坐标系 (x_Z, y_Z, z_Z)，原点 O_Z 为平台参考中心点，*X* 轴指向朝前，*Y* 轴垂直于 *X* 轴，*Z* 轴垂直向下，*XYZ* 构成右手坐标系。

3. 激光扫描仪坐标系

由移动载车定义的载体坐标系 (x_L, y_L, z_L)，原点 O_L 为激光发射参考点，*X* 轴指向激光发射方向，*Y* 轴垂直 *X* 轴，*Z* 轴垂直向下，*XYZ* 构成右手坐标系。

4. GPS 坐标系

由 GPS 天线位置定义的 GPS 坐标系 (x_G, y_G, z_G)，原点 O_G 为 GPS 天线中心位置；*X*、*Y*、*Z* 轴方向与 WGS-84 坐标系的 *X*、*Y*、*Z* 轴方向相同。

上述四个坐标系之间为平移或旋转关系，如图 9.7 所示。

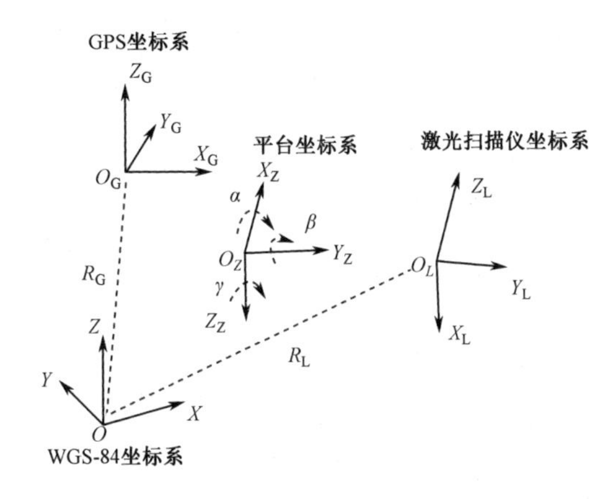

图 9.7　测绘激光雷达坐标系

9.3.2　几何模型

激光点的几何模型为

$$\boldsymbol{r}_{\mathrm{j}}^{\mathrm{n}}=\boldsymbol{r}_{\mathrm{G}}^{\mathrm{n}}(t)+\boldsymbol{R}_{\mathrm{b}}^{\mathrm{n}}(t)(\boldsymbol{R}_{\mathrm{b}}^{\mathrm{n}}\boldsymbol{r}_{\mathrm{s}}+\boldsymbol{r}_{\mathrm{b}}) \tag{9.3}$$

式中，$\boldsymbol{r}_{\mathrm{j}}^{\mathrm{n}}$ 为目标在大地坐标系中位置；$\boldsymbol{r}_{\mathrm{G}}^{\mathrm{n}}(t)$ 为 GPS 天线的坐标位置；$\boldsymbol{R}_{\mathrm{b}}^{\mathrm{n}}(t)$ 为载体相对于大地坐标系的旋转矩阵，通过高精度姿态传感器 IMU 测得；$\boldsymbol{R}_{\mathrm{b}}^{\mathrm{n}}$ 为激光扫描仪相对于载体的旋转矩阵；$\boldsymbol{r}_{\mathrm{s}}$ 为目标相对于激光扫描仪的坐标；$\boldsymbol{r}_{\mathrm{b}}$ 为激光扫描仪相对于 GPS 的位移。

通过激光对地面的扫描得到扫描仪与地面上各点的距离，由 GPS 接收机得到扫描仪的位置，由 IMU 量测出扫描仪的姿态，即 α、β、γ，由这些量测值通过式（9.1）可计算出地面上各点的三维坐标。

9.3.3　同步工作原理

测绘激光雷达系统的各部分按照各自的采样间隔进行数据采集，数据的输入频率各不相同，时间精度也各不相同。要想把各部分输出的数据传输至计算机进行处理，就涉及基准问题。

测绘激光雷达系统中有两个基准，一个是坐标基准，另一个是时间基准。对于坐标基准，首先建立系统坐标系，起始点为定位定姿系统的零点，尽可能通过陀螺轴将各器件的零点（如 GPS 接收机的相位中心、激光扫描仪的零标志点）归算到系统坐标系中。为了能将同一时刻各器件测量的数据联系起来，需要统一的时间基准，即所有的数据必须建立在同一时间坐标轴上，以实现任意数据的集成处理。每种器件采集的数据都统一在时间板（Time-Board）上，从而实现 GPS 终端、DR、CCD 照相机、激光扫描仪数据的有效集成。为了提高时间板精度，可以将 GPS 终端输出的定时脉冲信号 PPS 引进时间板，对时间板上可能产生的时间误差进行校准。多器件同步工作原理如图 9.8 所示。

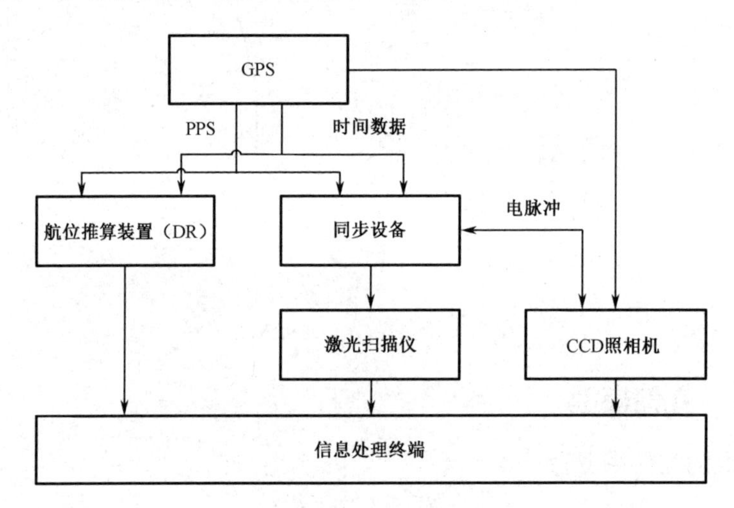

图 9.8　多器件同步工作原理

1. 时间同步

在测绘激光雷达系统中，时间同步十分重要，由于系统处于运动之中，时间标识对每个空间信息都是必需的。时间同步就是将每个空间信息都与其对应的时刻关联。时间同步包括车载激光地面测绘信息获取系统对方位元素（位置、姿态元素）的时间同步，以及 GPS/DR 组合定位定姿内部的时间同步，即包括 GPS/DR 内部的时间同步，以及 GPS/DR 与激光扫描仪、CCD 照相机的时间同步。时间同步与测绘激光雷达系统的动态环境和精度需求密切相关。

2. 空间同步

在测绘激光雷达系统中，受到各器件的尺寸和安装限制，激光扫描中心、GPS 天线相位中心、DR 主体框架中心、CCD 照相机摄影中心等无法重合，因此会出现空间同步问题。空间同步是通过偏心量的静态测定完成的。要说明的是，在无地面控制的情况下，偏心量的测定精度对系统最终精度的影响很大，一般要求为毫米级，其工作原理如下所述。

将 DR 主体框架中心归算到 GPS 天线相位中心，使两套数据归算至同一个空间参考点；设 GPS 天线相位中心在载体坐标系中的位置矢量为 $\boldsymbol{O}_{\mathrm{G}}$，将 DR 主体框架中心同步至 GPS 天线相位中心，即

$$\boldsymbol{R}_{\mathrm{G}}^{\mathrm{W}} = \boldsymbol{r}_{\mathrm{D}}^{\mathrm{W}} + \boldsymbol{R}_{\mathrm{b}}^{\mathrm{W}} \boldsymbol{O}_{\mathrm{G}} \tag{9.4}$$

式中，$\boldsymbol{R}_{\mathrm{G}}^{\mathrm{W}}$ 为 GPS 天线相位中心在 WGS-84 坐标系下的坐标；$\boldsymbol{r}_{\mathrm{D}}^{\mathrm{W}}$ 为 DR 主体框架中心在 WGS-84 坐标系下的位置矢量；$\boldsymbol{R}_{\mathrm{b}}^{\mathrm{W}}$ 为载体坐标系到 WGS-84 坐标系的转换矩阵。

9.4 测绘激光雷达的工作流程

9.4.1 测绘规划

激光扫描仪以扫描方式对目标进行定位测量，高扫描频率定位需要 GPS/IMU 给出其扫描位置、姿态，并建立与 CCD 照相机的对应关系，因此需要事先对激光扫描仪进行标定。激光扫描仪的标定包括激光扫描仪偏心标定和激光扫描仪与载体平台旋转关系标定。

9.4.2 多器件标定

测绘激光雷达系统包括激光扫描仪、IMU、GPS 终端及 CCD 照相机（选配）。在系统集成过程中，首先需要确定各器件数据的频率，如 IMU 最高为 200Hz，GPS 终端为 1Hz，激光扫描仪目标点云为 100kHz 以上。在每个激光点云测量时刻获取激光扫描仪的位置及姿态数据时，需要进行插值，根据载体的运动特性，即按照运动模型进行数据拟合插值。

各器件数据在时间上统一基准后，需要建立各器件的位置关系模型，即激光扫描仪坐标系与大地坐标系的转换关系模型，确定坐标系模型关系误差模型，以确定模型参数标校方案，并进行数据采集及数据处理。标校结束后，按照标定的模型参数，回测标定的误差，若标定误差不满足系统指标要求，则需要重新分析标校中各环节数据测量的精度及数据处理模型，并重新进行标校及精度测试，直至标定精度满足指标要求为止。

在出厂时，激光雷达各器件的位置模型参数已确定，但如果长时间在较差的路况下使用，各器件的安装容易产生形变或位移，从而影响整个系统的测量精度。此外，其他因素引起器件位置变化，也需要在作业前进行标校参数校正。该校正与上述集成标校方式一致，重新校正模型参数。

在对测量数据进行精度分析时，若系统测量精度超标，则需要重新对标校场

内的控制点进行回测，以分析测量误差大的原因；若系统测量精度远高于标定的测量精度，则应通过回测控制点，重新标定模型参数。

9.4.3 系统标校的原理

系统标校采用最小二乘迭代标定原理、激光扫描仪与车载平台旋转关系标定实质上测定激光扫描仪的外方位角元素。其测定原理如下：在光学几何成像过程中，物点、投影中心和像点在理想条件下满足共线方程。

$$\begin{cases} x = -f \cdot \dfrac{a_1(X - X_S) + b_1(Y - Y_S) + c_1(Z - Z_S)}{a_3(X - X_S) + b_3(Y - Y_S) + c_3(Z - Z_S)} \\ y = -f \cdot \dfrac{a_2(X - X_S) + b_2(Y - Y_S) + c_2(Z - Z_S)}{a_3(X - X_S) + b_3(Y - Y_S) + c_3(Z - Z_S)} \end{cases} \tag{9.5}$$

式中，$[x,y]^T$ 为像点坐标，f 为主距，根据已知控制点，$[X,Y,Z]^T$ 为物方点坐标，$[X_S,Y_S,Z_S]^T$ 为摄站坐标，a_1～a_3、b_1～b_3、c_1～c_3 为旋转矩阵对应的九个参数，可由三个外方位角元素解算得到。

9.4.4 数据采集

1. 激光扫描仪误差测量

分别按照最小二乘迭代标定模型和直接方位测定标定模型，在控制场中进行激光扫描仪标定试验，通过计算分析标定模型的误差源和精度。

2. 激光扫描仪重复精度测量

采用激光扫描仪对同一区域进行两次扫描，分别计算两次扫描云图的空间坐标，通过空间坐标的套合，从中选取明显的同名物点，统计其坐标差值，以评定激光云图重复测量精度。

3. 激光扫描仪绝对精度测量

采用激光扫描仪对控制场进行扫描，通过可见光判读控制点，找出对应控制点在三维激光云图中的位置，并以此计算其三维坐标，比较两者的差值，以统计激光云图绝对测量精度。

4. 激光扫描仪配准试验

按照激光云图和可见光影像配准的算法流程，将三维激光点云图反投到可见光影像上，统计其像素偏差，以此评定配准精度。

9.4.5 数据处理

数据处理主要完成测绘激光雷达各器件数据的综合处理及显示，按照应用需求生成相应的数据产品。数据处理主要包括数据校正与预处理、各器件数据融合处理、测绘产品生成处理及目标测量等。数据处理框图如图 9.9 所示。

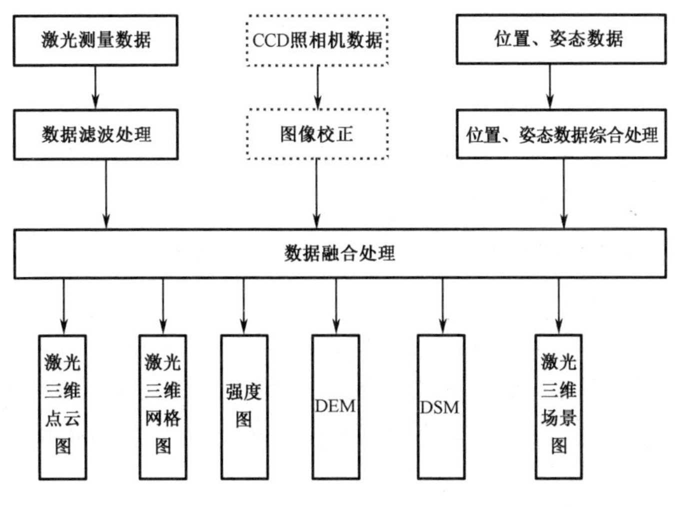

图 9.9　数据处理框图

（1）数据校正与预处理：主要包括激光测量点云三维坐标解算、点云滤波、点云数据插值等，根据标校参数对各器件测量的数据进行校正。

（2）各器件数据融合处理主要完成目标测量点的三维坐标解算、CCD 照相机影像与激光点云图像融合处理。

（3）测绘产品生成处理及目标测量：主要根据数据处理结果生成各种测绘产品，如激光三维点云图、强度图、DSM/DEM；根据激光点云图构建三维模型图实现三维场景漫游、地形在线测量、道路路况（道路宽度、坡度、车辆可通过性等）分析；地物（如建筑物、桥梁等目标）的测量。

1. 数据处理软件特点

数据处理软件采用冗余设计，提高了软件容错能力，符合标准化要求，便于扩展和升级。软件设计充分体现了模块化思想，各模块尽可能相互独立，以提高软件的可靠性和可维护性。

2. 数据处理软件算法及流程

1）激光点云滤波处理

激光点云噪声主要有电路噪声、光噪声、背景噪声、地物（如地面点、房屋点、树木、交通工具）噪声等。电路噪声和光噪声将直接影响系统的测量，应完全消除；地物噪声应根据应用的需求进行分类消除。若要生成 DEM，则需要从点云中识别出地面点，并剔除建筑物、树木等非地面点，然后利用地面点生成 DEM。

激光点云滤波处理主要利用高程突变。不同的地物有不同的高度，在地物相交的边缘处，高度会发生突变，产生局部不连续的情况。距离相近的激光脚点高度差大于阈值时，可以认为低点是地面点，高点是地物点。阈值与两点间的距离成正比，距离越大，阈值越大。滤波处理不仅要消除电、光干扰产生的噪声，还要消除地物噪声，同时对地物遮挡造成的地面局部区域点云缺失进行插值处理。

2）CCD 影像数据处理

CCD 影像数据处理主要包括影像预处理及图像镶嵌。

（1）影像预处理

不同设备获取的距离图像和光学图像会由于设备的视场、成像角度等不同而导致同一物体的成像大小比例和位置不同。图像配准就是使不同的图像描述的同一个物体的位置相同，以便进行图像的比较、融合。在图像配准前，需要进行影像预处理。

传统的影像预处理一般采用中值滤波，能够减少图像中的椒盐噪声，但效果不理想，即不能去掉分散的椒盐噪声，而彼此靠近的噪声会被保留下来，所以当椒盐噪声比较严重时，滤波效果较差。

针对上述问题，给出一种改进型中值滤波方法。该方法首先求得噪声图像滤波窗口中去除最大和最小灰度值像素之后的中值，然后计算出该中值与对应的像素灰度值的差，再与阈值相比较，以确定是否用求得的值代替该像素的灰度值。

（2）图像镶嵌

图像镶嵌即对重叠区域进行图像拼接，形成一幅完整视图。进行图像镶嵌时，除对各子图像进行几何校正外，还要在拼接边缘进行局部的高精度几何配准处理，并使用直方图匹配的方法对重叠区内的色调进行调整。当选择好拼接边线并完成拼接后，还要对接边线两侧做进一步的局部平滑处理。

对拼接好的图像，根据人眼的观察特性进行图像增强处理，有效地突出有用信息，抑制其他干扰因素，改善图像的视觉效果，提高重现图像的逼真度，增强信息提取与识别能力。

3）快速构建激光点云 DSM/DEM

激光点云数据在平面上属于不规则分布点，在实际应用中需要首先将其转化为规则的网格点。这里借鉴建立数字高程模型的方法，其主要原理是通过让数据点在二维表面形成网格，再将第三维的值加于网格上，形成 DEM 表面。数字高程模型主要分为正方形网格（Grid）和不规则三角形网格（TIN）结构。正方形网格实际上是规则间隔的正方形网格点阵列，每个网格点与其他相邻网格点之间的拓扑关系都隐藏在该列的行列号当中。该方法拓扑关系简单，算法容易实现。TIN结构是将采集的点根据一定的规则，连接覆盖整个区域且互不重叠的许多三角形，构成一个不规则三角网。与Grid模型相比，TIN模型的优点是与不规则的地面特征和谐一致，能够较好地顾及地面特征点、线，逼真地表示复杂地形的起伏特征，可以叠加任意形状的区域边界，并能解决地形起伏变化不大的地区产生冗余数据的问题，适用于小范围、大比例、高精度的地形建模。

TIN结构是快速构建DSM/DEM的关键。基于滤波后的地面点云数据，通过TIN结构可实现DSM/DEM的渐进式构建。如图9.10所示，TIN结构的构建过程如下：首先，将点云数据进行分块，每个分块存储为单个瓦片文件；其次，对每个点云瓦片文件都构建三角网，将三角网存储为单个三角网文件；各三角网之间的拓扑关系也用三角网表达，在剔除分块内部的三角形后，将结果存储为三角网文件。

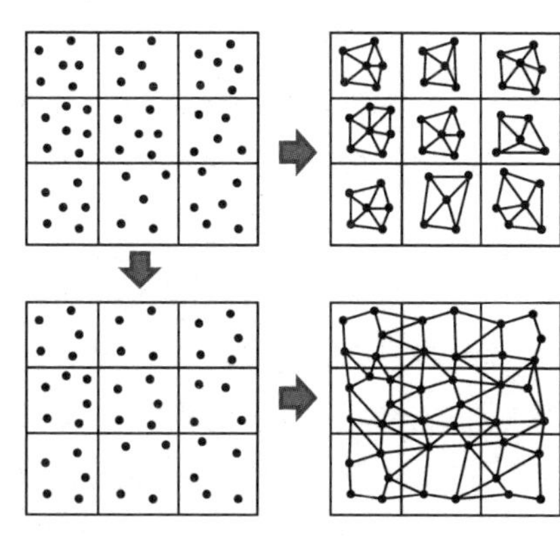
图9.10　TIN结构的构建过程

在TIN结构基础上，利用CPU/GPU异构并行内插算法可快速生成研究区域的DSM/DEM。在插值过程中，自动根据CPU/GPU的核心数和数据分块数目生成处理线程。将不同的点云数据块交给不同的CPU/GPU核心进行处理，以提高计算效率。

4）图像融合

（1）基本原理

所谓图像融合，是指综合两个或多个源图像信息，得到对同一场景或目标更为准确、全面的图像描述，以便于进一步分析、理解图像。在某些情况下，由于受光线、天气、目标状态、目标位置，以及器件固有特性等因素的影响，单一器件所获得的图像信息不足以用来对目标或场景进行更好的监测、分析和理解。例如，激光雷达距离图像只能给出目标的距离信息，目标表面细节不清楚；CCD照相机获得的强度图像在很大程度上受天气状况和镜头聚焦等因素的影响。在军事上，为了保证装备能全天候工作，就必须综合二者的优势，对图像进行融合。

根据图像融合的不同阶段，通常可以分为像素级、特征级和决策级融合。

① 像素级融合。

像素级融合是最基本、最重要的图像融合方法，其目的是使融合后的图像信息更全面与精确，同时也是检测性能最好、获取信息最多、适用范围最广、实施难度最大的一种融合方法，是特征级图像融合和决策级图像融合的基础。

② 特征级融合。

特征级融合是把多种特征信息按一定的方式有机地组合成统一的信息模型，需要用到模式识别的相关技术。特征级融合的优点是分类前只保留特征，不必寄存图像，这可以大大加快融合速度，减少系统开销；缺点是有信息损失。

特征级融合方法有以下几种。

合作（Cooperative）：在两个分析结果中，一个使另一个成为有效的条件。

竞争（Competitive）：各分析结果属同一种类型，彼此增强或减弱。

互补（Complementary）：各分析结果相互补充，从不同的侧面反映同一个目标。

典型目标的几何不变性特征提取技术对于自动目标识别具有重要的意义。该技术提取不变特征的水平直接影响目标识别的准确率。

特征级融合主要以逻辑关系（与、或、非）、算术关系（加、减、乘、除）或两者的组合关系，以及合取（Conjunctive）算子、析取（Disjunctive）算子、折中（Compromise）算子等为主要技术，生成融合向量。

设 $x_1,x_2,\cdots,x_n$ 为待融合特征信度的实数参量，F 为它们的融合函数，则合取算子 $F(x_1,\cdots,x_n)\leqslant\min(x_1,\cdots,x_n)$ 表示各信息的一致性结果，或者它们的共同部分，可理解为融合向量为所有特征向量的“与”或“取交集”。析取算子 $F(x_1,\cdots,x_n)\geqslant\max(x_1,\cdots,x_n)$ 表示各信息的最大结果，可理解为融合向量为所有特征向量的“或”或“取并集”；若 $\min(x_1,\cdots,x_n)\leqslant F(x_1,\cdots,x_n)\leqslant\max(x_1,\cdots,x_n)$，则 $F(x_1,\cdots,x_n)$ 为折中算子，这种算子主要利用模糊理论描述类间冲突，可以理解为特征向量的广义加权平均。

将各种数据源的边缘图像、融合后的目标边缘图像与目标的理想边缘图像进行融合，定义理想边缘图像的像素点数为 N，边缘图像 $e(x,y)$ 与理想边缘图像 $\mathrm{real}(x,y)$ 的重叠率 P 定义为

$$P=\left[\sum_{x,y}e(x,y)\times\mathrm{real}(x,y)\right]\Big/N \tag{9.6}$$

重叠率越高，表示边缘图像越接近理想边缘图像，越能反映目标的形态特征，目标的可识别率也就越高。

③ 决策级融合

决策级融合是信息最高层的融合处理。在进行融合处理前，先对从各器件获取的图像分别进行预处理、特征提取、识别或判决，建立对同一目标的初步判决和结论。决策级融合直接针对具体的决策目标，充分利用来自各图像的初步决策。

因此，在决策级融合中，对图像的配准要求较低，甚至无须考虑。

多种逻辑推理方法、统计方法、信息论方法都可用于决策级融合，如贝叶斯推理、D-S 证据推理、表决法、聚类分析、模板法、神经网络等。

（2）性能评价

① 主观评价。

图像融合的目的包括提高图像的质量，以改善其视觉效果；增加图像中的信息量或提高信息的精度与可靠性，为人的决策提供更加丰富、准确的图像信息。融合图像性能的好坏是由人来观察和评价的，受人的主观影响较大。因为人对图像的认识和理解不仅和图像的内容有关，而且与人的心理状态、认识事物的经验等有关。

对人眼而言，图像质量包含两个方面，一个是图像的逼真度，另一个是图像的可懂度。图像的逼真度描述被评价图像与标准图像的偏离程度，通常用归一化均方误差来衡量。图像的可懂度则表示图像能向人提供信息的能力。目前，还没有人能对图像质量的这两方面进行定量的测定，因为人们对人的视觉系统还没有充分认识，对人的心理因素也找不出定量的描述方法。因此，现在对图像质量的主观评价只有统计学上的意义。

② 客观评价。

在一些情况下，如激光雷达应用系统中图像融合的对象是机器，融合的目的是使机器或计算机能够自动检测目标、识别目标或跟踪目标。为了选择图像融合方法，必须给出一些客观的评价标准。

目前常用的客观评价参量有熵、交叉熵、互信息量、均方误差、均方根误差和峰值信噪比。

5）常见测绘应用数据处理流程

（1）道路信息提取：先利用距离信息生成 DEM，再基于强度信息进行滤波，最后对距离图像按数字图像处理的方法提取道路信息，如图 9.11 所示。

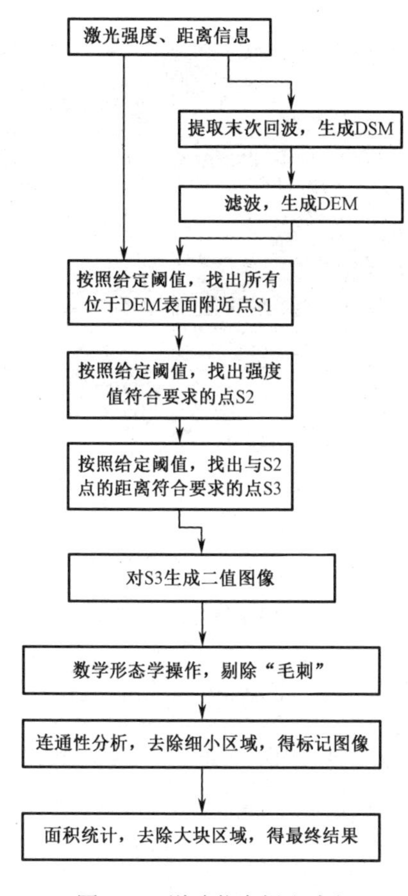

图 9.11　道路信息提取流程

（2）建筑物信息提取流程如图 9.12 所示，提取效果如图 9.13 所示。

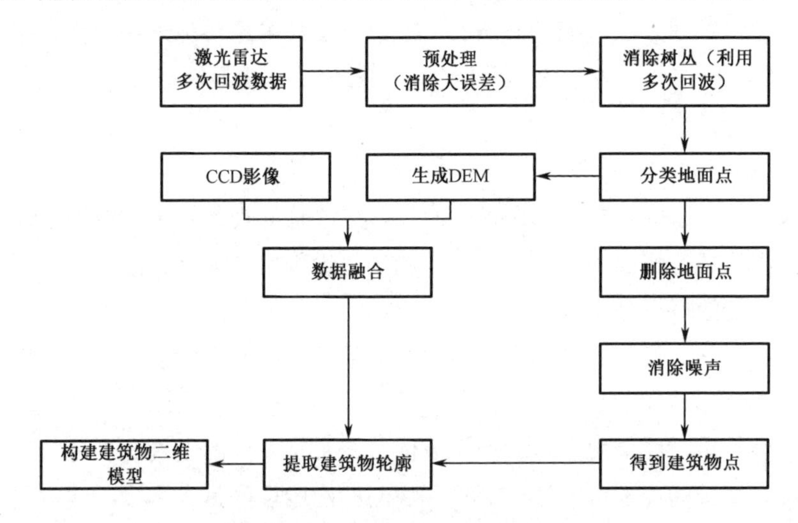

图 9.12　建筑物信息提取流程

图 9.13　建筑物信息提取效果图

（3）目标分类：首先对目标数据进行分割，将地面数据与目标数据进行分类；然后对地物目标进行特征提取，提取目标外形轮廓；最后根据目标结构特征，进一步对目标进行详细分类，如图 9.14 所示。

根据激光成像包含目标三维坐标的特性，可以直接获得目标的实际尺寸、矩形拟合度等几何特征，以及距离、质心高度等信息。由于目标几何特征是目标的本质特征，因此通过对目标几何特征的分析可以实现对目标的分类和识别。

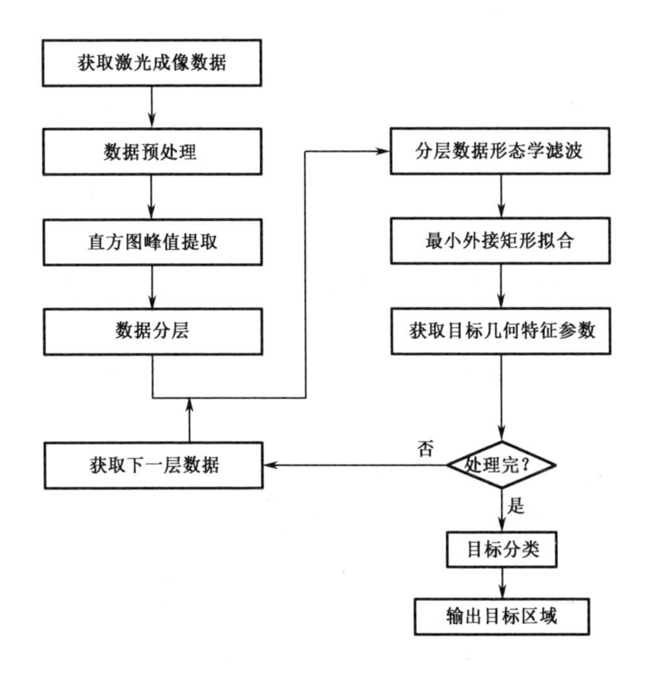

图 9.14　目标分类处理流程

9.5　测绘激光雷达的设计

本节主要介绍机载测绘激光雷达和车载测绘激光雷达的设计。

9.5.1　机载测绘激光雷达的设计

机载测绘激光雷达近年来被广泛应用于基础测绘、林业、电力巡检等领域。高精度测距是实现机载测绘精细测量的关键，测距精度与探测体制有很大的关系，采用不同的探测体制，机载测绘激光雷达的体积、功耗、复杂度和成本等有很大差别。

某机载测绘激光雷达的设计指标如下。

（1）探测距离：500m；

（2）扫描视场：方位角为 40°，俯仰角为 30°；

（3）测距精度：±2cm。

1. 测量体制的选择

1）探测体制

根据系统信号探测处理方式的不同，激光雷达的工作体制分为直接探测、相位探测。

（1）直接探测体制：通常采用脉冲测距的方式。脉冲测距测量发射的激光光束与经物体反射的激光光束之间的时间差Δt，根据式（9.7）计算出目标的相对距离。

$$R = \Delta tc/2 \tag{9.7}$$

式中，c为光速；Δt为激光束往返时间；R为目标距离。

（2）相位探测体制：使用连续波激光器（周期为T）进行发射信号的调制，经过目标的反射和散射后，激光接收机接收到回波信号，通过测定发射的调制激光和接收的回波信号之间的相位间隔τ来计算目标与测量点的距离，即

$$R = Tc\tau/(4\pi) \tag{9.8}$$

相位探测体制的测距精度高，可以达到1mm；缺点是在距离相同时，要求激光器输出的平均功率比脉冲测距大很多，因此测量距离近。

两种探测体制的对比见表9.1，由表可见直接探测体制相较于相位探测体制，在作用距离、系统复杂度及成本上都有优势，其测量精度也可满足指标要求。

表9.1　两种探测体制的对比

探测体制	作用距离	测量精度	系统复杂度	成　本
直接探测	远	厘米级	简单	低
相位探测	近	毫米级	复杂	中

2）成像体制

测绘激光雷达目前常用的成像体制有单点扫描成像体制、阵列成像体制、线列扫描体制。

（1）单点扫描成像体制：技术成熟、系统简单，易于实现远距离探测，关键器件成熟度高，可以实现国产化，价格适中，但由于采用逐点扫描方式，作业效率较低，成像较慢。在同等探测面积和探测分辨率下，需要较高的激光发射频率。

（2）阵列成像体制：采用多像元面阵探测器实现高速成像。在该体制下，发射一次激光即可得一幅图像。

阵列成像体制具有成像快的优点，在数据处理能实现的前提下，理论上，激光发射频率即成像频率。但对于大角度探测，受限于分辨率和面阵像元数，一次激光照射大角度成像较难实现，仍需扫描机构参与，以扩大探测视场。另外，阵列成像还需要更高的激光发射功率，以及解决多通道测量一致性等问题。应用于激光雷达的面阵探测器在国外多见于实验室系统或者被禁运，在国内较难获得。

（3）线列扫描体制：介于单点扫描成像体制和阵列成像体制之间，在一维方向上采用线列探测进行非扫描测量，在另一维方向上通过扫描测量扩大探测视场。

线列扫描由于受像元数的限制，不能兼顾其线列方向的视场角与该方向的分辨率，需要在该方向上另加扫描机构。

三种成像体制的对比见表 9.2。

表 9.2　三种成像体制的对比

成像体制	帧　频	视　场	分辨率	技术与器件成熟度
单点扫描成像	低	大	高	成熟
阵列成像	高	小	高	缺少大面元探测器的支持，对激光器功率要求较高
线列扫描	中	中	中	像元数有限，需要另加扫描机构

通过分析设计指标，对激光雷达的帧频要求不高，采用单点扫描成像体制既能满足应用需求，又能简化系统设计难度，因此优选该体制。

（4）扫描方式的选择：激光雷达常用的光学扫描方式主要有旋转多面镜扫描、振镜扫描、光楔扫描，光纤扫描和 MEMS 扫描等。不同扫描方式的对比见表 9.3。

表 9.3　不同扫描方式的对比

扫描方式	光学视场	频　率	光学效率	光学口径	体　积
旋转多面镜扫描	大	高	高	大	大
振镜扫描	中	低	高	大	大
光楔扫描	小	高	高	大	中
光纤扫描	大	高	低	小	小
MEMS 扫描	高	高	高	小	小

通过对设计指标进行论证分析，针对机载测绘激光雷达大口径、大范围的光学扫描需求，旋转多面镜扫描由于扫描效率低和体积大，不适合本设计；光楔扫描由于光学视场小，不适合本设计；MEMS 扫描由于光学口径小，不适合本设计；光纤扫描因耦合造成光学效率低，也不适合本设计。最终，本设计采用“振镜+MEMS”扫描方式，先采用 MEMS 振镜实现小角度扫描，再采用二维振镜实现大角度扫描。

根据机载测绘激光雷达任务的特点、应用需求和指标要求，采用脉冲测距结合单点扫描成像体制，以及“振镜+MEMS”扫描方式，在原有成熟技术的基础上，优化系统设计，合理匹配激光发射波形及接收机带宽，通过采用大动态线性探测技术、高精度测时技术和波形补偿技术，进一步提高测距精度，以满足远距离、高精度的要求。

2. 系统组成与布局

机载测绘激光雷达系统按功能模块划分，主要由激光发射组件、激光接收组件、光学系统、伺服系统、信息处理组件、电源组件和组合惯导组件组成，如图 9.15 所示。

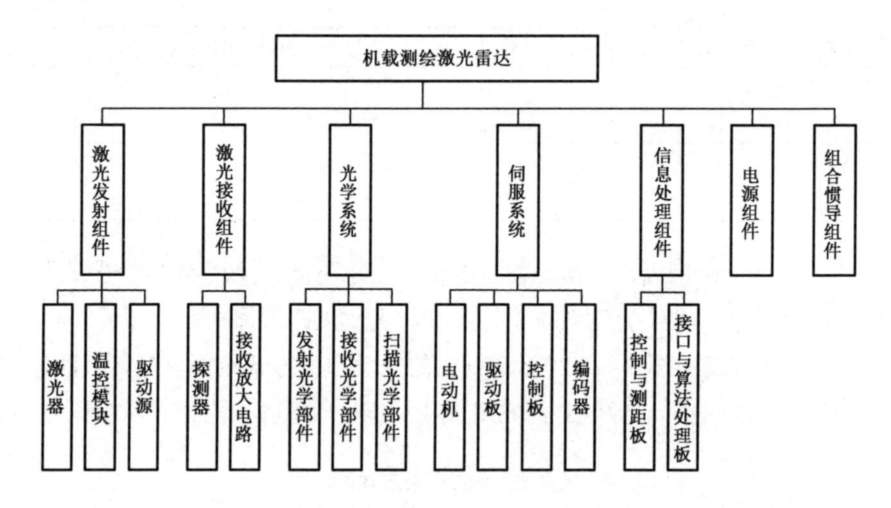

图 9.15　机载测绘雷达系统组成框图

（1）激光发射组件：主要包括激光器、温控模块和驱动源，提供激光探测所需的光源。

（2）激光接收组件：主要由探测器和接收放大电路组成，主要完成回波激光信号的检测、光电转换和信号放大。

（3）光学系统：主要由发射光学部件、接收光学部件、扫描光学部件组成。发射光学部件完成对发射激光光束的整形，使激光光束在波束角等指标上满足系统的需求。接收光学部件完成激光回波光束的收集、滤波和汇聚，最大限度地实现能量的有效利用。扫描光学部件包含俯仰扫描镜和方位扫描镜，主要实现发射光束的偏折，与伺服系统一起实现对探测区域的探测。

（4）伺服系统：主要由电动机、驱动板、控制板和编码器组成，与扫描光学部件一起实现光束在水平和垂直方向的偏转。其中，编码器测量激光偏转的实时角度，供图像复原使用。

（5）信息处理组件：主要由控制与测距板和接口与算法处理板组成。控制与测距板完成对激光雷达时序的控制，回波信号的采集，目标的距离测量，距离、强度、角度等数据的整合。接口与算法处理板主要完成激光三维点云的重构、地面参数的测量与典型障碍物的智能识别与标注。

（6）电源组件：主要完成电源的滤波和电压转换。

（7）组合惯导组件：主要提供同步位置、姿态、速度等信息，用于激光雷达图像修正、位置标定。

3. 工作原理与工作流程

机载测绘激光雷达系统在统一时序的控制下工作，工作流程如图9.16所示。加电后，信息处理组件将各设备工作的模式发送给各模块，控制伺服系统的扫描角度和扫描频率，控制激光器的发射频率。激光发射机发出的激光光束经过光学整形后射出，小部分被主波探测模块接收，作为距离测量的起始信号，大部分射向扫描光学，被反射到指定区域。伺服系统带动发射光学部件旋转，实现激光发射光束在预定角度内依次照射，目标反射的激光经扫描光学部件、接收光学部件汇聚到探测器，完成光电转换、微弱信号检测，经接收放大电路处理后送至控制与测距板，作为目标距离测量的终止信号。伺服系统控制激光雷达的探测角度，进行角度测量。控制与测距板完成目标的距离测量、强度测量后，接收伺服系统输出的角度测量数据，将数据打包后送至接口与算法处理板。接口与算法处理板完成三维点云重构、地面参数测量和典型障碍物的识别，将数据送至机载系统进一步处理。

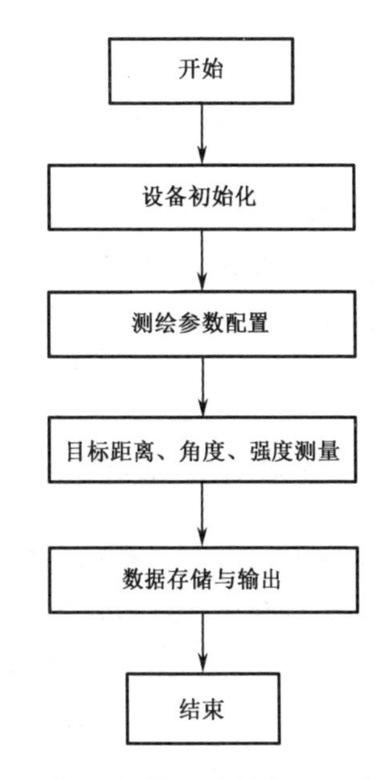

图9.16　机载测绘激光雷达系统工作流程图

使用该机载测绘激光雷达对图9.17所示场景进行扫描，形成的三维点云图如图9.18所示。

图9.17　扫描场景

图9.18　三维点云图

9.5.2 车载测绘激光雷达的设计

车载测绘激光雷达广泛应用于三维地形测量、数字城市建设等领域。

某车载测绘激光雷达设计指标如下。

（1）探测距离：500m；

（2）扫描视场：方位角为360°，俯仰角为120°；

（3）测距精度：±2cm。

1. 测量体制的选择

在车载测绘激光雷达系统中，三维激光扫描仪是主要测量部件，其体制直接影响系统的测量精度和复杂度。

根据设计任务的特点和应用的方向，该三维激光扫描仪采用脉冲测距结合振镜扫描方式。

2. 系统组成与布局

该车载测绘激光雷达系统主要由激光扫描仪、CCD照相机、组合惯导、数据处理计算机和电源组成，如图9.19所示。

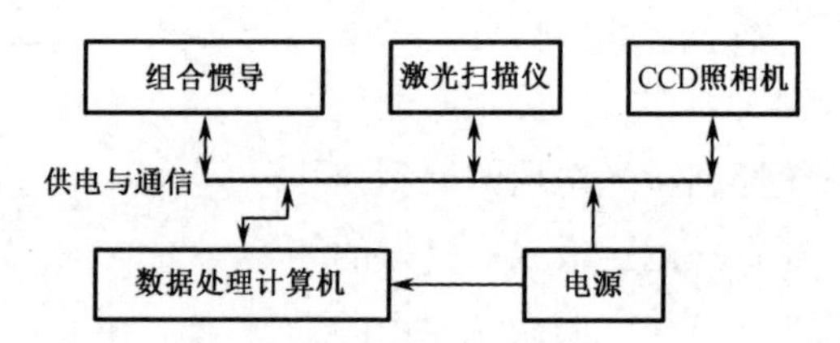

图9.19　车载测绘激光雷达系统组成框图

（1）激光扫描仪：是三维地形快速勘测的关键部件，主要完成目标距离及相对目标扫描角度的测量，实现对探测区域内目标的三维测量。

（2）CCD照相机：CCD照相机为可选配件，主要获取目标的纹理信息，为激光扫描仪提供探测区域内目标的属性信息。

（3）组合惯导：提供载车的位置和姿态信息，为激光扫描仪的测量数据在全球坐标系中定位提供必要的信息。

（4）数据处理计算机：完成各部件采集数据的存储，多部件数据处理及融合，DSM/DEM制图，以及各种应用数据图像的制作、显示及输出。

车载测绘激光雷达在结构上主要分为机头（见图9.20）、组合惯导机箱（见图9.21）、GPS天线和数据处理计算机。机头主要包括激光扫描仪、信息处理和存储器及时间同步卡等。CCD 照相机安装在机头顶部。机头在安装时向右后方倾斜，与水平面的夹角为 60°，采用这种安装方式，在载车移动时，激光扫描仪能够测量到道路左侧建筑物前立面和右侧建筑物后立面信息。

图 9.20　机头外形

图 9.21　组合惯导机箱外形

组合惯导机箱包含光纤陀螺、GPS 终端及数据处理电路。

机头和组合惯导机箱共同固定在一个刚性的平板上，机头斜向上 60° 安装，组合惯导水平安装，如图 9.22 所示。刚性平板与载车车顶支撑架连接，采用保证 IMU 和 GPS 测量的位置和角度，能够反映激光雷达设备本身的位置关系。其中，机头安装偏车顶右后方，组合惯导位于载车后部中间位置，GPS 天线固定于载车左前方，数据处理计算机固定于车内副驾驶座椅后面，整体示意图如图 9.23 所示。

图 9.22　机头与组合惯导安装示意图

图 9.23　车载测绘激光雷达系统整体示意图

3. 工作原理与工作流程

车载测绘激光雷达系统由车载信息终端进行控制与信息处理。GPS 终端提供载车位置信息，惯性导航系统实时测量载车姿态信息，激光扫描仪提供测量区域内的空间三维信息，结合 CCD 照相机获取的图像信息，最终提供探测区域内的空间位置信息及目标属性信息。随着载车运动，系统连续获取道路两旁区域的信息。

如图 9.24 所示，当系统开始工作后，各设备进行自检，自检完毕后开始接收数据处理计算机地形勘测作业指令（包括激光点扫描密度控制、扫描电动机参数配置等），参数配置完毕，各设备开始实时采集数据。GPS 终端给出测绘设备的精确位置，定义该点为测量坐标原点，读取导航系统数据，IMU 测量载车角度信息。激光扫描仪实时采集测绘区域内目标的距离及角度信息。CCD 照相机采集测绘区域内的纹理信息。数据处理计算机实时接收各设备采集的数据，进行融合处理，实时显示当前目标的三维点云图并存储当前采集的数据。数据采集完毕，数据处理计算机对原始数据进行滤波、插值、坐标解算、配准等处理，将多源数据进行融合处理，生成 1∶1000 的 DEM/DSM，根据应用需求，生成各种应用数据产品（如坡度图、等高线图等）。

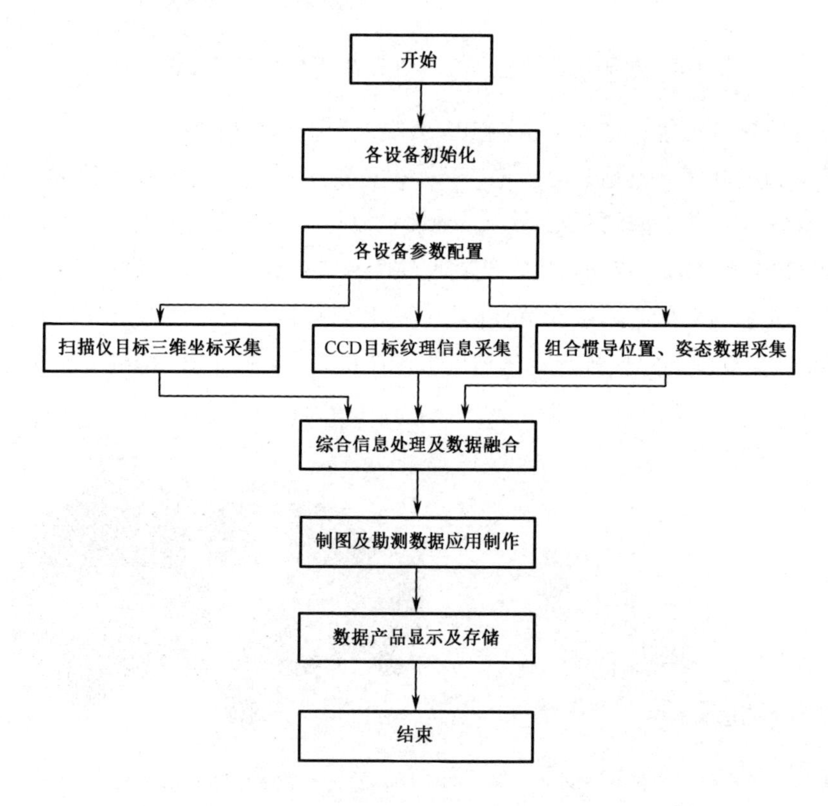

图 9.24　车载测绘激光雷达系统工作流程图

4. 数据显控与处理

应用该车载测绘激光雷达系统完成武汉市藏龙岛、江汉大堤和武汉大学科技园的扫描，效果图如图 9.25 所示。

（a）武汉市藏龙岛

（b）江汉大堤

（c）武汉大学科技园

图 9.25　车载测绘激光雷达扫描效果图

9.6　测绘激光雷达的评价

9.6.1　高程精度的评价

测绘精度分为相对定位精度和绝对定位精度。相对定位精度与组合惯导的测量姿态数据精度、测距精度及测角度精度有关。绝对定位精度是在相对定位精度的基础上叠加组合惯导数据精度，在激光成像过程中，主要受相对定位精度影响。

姿态数据精度包括横滚精度、俯仰精度和航向精度，三者对测绘精度的影响不同，横滚精度的影响比其他两种精度都大。根据建模分析，横滚精度、俯仰精度和航向精度对测绘精度影响的权重比为$\sqrt{2}:1:1$。若横滚精度、俯仰精度和航向精度分别为$\gamma_{横滚}$、$\gamma_{俯仰}$和$\gamma_{航向}$，则组合惯导姿态引起的角度误差为

$$\gamma_{姿态}=\sqrt{\left(\sqrt{2}\gamma_{横滚}\right)^2+{\gamma_{俯仰}}^2+{\gamma_{航向}}^2} \tag{9.9}$$

距离 R 处由组合惯导姿态带来的误差为

$$\Delta R_{惯导姿态}=R\tan\gamma_{姿态} \tag{9.10}$$

9.6.2　平面精度的评价

地形坡度的测量误差主要来源于高程测量误差导致的地形拟合误差，图 9.26 所示为几种不同情况。其中，图 9.26（a）和图 9.26（c）的角度偏差一样，图 9.26（b）和图 9.26（d）的角度偏差一样，图 9.26（e）和图 9.26（f）的角度偏差要大于图 9.26（a）～图 9.26（d）。

图 9.26 中，地面长度为 L，实际地面最高处距水平面的距离与最低处距水平面的距离差为 h，高程测量误差为 Δh，则图 9.26（e）中的坡度误差为

$$\Delta\theta_1=\arctan\left(\frac{h}{L}\right)-\arctan\left(\frac{h-2\Delta h}{L}\right) \tag{9.11}$$

图 9.26（f）中产生的坡度误差为

$$\Delta\theta_2 = \arctan\frac{h+2\Delta h}{L} - \arctan\frac{h}{L} \tag{9.12}$$

由式（9.11）和式（9.12）可知，当h为零时，$\Delta\theta_1 = \Delta\theta_2$且为最大。

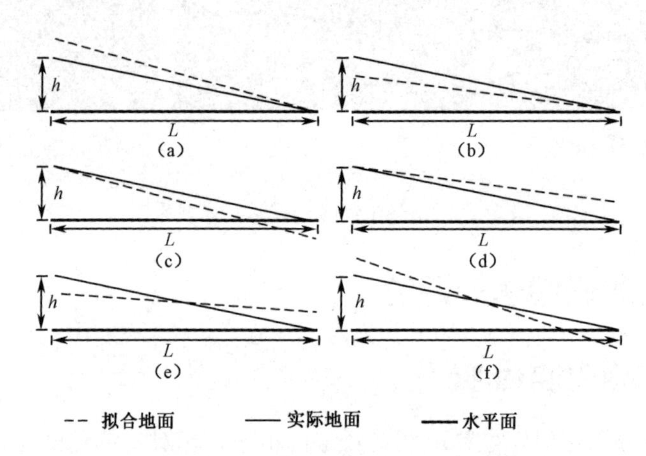

图 9.26　地形拟合误差图

参 考 文 献

[1] 李清泉，李必军，陈静. 激光雷达测量技术及其应用研究[J]. 武汉大学学报（信息科学版），2000, 25(5): 387-392.

[2] 向晶，郝伟，刘飞. 激光雷达测量技术及其应用研究[J]. 科技创新导报，2019(10): 49-51.

[3] 谢宏全，韩友美，陆波，等. 激光雷达测绘技术与应用[M]. 武汉：武汉大学出版社，2018.

[4] 周游，叶华平，肖志超. 浅谈地表 3D 空间数据获取方法[J]. 中国储运，2010(11): 101-102.

[5] 杨传贺. 激光差频扫描三维立体测量技术[D]. 青岛：中国海洋大学，2012.

[6] 高秀娟，杨伟华. 三维激光扫描测量技术及在测绘领域的应用[J]. 黑龙江科技信息，2010(35):21.

[7] 王成，习晓环，杨学博，等. 激光雷达遥感导论[M]. 北京：高等教育出版社，2022.

[8] 沈严，李磊，阮友田. 车载激光测绘技术[J]. 红外与激光工程，2009, 38(3): 437-451.

[9] 邹慧莹. 基于 ARM 的 SINS/GPS 组合导航系统信息处理[D]. 长春：长春工业大学，2016.

[10] 李磊，严洁，阮友田. 车载激光测绘系统的标定[J]. 中国光学（中英文），2013, 6(3): 353-358.
[11] 谢宝飞. 顾及时间延迟的 GNSS 精密定位技术研究与性能分析[D]. 武汉：武汉大学，2020.
[12] 李清泉，毛庆洲. 车载道路快速检测与测量技术研究[J]. 交通信息与安全，2009, 27(1):7-10.
[13] 孙红星. 差分 GPS/INS 组合定位定姿及其在 MMS 中的应用[D]. 武汉：武汉大学，2004.
[14] 苏霆. 农村公路信息快速采集系统的设计与实现[D]. 上海：华东师范大学，2010.
[15] 李树涛. 多传感器图像信息融合方法与应用研究[D]. 长沙：湖南大学，2001.
[16] 陈晓兰. 遥感图像的色调统一研究[D]. 杭州：浙江大学，2007.
[17] 高俊，梁超，彭贤锋，等. Topcon 影像全站仪在废弃采石场地形测量中的应用[J]. 中国水土保持科学，2012, 10(4): 95-99.
[18] 罗俊. 遥感图像融合方法及其在目标波谱反演中的应用研究[D]. 武汉：华中科技大学，2007.
[19] 陆欢. 像素级多源图像配准及融合研究[D]. 南京：南京航空航天大学，2007.
[20] 刘贵喜. 多传感器图像融合方法研究[D]. 西安：西安电子科技大学，2001.
[21] 张云彬，宋宏伟，朱冠军，等. 多源影像融合在目标识别与提取中的应用[J]. 测绘学院学报，2004(3): 184-189.
[22] 龙燕. 基于小波变换的图像融合研究[D]. 济南：山东大学，2008.
[23] 何睿. 基于多光谱图像融合的人脸识别方法研究[D]. 西安：西安电子科技大学，2006.
[24] 王文武. 像素级图像融合技术研究[D]. 武汉：华中科技大学，2005.
[25] 马超. 激光回波信号处理电路设计技术[D]. 北京：中国科学院研究生院（光电技术研究所），2013.
[26] 阮友田. 车载三维激光测绘雷达[J]. 企业技术开发，2012, 31(13): 92-93.

第 10 章
测风激光雷达

风速和风向是最基本的气象观测要素，也是研究大气动力学和全球气候变化的重要参量。利用观测的大气风场数据，可以获得大气时空分布，进而预见其变化趋势，促进人类对全球气候、大气变化及大气层的了解和深入研究，提高气象预报分析和全球气候变化预测能力。目前，对风场的观测方式主要有无线电探空测量、地面站测量、海洋浮标测量、观测船测量、机载平台测量及卫星遥感测量等，但在覆盖范围、观测频率、测量精度等方面存在很大限制，尤其是在精确气象预报数据支持方面。随着激光技术的发展，测风激光雷达作为一种新型大气遥感设备开始应用于气象监测领域，尤其是在民用航空领域，对低空风切变的预警可大大提升民航飞机飞行的安全性。测风激光雷达已经成为气象探测，尤其是晴空探测领域的一种重要探测设备。

10.1　测风激光雷达的特点

目前，气象领域使用较多的两种非接触式气象雷达是多普勒天气雷达和风廓线雷达。多普勒天气雷达利用多普勒效应可得到目标物沿雷达射线方向的运动速度，但无法获得垂直于雷达射线方向的运动速度。为了得到三维风场，通常先获取风场在不同方向上的分量，再通过矢量解算原则反演出风场的三维信息。例如，在圆锥扫描模式下，当风场均匀分布时，通过测量其一周径向速度，再将风场矢量进行傅里叶展开，并求解傅氏系数，可得到不同高度层上的平风矢量。该方法扫描方式简单、计算量少，成为单多普勒雷达风场模拟和风场预报最常用的方式。风廓线雷达主要用于高空风场的探测，具有较高的时空分辨率、探测精度和可靠性等，已在全球范围内得到广泛应用。

微波测风雷达具有发展时间长、技术成熟、测量距离远、测量高度高等特点。目前，国内大多数气象站均安装了微波测风雷达，用于气象探测和预报。

随着激光技术、光学精密加工技术、信号处理技术及控制技术的发展，激光雷达技术日新月异。基于多普勒效应的激光雷达的波长较短，因而时空分辨率高、精度高，可实现三维风场快速观测，尤其可实现晴空湍流的探测，是其他探测方法难以比拟的技术手段。

10.1.1　主要特点

测风激光雷达有以下主要特点。

（1）测速范围大：单纯从光频的特性看，测风激光雷达的测速范围主要受限于系统的设计带宽。当带宽足够大时，测风激光雷达可覆盖所有气象等级。在一般情况下，测风激光雷达可实现 100m/s 以内的风场探测。

（2）测量精度高：测风激光雷达系统的参数一旦确定，大气风速的多普勒频移与速度的关系就一一对应，且与大气的其他因素（如气体的温度、压力、密度等）无关。测风激光雷达的测量精度主要取决于多普勒信号的处理精度。

（3）时空分辨率高：测风激光雷达的时间分辨率可达秒级，可实现大气风场的快速测量，提升了大气风场时间演化的观测能力。测风激光雷达的空间分辨率可达米级，可实现对小尺度大气风场的精密探测。

（4）适装性好：测风激光雷达体积较小、重量轻、功耗低，有利于轻量化设计，能够满足车载、机载（包含无人机载）、舰载等不同平台的机动探测需求，对气象探测、飞行保障等具有重要意义。

（5）非接触测量：激光束交点就是测量点，不影响大气流场分布。测风激光雷达通过发射激光束进行风场测量，因此激光雷达设备本身无须靠近被测区域，即可实现激光雷达与被测区域之间全范围的风场测量，达到非接触测量的目的，尤其适用于特殊场景（如高温、有毒或有腐蚀性气体等场景）的风场测量。

10.1.2 主要应用

测风激光雷达能够获取精确的风场信息，在大气科学、航空航天安全保障、武器试验、风能开发等领域发挥着越来越重要的应用。

1. 大气科学应用

风场信息作为气象基本参数之一，对大气科学研究的作用主要有以下方面。

（1）准确的天气预报需要以准确的风场信息为基础。全球风场探测能够较准确地监测和预报大气的冷暖时空分布，对预报台风、高温、沙尘暴等极端天气情况的变化具有重大意义。

（2）准确的风场信息能够支撑大气动力学的深入研究。连续、精确地观测大气风场时空分布的变化，分析大气波动信息，对研究大气运动规律及全球极端天气现象具有重要意义。

（3）数值天气预报需要精确的风场信息为支撑。数值天气预报是在一定的假设条件下，利用流体力学和热力学原理进行计算，解算气象演化过程，进而预测未来大气运动状态的一种气象数据处理方法。精确的风场信息是进行数值计算的初始条件。

2. 航空航天安全保障应用

风切变是危及飞行器起降安全的最危险的因素之一。在飞机飞行的过程中，雷暴等强对流天气会造成大气风场垂直方向风速的强烈变化，如果没有意识到这种强烈的变化产生的原因，通常会使得飞行员操作失当，导致发生严重飞行事故。在飞行器滑行降落的过程中，飞机穿过变化的风场，气流速度下降会导致飞行员没有足够的时间应对着陆，如果未做出及时调整，就会出现灾难性后果。此外，飞机在起飞或降落时会产生尾流，对飞机起降时的尾流进行监测，对飞机具有安全保障作用，可提高起飞效率和安全性。基于在军用、民用领域的潜在价值和国家重要国防战略的需求，临近空间环境成为各国的研究热点，而临近空间大气风场数据是临近空间飞行器设计、飞行试验保障的必要条件。

3. 武器试验应用

风速、风向是影响武器射击精度的重要因素，尤其对于火箭炮等，其初速度和转速较低，低空风场对其精度影响较大。精确测量风场的变化可以为武器准确射击提供科学依据。测风激光雷达可以用于研究弹道风场的变化规律。大气通常处于湍流运动状态，湍流运动的基本特征就是速度场沿空间、时间分布具有不规律性。湍流运动是一种随机运动，掌握弹道随机风场的变化规律，可以有效减少风的扰动引起的射击误差。

湍流运动由大小不一的湍涡组成，空间某点风速的脉动可以看成由多种尺度的湍涡形成的不同频率的脉动叠加。利用频谱分析的方法可以得到各种频率的湍流对湍流场的贡献。测风激光雷达可以用于研究各层平均风场的变化规律，阵风的变化规律与平均风的关系，水平风场与垂直气流的时间、空间分布规律等，从而为研究弹道理论和气象保障提供新的技术途径。

4. 风能开发应用

随着全球经济的高速发展，人们对能源的需求越来越大，能源危机不断被提出。此外，传统化石燃料在使用时会带来大量污染，造成全球环境与气候的严重恶化。新型能源的开发与利用成为当前研究热点。风能作为新型能源的一种，具有清洁、可再生、无污染等特点，越来越受到世界各国的青睐与重视。图 10.1 所示为多个国家的风力发电情况。

高精度实时风场信息的监测可用于提升风力发电装置的发电效率。据统计，采用激光雷达进行风场探测和校正，能够将风机的发电效率提升 5%以上。激光雷达除可提升发电装置的发电量外，还可显著降低风资源评估误差，显著降低项目投资风险，优化风机排布方案，提高项目收益率。

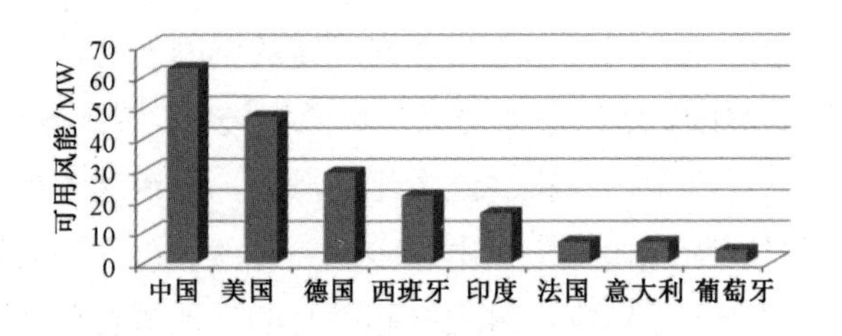

（a）可用风能

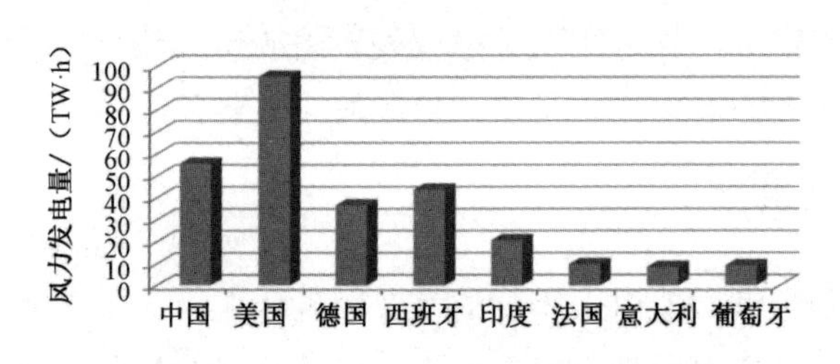

（b）风力发电量

图 10.1　多个国家的风力发电情况

10.1.3　主要功能

1. 不同空间范围内的风速测量

测风激光雷达利用激光的多普勒效应，可沿着激光传输方向上获取不同距离上风速的多普勒信号，实现激光径向风速的测量；利用光线旋转装置或机械伺服转台，可实现不同方向上风速的测量。因此，测风激光雷达可测量不同空间方向、不同远近距离的风速。

2. 不同高度上风速、风向参数的反演

测风激光雷达单光束的风速测量结果仅为风场矢量在光束上的分量，因此要实现常规意义上的风速、风向测量，就需要结合不同空间方向上风速分量的关系，按照相应的风场反演方法，实现不同高度上水平风速大小、水平风向和垂直风速大小、垂直风向的反演解算。

3. 不同距离/高度上气溶胶粒子/大气分子散射强度的分析

与常规激光测距的幅度检测方式不同，测风激光雷达收集大气风场散射信号，通常需要检测不同距离上散射信号的强度信息，以确认目标信息，因此，测风激光雷达可以获得不同距离上目标的散射信号的强度信息，可描绘出信噪比与探测

距离的关系，便于系统探测信号的识别及目标特性的分析。

4. 不同模式风场数据的显示

测风激光雷达一般会根据应用要求，具有不同的测量结果显示模式，包括平面-位置显示（Plan Position Indicator，PPI）、距离-高度显示（Range Height Indicator，RHI）、风廓线显示、飞机下滑道显示、风羽图显示等，还可实现几种模式的切换测量和显示。

10.1.4　主要性能指标

1. 风速精度

风速精度是指测风激光雷达对风速大小探测的准确性。风速精度包含两种含义。一种含义是径向风速测量精度。在基于多普勒效应的激光雷达中，多普勒频率是大气风场在光束传播方向上的风速分量。直接探测体制的测风激光雷达，其径向风速精度可达几米每秒，而相干探测体制的激光测风雷达最优可达 0.1m/s。风速精度的另一种含义是大气风场矢量的测量精度，即大气风场在三维空间中的风速测量精度。在通常情况下，为了使用方便、统一将三维风场矢量分解为水平风速矢量（水平风速大小和方向）和垂直风速矢量（垂直速度大小和方向）。直接探测体制的测风激光雷达水平风速精度可达几米每秒，相干探测体制的激光测风雷达最优可达 0.2m/s。

2. 距离/高度分辨率

距离分辨率是测风激光雷达对实现大气风场测量时获得的空间距离间隔的表征，距离分辨率越高表示对空间范围内风场的分辨能力越强。目前，激光雷达的距离分辨率根据应用需求不同，通常为几米至几十米不等。高度分辨率通常是在距离分辨率确定的前提下，依据激光雷达俯仰角信息进行计算的。

3. 风向精度

风向精度表征测风激光雷达在进行大气风场测量和反演风场矢量时对风向的判别能力。风向的测量通常需要经过多个不同方向上径向风速的测量，再进行反演获得。反演精度受测量范围、径向测量精度、空间光束的定位精度等因素的影响。目前，测风激光雷达的风向精度可达 1°～5°。

4. 测量高度

测风激光雷达的测量高度是指激光在竖直向上方向的最大探测能力。在对流层中，一般情况下，随着高度的增加，激光的散射强度会逐渐减小，从而造成激光回波信号逐渐变弱，因此测风激光雷达通常具有可探测的最大测量高度。根据设计要求的不同，测风激光雷达一般可实现边界层、低对流层、中高对流层及高层大气的测量。

典型直接探测体制测风激光雷达的性能指标如下。

（1）测量范围：0.2～10km；

（2）激光波长：1064nm、532nm、355nm；

（3）风速精度：≤1m/s（0.2～2km），≤2m/s（2～10km）；

（4）距离分辨率：0.2km（0.2～2km），0.5km（2～10km）。

典型相干探测体制测风激光雷达的性能指标如下。

（1）测量范围：50～5000m；

（2）激光波长：1.5μm；

（3）风速精度：≤0.2m/s；

（4）距离分辨率：30m；

（5）风向精度：5°。

10.2 测风激光雷达的组成

10.2.1 直接探测体制测风激光雷达的组成

直接探测体制测风激光雷达系统一般包括激光器、光束传输及收发光学组件、接收机、扫描系统，以及数据采集系统和控制计算机等。激光器用于产生稳定的激光束作为激光雷达的发射信号。直接探测体制测风激光雷达通常采用注入锁定的 Nd:YAG 激光器，典型的激光波长为 355nm、532nm、1064nm 等。光束传输及收发光学组件主要由望远系统、扩束器、分束器等组成，望远系统主要实现回波光束的收集；扩束器主要实现激光器发射光束光斑的扩大，压缩发射光束的发散角度；分束器和反射镜主要实现光束空间方向的分离和传输。扫描系统主要用于将发射光束指向被测的大气区域，实现不同方向上的风速测量，并收集大气中气溶胶粒子/大气分子的后向散射光。在通常情况下，为了保证光束的收发一致性，将发射光束与接收光束通过同一个扫描系统进行光束传输。接收机是直接探测体制激光雷达系统的光学处理中心，主要包括标准具和探测器，用于风场后向散射光的准直、滤光和分束，将有效散射光信号输入标准具，进行对应的光强度探测。数据采集系统将多个探测器获取的电信号进行同步、综合，完成风场多普勒信息的处理、滤波和提取。控制计算机是激光雷达系统的“大脑”，可控制整个系统同步工作，根据时序、空间关系、位置关系得到实时风场数据，并进行数据显示与存储。直接探测体制测风激光雷达的系统构成如图 10.2 所示。

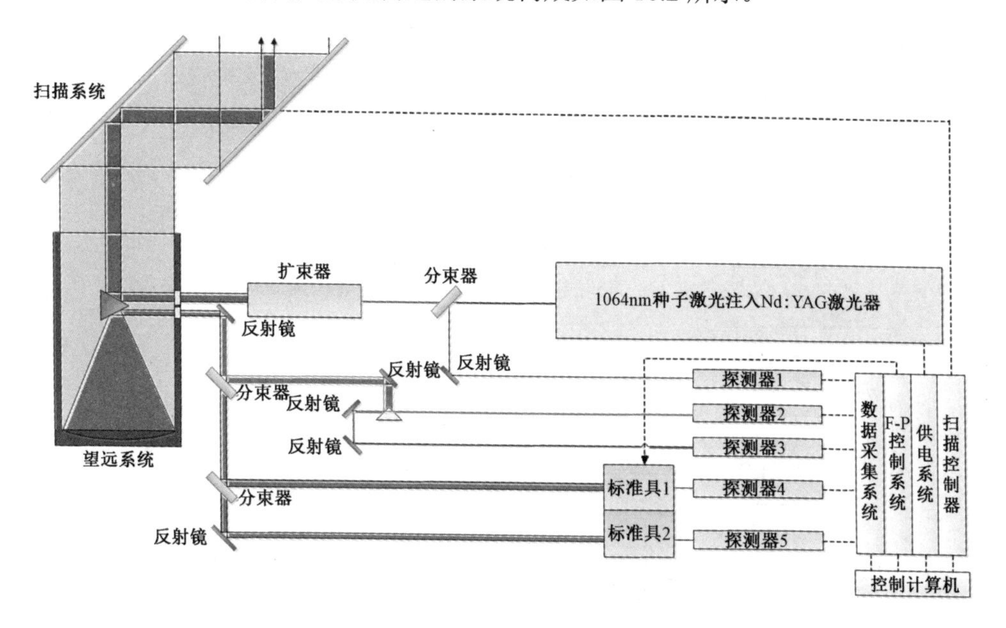

图 10.2　直接探测体制测风激光雷达的系统构成

10.2.2　相干探测体制测风激光雷达的组成

相干探测体制测风激光雷达系统一般主要由窄线宽的单频激光发射机、相干激光接收机、收发光学天线、扫描器、数据处理系统及操控显示系统等组成，有时还需加入校正探测器进行光频率校正。窄线宽的单频激光发射机提供光源，一般由窄线宽本振激光器、声光调制器及脉冲光放大器等组成。窄线宽本振激光器的线宽通常要求在 kHz 级，以保证有足够的相干长度，并减少对风速精度产生的影响。声光调制器具有调制消光比高、可中频频移等特性，能够满足绝大多数风场测量要求。脉冲光放大器主要用于对小功率激光的功率放大，实现高功率激光输出。在脉冲光放大条件下，脉冲能量通常可达几微焦至几百微焦。相干激光接收机主要包括探测器和放大电路，用于目标散射回波信号与本振激光器输出信号的混频信号的检测，通常采用平衡探测模式，可以增大系统的动态范围，提高系统的探测灵敏度，并可实现较大的共模抑制比。相干激光接收机加入校正探测器后，可通过监测校正发射激光频率变化造成的风速测量误差，提高风速测量精度。收发光学天线主要用于发射光束的准直和回波光信号的收集，通常采用合置化光路设计，使收发光路匹配，实现较高的相干效率。扫描器有伺服转台扫描、光楔扫描、振镜扫描等不同模式，可根据应用需求的不同进行选择。数据处理系统通常包括数据采集、信号处理、信号滤波、信号传输、数据反演等。数据处理系统采集相干激光接收机输出的电信号，并进行处理、滤波和信号提取，从而获取目标特性，并通过通信接口传输给操控显示系统。操控显示系统一般完成系统状态控制、系统状态监测，以及最终结果显示等。相干探测体制测风激光雷达的系统构成如图 10.3 所示。

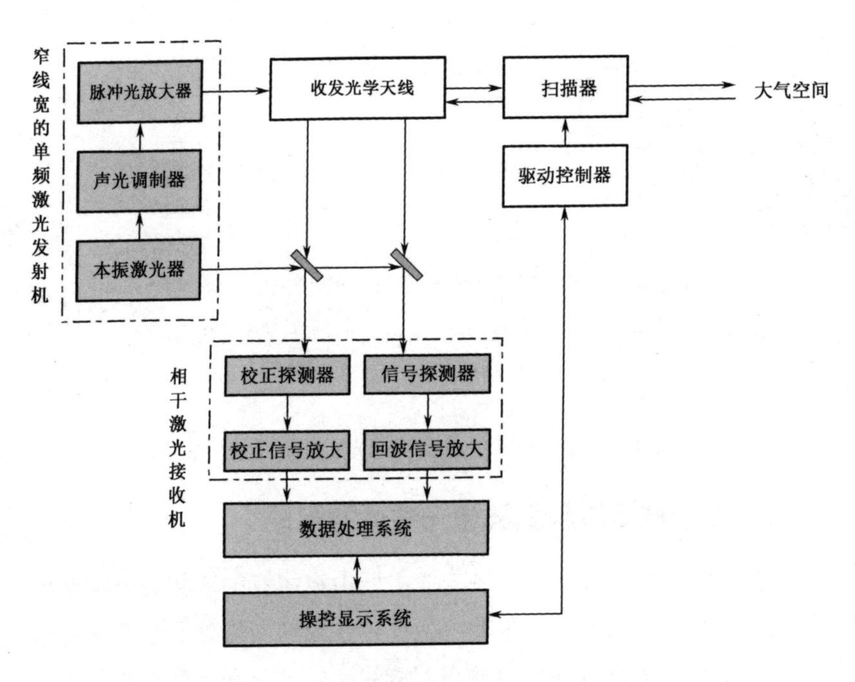

图 10.3　相干探测体制测风激光雷达的系统构成

由于光纤器件具有体积小、稳定性好、便于连接等优势，因此常见的相干探测体制测风激光雷达均采用全光纤化设计方案，即采用光纤激光器、光纤放大器、光纤耦合探测器及光纤接口光学天线等，配合空间扫描器，实现测风激光雷达的设计。这种雷达可通过风场中粒子的激光散射特性检测，实现大气风场测量。全光纤化设计具有稳定性好、可靠性高、重量轻等特性，有利于小型化乃至微型化设计。基于全光纤的相干探测体制测风激光雷达的结构如图 10.4 所示。

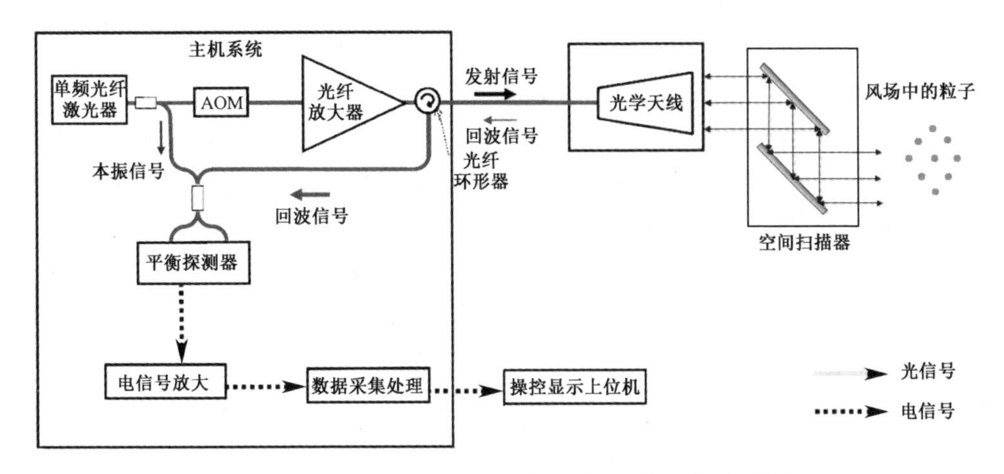

图 10.4　基于全光纤的相干探测体制测风激光雷达的结构

10.3　测风激光雷达的工作原理

10.3.1　直接探测体制测风激光雷达的工作原理

直接探测体制测风激光雷达的工作原理如下。种子激光注入的 Nd:YAG 激光器作为光源，发射的激光束通过分束器后分出一小部分直接进入探测器作为参考光，用来测量激光的初始频率；其余大部分通过反射镜、扫描仪后以预设的方位角和天顶角指向大气探测区域。在探测区域内，气溶胶粒子和大气分子的运动导致大气后向散射信号发生多普勒频移，大气散射信号经过扫描和望远镜接收，由光纤传到接收机。在接收机中，F-P 标准具作为鉴频器，对参考光和大气后向散射信号的频率进行差分测量，从而测得由风速产生的多普勒频移量，由此可以反演指定方向的径向风速。光束在进入标准具之前，一部分光信号通过分束器和棱镜后分成两束，分别被两个探测器接收，用来检测标准具左、右通道的信号强度；另一部分进入双标准具，并由探测器探测，再经过数据采集系统送入控制计算机进行数据处理。整个测风激光雷达的工作过程是在控制指令下完成的。控制计算机发出的控制指令包括系统的参数设置，二维扫描仪的控制，激光器的控制，接收机的控制，数据的采集、处理，风速的反演及图像显示等。

直接探测体制测风激光雷达一般分为单边缘检测和双边缘检测两种。

1. 单边缘检测原理

单边缘检测通过测量大气后向散射信号的多普勒频移，反演大气风场信息。首先选择鉴频器件，具有尖锐透过率曲线的边缘滤光器件有很多种，如原子吸收滤光器、球面或平面 Fabry-Perot 标准具、Fizeau 干涉仪、Mach-Zehnder 干涉仪、光栅或棱镜等。

单边缘技术检测模式下滤波器透过率曲线如图 10.5 所示。图中曲线来自具有陡峭光谱响应的边缘滤波器。激光发射频率 $\nu_{\rm out}$ 与返回频率 $\nu_{\rm ret}$ 的多普勒频移经过该滤波器后转换为信号能量的变化。由于边缘滤波器具有陡峭的光谱响应，很小的光频率变化可转换为明显的光强度变化。因此，只要探测到光强度变化的大小，就可以得到多普勒频移。如果大气后向散射光的频谱与发射激光的频谱近似，则入射到标准具的信号光谱函数可表达为高斯函数，即

$$f_{\rm Mie}(\nu)=\sqrt{\frac{4\ln 2}{\pi\Delta\nu_l^2}}{\rm e}^{-\frac{4\ln 2}{\Delta\nu_l^2}\nu^2} \tag{10.1}$$

式中，ν 为频率；$\Delta\nu_l$ 是发射激光光谱线宽。对于分子散射，散射谱宽主要由大气分子热运动产生。在热平衡时，大气分子热运动具有麦克斯韦率分布，大气分子的运动速度使入射光产生多普勒频移，形成大气分子散射回波信号的多普勒线宽

$$\Delta\nu_{\rm m}=\frac{2}{\lambda}\left(\frac{2KT}{M}\right)^{1/2} \tag{10.2}$$

式中，K 为玻尔兹曼常数；T 为透过率；M 为大气分子的质量。可得

$$G_{\rm Ray}(\nu)=\frac{e}{\pi(\Delta\nu_l^2+\Delta\nu_{\rm m}^2)}-\frac{\nu^2}{\Delta\nu_l^2+\Delta\nu_{\rm m}^2} \tag{10.3}$$

式中，$G_{\rm Ray}(\nu)$ 为瑞利散射高斯函数。

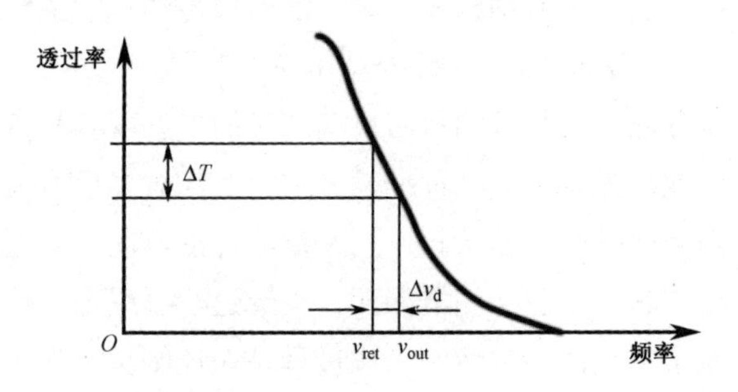

图 10.5　滤波器透过率变化曲线

图 10.6 所示为瑞利散射和米散射示意图，可以看出，米散射比瑞利散射的谱宽要窄得多。对米散射而言，通过标准具的出射光是入射光和标准具透过函数 $h(\nu)$ 的卷积。

$$I(\nu)=I_0\int_{-\infty}^{+\infty}f_{\rm Mie}(\nu)h(\nu-\nu_0){\rm d}\nu \tag{10.4}$$

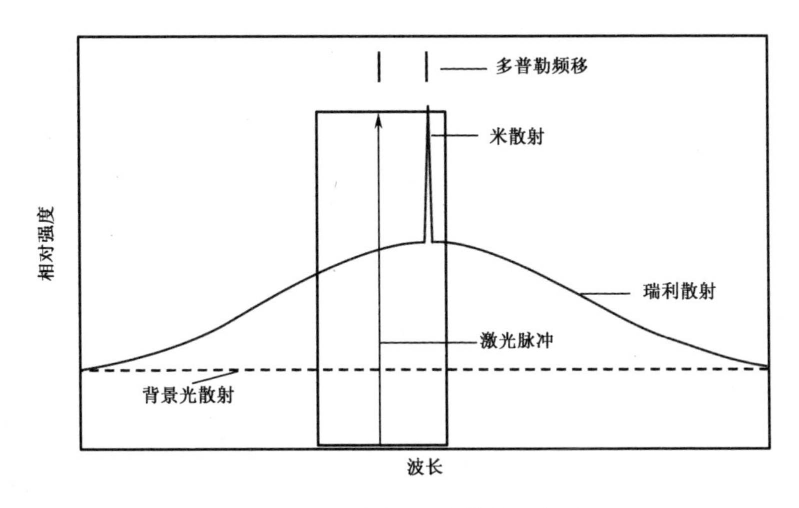

图 10.6　瑞利散射和米散射示意图

式中，I_0 是入射光的光强。定义标准具的频率灵敏度为单位频率引起的信号透过率的相对变化，即

$$\theta_\nu = \frac{1}{I(\nu)}\frac{\mathrm{d}I(\nu)}{\mathrm{d}\nu} = \frac{1}{T(\nu)}\frac{\mathrm{d}T(\nu)}{\mathrm{d}\nu} \tag{10.5}$$

式中，

$$T(\nu) = \int_{-\infty}^{+\infty} f_{\mathrm{Mie}}(\nu)h(\nu-\nu_0)\mathrm{d}\nu \tag{10.6}$$

根据后向散射多普勒频移和速度之间的关系，可得标准具的速度灵敏度为

$$\Theta_\nu = \frac{2}{\lambda T(\nu)}\frac{\mathrm{d}T(\nu)}{\mathrm{d}\nu} \tag{10.7}$$

其含义是：单位速度变化引起的信号通过鉴频器的透过率相对变化，由标准具自身的参数决定。被测区域粒子的径向运动速度为

$$\nu_{\mathrm{r}} = \frac{\lambda}{2}\left(\frac{I_{\mathrm{r}}}{I_{\mathrm{r}0}} - \frac{I_l}{I_{l0}}\right)\left(\frac{\mathrm{d}T(\nu)}{\mathrm{d}\nu}\right)^{-1} \tag{10.8}$$

式中，I_{r}、$I_{\mathrm{r}0}$ 分别是大气后向散射光经过干涉仪的入射光和出射光的强度；I_l、I_{l0} 分别是发射激光经过干涉仪的入射光和出射光的强度。系统的测量误差为

$$\varepsilon_\nu = \frac{1}{\Theta_\nu(S/N)} \tag{10.9}$$

2. 双边缘检测原理

双边缘检测是单边缘检测的有效改进，承袭了单边缘检测的基本优点，又具备新的性能。

令两个高分辨率高精度 F-P 标准具的频谱分布相同，而中心有一定间隔，如

图 10.7 所示。出射激光的频率固定在两条谱线的交叉点处，当激光直接通过标准具时，F-P 标准具的两个通道透射光的相对强度相同，此时的激光频率称为参考光频率。如果激光雷达径向的风速为零，则接收到的大气后向散射光的频率与参考光的频率相等，这时，后向散射光通过两个标准具后的输出光相对强度相等；如果激光雷达径向的风速不为零，则接收到的大气后向散射光的频率相对于参考光的频率会有一个频移，这时两个标准具的输出光相对强度不同，可以用两个光信号的差异来确定多普勒频移量。设标准具的输出光信号为

$$I_i(\nu)=I_{0i}\int_{-\infty}^{+\infty}f_{\mathrm{Mie}}(\nu)h_i(\nu-\nu_i)\mathrm{d}\nu \tag{10.10}$$

式中，I_{0i} 为入射到 F-P 标准具的米散射信号，$i=1,2$ 表示通道数。在实际测量中，接收到的大气后向散射信号中不仅有米（或气溶胶）散射信号，还有瑞利（或分子）散射信号，但由于瑞利散射谱很宽，在多普勒频移的范围内近似不变，可以作为背景光去除，因此多普勒频移只引起米（或气溶胶）散射信号的变化。

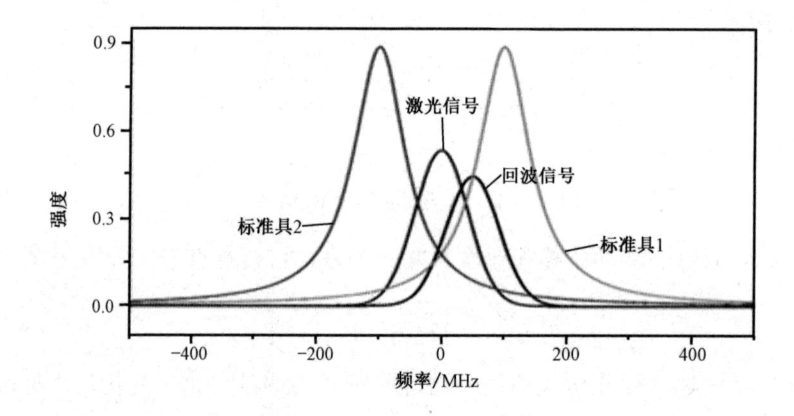

图 10.7 双边缘检测模式下频谱-强度变化关系

定义两个标准具输出光信号的比值为

$$R(\nu)=\frac{I_1}{I_2}=C\frac{T_1(\nu)}{T_2(\nu)} \tag{10.11}$$

式中，C 为校准常数，$C={I_{01}}/{I_{02}}$；且有

$$T_i(\nu)=\int_{-\infty}^{+\infty}f_{\mathrm{Mie}}(\nu)h(\nu-\nu_i)\mathrm{d}\nu \tag{10.12}$$

因此，$R(\nu)$ 是多普勒频移的单值函数，根据其反函数 $R^{-1}(\nu)$ 可以确定多普勒频移的大小，进而得到激光雷达径向风速

$$v_{\mathrm{r}}=\lambda[R^{-1}(\nu)-R^{-1}(\nu_l)]/2 \tag{10.13}$$

式中，$R(\nu)$ 和 $R(\nu_l)$ 分别是接收光和参考光透过标准具两个通道信号相对强度的比值。

由式（10.13）得到的仅是空间某层（或某高度）的激光雷达径向的风速，而实际风速是一个矢量，因此在实际测量时，采用连续扫描的测量方式。

10.3.2 相干探测体制测风激光雷达的工作原理

激光雷达以某一姿态从窄线宽单频种子激光器发出频率为 f_0 的激光，该激光被分成两部分，一部分光经声光移频器件调制后，形成频率为 $f_0+\Delta f_{AOM}$ 的脉冲激光，在激光放大器的作用下达到高峰值功率，经过光学系统传输到大气中。大气的运动导致该脉冲激光的频率发生变化，形成频率为 $f_0+\Delta f_{AOM}+\Delta f_d$ 的后向散射激光。该激光被光学系统收集后，与从窄线宽单频种子激光器发出的另一部分激光在接收机中进行混频，形成频率为 $\Delta f_{AOM}+\Delta f_d$ 的差频信号。该差频信号在信息处理机中进行信号放大、采样、虑波、频域检测处理，获取差频信号特征。由于 Δf_{AOM} 调制信号是已知的，因此通过差频信号的计算可获得风速的运动多普勒频率 Δf_d，再根据速度与多普勒频率的对应关系 $v=\lambda\Delta f_d/2$，即可获得风速。通过激光雷达在不同姿态下的风速测量，可获取空间风场的分布信息。操控显示部分利用空间风场的分布信息与空间位置的对应关系，实现风场矢量的解算及最终结果的显示。

在相干体制多普勒信号检测中，通常先将回波信号进行自相关预处理，以提高检测信噪比，提升后续处理算法的抗噪声干扰能力；再采用功率谱估计方法，进行谱峰、谱线宽的估计；最后再利用重心法、几何法等进行频率的精确校正。

1. 回波信号的数学模型

相干探测体制测风激光雷达回波是大气粒子后向散射光光电流叠加而成的。除回波外，相干探测体制测风激光雷达探测器输出的信号中还包括各类噪声信号。因此，激光雷达回波包含信号 $s(t)$ 和噪声 $z(t)$ 两部分，回波信号模型可表示为

$$x(t)=s(t)+z(t)=A\cos(2\pi f_C t+\phi_w)+z(t) \tag{10.14}$$

式中，A 为信号幅度；f_C 为探测器输出的差频信号频率；ϕ_w 为差频信号相位差；$z(t)$ 是方差为 σ^2 、均值为零的高斯白噪声。

在实际应用中，回波信号将被数字化采样，采样后得到 N 个采样值：

$$x(n)=s(n)+z(n)=A\cos\left(2\pi f_C/f_s n+\phi_w\right)+z(n),\quad n=0,1,\cdots,N-1 \tag{10.15}$$

式中，$s(n)$ 为数字化采样后的信号；$z(n)$ 为数字化采样后的噪声信号；N 为激光雷达的采样点数；f_s 为激光雷达信号处理采样率。

2. 处理算法

由于信号具有相关性，而噪声具有非相关性，因此，对采样后的离散化回波信号 $x(n)$ 进行自相关处理，得到自相关函数

$$R_{xx}(\tau)=R_{yy}(\tau)+R_{ss}(\tau)+R_{sy}(\tau)+R_{ys}(\tau)\approx\frac{a^2}{2}\cos(\omega_0\tau)+\frac{1}{N-|\tau|}\cdot\frac{a^2}{2}\sum_{n=0}^{N-1-|\tau|}a\cos[\omega_0(2n+\tau)+2\varphi_0] \tag{10.16}$$

式中，τ 为时延；R_{ys}、R_{ys} 分别为回波信号与噪声信号的自相关函数；R_{yy}、R_{ss} 分别为回波信号的自相关函数。由（10.16）式可知，当采样点数 N 足够大时，自相关处理后的信号频率与输入信号频率相同，且噪声被大大抑制。但在实际应用中，采样点数 N 总是受限的，经过自相关处理后的效果并不一定明显，可根据不同需求进行多次处理以达到更好效果。经多次自相关处理后，理论上可得到回波信号 $s(n)$ 的同频信号

$$y(n)=B\cos(\omega_0 n+\theta)\ (n=0,1,\cdots,N-1) \tag{10.17}$$

式中，B 为自相关处理后的信号幅值；θ 为自相关处理后的信号相位。

采用功率谱估计方法对自相关后的同频信号 $y(n)$ 进行处理，首先将 $y(n)$ 按照距离分辨要求分成 L 段，每段长度为 M；然后对每段数据都进行功率谱运算和累加和平均。回波信号的序列分段就是加窗截取的过程，为防止加窗时的“频谱泄漏”对信号产生影响，通常采用汉明窗、海明窗、布莱克曼窗等窗函数进行截取。$y(n)$ 的功率谱估计可表示为

$$\hat{P}(\omega)=\frac{1}{L}\sum_{i=0}^{L-1}\hat{P}^i=\frac{1}{MUL}\sum_{i=1}^{L}\left|\sum_{n=0}^{M-1}y^i(n)d(n)\mathrm{e}^{-\mathrm{j}\omega n}\right|^2 \tag{10.18}$$

式中，$d(n)$ 是窗函数，归一化因子为

$$U=\frac{1}{M}\sum_{n=0}^{M-1}d^2(n) \tag{10.19}$$

由于频域的离散化，将由功率谱估计得到的峰值谱线直接作为信号的频率值时会存在频率估计误差，可采用能量重心法进行频谱的修正。能量重心法是从能量的角度进行离散频谱分析的方法。根据窗函数主瓣能量重心无限逼近坐标原点的特性，通过重心法求出离散窗函数的能量重心坐标，可实现频率值的校正。校正后的多普勒频率为

$$\dot{f}_{\mathrm{d}}=\frac{f_{\mathrm{s}}}{N}\cdot k=\frac{f_{\mathrm{s}}}{N}\cdot\frac{\sum_{i=-n}^{n}y_{k_0+i}(k_0+i)}{\sum_{i=-n}^{n}y_{k_0+i}} \tag{10.20}$$

式中，f_s 为激光雷达信息处理机的采样频率；N 为采样点数；k_0 为功率谱中最大值对应的谱线；y_{k_0+i} 为第 k_0+i 条谱线。

10.4 测风激光雷达的工作方式

10.4.1 平面位置测量（PPI 模式）

对于低俯仰角的风场探测，通常采用 PPI 模式，即测风激光雷达以固定低俯仰角（甚至为 0°）进行方位向的连续扫描，通过方位角的变化获得周边平面或大锥面风场的分布，并根据各波束的径向速度测量值进行水平风速反演与切变风计算。在 PPI 测量模式下，一般可实现 0°～360° 扫描，完成一帧扫描所需时间一般为 1～3 min。PPI 模式是低空风切变探测的一种常用方法，可通过分别求径向与方位向的变化值后进行合成，得到风切变值，对 N 个连续径向距离门用最小二乘法计算径向变化值 $\partial v/\partial r$，即

$$\frac{\partial v}{\partial r}=\frac{\sum_{i=-N}^{N} r_i v_i}{\sum_{i=-n}^{n} i^2}\cdot\frac{\Delta r}{\Delta r+L} \tag{10.21}$$

式中，r_i 为各距离门到雷达的距离；v_i 为对应距离 r_i 处的速度；N 为处理段数；Δr 为点与点之间的距离；L 为距离门长度。

同理，对于方位向的切变值也可通过 M 个方位距离门用最小二乘法计算得到，即

$$\frac{\partial v}{r\partial\theta}=\frac{\sum_{i=-M}^{M}\theta_i v_i}{r\Delta r\sum_{i=-M}^{M}\theta_i^2}\cdot\frac{r\Delta\theta}{r\Delta\theta+\dfrac{\pi r\Delta\theta}{180^\circ}} \tag{10.22}$$

式中，r 为处理点距离；θ_i 为第 i 个点的方位角；$\Delta\theta$ 为方位角步进；M 为方位向的处理个数。通过径向变化值 $\partial v/\partial r$ 和方位向变化值 $\partial v/r\partial\theta$ 的合成，可得到 PPI 模式下的风切变值

$$R=\sqrt{\left(\frac{\partial v}{\partial r}\right)^2+\left(\frac{\partial v}{r\partial\theta}\right)^2} \tag{10.23}$$

在 PPI 模式下，可直观地观察到水平方向上某区域内的风场演变及切变风情况，但对竖直方向上的风场测量能力不足。

10.4.2 距离高度测量（RHI 模式）

距离高度测量（RHI 模式）是将方位角设定在某一位置上，望远镜自下而上扫描，扫描的范围通常为 0°～30°，扫描速度约为 2°/s。图 10.8 所示是采用 RHI 模式测量得到的飞机尾流的空间分布。

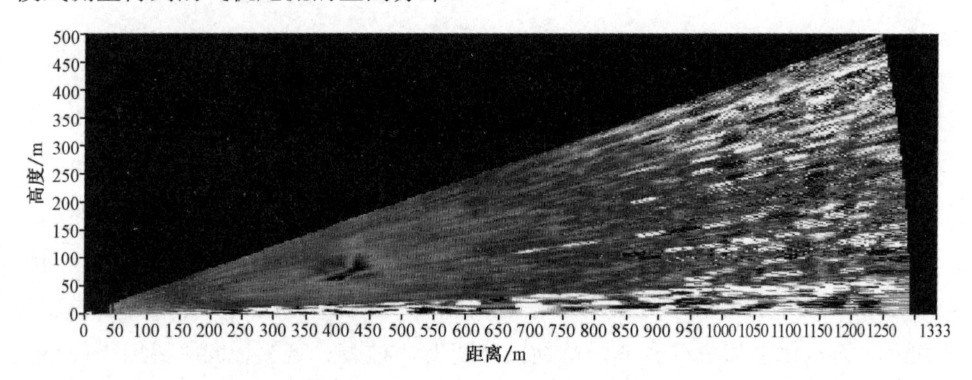

图 10.8　采用 RHI 模式测量得到的飞机尾流的空间分布

10.4.3 风廓线测量

风廓线测量是一种能够实现测风激光雷达上方各高度层风场信息的一种测量方法。单激光雷达通常进行多波束等仰角圆锥扫描，通过测量数据计算出不同高度层上的水平风速大小、风向和垂直风速大小等。在风廓线模式下，激光雷达通常采用速度方位显示（Velocity Azimuth Display，VAD）方法进行风场反演。图 10.9 所示为四波束扫描测量示意图。

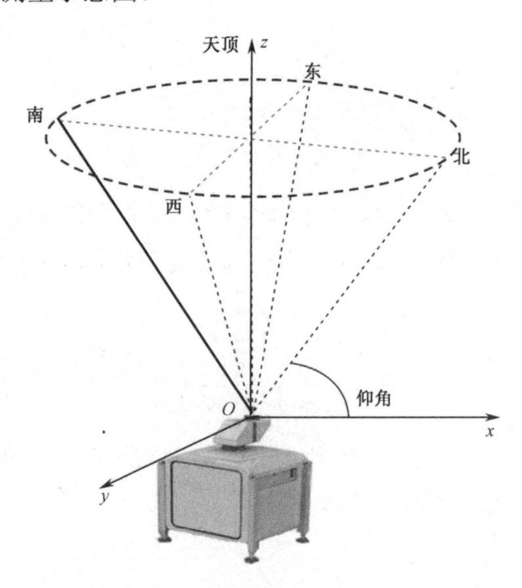

图 10.9　四波束扫描测量示意图

设大气风矢量为(u,v,w)，u 沿 x 轴，v 沿 y 轴，w 沿 z 轴。圆锥扫描的半角 γ 是激光束指向与 z 正轴的夹角；激光雷达在东、北、西、南方向测得的径向风速分别为V_{RE}、V_{RN}、V_{RW}、V_{RS}，则

$$\begin{cases} u = \dfrac{V_{\text{RE}} - V_{\text{RW}}}{2\sin\gamma} \\ v = \dfrac{V_{\text{RN}} - V_{\text{RS}}}{2\sin\gamma} \\ w = \dfrac{V_{\text{RE}} + V_{\text{RW}} + V_{\text{RN}} + V_{\text{RS}}}{45\cos\gamma} \end{cases} \tag{10.24}$$

水平风速V 及风向α 为

$$\begin{cases} V=\sqrt{u^2+v^2} \\ \alpha = \arctan(u/v) \end{cases} \tag{10.25}$$

当$v=0$时，$u>0$，风向为 90°；当$u=0$时，$v>0$，风向为 0°；当$u=0$时，$v<0$，风向为 270°。根据式（10.25），结合相邻高度层的风速值和风向值，即可得到垂直向切变值

$$S_i = \sqrt{V_i^2 + V^2 - 2V_iV\cos(\alpha_i - \alpha)} \tag{10.26}$$

式中，V 为某高度层的风速值；α 为该高度层对应的风向值；V_i 为相邻高度层的风速值；α_i 为相邻高度层对应的风向值。

高度层垂直切变值为

$$S = \max(S_1, S_2) \tag{10.27}$$

式中，S_1 和 S_2 分别为相邻上、下两层风速切变值。

通过高度层垂直切变值，可获得不同高度层的风场切变情况，从而可检测出微下击暴流等强对流情况，为飞行安全等提供预警信息。

10.4.4　飞机下滑道测量

下滑道是指飞机进近着陆时在空间上经过的空域。飞机在降落阶段经过下滑道时速度较慢，容易受到迎头风和侧风的影响。迎头风的改变会造成飞机升力的变化，从而使飞机容易产生颠簸或触地点的大幅变化。而侧风的变化容易使飞机发生侧滑、翻滚，甚至严重偏离跑道，造成事故。因此，对下滑道内的风场进行探测具有重要意义。飞机下滑道测量的一项重要任务就是实现侧风与迎头风的实时监测，并计算出切变风信息，发出预警。

与 PPI 模式相比，下滑道模式的测量范围主要集中于下滑道区域，无须进行大范围扫描，因此数据刷新率比 PPI 模式更快。在下滑道模式下，测风激光雷达

通过调整光束的方位与俯仰角，对下滑道区域进行三维立体风场测量和重构，获得飞机起降时的迎头风廓线，并依据该廓线进行切变风的检测和处理，发出切变风预警。

在下滑道模式下，激光束指向偏差在方位向上引起的风速误差ΔV及风向误差$\Delta\gamma$分别为

$$\Delta V=\left(\frac{-u_1^2\cos\beta}{V\sin\beta}+\frac{v_1^2\sin\beta}{V\cos\beta}\right)\Delta\beta \tag{10.28}$$

$$\Delta\gamma=\frac{u_1 v_1}{V^2\sin\beta\cos\beta}\Delta\beta \tag{10.29}$$

式中，u_1、v_1分别为水平下滑道及垂直下滑道分量；V为水平风速；β为扫描方位角；$\Delta\beta$为激光束指向偏差。

10.5 测风激光雷达的设计

10.5.1 直接探测体制测风激光雷达的设计

1. 激光发射机设计

直接探测体制测风激光雷达的激光发射机通常采用注入锁定的 Nd:YAG 激光器，激光器的激光线宽会影响激光雷达的速度测量灵敏度。例如，不同激光线宽时测风激光雷达的风速测量灵敏度仿真结果如图 10.10 所示。显然，当选定标准具后，激光线宽越窄，相同频移条件下的风速变化量越大，风速测量灵敏度越高。

直接探测体制测风激光雷达的典型激光发射机参数如下：

激光波长：532nm；

重复频率：10Hz；

脉冲能量：100mJ；

脉冲宽度：10ns；

光谱纯度：99%。

2. 光学系统设计

直接探测体制测风激光雷达的光学系统包括发射光学系统、接收光学系统及扫描器等。接收光学系统通常由望远系统和聚焦系统两部分组成。望远系统收集从目标散射的回波信号。聚焦系统利用多片非球面镜组将接收到的大气后向散射信号聚焦并引入探测器，经过窄带滤光片滤除背景杂散光。测风激光雷达回波信号强度与接收天线的尺寸成正比，因此选用大尺寸接收天线有利于回波信号的接

收。但是，选用大尺寸接收天线会造成光束扫描或偏转时伺服机构或反射光机构体积增大，造成系统庞大。此外，接收光斑的尺寸与望远镜的焦距成正比，因此要求望远镜的焦距尽量短，以减轻后续系统压力。大口径、短焦距望远镜在光学加工方面存在较大难度，口径与焦距的比值（数值孔径）越大，球差、慧差等指标越难校正，成像质量越差。

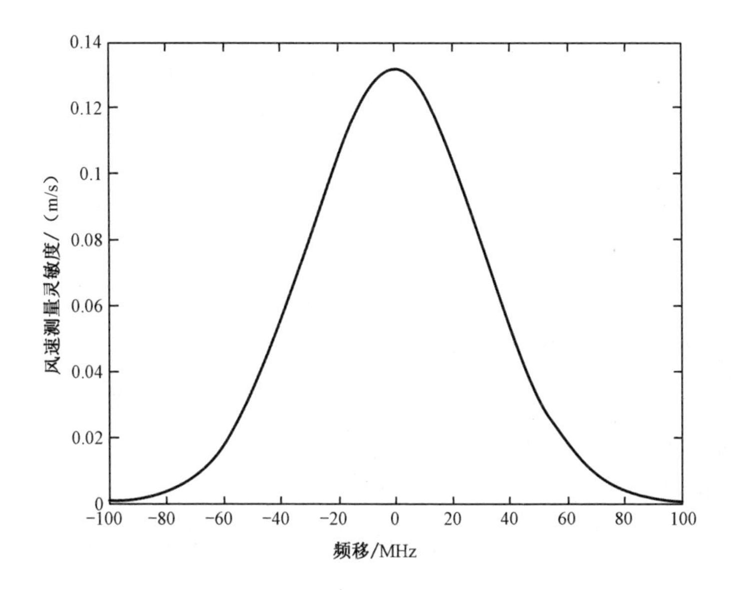

（a）激光线宽为 60MHz 时

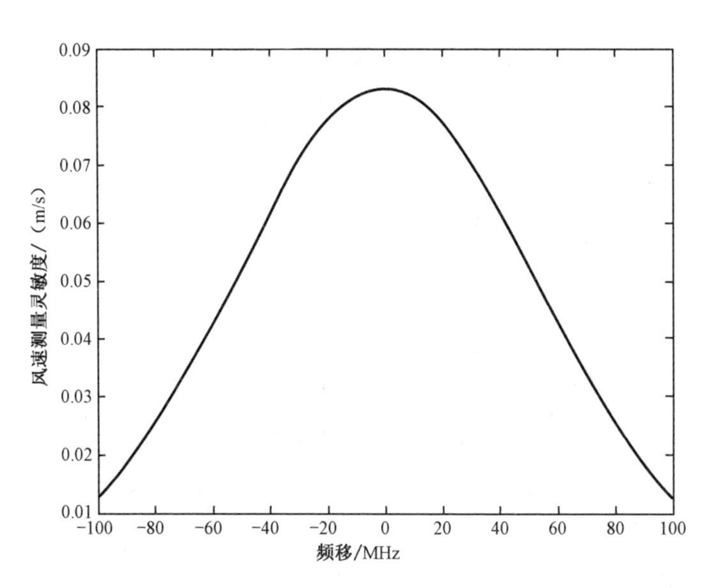

（b）激光线宽为 200MHz 时

图 10.10　风速测量灵敏度仿真结果

根据应用需求，扫描器通常采用双平面扫描结构，可以实现水平和俯仰二维扫描，具备水平和俯仰角的精确定位能力。同时，既可实现不同的经典扫描方式，也可创造多种扫描方式，以满足不同需求。光学系统的详细设计方法在本书的第5章已有详细介绍，此处不再详述。

3. 接收机设计

直接探测体制测风激光雷达接收机一般采用法布里-珀罗干涉仪（F-P标准具）进行光信号检测。F-P标准具是一种利用光干涉原理进行光信号检测的光学仪器。F-P标准具通常要进行恒温控制，因此光谱稳定且谱线精细度高，广泛应用于信号检测、光频锁频和定标。F-P标准具有固定式和可调式两种类型。

图10.11所示为F-P标准具谐振腔多光束干涉原理图，两个高反射率镜片构成的干涉仪形成了谐振腔。入射光束E_0通过F-P标准具入射镜片入射到谐振腔，E_0在该镜片处将发生透射和反射（反射光为E_{R1}）。透射进入谐振腔的光束在谐振腔的后腔面会再次发生透射和反射（透射光为E_{T1}），而反射光在谐振腔内的两个腔面上继续发生透射和反射，进而形成新的反射光和透射光。如此循环传播，就会在F-P标准具的入射镜片上形成一系列平行的反射光束E_{R1}、E_{R2}、E_{R3}、⋯，而在F-P标准具的出射镜片上形成一系列透射光束E_{T1}、E_{T2}、E_{T3}、⋯。

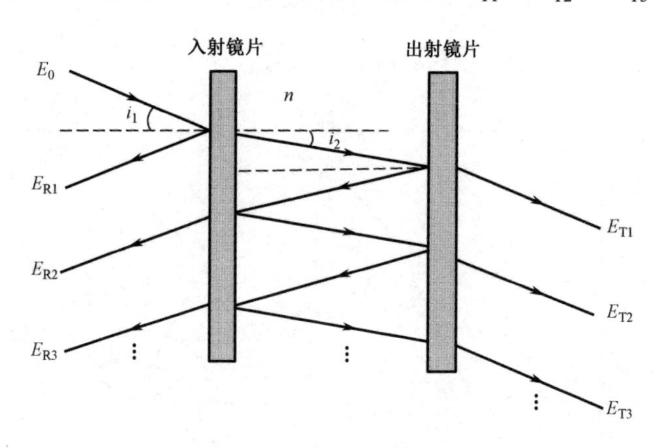

图10.11　F-P标准具谐振腔多光束干涉原理图

由于从F-P标准具出射镜片发出的透射光互相平行，彼此的光程差相同，表示为

$$\delta = 2nh\cos i_2 \tag{10.30}$$

式中，h为F-P标准具的间距，其相位差为

$$\varphi = \frac{4\pi}{\lambda} nh\cos i_2 \tag{10.31}$$

假设第一束透射光 E_{T1} 的相位为 0，则后续各透射光束的相位依次为 φ、2φ、3φ、4φ、…。假设 F-P 标准具谐振腔两镜片的反射率相同，记为 R，则各透射光束的幅值可以表示为

$$E_{T1} = (1-R)E_0 e^{j\omega t} \tag{10.32}$$

$$E_{T2} = R(1-R)E_0 e^{j(\omega t-\varphi)} \tag{10.33}$$

$$E_{T3} = R^2(1-R)E_0 e^{j(\omega t-2\varphi)} \tag{10.34}$$

$$\cdots$$

则透射光的合振幅可以表示为

$$E_T = (1-R)E_0 e^{j\omega t}(1+R e^{-j\varphi}+R^2 e^{-j2\varphi}+R^3 e^{-j3\varphi}+\cdots) \tag{10.35}$$

由无穷等比数列求和公式

$$S = \sum_{n=1}^{\infty} a_1 q^{n-1} = a_1/(1-q) \tag{10.36}$$

可得

$$E_T = \frac{(1-R)E_0 e^{j\omega t}}{1-R e^{-j\varphi}} \tag{10.37}$$

根据光强的定义 $I = |E|^2$，透射光的光强可以表示为

$$I = E_0^2 \frac{1}{1+4R\sin^2(\varphi/2)/(1-R)^2} \tag{10.38}$$

设入射光的光强 $I_0 = |E_0|^2$，则 F-P 标准具的透射光传递函数可以表示为

$$\tau = \frac{1}{1+4R\sin^2(\varphi/2)/(1-R)^2} \tag{10.39}$$

根据 F-P 标准具透射光传递函数即可以对其谐振特性进行仿真分析。

4. 数据采集和控制设计

数据采集和控制的功能是将接收机获取的光信号进行采集，并在数字域进行信号处理和反演等工作；同时，通过计算机的操控实现信号处理时间、处理容量、空间位置等参数的控制。

测风激光雷达使用控制计算机进行信号监测及处理结果的显示。控制计算机能够实时测试和监测激光雷达各系统的工作状态，出现异常时会弹出报警信息或终止测量。控制计算机是激光雷达实现自动化、无人化的核心部件。控制计算机与各系统进行数据交换，系统工作状态监测、时钟信号同步，最终结果的存储、实时显示（包括探测区域图形显示），以及报警等均由操控计算机完成。操控计算机还可通过控制微处理器接收辅助传感器采集到的相关信息（如背景干扰、环境温度

和湿度等），实时进行分析和处理。数据采集和控制的工作流程如图 10.12 所示。

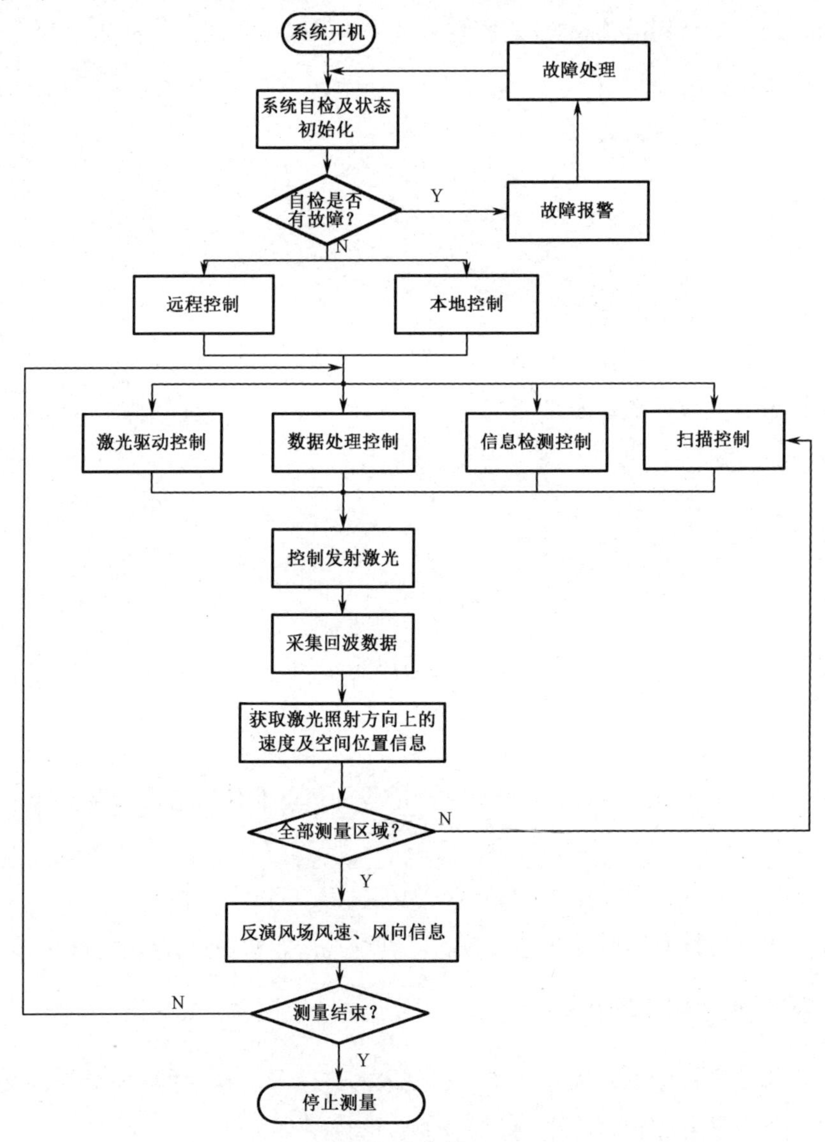

图 10.12　数据采集和控制的工作流程

10.5.2　相干探测体制测风激光雷达的设计

1. 窄线宽的单频激光发射机设计

激光发射机是相干测风激光雷达的核心器件之一，它的主要技术指标有激光谱线宽、波长稳定性、RIN 噪声、相位噪声、输出能量（功率）、功率稳定性等。窄线宽单频激光发射机的波长应选择具有较大的大气后向散射截面，且应选择在大气窗口内。激光谱线宽的相干长度必须满足谱线宽要求。波长稳定性直接影响大气风场的测量精度。RIN 噪声会影响激光雷达在最佳本振光功率下的检测能力。相位噪声会影响激光雷达的测量精度。输出能量决定了载噪比，进而决定了激光雷达的探测距离。功率稳定性差会造成激光雷达有效探测距离的变化。

传统的 MOPA 光纤激光器均采用透镜耦合、端面泵浦的方式，系统结构复杂且不稳定，稳定性较差。同时，采用内调制的脉冲激光发射机隔离度不高，很难完全满足应用需求。为实现光纤激光器的实用化、工程化，综合考虑各种因素，可采用全光纤化的种子源主振荡-放大结构的技术方案，实现高稳定性、高能量的脉冲激光输出，其原理图如图 10.13 所示。

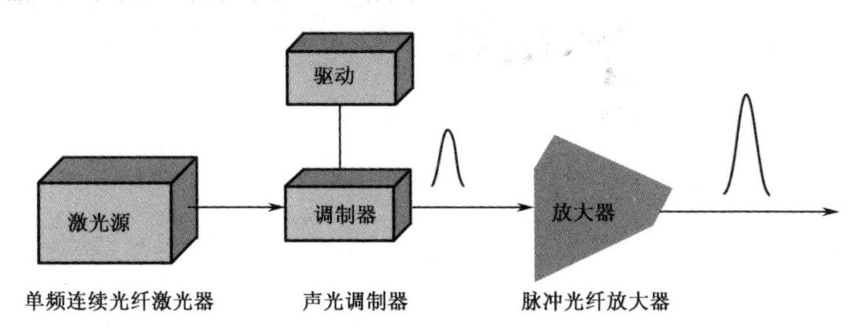

图 10.13 MOPA 脉冲激光器原理图

激光发射机包括单频连续激光种子源、声光调制器、脉冲放大器及相关的驱动电源。采用“高稳定性、窄激光谱线宽的光纤激光种子源＋高稳定性脉冲调制＋高功率脉冲放大”的方式，不仅可保证窄线宽、高稳定性的要求，还可实现目标探测所需的高峰值功率，其发射的激光功率峰值可超过 200W。

连续种子源采用光纤耦合输出的分布反馈式（DFB）单纵模 LD，中心波长在 1550 nm 附近，输出功率为 200 mW，谱线宽不大于 30 kHz，具有单模光纤衍射极限输出。

声光调制器采用单模偏振保持光纤输入/输出方式，其光束调制隔离度超过 60dB，频率稳定度高达 7×10^{-6}MHz/h，在保证激光高性能脉冲调制的同时，不会对激光的稳定性产生过大影响。

脉冲放大器采用宽脉冲光纤激光放大器，其增益介质由大模场面积（LMA）的铒镱共掺双包层光纤组成。

相干探测体制要求发射的激光具有很好的相干性，因此要求发射的激光必须保持在单纵模状态。采用级联光纤放大方案，在理论上可以保证最终输出的放大激光可以很好地维持种子源的输出特性；但在实际情况下，激光的模式仍会有不同程度的变化，使得发射的激光不同程度地引入了除基模外的其他几种模式，因此必须采取相应的模式控制技术抑制高阶模的产生。在试验中，通过采用光纤熔融拉锥法使得纤芯中的高阶模损耗增大，而基横模 LP01 基本不受影响，由此实现了高光束质量的激光输出。采用模式控制前后的激光光束质量的比较如图 10.14 所示。

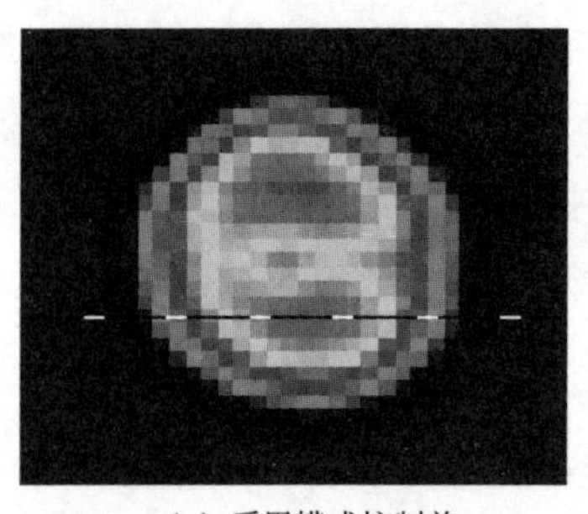

（a）采用模式控制前

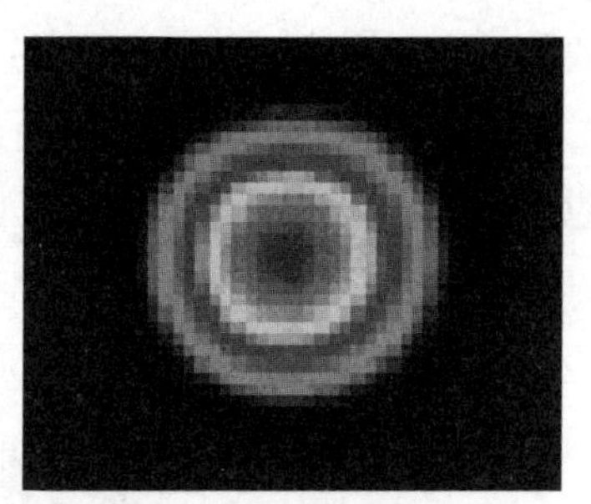

（b）采用模式控制后

图 10.14　采用模式控制前后的激光光束质量比较

为了检验发射激光的相干性，进行了发射激光的频谱特性及 M^2 光束质量因子的测量。

激光发射机功率是主动探测方式下激光光源的重要技术指标。在典型放大模式下，泵浦电流与激光发射功率及单脉冲能量的关系如图 10.15 所示。

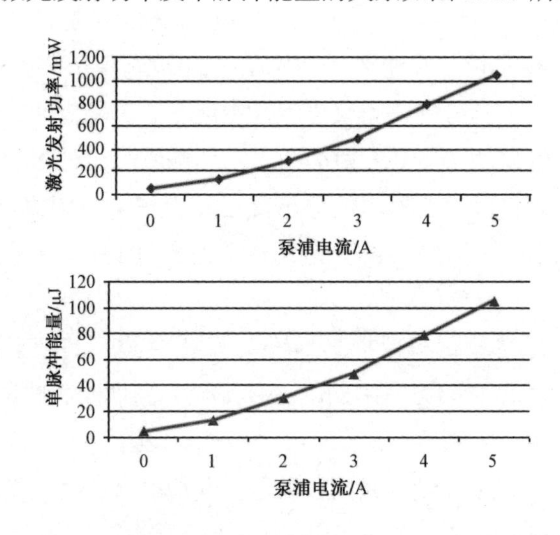

图 10.15　泵浦电流与激光发射功率及单脉冲能量的关系图（10kHz，400ns）

2. 相干激光接收机设计

相干激光接收机主要由光电探测器、前置中频放大器、视频放大器、匹配滤波器及视频放大器等组成，主要功能是完成本振光与信号光的混频，并对混频后的差频信号进行前置中频放大、匹配滤波和视频放大后送往信息处理机。相干激光雷达的探测目标为空气中悬浮的颗粒，由于回波信号的强度和多普勒频移因目标的距离、径向运动速度等的不同而有较大的差异，因此激光接收机的设计重点是如何实现复杂背景条件下运动目标多普勒信号的高灵敏度激光探测。

图 10.16 所示是平衡接收机系统功能框图，主要分为六个模块，分别是供电电源模块、控制模块、光电转换模块、信号放大模块、温控模块和通信模块。

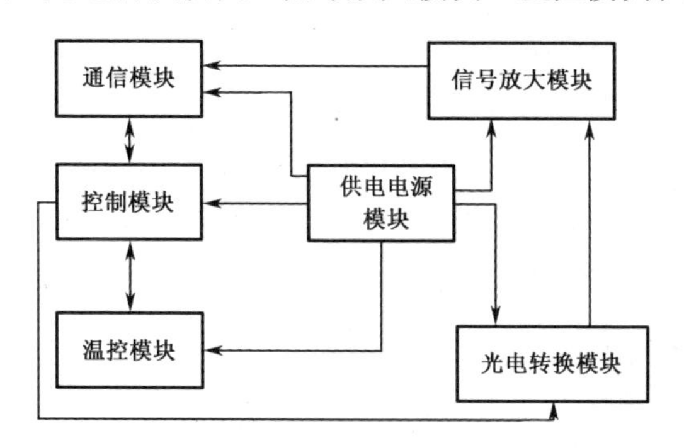

图 10.16　平衡接收机系统功能框图

（1）供电电源模块：为各模块提供有效工作电压，分为直流转换电压供电和高压供电两部分。直流转换电压供电主要为滤波电路、放大电路等正常工作提供所需电压。高压供电主要为雪崩光电探测器提供可使其正常工作的偏置电压。对于雪崩光电探测器，偏置电压的大小会影响光电转换模块的性能，包括增益系数和暗电流等。偏置电压越大增益系数越大，但暗电流也增大，因此要实现最佳的探测性能，雪崩光电探测器的电压应控制在最佳位置点。

（2）控制模块：是激光接收机的“大脑”，一方面监控各模块传输的信息，进行处理、计算；另一方面可控制其他模块的工作状态，配置相关工作参数等。控制模块通常采用基于 FPGA、ARM 等控制芯片设计，在实现监测各器件工作状态的同时，还具备数据采集等功能，可实现对环境温度、湿度等信息的采集。

（3）光电转换模块：将光信号转换为电信号，并将转换后的微弱电信号进行滤波、预放大和传输。光电转换器件一般采用雪崩光敏二极管进行探测。雪崩光敏二极管具有响应速度快、增益高、探测灵敏度高等优势，在高速光通信和高速光检测中得到广泛应用。

（4）信号放大模块：光电转换模块输出的电信号非常微弱，无法直接实现目标信号的提取。此外，光电转换模块为了未来最大化光电转换效果，通常信号的带宽较大，使得输出的电信号含有大量噪声。信号放大模块一方面可减小信号带宽，抑制噪声干扰；另一方面通过采用高倍放大器，增强目标信号的幅度，以满足信号检测的相关要求。

（5）温控模块：由于环境温度对雪崩光敏二极管的性能影响很大，因此在接收机电路中需要增加温控模块，以实现雪崩光敏二极管工作温度的一致性，减小温度变化对探测性能影响。温控模块主要由温度采集电路和温度反馈电路两部分组成。温度采集电路利用热敏电阻实时获取雪崩光敏二极管的工作温度，并传输给控制模块，经控制模块处理后，将反馈信息提供给温度反馈电路，控制雪崩光敏二极管工作温度的升高或降低，实现工作温度的稳定。

（6）通信模块：通信模块的作用是完成控制计算机与平衡接收机之间的数据通信，以实现接收机的参数设置、工作状态反馈等。通信模块通过对平衡接收机各个通道经光电转换后的电平信息进行数据采集，可精确地动态控制本振光功率的大小，实现探测信号增益的稳定控制，同时控制信号放大模块输出的探测信息。

3. 收发光学天线设计

光学系统是激光测风雷达的光传输通道。要获得较高相干效率，一方面要求激光束收发 T/R 光组件有较高的消光比；另一方面要求本振光和信号光实现能量匹配、偏振匹配、光斑匹配。根据外差光学系统特点，光学系统应减少光学损耗，并具有相同偏振方向，以得到较高外差探测效率。在激光探测系统中，发射光学系统的任务是将光源输出的激光信号准直、扩束，并以极强的方向性在大气中向特定空间发射。发射光学系统主要由准直光学系统、扩束光学天线组成。准直光学系统对激光器发射的发散光束进行准直与像散校正。为了充分利用所发射激光的功率，准直光学系统必须尽可能多地收集光功率，并获得准直度很高的出射光束。因此，设计准直光学系统应重点考虑光能利用率和波像差。通过分析光能耦合效率与数值孔径的关系，区别于成像光学系统中确定数值孔径的方法，根据光能耦合效率来确定准直光学系统的数值孔径，设计准直光学系统的光学结构并给出结构参数。基于光纤耦合的典型准直光学收发天线如图 10.17 所示。

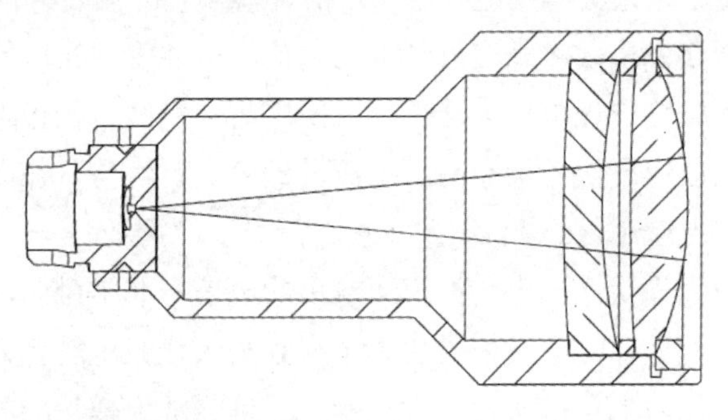

图 10.17　基于光纤耦合的典型准直光学收发天线

相干探测体制激光雷达一般采用收发共轴光学系统，激光器输出信号，经由光纤送至光学系统，经测风场的后向散射沿原路返回接收光学系统。基于光纤耦合的测风激光雷达系统光学收发天线的典型设计参数如下：

输入激光：波长 1.55μm，NA=0.12，FC/APC 光纤接口；

光学天线有效口径：≥100mm；

传输效率：≥90%。

信号发射光学系统主要包括光纤准直器、1/2 波片、偏振分光棱镜 PBS、1/4 波片、双离轴非球面无焦系统（二级扩束）。

信号接收光学系统主要包括双离轴非球面无焦系统（二级扩束）、1/4 波片、偏振分光棱镜 PBS、合束镜、聚光镜（光纤准直器）、探测器（光纤式）。

本振光束的光学系统主要包括光纤准直器（一级扩束）、波片、合束镜、聚光镜（光纤准直器）、探测器（光纤式）等。

相干探测要求信号光有很好的波前匹配，以保证信号光和本振光得到最佳相干效率。这就要求发射光路及接收光路、本振光路都有优良的像质。光学系统的设计理念是保证整个光学系统综合像差接近于零，而且每个透镜都保证自身像差接近零，对平面元件的表面质量有较高要求。因此，二级扩束采用双离轴非球面无焦系统，一级扩束采用单片非球面镜。

二级扩束的基本功能是将光纤准直器射出的主光束进行准直，使其成为激光雷达所需的照射波束，并将激光能量发送到目标空域，尽可能多地收集从目标空域返回的激光能量。二级扩束采用双离轴非球面无焦系统。经过光学设计软件模拟，主镜、次镜都具有离轴抛物面。主镜离轴量为 110mm，次镜离轴量为 22mm，中心间隔为 400mm。

根据前述设计的二级扩束双离轴非球面无焦系统结构如图 10.18 所示，其波前差接近零，是优良的平面波。

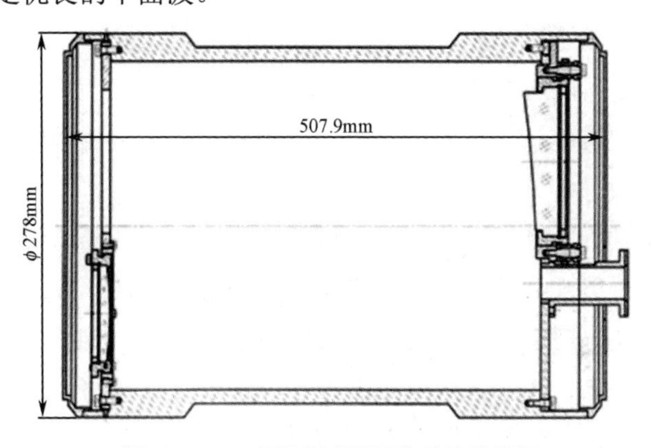

图 10.18　双离轴非球面无焦系统结构图

4. 信息处理机设计

信息处理机的功能是完成大气风场多普勒信号的采集、滤波、处理、计算、提取等。信息处理机通常由信号采集和信号处理两部分组成，如图 10.19 所示。信号采集部分完成经光电转换后的电信号的采集、滤波等。信号处理部分完成时统的同步、FFT 变换、信号累积、信号提取、速度计算等。

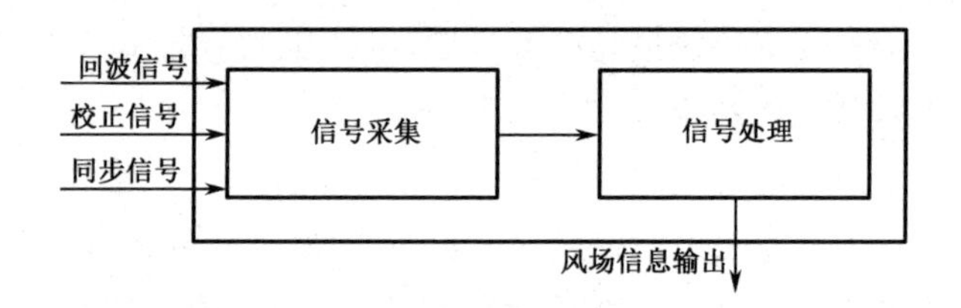

图 10.19　信息处理机组成

信息处理机的工作流程如图 10.20 所示。

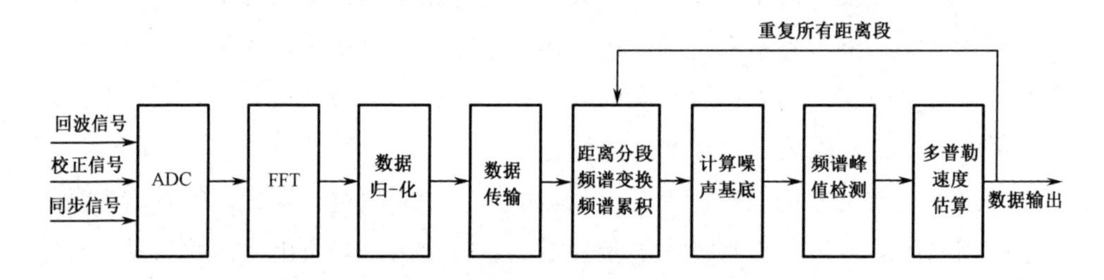

图 10.20　信息处理机工作流程

（1）信号采集：平衡探测器在获得大气回波信号与本振光束的混频信号后，输出中频电信号。该电信号送入 ADC 进行信号采集，将模拟信号转换为数字信号，并进行数字滤波等处理。每次采集都在外时统的控制下进行，获取一定距离范围内的风速原始信号，再将其送入信息处理机进行信号解算。

（2）距离划分：在同步信号的控制下，ADC 输出的数字信号会按照采集时间的先后顺序，每隔一定的采样时间划分为一个距离门，从而形成一系列代表不同距离的回波信号段。

（3）功率谱估计：在进行距离门划分后，需针对每个距离门内的回波信号进行功率谱探测。一般相干体制测风激光雷达采用功率谱估计方法进行频率信息估算。回波信号经过功率谱估算后，形成一系列代表不同距离上风速信息的功率谱。

（4）功率谱累加：由于大气气溶胶粒子的密度存在非均匀性和时间变化性，不同脉冲测量时的回波信号和噪声存在差异性，再加上大气气溶胶粒子具有低散射特性，一次功率谱估算很难准确得出风速值。为了减少回波功率谱的抖动，增大信号探测的载噪比，需要将多个回波信号功率谱累加。在一般情况下，经过累加平均后的功率谱仍然不能直接进行信号提取，通常需要消除背景噪声，提高载噪比，最终获得各距离段上目标的功率谱分布。

（5）多普勒频率的提取和校正：通过对各距离段上目标功率谱信息的提取，可获得回波信号的频率信息。该频率信息除包含目标运动产生的多普勒频率外，还包括激光发射时的频移和激光光频抖动造成的频移，后两种频移可以通过设置校正探测器的方式进行消除，从而校正目标回波信号的多普勒频率。

（6）风速的获取和反演：经过多普勒频率提取和校正后，可获得风速的多普勒频移，再利用多普勒频移与目标速度的对应关系，就可计算得到径向风速信息。通过对不同距离上多普勒频率的计算，即可获得视向风速与距离的关系。要想获得三维风速信息，还需要对不同方向上的视向风速进行测量和解算，最终得到三维风速矢量信息。

信息处理机通常采用“FPGA＋DSP”的设计模式，FPGA 可进行信号的实时处理，DSP 实现信号的时统同步、参数设置、结果的结算、信号传输等控制功能。

5. 扫描器设计

扫描器完成测风激光雷达在不同方向上的光束偏转及目标探测，从而获取不同空间方向上的风速信息，以实现风场的精确扫描测量及风场三维矢量的反演。

相干体制测风激光雷达的扫描方式主要分三类：伺服转台扫描、振镜扫描、光楔扫描。

1）伺服转台扫描

伺服转台的台体主要包括方位轴系、俯仰轴系、负载三部分。按照转台的结构形式，或者说转台与惯性坐标系的关系，伺服转台可分为地平式、水平式、极轴式，如图 10.21 所示。

地平式伺服转台又分为 U 形、T 形和球形等结构模式。U 形伺服转台的方位轴和俯仰轴均由力矩电动机直接驱动，分别装有轴承、电动机、编码器、集电环等。为了减小旋转轴运动部件的转动惯量，负载应尽量靠近旋转轴中心线，光机头与俯仰半轴通过转接盘连接。

转台结构包含绕水平轴旋转的俯仰轴系和绕垂直轴旋转的方位轴系。位于俯仰轴系下部的方位轴系支撑整个伺服转台并与载体平台连接，同时为负载提供方位回转轴线，实现方位扫描、跟踪、驱动、角度测量及反馈等功能。方位轴系主要由基座、主轴、转盘轴承、电动机、编码器、汇流环等组成。

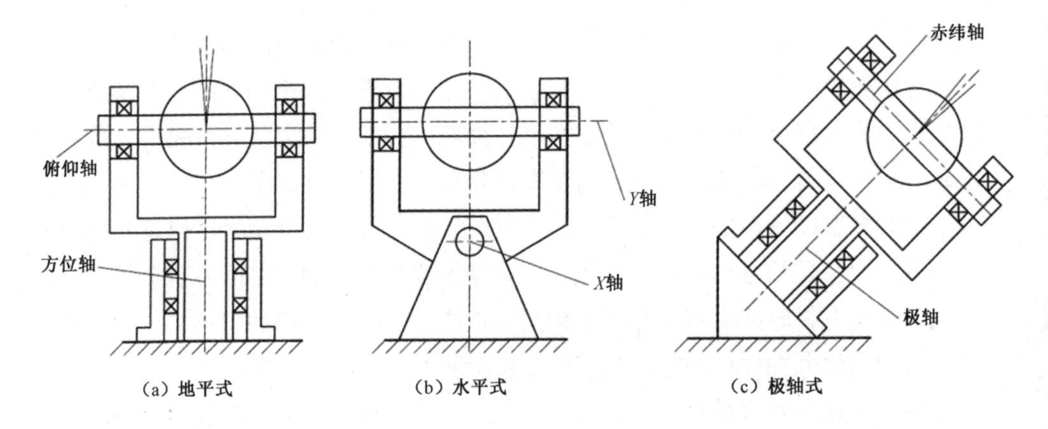

图 10.21　伺服转台的结构形式

方位轴系的布局如图 10.22 所示，采用立轴式结构。方位轴的支撑采用转盘轴承（ZKLDF 系列），径向力、轴向力和倾覆力矩均由这个轴承承受。

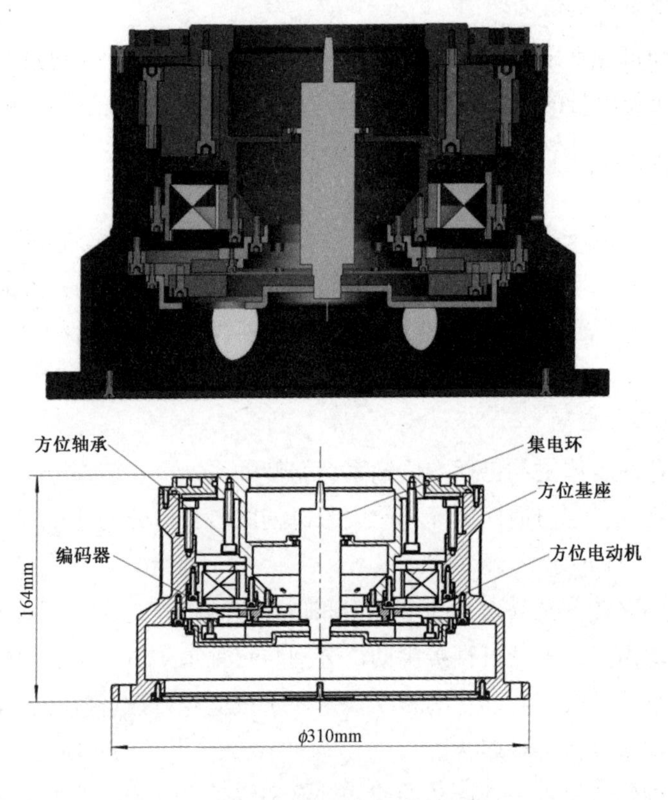

图 10.22　方位轴系的布局

ZKLDF 系列高精度轴承突破了传统的轴承选型与布置，一套轴承即可满足转台承受联合负载的需求，大大简化了转台的结构，降低了设计、安装、维护和成本。两排推力角接触球可保持组件的组合，使结构紧凑，为转台的整体结构节省了空间；轴承上布置有安装孔，安装极为方便；轴承出厂前加有预载，无须调整游隙即可实现高刚性和高回转精度；轴承的回转精度最高可达 1.5μm，远高于普通轴承。轴承安装在方位轴的上部，轴向固定通过方位基座的凸肩、轴肩和螺钉实现。力矩电动机、编码器、集电环全部套轴安装在方位轴的下部，通过机械加工来保证方位轴各个安装点的同轴精度。

方位基座是整个伺服转台的基础，各种零部件安装于方位基座上，保持正确的相对关系，并实现对内部零部件的保护功能，减少外界的影响，支撑负载正常运转。方位基座采用整体式结构，轴承座孔、电动机定子安装座、编码器座的同心度由机械加工保证。方位基座的材料选用铝合金，可以减轻重量，有效减小内应力，防止变形，同时还具有很好的耐腐蚀性。

俯仰轴系主要由支臂、俯仰轴组合、轴承、力矩电动机、编码器、负载等组成。俯仰轴系的布局图如图 10.23 所示，俯仰轴的两端分别安装一个角接触球轴承，成对使用，可通过外圈调节预紧力。轴向配置采用背靠背安装，可释放俯仰轴由于温度变化引起的热应力。轴承内圈的轴向位置由主轴凸肩固定，轴承外圈的轴向位置通过支臂的台阶和压板固定。这两个轴承组合起来，能承受双向轴向/径向载荷。力矩电动机、编码器及负载全部套轴安装在俯仰轴上，保证了安装精度。在左、右轴内侧均加工有环形槽，起到动密封的作用。

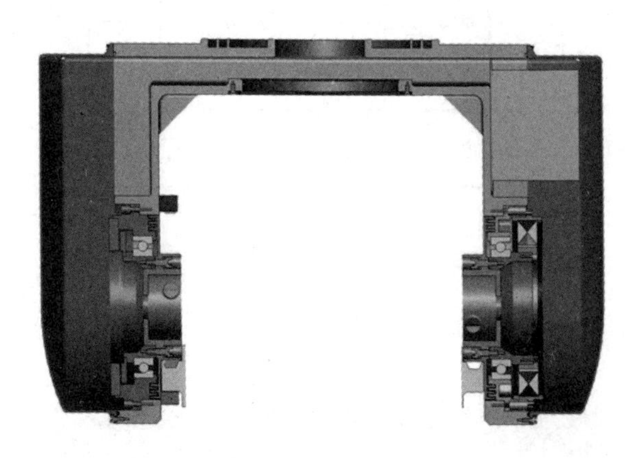

图 10.23　俯仰轴系的布局

为了保证轴承的精度，需采用高精度轴承，轴承与轴、轴承座的配合采用过盈配合，以提高轴系精度，并加预紧力以提高轴承刚度，使轴在轴向和径向正确定位，减少轴承振动和噪声，减少滚动体的空转打滑，延长轴承的寿命。在左、右支臂上安装有限位柱，它与安装在光机头两侧的限位块一起起到限制转轴俯仰角度的作用，限制的角度设计为−70°～+90°。在俯仰 U 形支臂后方安装有锁定机构，它们与转接板上的销孔配合，起锁紧作用。

驱动元件需克服负载的摩擦力矩、惯性力矩、风力矩及不平衡力矩等的影响。力矩电动机的扭矩应大于全部分量扭矩的代数和，以保证转台的安全。

2）振镜扫描

传统的机械扫描通常存在驱动装置负载较大、体积较大、笨重等缺点。与机械扫描相比，振镜扫描具有调制速度快（可高达 8 kHz）、精度高（可达 0.06μrad），以及易于控制等优点，能够满足测风激光雷达光束偏转的应用需求。

振镜是一种基于电流控制的光束扫描器件，其偏转角度与电流成正比。振镜的工作原理是：加电线圈在磁场中产生力矩，实现转子偏转，转子通过机械扭簧或电子方法加有复位力矩。复位力矩的大小与转子偏离平衡位置的角度成正比。当电磁力矩与复位力矩大小相等时，即偏转至所需角度。由于振镜加有复位力矩，因此只能偏转而无法旋转。

如图 10.24 所示，振镜控制系统由控制电路和驱动电路两部分组成，控制电路接收上位机提供的控制信息，并输出振镜所需摆动的角度信号；驱动电路接收控制电路信号，产生驱动振镜的模拟信号，驱动电动机转动，同时接收电动机的反馈摆角信号，形成控制反馈，完成偏转。

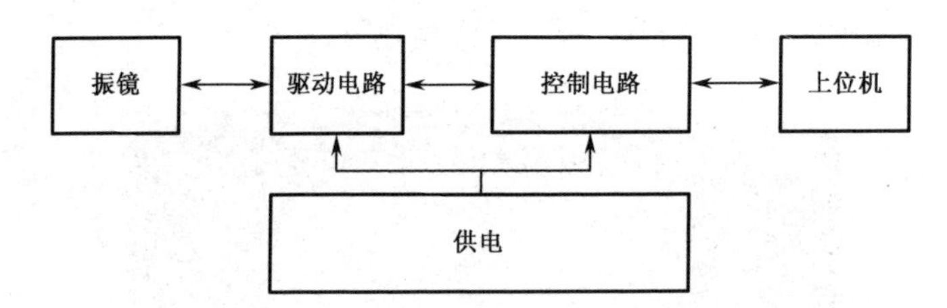

图 10.24　振镜控制系统框图

典型振镜扫描器示意图如图 10.25 所示。

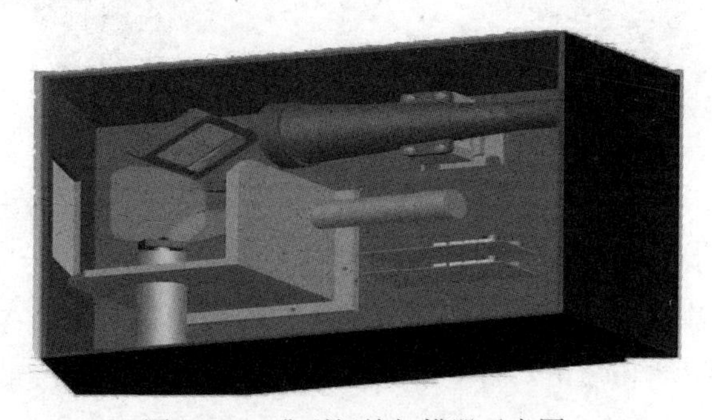

图 10.25　典型振镜扫描器示意图

上位机通过界面设置使控制电路产生所需要的信号，送往驱动电路。

控制电路可采用嵌入式硬件系统，在 FPGA 基础上，配合软件驱动，实现控制命令。由于 FPGA 及多层电路板结构可使一块控制板卡实现多种控制功能。典型的振镜控制时序关系如图 10.26 所示。

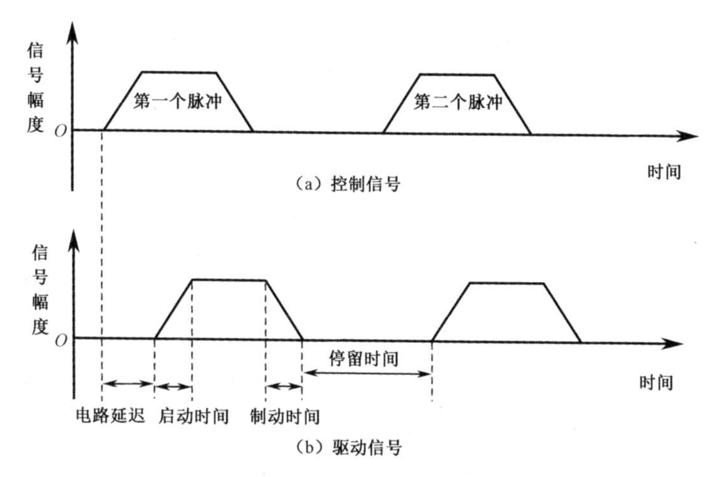

图 10.26　典型的振镜控制时序关系

3）光楔扫描

光楔是一种顶角很小的折射棱镜。光楔扫描是一种应用光折射原理来实现光束偏转的光学装置。光楔扫描具有体积小、功耗低、扭矩小、速度快的特点，可实现光束的连续偏转。

单光楔由于偏转角度受限，不能实现较大的光束偏转。采用双光楔，利用两个光楔连续折射，可增大偏转角。双光楔扫描系统通常由两个光楔、控制器、电动机、驱动器、角度传感器等组成，如图 10.27 所示。在控制器的控制下，两个驱动器分别驱动两个电动机，各自完成两个光楔的旋转，并通过各自的角度传感器进行反馈。

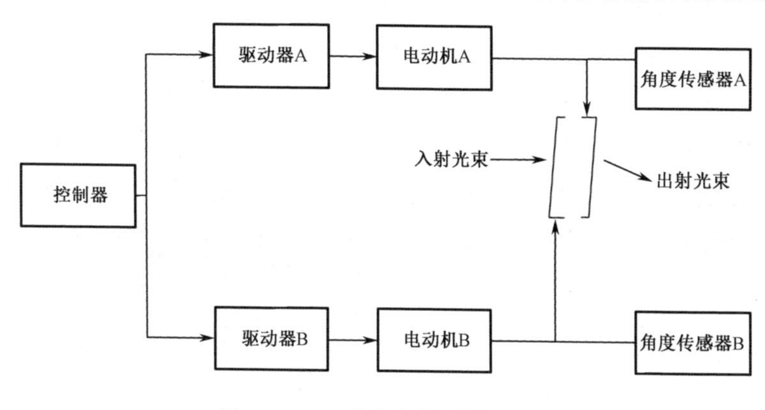

图 10.27　双光楔扫描结构示意图

双光楔扫描控制方案如图 10.28 所示。

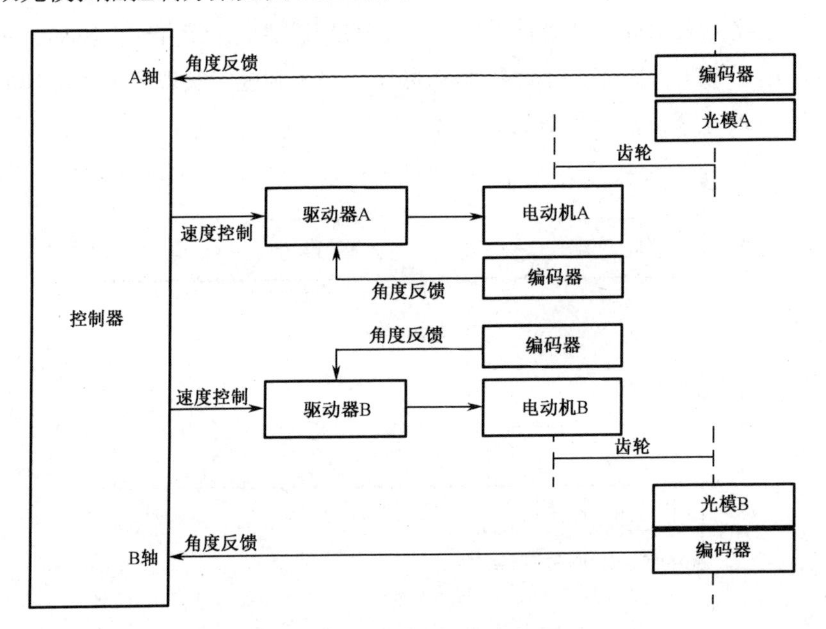

图 10.28　双光楔扫描控制方案

参 考 文 献

[1] IWAN HOLLEMAN. Doppler Radar Wind Profiles, Scientific Report[R]. KNMI WR-2003-02, 2003.

[2] 张飞飞. 高时空分辨率测风激光雷达系统研究[D]. 合肥：中国科学技术大学，2015.

[3] 李金. 多普勒直接探测激光测风雷达接收光学系统研究[D]. 哈尔滨：哈尔滨工业大学，2013.

[4] 夏海云. 基于气溶胶后向散射的直接探测多普勒测风激光雷达研究[D]. 苏州：苏州大学，2006.

[5] 陈一峰. 直接测风激光雷达研究[D]. 成都：电子科技大学，2008.

[6] VICTOR C CHEN, RONALD D LIPPS. Time frequency signatures of micro-doppler phenomenon for feature extraction[J]. Proc. SPIE, 2000(4056):220-226.

第 11 章
化学/生物战剂探测激光雷达

1997 年 4 月 29 日生效的《关于禁止发展、生产、储存和使用化学武器及销毁此种武器的公约》（简称《化学武器公约》）中，定义化学武器为“能对生命体产生化学效果的物质，这种化学效果可能导致人类、动物的暂时失能、永久伤害或死亡”。化学武器是由化学/生物战剂构成的。尽管早在 1925 年 6 月 17 日签订的《禁止在战争中使用窒息性、毒性或其他气体和细菌作战方法的议定书》（简称《日内瓦议定书》）已经禁止使用具有大规模杀伤性的化学/生物战剂进行化学战，而且《化学武器公约》不允许研发、生产、储存和使用化学/生物战剂，但化学/生物战剂的使用依然禁而不止，其原因可归结为化学/生物战剂生产制造简单、部署方便和成本相对低廉。未来战争中存在使用化学/生物武器的可能性，这将对人类安全构成严重威胁。

因此，有必要发展快速、灵敏、精确的化学/生物战剂探测/侦察装备，以保护军人和公众的生命安全。

11.1　化学/生物战剂探测装备的功能要求

一般而言，化学/生物战剂探测装备的功能应包括判定是否遭受化学/生物武器袭击、确定化学/生物战剂的种类、概略判定化学/生物战剂的浓度和密度、检测战剂云团的传播和滞留、发出警告并报告相关数据等。这些装备以化学/生物战剂探测与分析技术为基础，实用性要求这些技术不仅必须能够对极低浓度（几毫克/升）化学/生物战剂快速地（通常应小于 1min）完成测量并给出结果，而且要求对气态和液态物质都能够进行测量，因为化学/生物战剂往往被用来污染水源和供水系统。此外，这样的探测技术不仅必须能准确区分结构相似的化学/生物战剂，而且能提供实时的、有时是远距离的监测，如对化学武器焚烧过程中烟囱的监视、对可能含有化学战剂的云团的检测、在疑似恐怖分子袭击中的快速反应等。

11.2　常规的化学/生物战剂探测方法

早期的化学/生物战剂探测技术主要基于电化学、电离或比色分析等方法，虽然使用方便，但一般难以确定被测物具体属于哪种战剂，并且时常有误判现象。更传统的实验室方法包括将气体色谱法和质谱测定法结合起来（GC/MC 方法），在消除误判现象方面非常成功。其过程是，先利用气体色谱法将样本汽化，再让气体通过一个充满聚合物的玻璃毛细管。样本中的不同物质会因其分子质量和附着力的不同而在不同的时间内聚合在玻璃毛细管中。随后，让这些物质通过质谱仪的检视，从分子段中区分出一组组特定的化合物，进而精确测定其质量。最后，将采集到的各类化合物的质量与数据库的数据加以比对，从而确定其可能的成分。可见，GC/MC 方法是一个烦琐的，需要提炼和多次重复的校正过程，分析过程的时间很长（20～60min），不适合战场使用，而且分析过程容易受混在样本中的其他化合物的影响。

一类更快速的分析方法是振动光谱法，可用于分析固态、液态和气态物质，可测量沙林（Sarin）、塔崩（Tabun）、芥子气（Mustard Gas）、V 类战剂（VX）等化学/生物战剂的红外吸收光谱及绝对拉曼横截面积。这类方法也具有局限性，拉曼光谱法不是很灵敏，其探测极限是 0.1%；红外光谱法在分析被投毒的水时，其价值也是有限的，因为水对红外光的强烈吸收将掩盖其他化学物质的存在。为突破这些局限，人们研究出表面增强拉曼光谱法（SERS）来辨认和量化液态、气态化学战剂。此外，科学家也在研究利用傅里叶变换微波（FTMW）光谱法，通过测量化学/生物战剂的分子旋转光谱并与数据库的数据进行比对来识别化学/生物战剂。其优点是能够实时探测且灵敏度高，结果明确，能够确定战剂的种类；其缺点是只适用于探测气体，且要求样本至少有 1mmHg 的蒸气压。此外，该方法要求被测物质必须有一个永久的电偶极矩（大于 3.3×10^{31}C • m），因此它能识别的化学/生物战剂种类是有限的。

对于战场环境和敏感地区化学/生物战剂监测的实际应用，为了获得足够的预警时间，实现化学/生物战剂的非接触式、远距离探测和识别、定位是十分关键的。基于光电探测技术的光电遥感装置具有大面积覆盖、预警和探测战剂云的能力，满足远距离探测和定位要求，有助于建立远程、快捷、准确的预警防范体系，可在化学/生物威胁监视中发挥重要作用，因而受到各国的普遍关注。

被动式红外化学/生物战剂探测系统基于被动红外技术，通过探测化学/生物战剂气溶胶的两个可遥感特征——形状和光谱，来实现化学/生物战剂的探测和报警。它以体积小、重量轻、成本低、功耗低而受到青睐，但其作用距离近，不可实现距离分辨，难以探测以气溶胶方式释放的化学战剂。

11.3　化学/生物战剂探测激光雷达的工作原理和系统组成

相对而言，化学/生物战剂探测激光雷达以主动探测方式提高了作用距离和灵敏度，还可进行二维和三维的各种气体成分确定，可精确、实时地测出化学/生物战剂的种类、浓度和特性，以及其随时间和空间的变化，并可实现对气溶胶的探测。其工作原理是基于化学/生物战剂的光谱吸收特性，采用激光作为主动光源，向被测目标区域发射激光束，通过对反射或散射回来的激光信号进行分析和处理，得到被测区域有关化学/生物战剂的信息。不同的化学/生物战剂对特定光波波段的吸收谱是有显著差别的，对某些波长的光吸收性很强，而对另一些波长的光吸收性很弱或不吸收。因此，只要测出被测物的光谱吸收性就可通过与数据库数据的比对，得知被测物中含有哪种化学/生物战剂。通过测量激光发射时刻与回波返回时刻的时间差，可以测出被测物的距离。通过激光雷达伺服转台的角跟踪功能，可以获得被测物的方位和俯仰角信息，从而获得被测区域的三维信息，以及被测物特性随时间和空间的变化情况。

11.3.1 工作原理

化学/生物战剂探测激光雷达可以利用差分吸收、差分散射、弹性后向散射、感应荧光等原理，实现化学生物战剂的探测。如图 11.1 所示，化学/生物战剂探测激光雷达系统以激光器为光源，以光电探测器为接收器件，以光学望远镜为天线，由激光雷达发射系统发出激光信号，经战剂目标后向散射［见图 11.1（a)］，或者穿透战剂区域后经角反射器［见图 11.1（b)］或地物［见图 11.1（c)］反射被接收系统收集，由战剂吸收的特定激光波长判定存在哪种战剂污染，还可通过测量

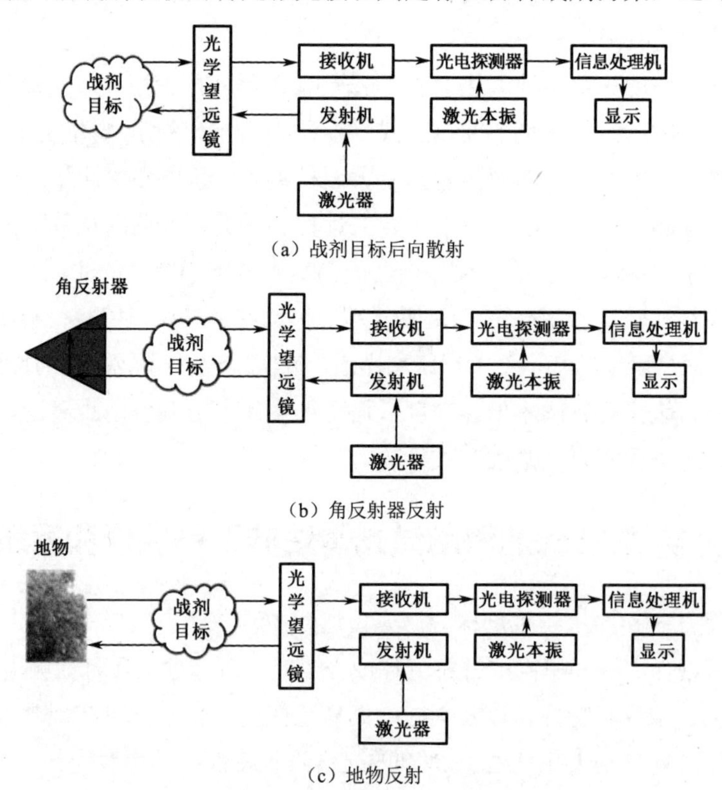

（a）战剂目标后向散射

（b）角反射器反射

（c）地物反射

图 11.1　化学/生物战剂探测激光雷达工作原理

反射光的运行时间确定目标距离，或者由反射光的多普勒频移确定目标的径向速度。激光雷达的工作体制按是否采用合作目标（一般为角反射器）可分为双端系统和单端系统。采用了合作目标的为双端系统，主要用于固定目标或固定区域的探测。不采用合作目标的为单端系统，利用典型的地物目标或云团（战剂目标）的后向散射工作，灵活性好，易于实现机动，因此更适合于战场监测。差分吸收激光雷达（DIAL）具有突出的优点，是一种单端系统，所需单元技术逐渐成熟，是国际上相关领域的发展重点，也是本章主要介绍的内容。

DIAL 技术是一种先进的、高灵敏的、动态的大气监测技术，报警速度快，可实现距离分辨和对特定区域的长期远距离遥测，可对特定的化学物质及其源头进行定位，操作人员可远离被污染的区域。DIAL 系统的工作原理基于化学/生物战剂的吸收谱特性。每种化学/生物战剂都有其特征吸收谱，对于典型的双波束 DIAL 系统，其工作时同时向被探测的空间发射两束波长相近的激光束，一束称为测量光束，其波长（λ_0）与待测化学/生物战剂特征吸收谱的中心吸收波长重合；另一束称为参考光束，其波长（λ_ω）与待测化学/生物战剂特征吸收谱的吸收谷重合，用来消除大气中其他气体分子和气溶胶的衰减、仪器参数及大气条件局部变化引起的测量误差。DIAL 系统的探测方式可分为相干探测方式和直接探测方式，工作方式可分为长程地物反射（Concentration-path Length，CL）方式和距离分辨（Range Resolution，RR）方式。采用 CL 方式时，由于回波信号较强，易于实现远距离探测，且采用相干探测方式后可进一步提高作用距离，但难以实现距离分辨；另外，在有些战场环境中不易找到合适的地物目标。由于大气及化学/生物战剂或气溶胶的后向散射截面比地物目标散射截面小几个数量级，因此采用 RR 方式工作时，回波信号较弱，限制了系统的作用距离，但在难以找到合适的地物目标时很适用。另外，当要求的作用距离较近时，采用 RR 方式可以对化学/生物战剂的种类、浓度、深度、距离、分布等进行距离分辨，从而提供化学/生物战剂的三维空间分布。

一个 DIAL 系统往往采用两台可线调谐或波长可调谐的激光器，也有采用一台或两台以上激光器的情况。典型的是采用两台激光器，其中一台用来产生测量光束，另一台用来产生参考光束。由于化学/生物战剂种类繁多，若要使一个 DIAL 系统能够探测多种化学/生物战剂，则所用的激光器必须波长可调谐，且调谐范围越宽越好，同时激光的波段必须在大气窗口内，以具备足够的大气穿透能力。为了减小大气环境的波动对测量精度的影响，要求两束激光发射的时间间隔在 10ms 以内。在这么短的时间内，大气被认为是“冻结”的，即大气特性的波动和变化可忽略不计。另外，在实际应用中，使用 DIAL 系统探测某种气体时，必须满足两个条件，即被测气体的最大吸收值和最小吸收值之差比较明显，以及采用的激光器可被调谐至覆盖最大吸收值和最小吸收值所对应的波长范围。以采用 CO_2 激光器的 DIAL 系统为例，GB（Sarin，沙林）和 GD（Soman，索曼）的吸收区与 CO_2 激光器的 9P 波段相对应（GB 的最大吸收值出现在 9.8834μm，GD 的最大吸收值出现在 9.8367μm），在其他谱线上的吸收值很小，因此通常将 9P38 作为测量线，10P24 作为参考线。对于 V 类战剂，其吸收谱稍有不同，可选 9P30 作为测量线，10P24 仍作为参考线。而对于芥子气，由于没有强吸收与 CO_2 激光器的谱线相对应，因此无法应用 CO_2 激光器 DIAL 系统进行探测。

从工程应用角度考虑，希望雷达系统体积小、重量轻，因此，往往采用单台可快速调谐输出的激光器代替两台或更多台激光器。同时，采用单台激光器可获得更稳定的激光回波脉冲形状，相关系数值大，回波信号一致性好，信噪比高。对于采用单台激光器的 DIAL 系统，要求激光器可实现快速、大波长范围调谐，在短时间（10ms）内可发出不同波长的两个激光脉冲（分别对应于测量光束和参考光束），原理上还属于双频探测。对于采用多台激光器的 DIAL 系统，可获得更大的系统可调谐范围，同时可采用多个参考光束，从而进一步减小测量误差，获得更高的系统测量精度。然而，采用多台激光器的 DIAL 系统会更复杂和庞大。此外，有些气体的特征吸收谱与现有激光器的波长不匹配，需要通过倍频或三倍频、四倍频的方式来获得相应波长的激光束。例如，将 10.6μm 的长波红外 CO_2 激光变频为 3～5μm 的中波红外激光，将 1.064μm 红外激光通过四倍频变为 0.266μm 的紫外激光等。

基于 Raman 散射效应的差分散射激光雷达采用另一种工作体制。由于 Raman 散射截面比吸收截面小几个数量级，战场上各种荧光效应干扰严重，探测灵敏度和作用距离难以满足实战要求，这种雷达目前尚处于探索阶段。

典型的双频探测或双谱线方式 DIAL 系统采用两束不同波长的激光，其工作原理如图 11.2 所示，两束光几乎同时沿同一路径向目标区域发射，若大气介质中存在某种化学/生物战剂，且其特征吸收谱的中心吸收波长与测量光束的波长 λ_0 重合，则 λ_0 光束会因受到强烈吸收而衰减，而参考光束 λ_ω 不会受到该种战剂的强烈吸收而只有传输和反射（散射）衰减。

设对应测量光束 λ_0 的吸收截面积为 σ_0，对应参考光束 λ_ω 的吸收截面积为 σ_ω，通过分别测量云团或地物目标对测量光束 λ_0 和参考光束 λ_ω 产生的后向散射光的强度，可得到 DIAL 方程

$$C(R)=\frac{1}{2L(\alpha_{\text{on}}-\alpha_{\text{off}})}\ln\frac{P_{\text{r}}(\lambda_0,R)P_{\text{r}}(\lambda_\omega,R+\Delta R)}{P_{\text{r}}(\lambda_0,R+\Delta R)P_{\text{r}}(\lambda_\omega,R)} \tag{11.1}$$

式中，$C(R)$为距离激光雷达 R 处污染气体的浓度；P_{r} 对应不同波长和距离的接收

功率；$\Delta R=c\tau/2$ 为 DIAL 系统的距离分辨率；c 为光速；τ 为激光脉冲的宽度；α_{on} 为测量光束 λ_0 对应的目标气体的峰值吸收系数；α_{off} 为参考光束 λ_{ω} 对应的目标气体的波谷吸收系数；L 为激光在毒气云团中传输的距离。这样就可以得到激光在不同距离上的吸收特性，从而得知是否存在化学/生物战剂，并获得该战剂的种类、浓度及距离、位置等信息。

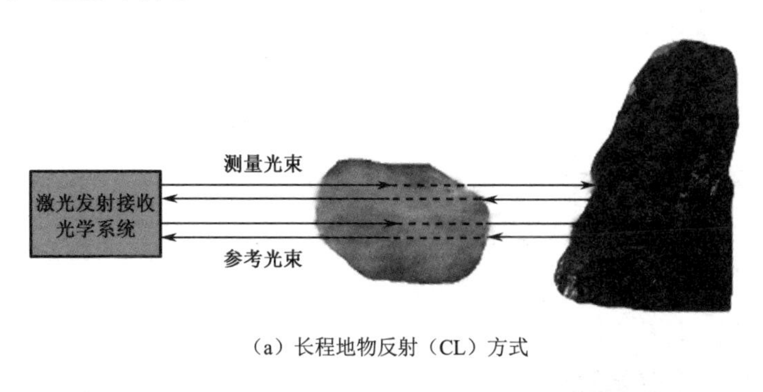

（a）长程地物反射（CL）方式

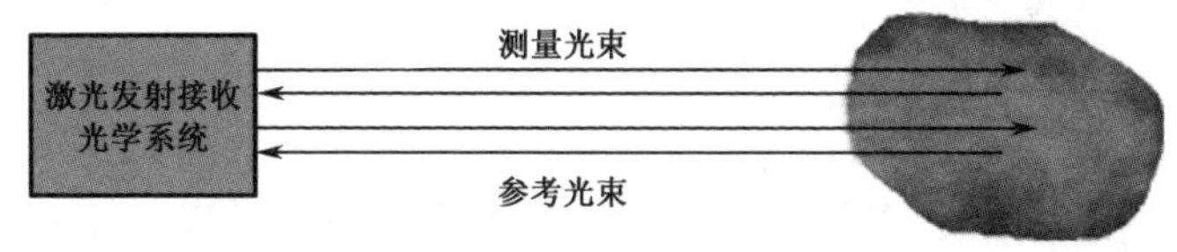

（b）距离分辨（RR）方式

图 11.2　典型的双频探测或双谱线方式 DIAL 系统的工作原理示意图

在实际应用中，可能面临多种化学/生物战剂同时存在的情况，此时就需要采用不同波长的多束激光同时探测。在这种更一般的情形下，前述双谱线 DIAL 系统可能不再适用，因为某个波长的激光对某种战剂是不吸收的，但对其他战剂可能是强烈吸收的，从而发生干涉。假设采用不同波长的 N 束激光同时探测 M 种化学/生物战剂，则 DIAL 方程为

$$
\begin{aligned}
E_{\mathrm{r}}(\lambda) &= E_{\mathrm{L}}(\lambda)\eta_{\mathrm{X}}(\lambda)\rho(\lambda)\Omega\eta_{\mathrm{r}}(\lambda)\prod_{a=1}^{M}\exp\left[-2\int_0^R \kappa_a(\lambda)C_a(R')\mathrm{d}R'\right]\prod_{m=1}^{M}\exp\left[-2\int_0^R \kappa_m(\lambda)C_m(R')\mathrm{d}R'\right] \\
&= E_{\mathrm{L}}(\lambda)\eta_{\mathrm{X}}(\lambda)\rho(\lambda)\frac{A_{\mathrm{r}}}{R^2}\tau_a^{\ 2}(\lambda)\eta_{\mathrm{r}}(\lambda)\prod_{m=1}^{M}\exp[-2\kappa_m(\lambda)(CL)_m] \\
&= E_{\mathrm{L}}(\lambda)K_{\mathrm{S}}(\lambda)\rho(\lambda)\frac{A_{\mathrm{r}}}{R^2}\tau_a^{\ 2}(\lambda)\prod_{m=1}^{M}\exp[-2\kappa_m(\lambda)(CL)_m] \qquad (11.2)
\end{aligned}
$$

式中，E_{r} 为入射到探测器上的回波能量；E_{L} 为激光发射能量；η_{X} 为系统发射光学透过率；ρ 为单位立体角内的地面反射率；Ω 为光学接收系统对应的立体角；η_{r} 为系统接收光学透过率；κ_a 为第 a 种大气成分的吸收系数；C_a 为第 a 种大气成分

的浓度；κ_m 为第 m 种被测气体的吸收系数；C_m 为第 m 种被测气体的浓度；τ_a 为单程大气传输系数（包含所有大气成分的吸收）；$(CL)_m = \int_0^R C_m(R')\mathrm{d}R'$ 为第 m 种被测气体的浓度-长度积；K_S 为系统响应函数。

显然，针对多种战剂的 DIAL 方程是比较复杂的。把由多种战剂引起的光谱吸收分离出来的最精确和最简单的方法是在不存在任何战剂的情况下进行一次测量，其过程和存在这些战剂时所做的测量一样。首先，相对于发射能量，对接收能量进行归一化；然后，将所有标准偏差大的激光谱线从激光谱线序列中去除，剩下谱线的测量值如果落在 2-σ曲线之外，则用插值法去除；最后，将数据以无战剂光谱（No-gas Spectrum）为背景进行归一化，则剩下的就是来自目标战剂的透射光谱。整个化学度量分析过程是相当烦琐的，这里不再赘述，读者可参考相关资料。需要指出的是，这种方法在解决有多种化学气体且光谱重叠这类问题时，相对于双谱线法有明显的改善作用。

11.3.2 系统组成

DIAL 系统比较复杂，其组成一般包括可调谐主振和本振激光器、直接探测或外差式接收机、扫描发射和接收光学系统、数据采集信息处理系统及控制与显示计算机等。图 11.3 所示为采用单台主振激光器和外差式接收机的 DIAL 系统组成示意图。除前面提到的主要构成部分外，该系统还包括扫描（伺服）控制系统，对扫描发射和接收光学系统的扫描进行控制，扫描方式可以是机械式的，也可以是光学式的，取决于系统的性能（如扫描帧频、分辨率和扫描视场等）。通常扫描速率较低时，用摆镜或机械方式；扫描速率较高时，用旋转多面镜或双光楔。本振激光器发出的激光信号经扩束后，在混频器（探测器 1）处与回波信号实现混频。可调谐主振激光器实现多波长激光输出，输出激光经扩束后通过扫描发射系统向待测区域发射；经目标和背景散射返回的激光回波信号经光学系统接收，与本振激光经混频器（探测器 1）后转换成外差中频信号，经放大、滤波、A/D 转换进入数据采集信息处理系统。DIAL 系统具有激光能量和波长监测功能，在工作过程中，对本振和主振激光分别采样两次，形成两路 4 束采样光，其中一路通过色散元件，并经波长测量后实现对本振和主振激光的波长监测；另一路则入射至探测器 2，转换为中频信号并被放大处理，基于其幅度和频率特性，实现激光能量和偏频监测。

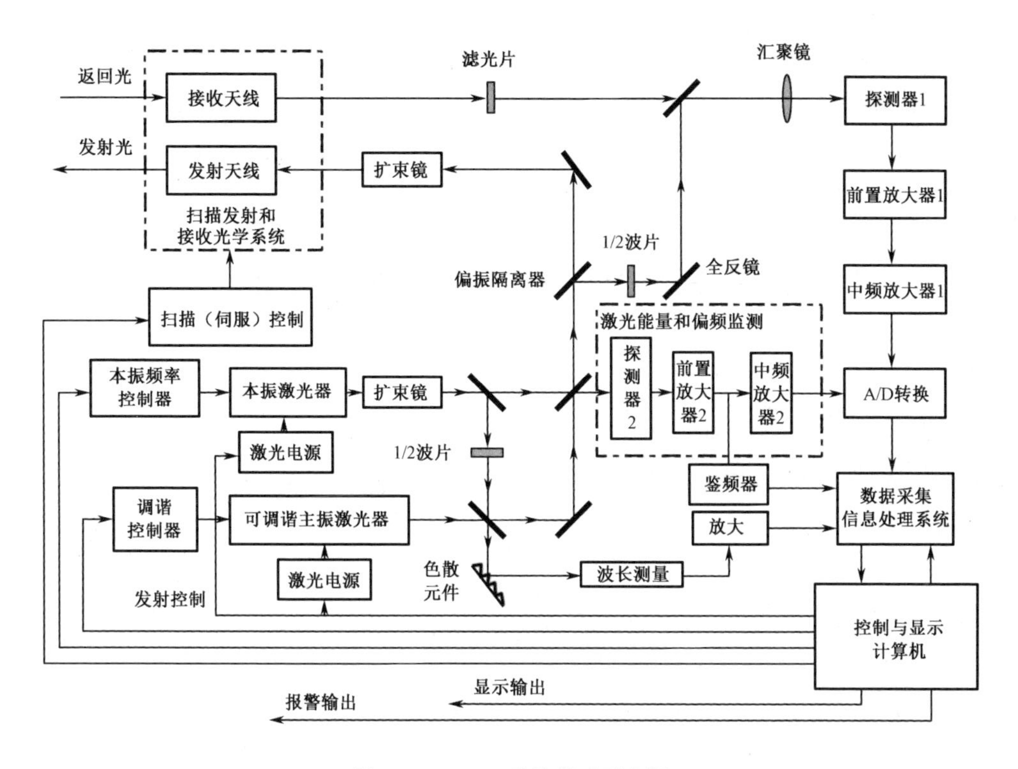

图 11.3　DIAL 系统组成示意图

DIAL 系统工作时，首先由控制计算机进行系统初始化，根据待测区域的方位确定系统的指向，设定工作方式；然后，控制计算机向主振激光器和本振激光器发出发射准备指令，同时调谐控制器开始工作，设定为主振激光器在 10ms 内分别发出与可疑战剂的特征吸收谱的中心吸收波长及其吸收谷对应的谱线。准备就绪后，控制计算机发出发射指令，主振激光器在短时间内先后发出对应设置好的两条谱线的两束激光，经能量和波长监测，经扫描系统和发射系统发向待测区域。当系统以地物散射方式工作时，激光束穿过待测云团，经地面、树林、建筑物等地形目标后向散射后，再次穿过待测云团，经接收天线收集和空间滤波后，入射至探测器（图 11.3 中的探测器 1）；当系统以距离分辨方式工作时，激光回波为待测云团后向散射的激光。本振激光器经能量和波长监测，实现偏频锁定，经偏振隔离器，入射至探测器与激光回波实现混频，转换为电信号，经前置放大器、中频放大器的放大与滤波、整形，分别得到两条谱线的回波信号强度，与能量监测系统的结果进行比较，获得两条谱线吸收的相对强度。由于待测云团对两条谱线的吸收系数不同，回波信号的相对强度存在差异，因此，将其差值、对应的波长、回波信号的时序同时输入差分吸收信号处理系统，与数据库中事先储存的数据进行比对，可得到待测云团中是否存在战剂，以及战剂的种类、位置（距离）、浓度等信息。通过扫描系统对战区先进行 360° 快速粗略扫描，再对可疑区域进行精细扫描，可以得到战剂的空间分布。控制与显示计算机综合所有信息，包括战剂的种类、位置（距离）、浓度、空间分布、随时间的变化等进行实时显示，并及时发出告警信号及向上级指挥部发出报告。

11.4 化学/生物战剂探测激光雷达的主要分系统

11.4.1 激光器

激光器是 DIAL 系统的核心之一。由于化学/生物战剂或大气污染物种类繁多，大气的透过率特性与光学波长紧密相关，存在大气窗口问题，因此要对可疑烟云或云团进行探测，激光器就必须波长可调谐，能够发射可以穿过大气的多波长激光束，并且发出激光束的时间间隔必须足够小，通常小于 10ms，以使在这段时间内大气可以被认为是“冻结”的。为使 DIAL 系统能够探测尽可能多的战剂或大气污染物种类，激光器的波长可调谐范围应尽可能宽。

光参量振荡器（OPO）具有波长连续调谐能力，而且体积小、重量轻，为全固体化器件，因此近年来成为战剂或大气污染遥感探测方面极受关注的研究领域。战剂的特征光谱多处于 8～12μm 波段范围内，即使采用 OPO 已实现 1.06μm 激光向该波段的转换，由于存在复杂的量子转换过程，能量转换效率很低，因此目前仍未有成熟的 OPO 器件可供工程应用。当前需要解决的问题是提高量子转换效率，提高非线性晶体的损伤阈值，降低其激发阈值。

可调谐固体激光器是另一个值得关注的研究领域。自 20 世纪 80 年代末人们将激光二极管泵浦技术引入可调谐激光器，可调谐激光技术就产生了全固态化大趋势。钛宝石（Ti:Sapphire）是一种室温下具有大调谐范围的激光晶体，吸收带宽较宽，增益较大，吸收峰值在 490nm 处。全固态钛宝石激光器的调谐范围为 700～1050nm，在大气污染气体测量 DIAL 系统中具有良好的应用前景。可调谐 Cr:LiSAF 固体激光器可以直接被二极管泵浦，且泵浦效率很高，调谐范围达 800～980 nm，非常适合用于大气水蒸气（近红外吸收带为 730 nm、810～830 nm 和 930～950 nm）探测的 DIAL。其他固态可调谐激光介质包括掺铬、掺钴等过渡金属离子晶体，以及铈等少数稀土离子激光晶体。同样，由于战剂的特征光谱多处于 8～12μm 波段范围内，目前尚无合适的可调谐固体激光器可用于以化学/生物战剂探测为目的的 DIAL。

因此，尽管从发展的角度看，红外波段大调谐范围的可调谐激光器很受欢迎，但当前化学/生物战剂探测激光雷达采用的激光器主要是 CO_2 激光器。在国外已列装及在研的化学/生物战剂探测 DIAL 系统中，CO_2 DIAL 系统占有绝对优势。从技术特点来看，CO_2 激光器是目前运行在 8～12μm 波段大气窗口内唯一技术成熟的激光器，且相比于其他激光波长，是对人眼安全的激光器。此外，CO_2 激光器具有良好的波长可调谐性，其 $00^\circ1 \rightarrow 10^\circ0$ 和 $00^\circ1 \rightarrow 02^\circ0$ 能级跃迁波长在 9～11μm 范围内的谱线多达 100 多条，而大部分战剂和大气污染物的特征吸收谱线都在此范围内。据报道，神经性毒剂基于其 C-O 键的振动，在 9～11μm 范围内存在强烈的吸收带。

CO_2 DIAL 系统的研究始于 20 世纪 70 年代，于 80～90 年代进入高潮期。从国外研究情况看，CO_2 DIAL 系统采用的激光器数量可分为单台、两台或多台，实现几乎同时（约 150μs）发射测量光束和参考光束，在这么短的时间内，大气背景起伏小，可实现较高测量精度。可选用的激光器可以是快速调谐 TEA CO_2 激光器，也可以是可调谐输出的平板波导 CO_2 激光器，后者往往以射频激励方式工作，可获得较高的能量（功率）输出，且光束质量较好。

CO_2 DIAL 系统包含主振激光器和本振激光器。主振激光器通常工作于窄脉冲方式，提供有足够发射能量或功率的测量光束和参考光束，以满足系统作用距离的要求。主振激光器根据 DIAL 系统的组成可以包含单台、两台或多台激光器。本振激光器通常工作于连续波方式，与主振激光器实现偏频锁定，与激光回波实现混频。关于激光器的基本设计和制作，读者可参考相关的专业书籍，这里只介绍与激光雷达系统性能直接相关的几项技术。

1. 激光功率控制

对于 DIAL 系统，激光功率控制的必要性包括以下两个方面。第一，战剂不同的吸收峰对应不同的激光谱线，激光谱线有的增益高，有的增益低。对 CO_2 激光器来说，弱支和强支的功率输出可能相差一个数量级。从保证回波信号强度的角度考虑，必须提高激光器的输出功率，以使增益低的激光谱线能够达到足够的功率水平。第二，为保证差分吸收对应测量激光束和参考激光束回波信号的可比性，必须采取措施将激光器不同谱线的输出功率控制在大体相当的水平。

激光器的输出功率控制手段有以下两种。第一种手段是通过控制激光电源对激光器的输入功率进行调整，对增益高的激光谱线输入较小的功率，而对增益低的激光谱线输入较大的功率，以实现不同激光谱线输出功率基本相同。由于 CO_2 激光器的输入功率可调范围往往是有限的，因此还存在第二种手段，即在腔外采用可控制的激光衰减器，对弱支输出时为高透状态，对强支输出时为衰减状态。

2. 激光选支与频率控制

对于外差探测体制的 DIAL 系统，主振激光器和本振激光器都稳定地工作在所设定的激光谱线上十分重要。CO_2 激光器可工作在 CO_2 分子的振动和转动能级间跃迁产生的上百条支线上，而究竟工作于哪条支线上，取决于支线本身的增益、损耗和谐振腔的光学长度，还与激光器的工作条件（如放电电流、环境温度）等因素有关。因此，必须采取有效措施控制激光器工作于根据系统需要所选定的某条支线上，即必须解决激光选支问题。光栅选支是常用的激光选支技术。光栅是一种色散元件，光栅选支，即用一块反射式光栅代替谐振腔的一个反射镜，通过旋转光栅改变谐振腔的光学长度，从而实现对激光波长的调制，完成选支。用于 CO_2 激光器选支的光栅，每毫米至少要有 100 条刻线才能使 CO_2 激光器稳定运转在一条支线上。光栅的衍射效率应尽可能高，一般在 98%以上。通过光栅衍射后输出的激光是偏振光，其振动面垂直于光栅刻槽方向。由于光栅工作时接收了腔内的激光功率，可能会产生发热现象，因此应选用导热良好的光栅基底材料，必要时可采取冷却措施。

实现激光选支后，如何保持激光频率稳定是另一个要解决的技术问题。采用高灵敏度外差探测技术的相干探测 DIAL 系统要求脉冲工作的主振激光器和连续工作的本振激光器必须工作在同一支线上，并有足够高的频率稳定度，否则不能实现有效和稳定的混频，反而会产生相位噪声，降低系统的信噪比。由激光工作原理可知，任何激光谱线均有一定的宽度，激光工作频率将在激光器工作条件和工作环境影响下，在工作介质的增益光谱线宽范围内漂移。差分吸收激光雷达信号从发出到返回的时间取决于系统的作用距离，以 15km 为例，相应的时间为 100μs。在这个时间内，如果主振激光和本振激光有足够的频率稳定度，就能满足混频要求，因此仅需对本振激光器的短期稳定度提出要求，一般在 10^{-8}～10^{-9} 量级。激光稳频技术包括主动和被动稳频两类，国外采用主动稳频技术实现了 10^{-12}～10^{-13} 量级的短期稳定度，采用被动稳频技术实现了 10^{-9} 量级的短期稳定度；国内采用饱和吸收主动稳频技术，使短期频率稳定度达到了 10^{-10} 量级。

影响激光频率稳定度的外部因素很多，包括环境温度、激光工作时发热引起的腔长伸缩、机械振动引起的腔的光学长度变化等。内部因素（如激光腔内的气压、放电电流变化，以及自发辐射形成的无规噪声等）也能引起激光振荡频率的变化，进而引起输出激光频率的变化。对频率稳定度影响最大的是环境温度变化、机械振动、放电电流及气压的变化，但它们对外差探测的影响是有区别的。环境温度与气压的变化对激光频率稳定度的影响是缓慢的，因此在外差探测时间内，几乎可以忽略不计；而机械振动及放电电流引起的激光频率变化是瞬态过程，对外差探测的影响很大。

被动稳频技术是指采用被动稳频措施提高激光频率稳定度，包括采取有效的方式对激光器进行恒温冷却，如采用热容量和热传导系数大、体膨胀系数小、化学性能稳定的蒸馏水或去离子水等进行冷却，必要时采用风冷散热进行二次冷却；采用热膨胀系数小的材料（如殷钢材料，α=0.43×10^{-7}℃$^{-1}$，比石英玻璃低一个数量级）作为谐振腔的隔离支架；采用高稳定度的激光电源等。此外，激光器内部的热设计、电磁兼容设计和工艺制造质量，以及外部电磁屏蔽和减振措施等也很重要，都是提高激光频率短期稳定度的有效技术手段。

主动稳频技术是指采用主动稳频措施使激光器的输出激光频率长期稳定在增益曲线的中心频率或某一固定频率，主要作用是提高激光频率的长期稳定性。环境温度和振动等的缓慢变化，会引起谐振腔光学长度发生相应变化，从而导致激光频率也发生变化，严重时可能漂移至增益曲线之外，使激光器支线发生变化或不再出光，导致输出激光频率的长期不稳定性，对 DIAL 系统的远距离探测和长期工作产生影响。

典型的主动稳频技术是通过电子伺服系统调节谐振腔反射镜上的压电陶瓷（PZT）环的伸缩量，补偿谐振腔光学长度变化对激光频率的影响。激光频率相对于中心频率的偏移是通过光学鉴频器检测出来的。该频率偏移被转换成误差控制量来控制电子伺服系统调节压电陶瓷环，实现把偏移的激光频率拉回中心频率。具体方法包括峰值稳频法和吸收稳频法。峰值稳频法即利用工作物质在增益曲线中心频率处出现的增益极值点检测频率变化的方向，通过反馈控制将激光频率自动稳定在中心频率处。吸收稳频法即利用无源谐振腔的线性吸收物或饱和吸收物的频率特性，将激光频率锁定在该物质固有的极窄的频谱上。

主振激光与本振激光必须有一定的固定频差才能实现相干探测。偏频控制主要解决主振激光与本振激光之间的频差（偏频）稳定性问题，因为偏频稳定性参数直接影响外差探测接收机的带宽。偏频不稳定的主要原因是本振激光器的漂移。为此，需要使本振激光器的频率跟踪主振激光的频率变化，并使其频差保持某一固定值。偏频稳定是利用偏频锁定法实现的，以经过稳频的主振发射激光为基准，将发射激光与本振激光混频，产生稳定的差频信号，利用该差频信号进行反馈控制。主振激光采用脉冲工作方式，具有一定频谱分布。一般采用声表面波器件作为鉴频器。主振激光与本振激光在探测器上混频，产生中频信号，经宽带放大后，输入鉴频器，鉴频器输出偏频误差信号供控制系统对本振激光进行调频。偏频误差输出与鉴频器的中心频率和带宽有关，同时还需考虑本振激光电源的频率和主振激光脉冲的带宽。假设鉴频器的中心频率为ν_1、ν_2，带宽为$\Delta\nu$，则偏频控制中心频率为$(\nu_1+\nu_2)/2$，锁定范围为$\nu_1-\nu_2$。

如前所述，相干探测技术要求本振激光器的输出激光随主振激光变化，以实现偏频稳定，因而除主振激光器必须在5～10ms大气“冻结”时间内发出测量光束和参考光束外，本振激光器也必须在同样时间内实现输出激光波长的快速切换，即主振激光器和本振激光器都必须实现激光捷变频。以可调谐CO_2激光器为例，可采取的捷变频方式包括多面光栅法、多面转镜+固定光栅法、转镜+固定光栅法等。其中，多面光栅法的精度要求高，加工难度大，成本很高，限制了其广泛应用；多面转镜+固定光栅法是多面光栅法的改进，降低了成本，但多面转镜同样加工要求很高，光路调整困难；转镜+固定光栅法可以实现高速调谐，波长切换时间可达4ms，扫描角度大，再现精度高，器件可成品化，但因转镜为弱电控制，需解决易被其他电路干扰的问题。

3. SHG/OPO激光波长平移（Wavelength Shifter）

使用$^{12}C^{16}O_2$同位素混合气体的CO_2激光器，其4个波带的波长覆盖9.3～10.7μm，通常足以满足探测现有化学武器的要求。有些化学物质显著的吸收特性在常规的CO_2激光谱带之外。参考文献[13]给出了一个军事用途的化学物质的例子，根据该物质的吸收谱曲线，探测的最佳测量光的波长为8.3μm，而最佳参考光的波长为8.37μm。因此，必须采取某种方法对CO_2激光的波长进行变换。参考文献[13]较为详细地介绍了美国陆军CB中心和雷锡恩公司研发的一种利用非线性晶体中的二次谐波发生（SHG）和光学参量振荡（OPO）过程实现CO_2激光波长平移的技术，如图11.4所示。输出光波长可通过调节CO_2激光泵浦波长（9.3～10.7μm）和谐振腔内的OPO晶体的角度来实现。试验结果分别获得了35%的SHG转换效率、2.7%的OPO转换效率和0.95%的总转换效率。在WILDCAT系统中，相应的转换效率分别达到35%、7%和2.5%。有兴趣的读者可参阅参考文献[13]。

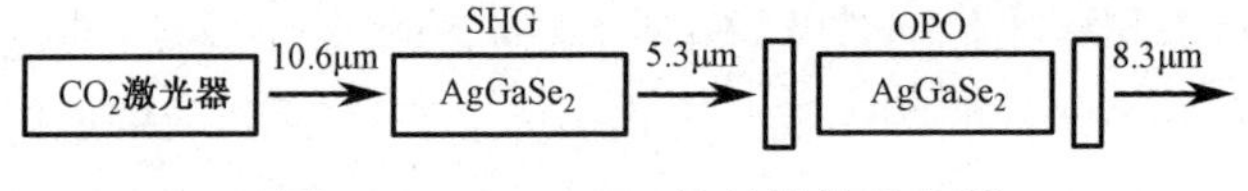

图11.4　SHG/OPO波长转换示意图

11.4.2　光学系统

化学/生物战剂探测激光雷达采用的光学系统与一般激光雷达没有本质区别。设计光学系统的总原则是提高系统的光学效率，减少光学损失，保证发射和接收的光学质量。从工程化角度，要求系统光路尽量简化，光学元件数量尽量少，安装调试方便，稳定性好。根据目前光学元件的性能（反射率、透射率、损耗率、像差等）水平，系统的光学效率可达 50%左右。DIAL 系统的光学系统包括发射天线和接收光学系统，以及以分光、反射、汇聚等为主要功能的内部光路等。

发射天线的作用是将主振激光器产生的激光脉冲扩束，压缩发散角至 DIAL 系统所要求的值，放大倍率即主振激光器出口激光发散角与发射天线输出的激光束散角的比值。发射天线一般采用高倍率红外望远镜准直系统，它一般由几个透镜或组合透镜组成。设计时应考虑激光光束的纵模特性，若主振激光为单纵模高斯光束，则发射天线按高斯光学设计；若主振激光为多纵模输出，则激光束将失去明显的高斯光束特性，此时发射天线可按几何光学设计，也可引入 M^2 因子（光束质量因子或光束传输因子），按任意激光光束变换方法（Arbitrary Real Laser Beam Transformation）进行设计。在工程上很难把激光束的各参数测得很精确，实际设计中往往留出一定调整量，以确保通过调整可获得所需的激光束散角。此外，在发射天线光路中，一般应避免出现实焦点，因为发射光的光强一般较大，若存在实焦点，则在实焦点处激光的功率密度会较大，可能对该点及附近的光学元件的镀膜层造成损坏，或使空气中的尘埃产生烧蚀现象，造成污染，还会影响激光的传输。

光学接收系统用于收集来自目标（云团或地物目标）的激光回波，将其汇聚到探测器的光敏面上，使入射到光敏面的光照度比光学接收系统物镜表面的光照度高若干倍。当然，光学接收系统也会收集到后向散射光及来自背景的杂散光。CO_2 DIAL 系统的光学接收系统属于红外光学系统，应满足以下基本要求：体积大小满足 DIAL 系统的要求；相对孔径（物镜直径与其焦距之比）尽可能大；视场角满足系统使用要求；在选定的波段内辐射能损失最小，透过率足够高；在物镜焦平面上像的尺寸最小，当目标移至视场边缘时无明显畸变；在各种工作环境中光学性能稳定。

红外光学系统一般分为三大类，即透射式（也称折射式）、反射式及混合式（由透射式和反射式组合而成）。表征光学的特征参量包括光学系统直径、焦距、透过率、分辨率、视场、像差等。

透射式光学接收系统实际上是一个望远系统，它主要由物镜组件和目镜组件构成，可将整个视场内的辐射全部收集到探测器的光敏面上。其主要优点是：无挡光，加工球面透镜较为容易，通过光学设计容易消除各种像差。其缺点是光能损失较大。在成像质量要求不高、通光口径较小的场合，可使用单透镜结构；在更多情况下，可采用由若干个单透镜组成的组合透镜系统，以较好地消除像差，获得好的像质，但总透过率较低。

由于红外光的波长较长，能透过它的材料很少且通常都很贵，因此采用反射式光学接收系统是比较常见的。最简单的反射式光学接收系统由反射镜组成，按反射镜截面的形状，有球面形、双曲面形或椭球面形等几种。典型的反射式光学接收系统包括牛顿系统、卡塞格伦（Cassegrain）系统和格里高利系统。牛顿系统的主镜是抛物面镜，次镜是平面镜，结构简单，易于加工，但挡光面大，结构尺寸大；卡塞格伦系统的主镜是抛物面镜，次镜是双曲面镜，较牛顿系统的挡光面小，接收面积大，结构尺寸小，体积、重量适中，但加工相对困难；格里高利系统的主镜是抛物面镜，次镜是椭球面镜，加工难度介于牛顿系统和卡塞格伦系统之间。

无论透射式还是反射式光学接收系统，都存在多种像差，如球差、慧差、像散、畸变、像面弯曲和色差等，这些像差直接影响光学系统的像质。像差的大小取决于光学系统的相对孔径、光束相对于光轴的倾斜角、光学元件的材料，以及透镜的曲率半径、厚度和透镜间的空气间隙等。混合式光学接收系统采用球面镜代替非球面镜，用补偿透镜来校正球面镜的像差，可获得较好的像质。然而，这类系统往往体积大，加工困难，成本也较高，一般在工程上使用不多。典型的组合式折-反系统包括斯密特系统，曼金折-反系统和马克苏托夫系统。斯密特系统的主镜为球面镜，其前面装有一校正板，可根据校正板厚度的变化来校正球面镜的像差。这种系统结构尺寸大，校正板加工困难。曼金折-反系统由一个球面镜和一个与它相贴的弯月形折射透镜组成。其所采用的是负透镜，用于校正球差，但色差较大，因此常将此透镜做成胶合消色差透镜。曼金折-反系统由球面镜组成，因而造价低廉，容易加工和安装。马克苏托夫系统与曼金折-反系统类似，采用球面镜作为主镜，采用负透镜校正球面镜的球差，但使负透镜和球面镜分离，利用形状与位置两个自由度，使像质获得改善。该系统中 3 个球面的中心在同一点上，光阑置于球心上，因而没有慧差、像散和畸变，只有少许剩余色差。

下面介绍典型的 CO_2 DIAL 系统的发射和接收光路设计，示意图如图 11.5 所示。发射天线将主振激光器产生的激光脉冲扩束，压缩发散角至所要求的值，然后通过发射镜射向目标区域；接收天线为大尺寸反射式卡塞格伦天线系统，它将反射回波信号收集后传给探测器，完成发射-接收过程。

发射天线和接收天线往往被置于扫描平台上，激光发射轴、激光接收轴和系统可能包括的光学瞄准轴必须易于调整以实现同轴。收发同步和扫描控制由系统主控计算机完成。系统工作时，首先对扫描伺服系统进行初始化，确认系统指向设定的方向后，向激光发射单元发出波长准备和激光发射指令，通过光电采样系统获得发射光信号，启动接收系统运行接收程序并反馈给主控计算机，回波信息处理完毕后转入下一个工作周期，实现收发同步和扫描控制。

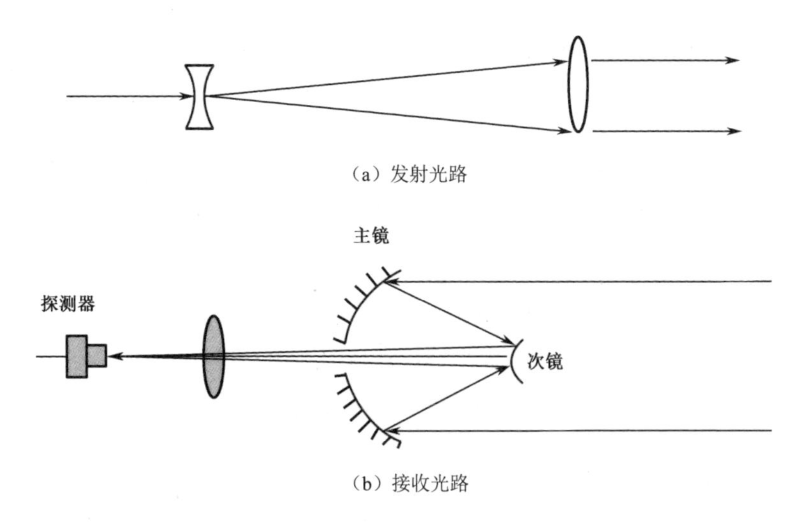

（a）发射光路

（b）接收光路

图 11.5 典型的 CO_2 DIAL 系统的发射和接收光路设计示意图

11.4.3 激光探测接收

DIAL 系统中采用的主要激光回波探测技术为直接探测式和外差探测式。直接探测式 DIAL 系统的结构相对简单，技术相对成熟；其突出的缺点是探测灵敏度低，探测距离有限，而且对激光发射功率（能量）水平要求较高。外差探测式 DIAL 系统将主振激光回波信号与本振激光信号在探测器表面混频，产生中频信号，经过滤波后放大。由于本振激光功率比主振激光回波功率高几个数量级，可有效抑制背景噪声和探测器噪声。和直接探测方式相比，外差探测方式具有更高的量子效率，因而具有更高的探测灵敏度，这意味着以同样的激光发射功率，可实现更远距离的探测。理论上，对于同样技术参数的两种系统，外差探测的灵敏度比直接探测的灵敏度可高 3～4 个数量级。有报道显示，同样的系统，采用直接探测，探测灵敏度最高为 8.5×10^{-9}W；而采用外差探测，探测灵敏度最高可达 2×10^{-13}W（带宽为 5MHz）。此外，外差探测可同时得到目标的多普勒信号，因而可以获得被测目标的运动方向及速度信息。当然，外差探测存在以下技术难点：对激光器的要求相当苛刻，需要单模、稳频、高重复频率的可调谐脉冲激光器作为主振激光发射源，需要单模、稳频、与主振激光同步调谐的窄带连续本振激光器；由于常规频率锁定系统需要频率稳定时间，而要对每一次发射实现实时调谐极为困难，因此需要双激光甚至多激光系统，这提高了系统的复杂度。尽管如此，但由于许多典型的地形地物目标的漫反射系数较小，而且当系统以距离分辨方式工作时，战剂云团的后向散射系数甚至比地物散射系数还要低几个数量级，因此回波信号很弱，人们更倾向于采用外差探测方式。

1. 探测器选择及噪声抑制

作为 DIAL 系统的核心器件，探测器接收和响应激光回波光信号，将其转换成电信号。探测器的选择首先取决于系统的激光工作波长，在该波长处探测器应具有一定的光电转换效率、响应时间和输出电信号（电流或电压）强度。对于可调谐固体激光器等近红外激光器，可采用硅光敏二极管或雪崩光敏二极管。对于 CO_2 DIAL 系统，首选光伏型 HgCdTe 单元探测器，它可工作于 10.6μm 波段，量子效率可达 70%以上，接近理论极限值。其最高响应频率可达 GHz 级，完全覆盖 CO_2 激光外差中频信号区；工作温度为 77K，需要致冷工作，一般采用杜瓦瓶-液氮致冷方式。

从探测器输出的电信号通常需要经过多级放大。为保证多级放大后的信号仍具有良好的噪声特性，前置放大器必须采取低噪声设计，并与探测器实现噪声匹配。为提高系统的探测灵敏度，前置放大器的增益应尽可能大，噪声系数应尽可能小。需要指出的是，在第一级放大器（前置放大器）增益很大的情况下，多级放大器的总噪声系数主要由第一级放大器的噪声系数决定，因此前置放大器的低噪声设计尤为重要。

外差探测方式下的信噪比为

$$\mathrm{SNR}=\frac{\eta P_{\mathrm{s}} g}{h\nu B(1+P_{\mathrm{s}}/P_{\mathrm{L}})}\approx\frac{\eta P_{\mathrm{s}} g}{h\nu B} \tag{11.3}$$

式中，η为探测器量子效率，由探测器决定；P_{s} 为回波信号光功率，为弱信号；P_{L} 为本振光功率，为强信号；$h\nu$ 为一个光子的能量；B 为探测器中频滤波器的带宽；g 为外差混频效率。

外差探测方式是在光敏面上引入一束参考光（本振光），其光强比回波信号光强高几个数量级；由于这两束光具有相干性，二者在光敏面上相遇后将产生外差信号，经中频滤波消除中频带宽外的背景噪声；然后进行中频选择放大，从而使信噪比大大提高，进而使探测灵敏度大大提高，实现对微弱信号的探测。对一个实际系统来说，一般信噪比越高越好，因此必须采取适当的手段来提高信噪比。在一定的弱信号光功率条件下，提高信噪比的途径为提高探测器量子效率η和外差混频效率 g，以及抑制中频带宽 B。探测器的量子效率η取决于探测器本身，而影响中频带宽 B 的因素包括激光脉冲的带宽、目标径向速度的不确定范围和本振光与主振光之间频差（偏频）的稳定性。

外差混频效率 g 取决于外差混频时信号光、本振光与光敏面空间方向失配、两束光的偏振方向失配，以及两束光的强度（振幅）分布失配等因素。因为光波波长通常比光混频面的直径小得多，而光混频结果取决于混频面上光的分布和相干，所以要求信号光和本振光的波前在整个光混频面上必须保持良好的空间匹配关系，以避免空间失配引起混频效率降低。首先，信号光和本振光在光混频面上必须重合，两束光的入射角差应满足$\theta \leqslant \lambda/(\pi l)$，其中，$\lambda$为激光波长，$l$为混频面直径。当$\lambda = 10.6\mu m$、$l = 0.3mm$时，$\theta = 11mrad$，可见这样的精度要求是可以通过光学调整来实现的。其次，信号光和本振光在探测器上的能量分布要相同，即两束光在光敏面上要形成强度匹配。本振光与信号光的波阵面曲率要一致，即波阵面匹配。为此，应选择小光敏面单元探测器，以减小光敏面面积；为抑制光斑强度分布失配，应通过设计使本振光和信号光在光敏面上都形成爱里斑，且尽量与光敏面的大小一致。另外，要将偏振性失配程度降至最低，应控制好激光的偏振方向，使到达光敏面的信号光在本振光偏振方向上的偏振分量尽可能大。相干激光雷达普遍采用布儒斯特（Brewster）分束片和 1/4 波片的组合来实现系统的收发偏振控制。菲涅耳菱体和双折射晶体波片是成熟的偏振器件。菲涅耳菱体可用于消色差，但输入和输出不共轴，会给光路调整带来不便。金属反射式相位延迟器能量转换效率高，可用于反射大功率激光，特别是反射 10.6μm 的 CO_2 激光，且光路调整方便，加上其加工材料和加工工艺都比较成熟，对于采用 CO_2 激光器的 DIAL 系统是很好的偏振器件。

2. 中频滤波放大

外差探测式 DIAL 系统的激光回波信号与本振激光信号在探测器表面混频，通过探测器实现光电转换产生中频信号，经前置放大器输出进入中频滤波和放大电路，以满足 A/D 转换电路对信号幅度的要求。中频带宽和通道增益系数直接影响系统的性能，是中频放大器的主要技术参数。

此前已提到过，中频带宽取决于激光的脉冲宽度、偏频控制的不稳定性、本振与主振激光间频差的不稳定性和目标径向速度的不确定性。以 TEA CO_2 激光器为例，激光脉冲带宽按前沿估算为 1.3/50ns=26MHz，目标径向速度的变化范围设为 1～5m/s，则多谱勒频移的不稳定性约为 1MHz。本振与主振激光间频差的不稳定性约为 0.2 MHz，因此，中频带宽可设为 27 MHz。

中频放大器的增益系数主要取决于系统要求的最小可探测功率和 A/D 转换器所需的输入信号幅度，还要考虑信号的动态范围和信噪比的最佳控制要求。由于信号幅度一般随距离的不同而不同，近距离时信号很强，随距离增大而减小，导致信号强弱变化很大，因而中频放大器应具备自动增益控制（AGC）功能，以使系统能够适应信号特性的变化，避免接收机因中频放大器强信号饱和而造成接收灵敏度下降。此外，大气后向散射的影响有可能使得近距离内真正的目标回波信号被后向散射光所淹没，因此中频放大器还应具备时间增益控制（TGC）功能，即增益随时间变化，近距离时增益小，随距离增加增益逐渐变大，直至超过一定距离后不再控制增益。必要时可以设置盲距，在盲距内增益为零。

实际中，有时要求系统既可工作于基于大气后向散射测量的距离分辨（RR）方式，又可工作于基于地物目标散射测量的长程地物反射（CL）方式。对于 RR 方式，同时取得全作用距离的动态范围和良好的信号分辨率非常重要。方法是采用两个独立的接收数据通道，第一个通道被设置在适当的增益水平，恰好能够捕捉到回波信号的峰值；而第二个通道的增益可设置为第一个通道增益的 100 倍，从而很好地分辨脉尾的低幅度弱信号。

11.4.4 数据处理与战剂识别

信号经中频滤波放大后，输入 A/D 转换器，转换成数字信号，并送入数据采集和信息处理器，经数据处理后，与事先储存的数据库数据比对，判断是否存在战剂，以及识别战剂的种类。

每种战剂均有其特征吸收谱，这是 DIAL 系统可用于探测战剂的工作基础。在实际应用中，由于战剂的种类和浓度取决于多种因素，因此必须对这些因素加以分析，分清主次，排除不相关因素，才能获得最真实的测量结果。微量战剂的浓度正比于吸收波长和非吸收波长之比的对数，因此选择的两束激光的波长应尽可能接近，以使得两次测量的差别仅来自微量战剂的吸收，而目标及云团反射率和激光的大气传输特性在这两个波长上是一致的。有的微量战剂有较大的吸收带宽，因而测量光束和参考光束的波长并不能太接近。在这种情况下，目标对不同波长的反射率的差别会产生一个正比于两个波长的目标及云团反射率之比的对数的系统误差，从而产生计算关于战剂种类、浓度的系统误差。此外，大气中存在多种物质，其吸收谱难免有重叠，吸收衰减是多种大气成分和战剂共同作用的结果，这增加了战剂识别的困难，限制了浓度测量灵敏度。

DIAL 系统必须在计算机控制下按一定的时序和同步关系工作。因此，应建立控制逻辑，确定各子系统工作时序及优先级，对子系统内部部件的延迟时间和工作状态进行设定、测量和反馈，以实现系统工作在最佳状态。此外，系统必须建立合适的软件平台并嵌入相应的算法。

已有文献给出了各种地物目标对于不同波长激光的反射特性，以及由此造成的长程 DIAL 测量战剂浓度误差。也有文献指出，云团的后向散射系数在 10^{-3} 或

10^{-8} 量级，具体数值需通过试验确定。

为了使 DIAL 系统能够用于实时探测化学/生物战剂，必须建立较为完善的战剂数据库，以便系统能够根据探测数据快速地给出被探测区域是否存在战剂及判断战剂种类。

11.5　化学/生物战剂探测激光雷达的指标体系和主要指标论证

化学/生物战剂探测激光雷达的指标体系是与其具体应用密切相关的。基本原则是充分考虑探测战剂种类要求、有效作用距离、安全剂量探测灵敏度、探测区域、反应防护时间，以及雷达系统设备的技术体制、体积和重量、机动性能、平台适应性、环境适应性等。

当前和未来战场可能使用的战剂种类较多，其使用方式各异，总体而言，对人员杀伤力最大、危害最严重的还是含磷战剂，尤其是作为速杀性战剂使用的 G 类和 V 类战剂。因此，出于军事需求，对这些战剂的早期预警和监测是激光雷达等主动激光遥测系统必须优先考虑的。确定要探测的战剂种类后，激光雷达应采用的激光波长和谱线可调谐范围也就基本确定了。激光雷达的作用距离是最主要的指标之一，原则上越远越好，还要考虑技术可实现性及其他使用限制。作用距离的最低要求是收到报警至战剂扩散到我方阵地的时间可满足我方人员穿上防毒器材、戴上防毒面具或采取其他防毒措施的时间要求，这个时间与风速、风向及战剂浓度有关。

差分吸收雷达系统若以长程地物散射方式工作，则监测的是路径上的平均浓度 CL（C 为战剂云团的浓度，L 为战剂云团的厚度）；若以距离分辨方式工作，则可实现三维探测。系统的探测灵敏度指标一般应为可能对人员造成伤害的战剂阈值剂量。若战剂是用战剂弹布设的，则产生的初始云团的浓度很高，但直径较小，随着云团的扩散，其浓度会逐渐降低，且其 CL 值将随着云团的扩散而减小。以 CL 方式工作时，探测灵敏度为战剂阈值剂量与战剂云团达到该剂量时的覆盖范围的乘积。不同的战剂对人员造成伤害的阈值剂量不同，因此对系统探测灵敏度的要求也不同。沙林毒剂的阈值剂量为 1mg/m^3，在此剂量以下人员基本不受伤害。芥子气对人员暴露皮肤产生伤害的阈值剂量为 2.5～6.0 mg/m^3，因而对探测灵敏度的要求低于对沙林毒剂的要求。芬兰生产的 M90 型战剂探测仪对 VX 战剂的探测灵敏度为 0.4mg/m^3，对 G 类战剂的探测灵敏度量级在 10^{-2} mg/m^3。

系统的响应时间也是一个关键指标，原则上越短越好。影响该指标的因素主要有单点平均探测次数、信号采集和处理时间等，还与激光重复频率有关。系统的扫描探测区域范围由系统的使用要求决定，在大部分场合还受安装平台的限制。一般要求水平扫描范围为 360°，垂直扫描范围往往根据具体应用确定。扫描速度与所要求的单点平均探测次数、激光重复频率和扫描范围有关。

11.5.1　总体指标

化学/生物战剂探测激光雷达系统的总体指标一般由使用部门或任务提出部门根据使用要求、技术发展水平和技术可行性提出并确定。典型总体指标示例见表 11.1。

表 11.1　化学/生物战剂探测激光雷达系统的典型总体指标示例

探测战剂种类	G 类战剂、V 类战剂、SF_6 等
作用距离/km	≥5
探测灵敏度/（mg/m³）	0.03～0.05
响应时间	单点报警时间≤3s 水平扫描全场报警时间≤6min
探测概率	90%（虚警概率为 10^{-3}）
扫描范围	水平 360° 自动扫描，垂直−5°～85°
工作方式	RR 模式和 CL 模式
运载平台	车载、机载或人工便携式

11.5.2　分系统指标

分系统指标是通过对总体指标进行分解，并对系统性能和功能要求进行分析论证后得到的。分系统指标对各分系统明确技术体制，提出技术要求，是对实现总体指标的支撑。以 CO_2 DIAL 系统为例，主要分系统的典型指标示例见表 11.2～表 11.6。

表 11.2　主振激光器典型指标示例

激光器类型	捷变频单模稳频 TEA CO_2 激光器
单脉冲能量/mJ	50
脉冲重复频率/Hz	100
脉冲宽度/ns	100（脉冲半宽度）
激光束散角/mrad	3
激光器寿命	10^7 脉冲/一次充气
激光模式	TEM_{00} 模
波长切换时间/ms	5～10
频率稳定度	10^{-8}

表 11.3　本振激光器典型指标示例

激光器种类	捷变频高稳频 CW CO_2 激光器
输出功率/W	≥0.5（弱支）
激光模式	TEM_{00} 模
激光束散角/mrad	3
激光器寿命/h	1000
波长切换时间/ms	5～10
频率稳定度	10^{-8}

表 11.4　光学系统典型指标示例

发射天线倍率	3 倍
接收光学天线形式	卡塞格伦式
接收光学天线孔径/mm	350
接收视场/mrad	1
光学系统总体效率	≥30%
光学滤光片带宽	与激光输出线宽匹配

表 11.5　探测器典型指标示例

探测器种类	光伏型 HgCdTe 探测器（单元或阵列）
光敏面直径/mm	0.2～0.3
量子效率	50%
最高响应频率/MHz	300
响应波长范围/μm	8～12
探测率/（$cm·Hz^{1/2}/W$）	$6×10^{10}$
响应率/（V/W）	5000～10000
工作温度/K	77（液氮致冷）
工作时间/h	≥4

表 11.6　数据采集信息处理系统及控制与显示计算机典型指标示例

前置放大器	增益：30dB，噪声系数：2dB，带宽：300MHz，输出阻抗：50Ω
中频滤波放大器	通道最大增益：80dB，通道噪声系数：5dB，自动增益控制范围：40dB，中频接收带宽：27MHz
A/D 转换频率/MHz	50～100
实时控制内容	激光器调谐，电源电压，触发及波长组合方式，偏频锁定，伺服扫描机构
实时/近实时显示内容	设备工作状态，战剂探测结果
对外数据和控制接口	满足大系统的要求

11.5.3 主要参数选择

在对系统主要指标进行论证及系统设计过程中，需要对一些参数进行选择，这些参数往往和系统的工作环境、目标特性和考核条件有关。

1. 系统信噪比

信噪比是任何接收机部件最关键的指标之一，通常由系统的虚警概率和发现概率决定。在单脉冲情况下，假设信号不起伏，线性检波器输入端信噪比、虚警概率和发现概率三者的关系在雷达手册中已有非常详细的描述，并且有现成的图表供使用，如图 11.6 所示。对前文列出的 DIAL 系统 $P_{fa}=10^{-3}$ 的虚警概率和 90% 的发现概率指标，适当考虑系统冗余，可选定系统信噪比 SNR = 13dB。

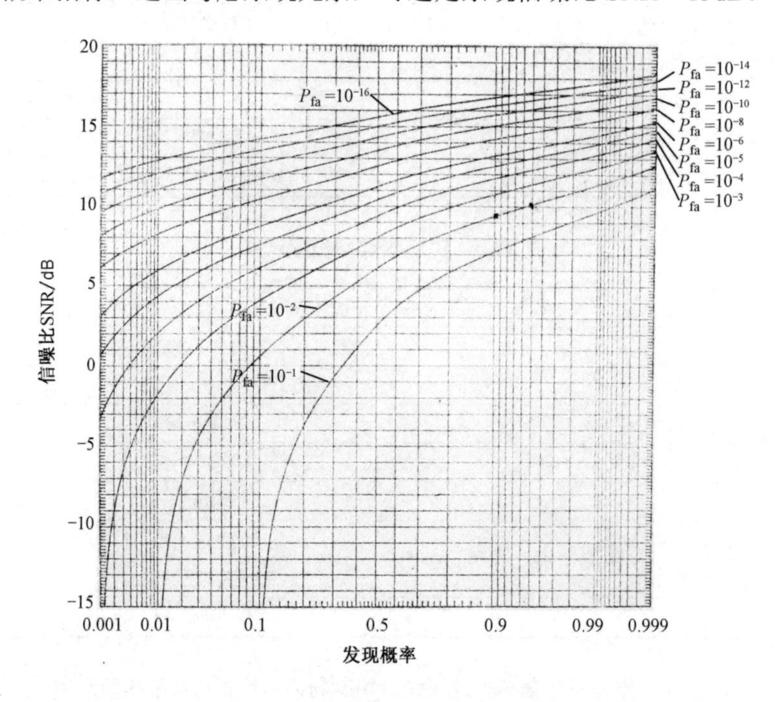

图 11.6 线性检波器输入端信噪比 SNR 与发现概率及虚警概率 P_{fa} 的关系

2. 典型地物目标的反射率和云团后向散射系数

表 11.7 列出了典型材料及地物目标在 CO_2 激光波段的反射率ρ，可见，典型地物目标的反射率ρ在 0.02～0.4 的范围内。在指标论证和理论计算时可取一个大致的平均值（通常取$\rho=0.07$）。对于已知的特定地域，可根据该地域的植被和是否覆盖冰雪等情况选取适当值。注意到分布目标的漫反射体的激光能量散布于 2π的立体角内，其分布是非均匀的，可用余弦分布规律来描述。此外，后向散射单位

立体角的发射率为 $\rho\cos\theta/(2\pi)$，一般取 $\theta = 45°$。

表 11.7　典型材料及地物目标在 CO_2 激光波段的反射率

目　标	反射率 ρ	目　标	反射率 ρ
油漆	0.18～0.63	岩 石	0.02～0.4
沥青	0.08～0.10	草	0.12
木材	0.1	沙	0.02～0.08
砖	0.07	树 叶	0.03～0.1
混凝土	0.10～0.18	水和冰	0.04
灰泥	0.09	雪	0.15

3. 大气衰减系数

大气衰减系数直接影响系统的作用距离，其值与光的波长和气象条件有关。对于采用 CO_2 激光的雷达系统，由于 8～12μm 为大气窗口，在战剂的吸收峰和吸收谷波长范围内大气分子的吸收系数很小，进行理论计算时可以忽略不计，而由大气气溶胶引起的瑞利散射和米氏散射造成的大气衰减起主要作用，部分典型能见度下的大气衰减系数见表 11.8。

表 11.8　部分典型能见度下的大气衰减系数

能见度 V/km	瑞利散射和米氏散射引起的大气衰减系数/km^{-1}
0.5	2.06
1	0.726
2	0.235
5	0.044
10	0.010

4. 典型战剂的吸收峰、吸收谷对应的波长和吸收系数

表 11.9 列出了几种典型战剂（GA、GB、GD 和 GF）的典型吸收峰、吸收谷所对应的波长和吸收系数。如需要了解更详细的吸收特性，可查看战剂的连续吸收光谱。图 11.7 所示是几种典型战剂的连续吸收光谱。由图可见，大部分战剂的吸收特性是比较复杂的，有时难以用几个典型波长来全面描述。

表 11.9　几种典型战剂的典型吸收峰、吸收谷对应的波长和吸收系数

战剂	波数/cm^{-1}	波长/μm	吸收系数/$L\cdot g^{-1}\cdot cm^{-1}$
GA	1046.3	9.56	9.18
	890.6	11.21	0.117

续表

战剂种类	波数/cm^{-1}	波长/μm	吸收系数/$L \cdot g^{-1} \cdot cm^{-1}$
GB	1023.5	9.77	14.7
	1086.7	9.20	0.132
GD	1021.2	9.79	11.0
	951.7	10.51	0.235
GF	1023.3	9.77	11.0
	972.0	10.29	0.323

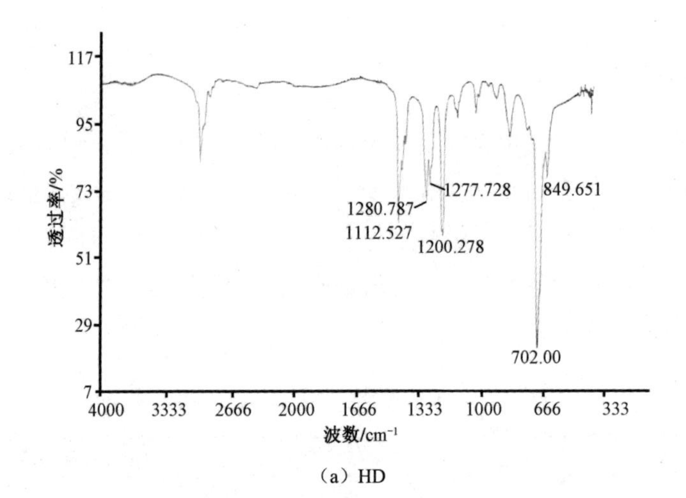

（a）HD

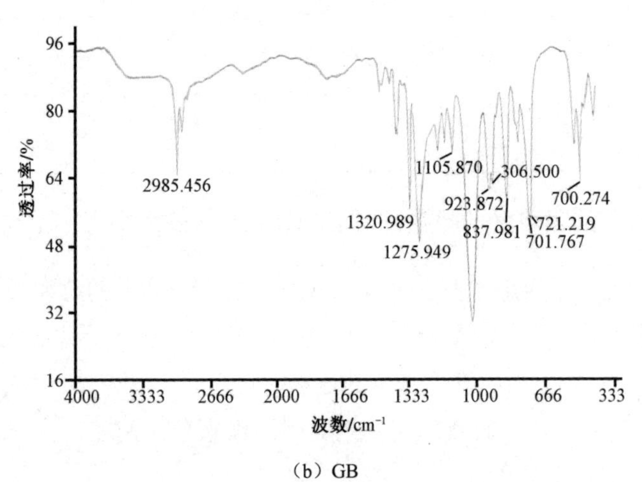

（b）GB

图 11.7　几种典型战剂的连续吸收光谱

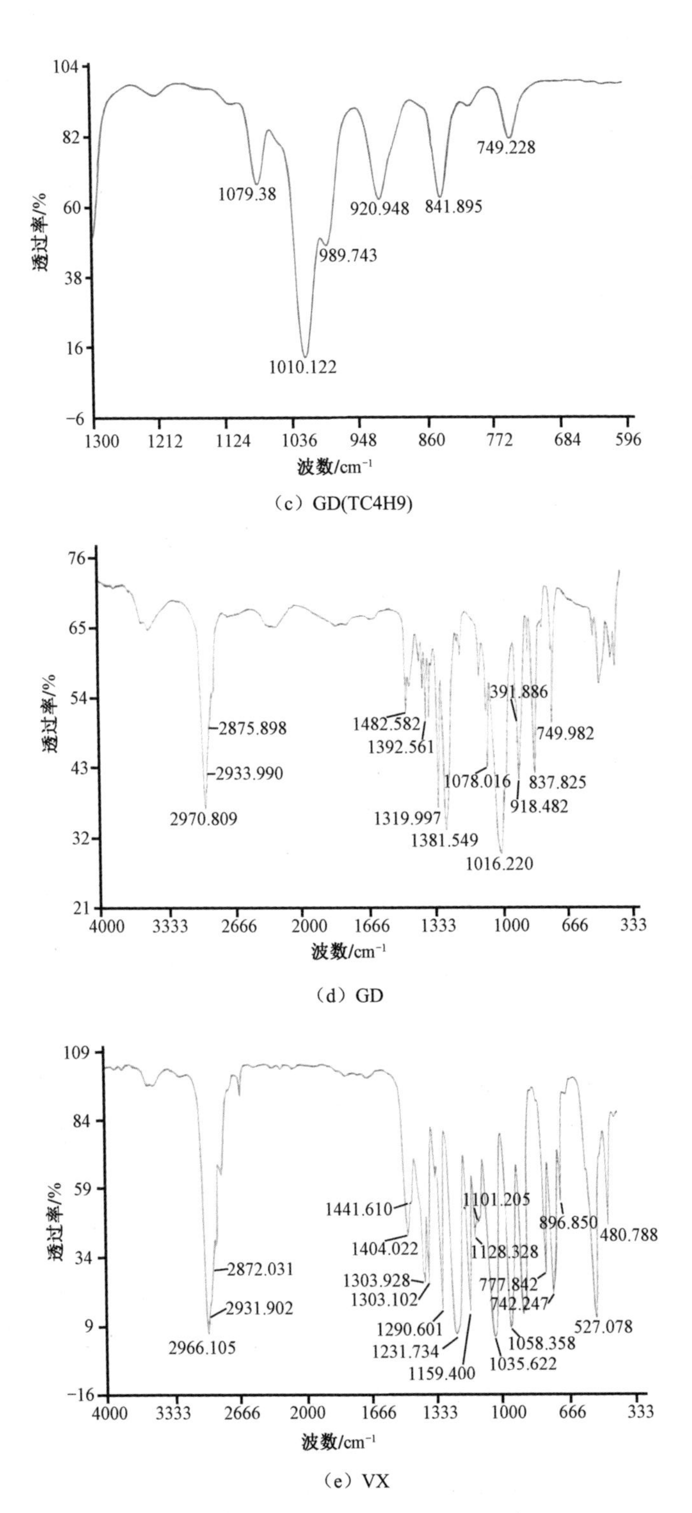

（c）GD(TC4H9)

（d）GD

（e）VX

图 11.7　几种典型战剂的吸收光谱（续一）

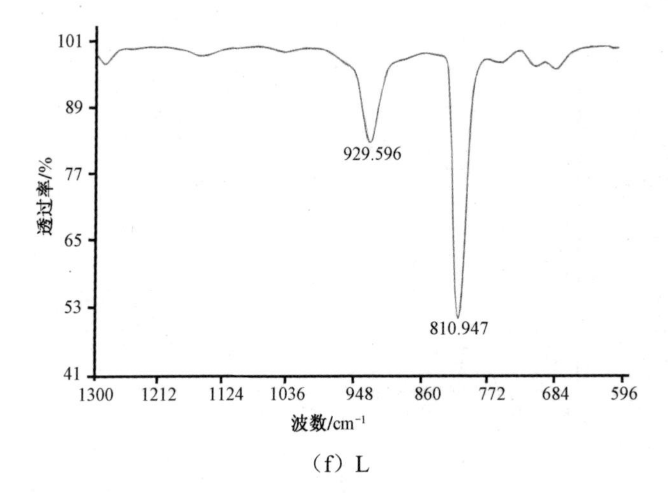

（f）L

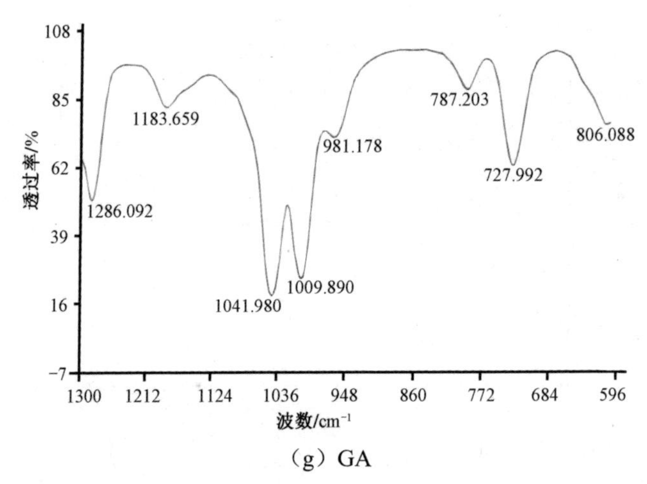

（g）GA

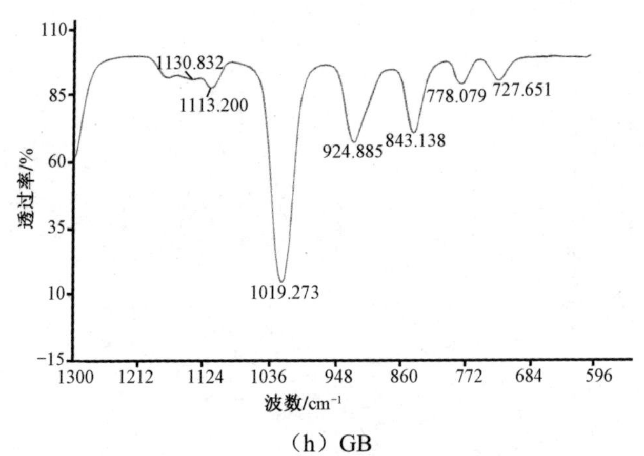

（h）GB

图 11.7　几种典型战剂的吸收光谱（续二）

11.5.4 主要指标论证

系统的主要指标论证可根据激光雷达方程来进行。由于典型的地物目标面积大于照射在其上的激光光斑面积，因此应采用针对大面积目标的方程。激光发射功率与作用距离的平方成正比，据此可推导出相干探测激光差分吸收雷达作用距离方程

$$E_{\mathrm{t}}=\frac{2h\nu R^2\cdot \mathrm{SNR}\cdot B\tau}{T\beta\Delta RAn^{1/2}\eta g}\cdot\frac{\exp[2(\alpha_{\mathrm{sc}}+\alpha_1 C_1)R]}{\exp(-2\alpha_{\mathrm{off}}CL)-\exp(-2\alpha_{\mathrm{on}}CL)} \tag{11.4}$$

式中，E_{t}为激光输出单脉冲能量；$h\nu$为激光光子能量；R 为系统的作用距离；SNR 为系统信噪比；B 为仪器噪声带宽；τ为激光脉冲宽度；T 为光学系统的光学效率；β为后向散射系数；ΔR 为系统距离分辨率；A 为接收天线有效面积；n 为单点测量统计的脉冲数；η为探测器的量子效率；g 为系统的外差效率；α_{sc}为由瑞利散射和米氏散射引起的大气衰减系数；C_1 为某种物质吸收引起的大气衰减系数；α_{on} 为战剂吸收峰对应的吸收系数；α_{off} 为战剂吸收谷对应的吸收系数；C 为战剂浓度；L 为光束在战剂云团中传输的距离。

当系统以距离分辨方式工作时，β的取值范围为 10^{-7}～10^{-3}；当系统以长程地物反射方式工作时，如前所述，由于后向散射单位立体角的发射率为 $\rho\cos\theta/(2\pi)$（一般取θ= 45°），可用 $\rho\cos\theta/(2\pi)$ 代替式（11.4）中的$\beta\Delta R$。

11.6 化学/生物战剂探测激光雷达的应用系统研制

自 20 世纪 50 年代，美国人提出差分吸收测污远程报警激光雷达（DIAL）的设想以来，国外开展了大量的研究、试验和应用工作，特别是从 20 世纪 80 年代起，许多国家取得了显著的进展，见表 11.10。俄罗斯研制的 KDKhR-1N 激光毒气报警系统是世界上第一个服役的激光侦毒系统。据报道，该系统以 CL 直接探测方式工作，通过远距离探测气溶胶云团，可实时确认化学战剂攻击，确定气溶胶云团坐标（距地高度、斜距）、中心部分厚度和战剂参数，对神经性毒剂的探测距离为 3～7km，探测到战剂后可在 2s 内发出报警信号。德国 Hungrian 公司研制的 VTB-1 型遥测化学战剂传感器使用两台可在 9～11μm 间大约 40 个频率上调节的连续波 CO_2 激光器，利用差分原理工作。

表 11.10　部分国外相关研究汇总

年份	国家	主要技术性能指标	备　注
1981	美国	区域探测距离：＞1.6km	双激光器，直接探测，地物反射
1981	美国	大气 CO 和 NO 等气体探测，探测距离：2.7km	倍频方式，地形目标
1983	法国	探测距离：3km；化学蒸气灵敏度：300mg/m^3	双激光器，地物靶双端系统
1984	日本	探测距离：1100m；距离分辨率：300 m	单频混合，相干探测
1986	美国	探测距离：4.8km	四台激光器，相干探测
1987	法国	探测距离：3km；扫描范围：180°；探测战剂浓度：300mg/m^3（蒸气）	双激光器，直接探测
1988/1997	美法/法国	探测距离：1～2km（20m 分辨率），5～7km（距离分辨）	双激光器，直接探测
1988	俄罗斯	型号：KDKhR-1N；探测距离：3～7 km	直接探测，车载设备
1990	美国	1km 处浓度：0.02mg/m^3（SF_6）；距离分辨率：20m	四激光器，直接探测，距离分辨
1992	美国	探测距离：1.2km	单激光器，直接探测
1993	美国	最远探测距离：12km	单激光器，直接探测
1994	美国	探测距离：3km（距离分辨），17km（地物反射）	双激光器，直接探测
1994	德国	型号：VTB-1；为遥测化学战剂传感器	
1995	美国	1～2km 范围 0.2mg/m^{3}TEP 等蒸发形成的蒸气雾	双激光器，直接探测
1996	美国	斜向探测距离：3～9km	单激光器，直接探测，地物反射
1996	美国	单脉冲探测距离：8 km	相干探测，地物反射
1997	美国	探测距离：3.4km	双激光器，直接探测，人工靶板
1997	美国/法国	探测距离：3～5km，可实时测量化学模拟战剂	单激光器，直接探测
1997	美国	斜向探测距离：20 km	单激光器，相干探测
1999	美国	斜向探测距离：30 km	单激光器，直接探测，地物反射
1999	美国	探测距离：580m；探测浓度：200～2500mg/m^3	单激光器，直接探测，距离分辨
1999	俄罗斯	探测距离：1km；对甲烷气体的平均测量误差：10%～15%	倍频方式
1999	白俄罗斯	探测距离：1km	倍频方式
2001	美国	型号：WILDCAT；探测距离：20 km（地物反射），5 km（距离分辨）	

美国于 1992 年启动了“三军联合轻型远距离化学战剂探测器”项目，用于遥测预警，可在各种战术和侦察平台上进行 5km 远的 360° 探测，计划用于各种地面车辆、无人机、舰船、C130 运输机、CH-53 直升机和固定设施。另外，美国的 AFRL/VSBC 系统曾在海湾战争中试用。1997 年报道的 MIRELA 系统是美国、法国在各自研究的基础上合作研制的 CO_2 主动侦毒雷达，该系统可以差分吸收和差分散射两种体制工作，设计作用距离为 3～5km，工作波段为 9.2～10.8μm；由休

斯公司提供 CO_2 捷变频激光器，可调谐输出 70 条谱线，输出单脉冲能量为 70mJ，重复频率为 200Hz。该系统对 TEP、TBP、HD、SF99 等化学模拟战剂进行了实时测量，取得了良好的试验结果。

美国陆军的 Edgewood 化学和生物中心与 Raytheon 公司在 1998—2001 年期间联合研发了用于告警和识别的 WILDCAT 远距离化学传感器测试系统，该系统在结构上被设计成一个可移动的实验室，其目的是通过关键化学物质测试和外场试验数据收集，为发展后续装备打下基础。参考文献[13]对该系统进行了详细介绍，其主要技术指标见表 11.11。该系统的发射机采用一台 TEA CO_2 激光器，其重复频率为 100Hz，单脉冲能量为 1J，输出谱线覆盖 9.3～10.7μm 的 4 个发射波带；接收望远镜为 60cm 口径的卡塞格伦系统；探测器为低温制冷工作的双片 HggCdTe 阵列，可选择不同的视场角；数据采集系统包含一个双通道 A/D 转换器，可将发射和接收脉冲串数字化；处理器具有数据整理、云图绘制、连续更新的实时显示等功能，处理算法适用于多种或混合化学物质的探测和识别。同时，开发了几种有效的基本噪声推导方法。

表 11.11　WILDCAT 系统的技术指标

望 远 镜		万 向 支 架	
形式	卡塞格伦	方位角/俯仰角	360°/–5°～9°
直径/cm	60	质量/lb	1000
有效焦距/cm	60	回转 10°/90°/s	1/3
视场角/mrad	0.84（0.5mm） 1.67（1mm）	重复性/不稳定性/μrad	160/25
探测器		数据采集系统	
发射机	500μm PC HgCdTe, 50MHz	A/D 转换	2 通道
发射探测率	1.94×10^{8}cm·$Hz^{1/2}W^{-1}$	分辨率/位	12
接收机	0.5,1mm PV HgCdTe, 10MHz	采样频率/MHz	30
接收探测率	4.6×10^{10}cm·$Hz^{1/2}W^{-1}$，75%	数据处理	
发射波束		技术体制	双波长 DIAL
波长/μm	9.3～10.7	滤波方式	卡尔曼滤波（SRI）
输出能量	1J（对所有谱线）	数据处理方法	标准偏差
重复频率/Hz	100	设备	
脉冲宽度	100ns 尖峰+1μs 拖尾	方舱大小/ft	7×8×30
波长变换率/Hz	100	功耗/kW	14
波束大小	2.5cm×2.5cm		
发散度/mm·mrad	30		

Edgewood化学和生物中心与Raytheon公司还开发了一种小型紧凑(便携式)，采用双波长DIAL体制的SHREWD（Stand-off Handheld Real-time Early Warning Detector）系统，用于探测机载化学物质，其探测距离为3～5km。该系统工程化后最终装备的体积可能只有0.9ft^3，重35lb。和WILDCAT系统不同，SHREWD系统采用一台风冷的Nd:YAG激光器和一台两极OPO系统，实现了激光波长平移至8～12μm波段，单脉冲能量为240μJ，脉冲宽度为10ns，重复频率为300Hz。美国空军研究实验室（AFRL）主动遥感分部开发了LARS（Laser Airborne Remote Sensing）系统。该系统采用高功率CO_2激光器，以$^{12}C^{16}O_2$和$^{13}C^{16}O_2$同位素为工作介质，在较强的激光跃迁谱线上，输出能量可达5J，接收机采用直接探测体制。1998年9—12月，美国利用该系统做了大量的实验室、地面和机载环境化学物探测试验，部分试验结果及分析发表于参考文献[9]。

另外，美国EOO公司在国防部高级研究计划局（DARPA）支持下研制了战术无人机载红外/紫外混合激光雷达系统。该系统利用二极管泵浦Nd:YAG激光器产生1.064μm激光，进行弹性后向散射测量，探测生物战剂气溶胶云的位置、形状、大小，并利用多普勒探测边缘滤波技术确定风向和风速；通过将1.064μm红外激光4倍频成0.266μm紫外激光，进行生物战剂气溶胶云感应荧光的探测。预计样机重34kg，体积为0.0425m^3，功耗小于500W。实验室系统测量气溶胶浓度的距离为5km，以1m/s的分辨率测量风场的距离为2km，测量荧光的距离为1km以上。

11.7 化学/生物战剂探测激光雷达的发展方向

虽然人们在化学/生物战剂探测激光雷达的原理和概念研究、技术攻关、系统研制和实验研究方面做了大量的工作，但总体上这类激光雷达的发展还不很成熟和完善，试验验证工作不很充分，形成装备不多见。化学/生物战剂探测激光雷达有以下主要发展方向。

1. 大调谐范围的可调谐固体激光器

由于CO_2激光器具有良好的波长可调谐性，是目前运行在8～12μm波段大气窗口范围内唯一技术成熟的激光器，且相比于其他激光波长是对人眼安全的激光器，因此当前化学/生物战剂探测激光雷达采用的激光器主要是CO_2激光器。在国外已列装及在研的化学/生物战剂探测DIAL系统中，CO_2激光差分吸收雷达系统占有绝对的优势。然而，由于CO_2激光器以气体为工作介质，器件寿命相对较短，运转成本相对较高，而且结构不紧凑，在体积、重量和使用维护方面不利于形成装备，因此人们开始关注可调谐固体激光器。尽管目前尚无成熟的可调谐固体激光器可直接用于化学/生物战剂探测差分吸收激光雷达，但人们正在开展探索工作，发展红外波段大调谐范围的可调谐激光器。

2. 高效 OPO 技术

光参量振荡器（OPO）体积小、重量轻，为全固体化器件，具有波长连续调谐能力。化学/生物战剂的特征光谱多处于 8～12μm 波段范围内，采用 OPO 技术虽可实现 1.06μm 激光向这一波段的转换，但目前由于存在复杂的量子转换过程，能量转换效率很低。当前急需改善量子转换效率，以提高非线性晶体的损伤阈值，降低其激发阈值。

3. 基于退偏比的生物战剂类型识别

偏振信息是激光雷达测量、分析和判定生物战剂的重要依据。绝大多数生物战剂粒子内部结构复杂，形状不规则，退偏比是其类型识别的重要判定数据。研究表明，由于生物战剂粒子退偏比表现出较强的波长依赖性，基于多激光波长退偏比测量，可以显著提高对生物战剂的鉴别能力。

参考文献

[1] KWAN C, et al. Chemical warfare agent detection using GC-IMS: a comparative study[J]. IEEE Sensor Journal, 2010, 10(3): 451-460.

[2] BLACK, et al. Application of gas chromatography-mass spectrometry and gas chromatography-tandem mass spectrometry to the analysis of chemical warfare samples, found to contain residues of the nerve agent sarin, sulphur mustard and their degradation products[J]. Chromatography, 1994(662): 301-321.

[3] HOFFLAND, et al. Spectral signatures of chemical agents and simulants[J]. Optical Engineering, 1985(24): 982-984.

[4] ALAK, et al. SERS of organophorous chemical agents[J]. Analytical Chemistry, 1987(59): 2149-2153.

[5] LEE, et al. Rapid chemical agent identification by surface-enhanced Raman spectroscopy[J]. Proc. SPIE, 2001(4378): 21-26.

[6] WALKER, et al. Fourier-transform microwave spectroscopy of chemical-warfare

agents and their synthetic precursors[J]. Proc. SPIE, 1998(3533): 122-127.

[7] 张记龙，聂宏斌，王志斌，等. 化学战剂红外光谱遥测技术现状及发展趋势[J]. 中北大学学报（自然科学版），2008, 29(3): 265-271.

[8] 曹秋生. 化学/生物战剂探测与激光雷达[J]. 电光系统，2011(3): 1-8.

[9] SENFT D C, et al. Chemical detection results from ground testing of an airborne CO_2 differential absorption lidar system[C]. Proc. SPIE, 1999(3855): 144-156.

[10] MOULTON P F. Ti doped Sapphire: a tunable solid-state laser[J]. Opt. News, 1982, 8(6): 9-13.

[11] VIKTOR A FROMZEL, et al. Diode-pumped, tunable, narrow linewidth Cr: LiSAF lasers for water vapor differential absorption lidars[C]. Proc. SPIE, 2001(4378): 82-89.

[12] HALL D R, Hill C A. Radiofrequency-discharge-excited CO_2 lasers[M]. New York: Marcel Dekker, 1987.

[13] DAVID B COHN, et al. WILDCAT chemical sensor development[C]. Proc. SPIE, 2001(4378): 34-42.

[14] SIEGMAN A E, et al. Defining and measuring laser beam quality: the M^2 factor[J]. IEEE, 1991(27): 1098.

[15] 斯科尔尼克. 雷达手册[M]. 谢卓，译. 北京：国防工业出版社，1978.

[16] DAVID B COHN, et al. Compact DIAL sensor: SHREWD[C]. Proc. SPIE, 2001(4378): 43-49.

[17] 刘尚富，胡辉. 国外激光雷达的发展趋势[J]. 舰船电子工程，2017, 37(6): 1-4.

[18] 罗振坤，王秋华. 化学/生物战剂激光雷达探测技术[J]. 医疗卫生装备，2011, 32(1): 81-84.

[19] 杨辉，赵雪松，孙彦飞，等. 荧光偏振短距激光雷达测量生物战剂/气溶胶[J]. 红外与激光工程，2017, 46(10): 1-8.

第 12 章

激光雷达的发展趋势

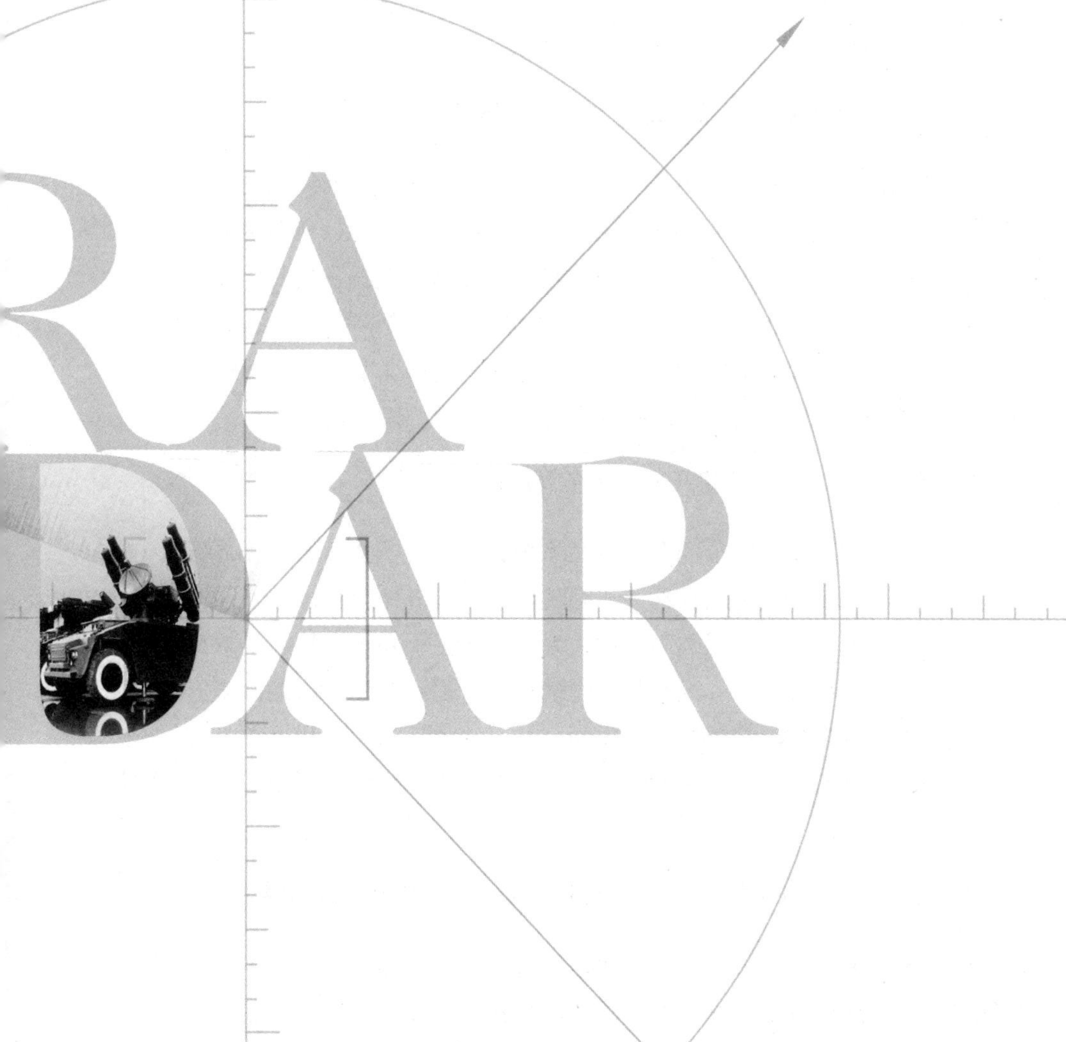

激光雷达在激光发明后不久就出现了，但直到现在，它才成为被动光电传感器和微波雷达的有力替代品。组件技术的成熟，正逐步推动激光雷达在不同领域成为现象级的存在。激光雷达的工作波段覆盖了可见光到远红外波段，其最初广泛采用的 CO_2 激光器已经被更为成熟可靠、价格低廉的光纤激光器、半导体激光器取代，其扫描机构也逐步摆脱笨重的机械扫描方式，开始采用探测阵列、相控阵、光开关阵列、MEMS 等全固态或半固态扫描方式，固态化激光雷达已成为发展的趋势。激光雷达探测作为一种性价比高、使用范围广的感知手段，是近年来研究的热点。量子技术、光子芯片、人工智能等新兴技术在激光雷达中的应用，将进一步发挥激光雷达的优势，使其未来的应用领域更为广泛。

12.1 引言

1. 新型技术体制推动激光雷达多元化发展

随着激光技术在军、民用领域的广泛应用，激光雷达的体制呈多元化发展趋势，激光相控阵雷达、合成孔径激光雷达、偏振激光雷达、微多普勒激光雷达等各种新体制激光雷达层出不穷。不同体制的激光雷达发挥各自的优势，可满足不同的应用需求，呈现多样化、交叉融合的发展局面。虽然受制于目前的制造工艺，新体制激光雷达多尚处于实验室阶段，但随着激光技术和材料技术的不断突破，将对高性能激光雷达乃至光电传感器系统产生革命性影响。

2. 高性价比、微小型化拓展激光雷达的应用范围

光电器件的不断进步推动激光雷达系统日趋完善，使其结构更加复杂，同时也提高了对其体积、重量、功耗、可靠性及成本等方面的要求。采用光电子集成工艺，实现激光雷达核心组件芯片化、系统微小型化发展，能够有效减小电路的体积、重量、功耗及成本，同时保障性能和功能的稳定性等，为激光雷达系统的集成化提供重要支撑。在外围配置方面，尽可能地选择通用化模块、部件、元器件，可减少品种，通过大批量生产可有效降低单价，同时便于降低后期维护、使用成本。

3. 人工智能、量子技术等新技术加快激光雷达整体性能的提升

近年来，人工智能、量子技术等新兴技术发展迅猛，已经在各领域初步显现其独特优势。可以预见，这些新兴技术与激光雷达交叉融合，将极大地提升激光雷达的系统性能。人工智能可以对现有激光雷达传感器赋能，提升其在避障、导

航中的自主感知能力，可广泛应用于智能驾驶、智能停车、工业机器人等领域。而量子技术具有对现有激光雷达的信息传输进行增强、编码、加密等的应用潜力，使激光雷达具有更高的灵敏度、抗干扰性、安全性，可大幅提升其在远距离、多平台混合应用中的性能。此外，与激光雷达相关的新型材料、元器件及基础理论的突破也将使激光雷达性能产生质的飞跃。

4. 激光雷达的功能、应用方式呈现多样化发展趋势

激光雷达技术在军、民用领域的用途越来越广泛，在实际中，对激光雷达的需求除测距、避障等典型功能外，还有三维成像、目标特征分析、目标识别、测速和测量环境因素影响等。此外，在一些特殊应用中，激光雷达还需要与微波雷达，红外、可见光照相机等融合探测。可同时满足多种需求的多模、多波长/形、多种技术组合集成的多功能激光雷达必然成为发展趋势。用单一激光雷达实现多部传统激光雷达的功能，将是激光雷达发展过程中的重大进步和创新。

5. 天地一体的激光雷达组网将成为信息获取的重要保障

激光雷达在大气探测方面具有独特的优势，偏振激光雷达可用于穿雾探测，实现分子级探测，激光雷达网可以持续地在空间或全球大气探测方面发挥无可替代的作用。目前，在全球范围内建立了 NDACC、EARLINET 等探测大气成分的物理、化学性质的四维分布区域观测网络。这些激光雷达观测网的建立，使覆盖区域更广，观测内容更丰富，时空分辨率更高。这些地基激光雷达观测网络将与快速发展的机载、星载激光雷达逐步形成涵盖地基、空中和卫星平台的多维激光雷达观测网，可更全面地获取全球大气气溶胶、云、臭氧、水汽与其他大气成分的四维分布信息。

下面介绍两类面向未来应用的新型激光雷达技术。

12.2　量子激光雷达

12.2.1　量子激光雷达的概念

量子雷达是一种利用量子现象进行目标状态感知与信息获取的远程传感设备。量子激光雷达是利用量子现象或量子效应提高或增强传统激光雷达性能的雷达，利用量子态作为信息的载体，以纠缠光子作为信号，具有抗干扰性、高灵敏度、极高的角分辨率和距离分辨率，能够实现更远探测、抗干扰、反隐身和目标识别等，是近年来快速发展的一种新型探测传感器设备。量子激光雷达研究按照

体制发展，主要包括量子安全成像激光雷达、量子脉冲压缩激光雷达、量子增强激光雷达。目前，美国、俄罗斯等军事大国都在积极研制量子激光雷达，但都处于科研阶段，距实用还有一定距离。

相对于传统激光雷达，量子激光雷达有以下优势。

（1）量子激光雷达的探测系统具有极高的灵敏度，可以响应单个光子能量，实现极弱光信号的探测，可以极大地提高探测距离。

（2）量子激光雷达是利用量子态作为信息载体的，量子态（单光子态和纠缠态）具有不可克隆性，再加上量子激光雷达的目标截面大，因此这种雷达具有极强的反隐身能力。

（3）量子激光雷达，特别是以纠缠光子作为信号的量子激光雷达，由于纠缠光子的内在关联性使得其测量的分辨率和灵敏度能突破衍射极限和散弹噪声极限（标准量子极限），具有极高的角分辨率和距离分辨率。

（4）量子激光雷达采用量子态作为信息载体，因此其对光源的功率要求大大降低。这种激光雷达结构简单，易于满足低功耗、小体积和小型化的要求。

12.2.2 量子激光雷达的分类

根据利用量子现象和光子发射机制的不同，量子激光雷达主要分为以下三类。

（1）雷达发射纠缠的量子态电磁波：其探测过程为利用泵浦光子穿过 BBO 晶体，通过参量转换产生大量纠缠光子对，各纠缠光子对的偏振态彼此正交；纠缠的光子对分为探测光子和成像光子，成像光子保留在量子存储器中，探测光子由发射机发射经目标反射后，被量子激光雷达接收，根据探测光子和成像光子的纠缠关联可提高雷达的探测性能。与不采用纠缠的量子激光雷达相比，采用纠缠的量子激光雷达的分辨率以二次方速率提高。

（2）雷达发射非纠缠的量子态电磁波：发射机将纠缠光子对中的信号光子发射出去，“备份”光子保留在接收机中，如果目标将信号光子反射回来，那么通过对信号光子和“备份”光子的纠缠测量可以实现对目标的探测。

（3）雷达发射经典态的电磁波：在接收机处使用量子增强检测技术，以提升雷达系统的性能，该技术在激光雷达中有着广泛的应用。

12.2.3 研究方向

目前对量子激光雷达的研究尚不深入，理论尚未成熟，还需要大量的理论与实验研究。

（1）量子激光雷达的工作体制尚不完善，需要建立一个合理的量子激光雷达系统方案，明确量子激光雷达的应用背景和应用环境。

（2）量子激光雷达的工作原理需要在传统激光雷达工作原理的基础上进行改进，包括系统的测量原理、光源的选择、发射/接收系统设计、量子态的探测方式，以及目标特性等相关课题的细致分析。

（3）量子激光雷达的信息载体是光的量子态，而量子态容易受环境影响，这就需要对量子态传输过程中的量子属性的变化进行分析，详细讨论这种变化对测量精度的影响。

（4）量子激光雷达安全成像方式有待开发，需要探索其成像时间等性能指标能否满足实际应用需求。

目前，量子激光雷达的研究才刚刚起步，其独特的工作方式和优越的探测性能必然会在激光雷达领域产生革命性的突破。相信随着量子技术的进一步发展，量子激光雷达将逐步走向成熟，广泛应用于复杂环境中的目标识别、环境感知等领域。

12.3　片上激光雷达

12.3.1　片上激光雷达的概念

激光雷达三维传感器的集成化和小型化是发展趋势。研制出高度集成化的小型激光雷达系统，同时兼顾作为三维传感器的优异性能，始终是一个重大挑战。片上激光雷达是一种面向近场精确感知成像的微小型三维传感器，系统主要由大功率光源芯片、硅光扫描芯片、高灵敏度探测芯片及综合处理控制集成电路芯片等异构集成，利用光学相控阵芯片替代笨重的传统光学系统，实现对激光束的非机械电控扫描，支持多光束同步控制、可编程灵活寻址的新型光束扫描模式；通过核心功能组件的芯片化、微小型化设计及微型化封装技术，可极大减小系统体积和重量；可加装于对空间、重量要求苛刻的平台系统，稳定、灵巧、精确地完成近场三维感知任务。此外，由于系统采用硅基光子集成技术和半导体 CMOS 兼容工艺进行制作、集成，随着制作工艺的成熟和大批量生产，其生产成本将大幅降低，未来必将有利于微小型全固态激光雷达在消费电子、智慧城市等领域的推广应用。

12.3.2　片上激光雷达的分类

从片上激光雷达概念的提出至今，最核心的问题是如何在芯片上实现大范围、高精度的光束二维扫描。随着硅基光电子技术的不断发展，基于硅基光波导相控阵、片上集成的焦平面开关阵列技术使片上激光雷达的实现成为可能。作为最具潜力的两种扫描方式，分别代表着以下两种片上激光雷达。

1. 以硅光相控阵为扫描组件的平面光波导片上激光雷达

硅光相控阵从片上激光雷达的概念刚刚提出就被作为其主流扫描方式，通过多通道相干，实现光束扫描控制。硅光相控阵具有芯片化集成、可编程扫描、不依赖外置收发光学镜组等优势，但相干发射要求波导间距很小，即便实现了大规模集成，也难以实现较大通光口径，从而严重限制了其探测距离。此外，由于采用平面化波导布局，这种激光雷达仅能依靠相位控制实现一维扫描，另一维扫描需要通过光源波长调谐实现，这大幅提升了对片上光源的要求，导致其至今难以走向实用。

2. 以光开关阵列为扫描组件的焦平面片上激光雷达

焦平面光开关阵列是近年发展起来的选通式光束扫描控制技术，通过控制光开关阵列，在平面波导中选择光信号通道，实现光学点阵扫描，类似于焦平面探测器。其优势在于，可通过配置大口径成像光学镜头，实现较大光学增益，有利于实现远距离探测，且对光源没有特殊要求。因此，焦平面光开关阵列有望替代硅光相控阵，成为片上激光雷达的主流光束扫描方式。

12.3.3 研究方向

目前，片上激光雷达技术成熟度尚低，虽然技术路线和研究思路稍稍明朗，芯片设计理论和各单项核心技术取得了一定进展，但要实现工程化还需要解决以下问题。

（1）片上激光雷达仍处于研发初期，一体化集成架构有待验证，集成芯片的能力测试环境和测试方法有待构建。

（2）硅基光学相控阵扫描技术体制对片上光源的要求极高，需要具备大范围调谐、快速线性调频、线性度高、窄线宽、大功率等特点的光源芯片，实现难度极大，目前尚无可靠的解决方案。

（3）焦平面光开关阵列技术，由于提出时间短，相关研究较少，性能尚未得到广泛验证。

（4）硅基芯片的性能有待进一步提升，硅基器件存在串扰、插损、激光耐受、光束质量等方面的问题。

（5）片上光源、相干探测芯片等器件的性能仍有待提升。如何在芯片上实现大功率激光输出，多通道本振光与信号光在芯片中如何实现混频和稳定相干，仍是需要解决的问题。

（6）高集成度的片上激光雷达对制作工艺提出了更高的要求，核心组件异构集成工艺、键合方式有待发展，核心组件芯片键合之后的性能有待提升。

随着现代半导体技术、材料技术日新月异发展，芯片的工艺更加成熟、集成规模更大，片上激光雷达技术有望进一步成熟，并实现大规模生产。片上激光雷达定会在不久的将来进入人们的日常生活。

参 考 文 献

[1] 孙悦. 量子雷达研究新进展[J]. 战术导弹技术，2018, 12(5): 6-12.

[2] 周城宏，钱卫平. 量子雷达技术发展与展望[J]. 雷达科学与技术，2015, 13(5): 457-463.

[3] HAARIG M, ANSMANN A, ALTHAUSEN D, et al. Triple-wavelength depolarization-ratio profiling of Saharan dust over Barbados during SALTRACE in 2013 and 2014[J]. Atmos. Chem. Phys., 2017(17): 10767-10794.

[4] 王强. 量子激光雷达探测方式和性能提高的研究[D]. 哈尔滨：哈尔滨工业大学，2016: 12-50.

[5] MAMOURI R E, ANSMANN A. Potential of polarization lidar to provide profiles of CCN- and INP-relevant aerosol parameters[J]. Atmos. Chem. Phys., 2016(16): 5905-5931.

[6] MAMOURI R E, ANSMANN A. Potential of polarization/raman lidar to separate fine dust, coarse dust, maritime, and anthropogenic aerosol profiles[J]. Atmos. Meas. Tech., 2017(10): 3403-3427.

[7] FIROOZ AFLATOUNI, BEHROOZ ABIRI, ANGAD REKHI, et al. Nanophotonic coherent imager[J]. Optics Express, 2015, 23(4): 5117-5125.

[8] NIELS QUACK, JAMES FERRARA, SIMONE GAMBINI, et al. Development of an FMCW LADAR source chip using MEMS-electronic-photonic heterogeneous integration[C]. GOMACTech Conference, 2013: 13-14.

[9] Behnam Behroozpour, Phillip A M Sandborn, et al. Chip-scale electro-optical 3D FMCW LiDAR with 8μm ranging precision[C]. ISSCC, 2016.

[10] BEHNAM BEHROOZPOUR, PHILLIP A M SANDBORN, NIELS QUACK, et al. Electronic-photonic integrated circuit for 3d microimaging[J]. IEEE Journal of

Solid-State Circuits, 2017, 52(1): 161-172.

[11] POULTON C V, YAACOBI A, COLE D B, et al. Coherent solid-state LiDAR with silicon photonic optical phased arrays[J]. Optics Letters, 2017, 42(20): 4091-4094.

[12] AUDE MARTIN, DELPHIN DODANE, LUC LEVIANDIER, et al. Photonic integrated circuit-based FMCW coherent LiDAR[J]. Journal of Lightwave Technology, 2018, 36(19): 4640-4645.

[13] YUYA FURUKADO, HIROSHI ABE, YOSUKE HINAKURA, et al. Experimental simulation of ranging action using Si photonic crystal modulator and optical antenna[J]. Optics Express, 2018, 26(14): 18222.

[14] BHARGAVA P, TAEHWAN KIM, CHRISTOPHER POULTON, et al. Fully integrated coherent LiDAR in 3D-integrated silicon photonics/65nm CMOS[C]. Symposium on VLSI Circuits, 2019.

[15] ISAAC B J, SONG B, PINNA S, et al. Indium phosphide photonic integrated circuit transceiver for FMCW LiDAR[J]. IEEE Journal of Selected Topics in Quantum Electronics, 2019, 25(6): 1-7.

[16] ROGERS C, PIGGOTT A Y, THOMSON D J, et al. A universal 3D imaging sensor on a silicon photonics platform[J]. Nature, 2021(590): 256-261.